W0036833

SCIENCEsuisse

Herausgeber, Editeurs, Editori, Editors
Christian Eggenberger, Lars Müller

SCIENCEsuisse ist eine Initiative der SRG SSR idée suisse,
in Zusammenarbeit mit dem Schweizerischen Nationalfonds,
mit der Unterstützung des Staatssekretariats für Bildung
und Forschung sowie swissinfo.ch.

SCIENCEsuisse est une initiative de la SRG SSR idée suisse
en collaboration avec le Fonds national suisse, avec le
soutien du Secrétariat d'État à l'éducation et à la recherche
et swissinfo.ch.

SCIENCEsuisse è un'iniziativa della SRG SSR idée suisse
in collaborazione con il Fondo nazionale della ricerca, con
la Segreteria di Stato per l'educazione e la ricerca e
swissinfo.ch.

SCIENCEsuisse is an initiative of the SRG SSR idée suisse,
in collaboration with the Swiss National Science Foundation,
with support from the State Secretary for Education and
Research and swissinfo.ch.

WESHALB WIR DIE WISSENSCHAFTEN BRAUCHEN

Ich bin kein Wissenschaftler. Mit den Jahren habe ich aber gelernt, dass das Universum ein eigenartiger Ort zum Leben ist und sich nicht immer unmittelbar rational erschliessen lässt. Wir sind darauf angewiesen, die Ursachen und Gründe von Ereignissen und Kräften zu verstehen, die zuweilen unerklärlich erscheinen.

Ich bin kein Wissenschaftler. Ich bin mir aber bewusst, dass sich auch die komplexeren Theorien direkt auf unser Leben auswirken. Wissenschaftler sind die Architekten des Wissens. Sie helfen uns, die unzugänglichsten Geheimnisse unseres Daseins zu ergründen. Deshalb verdienen sie unser Vertrauen und unsere Unterstützung.

Ich bin kein Wissenschaftler. Als Generaldirektor der SRG SSR idée suisse weiss ich aber, dass Forscherinnen und Forscher auf alle verfügbaren Kanäle angewiesen sind, um ihre Arbeit bekannt zu machen. Sie ermöglichen es uns, die Welt, in der wir leben, besser zu verstehen – diese Welt, die ein immerwährendes Geheimnis mit eigenen Regeln und Ausnahmen darstellt.

Ihnen allen möchte ich danken. Und ich freue mich über dieses gemeinsame Projekt von SF, TSR, TSI und TvR, in Zusammenarbeit mit dem Schweizerischen Nationalfonds, dem Staatssekretariat für Bildung und Forschung sowie swissinfo.ch.

Armin Walpen
Generaldirektor SRG SSR idée suisse

DES SCIENCES INDISPENSABLES À LA SOCIÉTÉ

Je ne suis pas un scientifique, mais les années m'ont appris que l'univers est un endroit bien étrange. Une réalité que la raison ne parvient pas toujours à dépeindre pertinemment. L'Homme a besoin de connaître les causes et les motifs d'événements et de forces qui semblent parfois inexplicables.

Je ne suis pas un scientifique. Mais je sais que même les théories les plus complexes ont une influence directe sur notre vie. Les scientifiques sont les architectes de la connaissance. Ils nous aident à percer les secrets les plus insondables de notre existence, raison pour laquelle ils méritent notre confiance et notre soutien.

Je ne suis pas un scientifique. Mais en tant que directeur général de SSR SRG idée suisse, je sais que les chercheuses et chercheurs ont besoin de tous les moyens possibles pour faire connaître leur travail. Ils nous offrent de mieux comprendre le monde dans lequel nous vivons. Cette humanité qui, avec ses règles et ses exceptions, garde un indéfectible mystère.

Je souhaite les remercier toutes et tous. Et je me félicite de la réalisation de ce projet commun de la SF, de la TSR, de la TSI et de la TvR, auquel ont collaboré le Fonds national suisse de la recherche scientifique, le Secrétariat d'Etat à l'éducation et à la recherche, ainsi que swissinfo.ch.

Armin Walpen
Directeur général SSR SRG idée suisse

PERCHÉ LA SCIENZA

Non sono uno scienziato, ma ho imparato negli anni che l'universo è uno strano posto per vivere, e che non sempre segue il percorso di una razionalità immediata. Abbiamo bisogno di conoscere le cause e i motivi di avvenimenti e forze a volte inesplicabili.

Non sono uno scienziato, ma so che anche le teorie più complesse hanno un'influenza diretta sulla nostra vita. Gli scienziati sono gli architetti della conoscenza. Ci aiutano a decifrare i segreti più inaccessibili della nostra esistenza. Meritano perciò fiducia e collaborazione.

Non sono uno scienziato, ma come direttore della SRG SSR idée suisse so che i ricercatori hanno bisogno di tutti i canali possibili per fare conoscere il loro lavoro e per permettere alla gente comune di capire il mondo in cui viviamo. Un mistero senza fine, con le sue regole e le sue eccezioni, che si rinnova a ogni nuova indagine, a ogni scoperta.

Desidero ringraziarli per la loro partecipazione e sono felice di presentare questo progetto comune di SF, TSR, TSI e TvR realizzato con la collaborazione del Fondo nazionale svizzero della ricerca scientifica, della Segreteria di Stato per l'educazione e la ricerca e di swissinfo.ch.

Armin Walpen
Direttore generale SRG SSR idée suisse.

WHY WE NEED SCIENCE

I am not a scientist. But as the years have gone by, I have learned that the universe is a curious place in which to dwell and that it cannot always be understood rationally. We need to understand the causes and reasons behind events and forces that sometimes seem inexplicable.

I am not a scientist. But I know that even the most complex of theories directly affect our lives. Scientists are the architects of knowledge. They help us to fathom out the most inaccessible secrets of our existence. For that alone, they deserve our trust and our support.

I am not a scientist. But as Director General of the SRG SSR idée suisse Broadcasting Corporation, I am well aware that the men and women who do scientific research depend on every channel of communication available to them to publicise their work. They are the ones who help us understand the world in which we live: a world with its own rules and exceptions, a world that remains an eternal mystery.

I should like to thank everyone involved in this fine effort, and express my delight at the outcome of a joint undertaking of the public broadcasters SF, TSR, TSI and TvR, in cooperation with the Swiss National Science Foundation, the State Secretary for Education and Research and swissinfo.ch.

Armin Walpen
Director General of SRG SSR idée suisse

STELLEN SIE SICH VOR...

Im Fernsehen oder Radio tönt es nach den Abendnachrichten und einem speziellen Signet so: «Es folgt die Zusammenfassung der Wissenschaftsereignisse des Tages. In Basel hat ein Forscherteam...»

Warum eigentlich nicht? – Im Falle des Sports sind wir die mediale Omnipräsenz gewohnt, zum Beispiel täglich nach den Radionachrichten. Auch Forschende vollbringen jeden Tag Höchstleistungen und verschieben die Grenzen unseres Wissens, so wie Sportler und Sportlerinnen Rekorde brechen und damit die Grenzen des menschlichen Könnens überschreiten.

Natürlich ist das Utopie. Mathematische Gleichungen, Reagenzgläser und Mikroskope sind – ich mache mir keine Illusionen – weit weniger telegen als röhrende Motorräder, kickende Muskelpakete oder durch die Luft fliegende Snowboarderinnen. Aber hie und da sollen wir von Utopien träumen und einen Blick auf eine andere Landschaft werfen dürfen. Ein Team von engagierten Menschen aus den Welten von Wissenschaft und Medien verleiht unserer Fantasie auf der Suche nach dem Unbekannten Flügel. Dafür gebührt allen Beteiligten Dank.

Dieter Imboden
Präsident des Forschungsrates des Schweizerischen Nationalfonds (SNF)

IMAGINEZ ...

Une intro sonore à la radio ou un générique à la télévision, et une voix qui annonce : «Et maintenant, un résumé des événements scientifiques de la journée. À Bâle, une équipe de chercheurs a... »

Pourquoi pas ? Après tout, nous nous sommes bien habitués à l'omniprésence médiatique du sport ; le rendez-vous est par exemple fixé tous les soirs après les informations. Or, à l'image des athlètes qui battent des records et font voler en éclat les limites physiques de l'être humain, les chercheurs réalisent eux aussi des prouesses de haut vol qui repoussent chaque jour davantage les limites de notre savoir.

Il s'agit évidemment d'une utopie. Les équations mathématiques, les éprouvettes et les microscopes – je ne me fais aucune illusion – sont nettement moins télégéniques que des motos rugissantes, des muscles en action ou des snowboardeuses qui décollent sur les rebords d'un half-pipe. Mais, de temps à autre, nous devrions rêver d'utopies et nous autoriser un coup d'œil vers d'autres horizons. Dans ces pages, des scientifiques et des journalistes donnent des ailes à notre imagination dans sa quête vers l'inconnu. Nous remercions vivement chacun d'entre eux.

Dieter Imboden
Président du Conseil de la recherche du Fonds national suisse (FNS)

IMMAGINATE CHE...

Alla radio e alla televisione, dopo il notiziario della sera accompagnate da un'invitante sigla musicale, risuonino queste parole: «Ecco i titoli degli eventi scientifici di oggi: a Basilea un gruppo di ricercatori ha...»

Perché no? Ormai siamo abituati all'onnipresenza mediatica dello sport, è un appuntamento fisso dopo il notiziario della sera. Anche le donne e gli uomini impegnati nella ricerca scientifica ottengono ogni giorno dei primati e allargano le frontiere della nostra conoscenza, come le atlete e gli atleti che battono i record e superano ogni volta i limiti dell'umana capacità.

Naturalmente, si tratta di un'utopia. Non mi faccio alcuna illusione. Le equazioni matematiche, le provette e i microscopi sono molto meno telegenici delle roboanti moto da corsa, del fascio di muscoli del calciatore o delle regine dello snowboard che piroettano nell'aria. Tuttavia, dobbiamo essere capaci di sognare l'utopia, sia nell'uno che nell'altro campo, e gettare uno sguardo verso nuove frontiere. In questa pubblicazione molte personalità del mondo della ricerca e del giornalismo mettono ali alla nostra fantasia e ci accompagnano alla scoperta di un mondo sconosciuto. Non possiamo che esprimere un sentito ringraziamento a tutti coloro che hanno partecipato.

Dieter Imboden
Presidente del Consiglio della ricerca del Fondo nazionale svizzero (FNS)

JUST IMAGINE...

The evening news on the television or radio is followed by a tune and the announcement: "There now follows a summary of the scientific events of the day. In Basle, a team of research scientists ..."

Why not? We are perfectly accustomed to omnipresent media coverage of sports events – as witnessed every evening after the news. And after all, researchers also spend their day stretching themselves to the limit and extending the boundaries of our knowledge, just like athletes break records and seemingly exceed the limits of the humanly possible.

But of course the idea is utopian. Mathematical equations, test tubes and microscopes are, let's face it, far less telegenic than roaring motorbikes, kicking musclemen or snowboarders flying through the air. But now and then it doesn't hurt to dream of utopias and to explore a different landscape. In the present work, a team of dedicated people from the worlds of science and the media lends our imagination wings in the search for the unknown. All those who have participated in this project deserve our warmest thanks.

Dieter Imboden
President of the Research Council of the Swiss National Science Foundation (SNSF)

EIN FORSCHERLEBEN FÜR EIN STÜCKCHEN WAHRHEIT

Forscher haben nie Zeit: Jeder Berufsgattung eilt ein bestimmter Ruf voraus. Wie bei allen Klischees, steckt auch in diesem eine halbe Wahrheit. Als ich den bekannten Wirtschaftswissenschaftler Ernst Fehr besuchte, um ihm SCIENCEsuisse vorzustellen, bestätigte er mir: Medienanfragen lehne er meistens ab; gelegentlich schreibe er einen Artikel für die *Neue Zürcher Zeitung*. «Solche Aktivitäten lenken vom Wesentlichen ab», begründet Ernst Fehr seine Zurückhaltung. Dabei haben Medien und Wirtschaft ein grosses Interesse an den Erkenntnissen einer anerkannten Kapazität wie Ernst Fehr. Ich liess es mir nicht nehmen, die Probe aufs Exempel zu machen: Würde er eine Ausnahme machen, falls er eine Einladung von Microsoft-Gründer Bill Gates erhalten würde? «Kommt drauf an, wie viel ihm die Beratung wert wäre», antwortete Ernst Fehr mit einem schelmischen Lachen. «Wenn ich mit dem Honorar ein neues Forschungsprojekt finanzieren kann, warum nicht.» – Für SCIENCEsuisse hat sich Ernst Fehr grosszügig Zeit genommen. Eine ähnliche Erfahrung habe ich mit Bertrand Piccard gemacht: Zusammen mit meinem TSR-Kollegen Gaspard Lamunière besuchte ich den bekannten Ballonpiloten im Solar-Impulse-Hauptquartier in der Nähe von Lausanne, wo sein Team das Solarfluggerät entwickelt, mit dem Piccard 2011 eine Weltumrundung wagen will. Wie viel Zeit er dem Briefing für einen möglichen Aufsatz in der SCIENCEsuisse-Publikation widmen könne, wollte mein Kollege von Bertrand Piccard wissen, der eben aus einer wichtigen Besprechung herausgeholt worden war. «Wenn ich zusage, dann nehme ich mir die Zeit, die es dafür braucht», entgegnete er. Als wir am Schluss unseres Treffens einen Fototermin vereinbaren wollten, wehrte Bertrand Piccard freundlich, aber bestimmt ab: «Von mir gibt's schon viele gute Fotos. Wissen Sie, wegen dieses Gesprächs habe ich gerade einen wichtigen Testlauf für Solar Impulse verpasst.»

Wissenschaftler achten sorgfältig darauf, ihre Zeit für das einzusetzen, was ihnen wichtig ist – ihre Forschung nämlich. Doch auch die Medienarbeit gehört dazu; denn sie wollen wahrgenommen werden – mit ihren Erkenntnissen, im Interesse der Gesellschaft, aber ebenso um die Finanzierung ihrer nächsten Forschungsarbeit sicherzustellen. Die Realisierung von SCIENCEsuisse hat gezeigt, dass sich einzelne der ausgewählten Forschenden wirklich fast keine Zeit nehmen wollten für die zum Teil aufwendigen Dreharbeiten, welche die Filmschaffenden ihnen vorgeschlagen hatten. Da gab es tatsächlich ein Feilschen um ein paar Stunden mehr Drehzeit. Die meisten Forschenden haben aber die nötige Zeit investiert – ganz im Sinne Piccards: Wenn ich zusage, dann mache ich es richtig. Und es war nicht wenig, was auf die Forschenden zukam: mehrtägige Dreharbeiten, ein Foto- und ein Gesprächstermin als Grundlage für die Porträts in diesem Buch sowie das Gegenlesen der Texte in mehreren Sprachen. Allen Forschenden sei herzlich gedankt: für die Zusammenarbeit, für ihr Vertrauen – und für die Zeit, welche sie diesem Projekt gewidmet haben.

Wer genau die Idee zu SCIENCEsuisse hatte, ist schwierig auszumachen. Auf jeden Fall tauchte sie immer wieder und immer dringlicher auf, seit die SRG SSR idée suisse Fernsehreihen initiiert und produziert, welche sich auf ausgeprägte Stärken der Schweiz besinnen: LiteraTour de Suisse, ArchitecTour de Suisse, PHOTOsuisse und DESIGNsuisse heissen die Vorgängerreihen. Jede ist in enger Partnerschaft mit einem kompetenten Partner entstanden. Für SCIENCEsuisse drängte sich eine Zusammenarbeit mit dem Schweizerischen Nationalfonds (SNF) auf, ist doch unser Wunschpartner das Kompetenzzentrum für wissenschaftliche Forschung in der Schweiz. Vier Forschungsräte des SNF haben die Redaktion von SCIENCEsuisse – die Fernsehproduzenten Luisella Realini, Alberto Chollet, Gaspard Lamunière und mich – bei der Auswahl beraten. Ebenso hat der SNF Fachlektoren verpflichtet, welche das ganze Projekt begleitet haben. Zudem hat der SNF diese Publikation auch finanziell unterstützt. Dank dem Engagement des Staatssekretariats für Bildung und Forschung wird SCIENCEsuisse eine internationale Verbreitung finden, und swissinfo.ch ermöglichte die englische Fassung der Kurzfilme.

Bei der Auswahl der 25 Forschenden liessen wir uns vom Gedanken leiten, dem Publikum Einblick in möglichst verschiedenartige Forschungsgebiete zu gewähren. Die ganze Palette der Wissenschaften stand zur Auswahl: Der SNF unterstützt Projekte in 112 Disziplinen. Damit ist auch gesagt: Unsere Auswahl kann und will nicht repräsentativ sein. Wir haben uns vielmehr auf jene Disziplinen konzentriert, bei denen der Forschungsplatz Schweiz internationale Ausstrahlungskraft besitzt. Ebenso war es uns wichtig, die verschiedenen Regionen der Schweiz in der Auswahl zu berücksichtigen. Gern hätten wir mehr Forscherinnen vorgestellt; aber nach wie vor sind Frauen in Toppositionen selten: Eine wissenschaftliche Karriere und Familie unter einen Hut zu bringen, ist schwierig, wie Martine Rahier, die erste Unirektorin der Westschweiz, betont. Um Missverständnisse zu vermeiden: Bei der Auswahl haben wir nicht nach dem Schweizer Pass gefragt. Exzellente Forschung, welche der Forschungsplatz Schweiz hervorbringt, war das massgebende Auswahlkriterium. Mit SCIENCEsuisse haben wir uns zum Ziel gesetzt, allgemein verständlich auf komplexe Forschungsarbeiten einzugehen. Für alle Filmschaffenden und Textautoren war es die grosse Herausforderung, attraktive und zugängliche Ansätze zu finden, um einen Einblick in die spannende, manchmal auch sperrige Welt der Wissenschaften zu geben. Mit dem Ziel, dem Publikum zu vermitteln, womit sich Spitzenforschung heute befasst, worüber Wissenschaftlerinnen und Wissenschaftler am Anfang des 21. Jahrhunderts nachdenken. Auch Letztere waren mit dem Vorsatz, allgemein verständlich zu bleiben, gefordert: ein aufwendiger, manchmal auch mühsamer Prozess. Dabei wurde immer wieder um verständliche Formulierungen gerungen, die dennoch richtig sind. Schliesslich kann ein komplizierter Sachverhalt nicht einfacher gemacht werden, als er ist. «In dieser Kürze kommt es auf jedes Wort an», schrieb mir Klaus Scherer, Professor für Psychologie in Genf, in einem E-Mail, nachdem er geprüft hatte, ob die deutsche Fassung seines Kurzfilms sachgerecht übersetzt war.

In den Kurzfilmen kommen die Forschenden ausführlich zu Wort, was eine persönliche Begegnung mit ihnen und ihrem Fachgebiet erlaubt. Die Texte im Buch, verfasst von spezialisierten Wissenschaftsjournalisten, sind als Aussensicht konzipiert. Andri Pol, bekannt für seinen überraschenden, persönlichen Blick auf die Welt, prägt diese Publikation visuell. Dies als dritte Annäherung an die 25 ausgewählten Forschenden – diesmal ohne Worte, aber vielsagend mit den Mitteln der Fotografie.

Als wir mit den Vorarbeiten zu SCIENCEsuisse begannen, glaubte ich, diesmal einem anderen Menschentyp zu begegnen, als dies Architekten, Designer und Fotografen sind. Im Rückblick dominieren die Gemeinsamkeiten, die ich entdeckt habe. Viele Forschende habe ich als spielerische, fantasievolle Menschen erlebt. Oft kamen wir auf Kreativität zu sprechen, zum Beispiel wenn es darum geht, eine Hypothese zu finden oder eine neue Forschungsmethode zu entwickeln. Erstaunlich viele Wissenschaftlerinnen und Wissenschaftler erwähnen ihre Leidenschaft für Musik und spielen selbst ein Instrument. Einige unter ihnen haben in jungen Jahren ernsthaft eine Musikerkarriere erwogen, wie zum Beispiel die Teilchenphysikerin Felicitas Pauss. Und ist nicht jeder grosse Architekt, jeder bedeutende Designer, jeder stilbildende Fotograf auch ein Forscher auf seinem Gebiet? Eines haben sie alle gemeinsam, ob sie im Kulturbereich oder in der Wissenschaft tätig sind: dieses Leuchten in den Augen, wenn sie von ihrer Arbeit sprechen. Da wird die Leidenschaft spürbar, welche sie alle antreibt – allen Schwierigkeiten, Hindernissen und Rückschlägen zum Trotz.

Was mich im Bereich der Wissenschaften am meisten beeindruckt: die Entscheidung, die jede Wissenschaftlerin, jeder Wissenschaftler einmal für sich getroffen hat, sich ein Forscherleben lang mit einer grossen Frage zu beschäftigen, um vielleicht eine Antwort zu finden und damit ein Stückchen Wahrheit – immer im Bewusstsein, dass jede Antwort wieder neue Fragen aufwerfen wird. – Das ist es doch, was Forschung spannend und das Leben lebenswert macht.

Christian Eggenberger
Mitherausgeber SCIENCEsuisse, Produzent beim Schweizer Fernsehen

TOUTE UNE VIE DE CHERCHEUR POUR UNE MIETTE DE VÉRITÉ

Les chercheurs n'ont jamais le temps : toutes les professions sont précédées d'une certaine réputation – et comme tous les clichés, celui-ci recèle aussi une part de vérité. Lorsque je suis allé le trouver pour lui présenter SCIENCE-suisse, le célèbre économiste Ernst Fehr m'a effectivement confirmé qu'il refusait la plupart des demandes émanant des médias – à l'exception de ses contributions sporadiques pour la *Neue Zürcher Zeitung.* « C'est le genre d'activité qui me détourne de l'essentiel », m'a-t-il expliqué pour justifier ce quant-à-soi. Ce faisant, les découvertes d'une sommité reconnue comme Ernst Fehr suscitent un vif intérêt de la part des médias et de l'économie. Je n'ai donc pas pu résister à la tentation de le mettre à l'épreuve : ferait-il une exception si l'invitation émanait de Bill Gates, le fondateur de Microsoft ? « Tout dépend de ce qu'il serait prêt à payer pour une consultation, m'a-t-il répondu avec un rire malicieux. Si l'honoraire devait me permettre de financer un nouveau projet de recherche, pourquoi pas. » A noter que pour SCIENCE-suisse, Ernst Fehr ne s'est pas montré avare de son temps. Tout comme Bertrand Piccard, que j'ai rencontré avec mon homologue de la TSR Gaspard Lamunière au quartier général de Solar Impulse, dans les environs de Lausanne, où son équipe développe l'avion solaire à bord duquel ce célèbre aérostier a l'intention de tenter un tour du monde en 2011. Lorsque Gaspard Lamunière l'a fait sortir d'une importante réunion pour lui demander combien de temps il pourrait consacrer au briefing pour une éventuelle contribution à SCIENCE-suisse, Bertrand Piccard lui a répondu : « Si j'accepte, je prendrai le temps qu'il faudra. » Mais lorsque nous avons voulu convenir avec lui d'un rendez-vous photo à la fin de notre rencontre, il nous a gentiment mais fermement éconduit : « Il existe déjà suffisamment de bons portraits de moi, a-t-il rappelé. Vous savez, notre discussion m'a déjà fait rater une phase test importante de Solar Impulse. »

Les scientifiques sont donc soucieux d'investir leur temps uniquement pour ce qui compte à leurs yeux : leur recherche. Mais le travail avec les médias s'inscrit lui aussi dans cet investissement, car ils désirent être reconus grâce à leurs découvertes. Dans l'intérêt de la société, mais aussi pour assurer le financement de leurs prochains travaux. La réalisation de SCIENCEsuisse nous a montré que certains chercheurs avaient peu envie de consacrer du temps aux tournages, parfois exigeants, que leur proposaient les réalisateurs. Et il a effectivement fallu parfois marchander quelques heures de tournage. Mais la plupart des chercheurs ont investi le temps nécessaire – dans le même esprit que Bertrand Piccard : si j'accepte, alors je consacre le temps qu'il faut. Sans compter que ce qui les attendait n'était pas rien : plusieurs journées de tournage, un rendez-vous photo et un entretien qui allait servir de base à leur portrait dans ce livre, sans oublier la relecture des textes dans plusieurs langues. Nous remercions donc chaleureusement tous les chercheurs pour leur collaboration, leur confiance – et pour le temps qu'ils ont consacré à ce projet.

Il est difficile de dire qui, précisément, a eu l'idée de SCIENCEsuisse. Mais le fait est qu'elle a ressurgi constamment, avec à chaque fois, un sentiment d'urgence grandissant depuis que SRG SSR idée suisse lance et produit ces séries documentaires consacrées aux domaines où la Suisse excelle: les collections qui ont précédé SCIENCEsuisse s'appelaient LiteraTour de Suisse, ArchitecTour de Suisse, PHOTOsuisse et DESIGNsuisse. Chacune d'entre elles est née d'une étroite collaboration avec un partenaire compétent. Pour SCIENCEsuisse, le Fonds national suisse (FNS) était le partenaire qui s'imposait. Cette institution est en effet le centre de compétence par excellence de la recherche scientifique en Suisse. Quatre conseillers à la recherche du FNS ont aiguillé le groupe éditorial de SCIENCEsuisse – les producteurs TV Luisella Realini, Alberto Chollet, Gaspard Lamunière et moi-même – dans sa sélection. Le FNS a aussi engagé des lecteurs spécialisés qui ont accompagné l'ensemble du projet, et l'institution a également soutenu financièrement la présente publication. Enfin, grâce à l'engagement du Secrétariat d'Etat à l'éducation et à la recherche, SCIENCEsuisse bénéficiera d'une diffusion internationale. Par ailleurs, swissinfo.ch s'est chargé de la version anglaise des courts métrages.

Nous avons sélectionné ces vingt-cinq chercheurs en nous laissant guider par l'envie d'offrir au public un aperçu de domaines de recherche aussi divers que possible. Nous avions au choix une vaste palette de scientifiques: le FNS soutient en effet des projets dans 112 disciplines. En d'autres termes, notre panel ne peut pas et n'entend pas être représentatif. Nous avons préféré nous concentrer sur les disciplines dans lesquelles la Suisse jouit d'un rayonnement international, en tant que place de recherche. Il nous paraissait important également de prendre en compte les différentes régions du pays. Enfin, nous vous aurions volontiers présenté davantage de chercheuses, mais comme par le passé, les femmes restent rares au top niveau: il est difficile de mener de front carrière scientifique et vie de famille comme le souligne Martine Rahier, la première rectrice d'université de Suisse romande. Afin d'éviter tout malentendu, signalons aussi que nous n'avons pas exigé de passeport suisse. La recherche de pointe produite en Suisse était notre critère de sélection déterminant.

Avec SCIENCEsuisse, nous nous sommes également fixé pour objectif de rendre accessibles des travaux de recherche complexes. L'ensemble des réalisateurs et des auteurs a ainsi dû relever un important défi: réussir à trouver des points d'entrées accrocheurs et accessibles pour pénétrer dans cet univers scientifique passionnant, mais parfois touffu. Dans le but de faire connaître au public les sujets sur lesquels la recherche de pointe se penche aujourd'hui et auxquels les scientifiques réfléchissent en ce début de XXIe siècle. Ces scientifiques ont d'ailleurs été mis au défi, eux aussi, par l'exigence de rester intelligibles: ce processus a pris du temps, il a été pénible aussi, parfois. Il a souvent fallu batailler pour trouver des formulations à la fois compréhensibles et exactes. Sans compter qu'en définitive, simplifier un fait complexe reste une gageure. «Dans un format aussi réduit, chaque mot compte», a écrit Klaus Scherer, professeur de psychologie à Genève, dans l'e-mail qu'il m'a envoyé après avoir vérifié l'exactitude de la version allemande du court-métrage qui lui est consacré.

Dans les films, les chercheurs ont largement voix au chapitre, ce qui permet une rencontre personnelle, avec eux et avec leur domaine spécialisé. Quant aux textes du présent ouvrage, ils ont été rédigés par des journalistes scientifiques et conçus comme une approche extérieure. Au plan visuel, enfin, cette publication porte la griffe du photographe alémanique Andri Pol, dont on connaît le regard surprenant et très personnel sur le monde. Les moyens de la photographie fonctionnent ainsi comme une troisième approche de ces vingt-cinq chercheurs – muette, cette fois-ci, mais toujours évocatrice.

Lorsque nous avons entamé les travaux préliminaires de SCIENCEsuisse, je pensais rencontrer cette fois-ci des personnes très différentes des architectes, des designers et des photographes que nous avions rencontrés en réealisant les series précédentes. Or rétrospectivement, ce qui domine dans mon souvenir, ce sont les éléments qu'ils ont en commun. J'ai vécu bon nombre de ces chercheurs comme des personnes ludiques et pleines d'imagination. Nous avons été souvent amenés à parler créativité, lorsqu'il s'agissait par exemple de formuler une hypothèse ou de mettre au point une nouvelle méthode de recherche. Il est surprenant également de constater à quel point ces scientifiques sont nombreux à citer leur passion pour la musique et à jouer d'un instrument. Certains d'entre eux avaient même sérieusement envisagé une carrière musicale lorsqu'ils étaient jeunes, à l'instar de la physicienne des particules Felicitas Pauss. Mais à l'inverse, tout grand architecte, tout grand designer, tout grand photographe n'est-il pas, lui aussi, un chercheur dans son domaine ? Toutes ces personnes ont d'ailleurs quelque chose en commun, qu'elles soient actives dans le domaine culturel ou scientifique : cette lueur dans les yeux quand elles évoquent leur travail. On sent alors la passion qui les fait avancer – en dépit de toutes les difficultés, de tous les obstacles et de tous les revers.

Enfin, ce qui m'a le plus impressionné dans cet univers, c'est cette décision personnelle que chacune, chacun de ces scientifiques a prise un jour : consacrer toute une vie de chercheur à une seule et grande question, pour peut-être trouver un jour une réponse et, par la même, une miette de vérité – tout en restant conscient que chaque réponse appellera de nouvelles questions. Mais c'est précisément ce qui rend la recherche palpitante. Et la vie digne d'être vécue.

Christian Eggenberger
Coéditeur de SCIENCEsuisse, producteur à la Télévision suisse alémanique

UN'INTERA VITA DA SCIENZIATO PER UNA BRICIOLA DI VERITÀ

Si dice che gli scienziati non abbiano mai tempo: ogni professione gode di una sua fama e, come tutti gli stereotipi, anche questo nasconde una mezza verità. Quando mi recai dal noto economista Ernst Fehr per presentargli SCIENCEsuisse, egli mi confermò che rifiutava la maggior parte delle richieste da parte dei media e che scrive solo articoli occasionali per la *Neue Zürcher Zeitung.* «Sono attività che distolgono dall'essenza delle cose», fu la giustificazione per la sua ritrosia. Malgrado ciò il mondo dell'informazione e quello dell'economia manifestano un grandissimo interesse per le teorie di una sommità come Ernst Fehr. Non mi lasciai sfuggire l'occasione di metterlo alla prova: avrebbe fatto un'eccezione se l'invito fosse venuto dal fondatore della Microsoft, Bill Gates? «Dipenderebbe dal valore dato alla mia consulenza», fu la risposta di Fehr, accompagnata da un sorriso astuto. «Se quell'onorario dovesse permettermi di finanziare un nuovo progetto di ricerca, perché no». Ernst Fehr è stato generoso del suo tempo per SCIENCEsuisse. Ho vissuto la stessa esperienza con Bertrand Piccard. Con il collega della TSR, Gaspard Lamunière, andammo a far visita al famoso pilota di aerostati presso il quartier generale di Solar Impulse, vicino a Losanna, nella sede dove il suo gruppo sviluppa l'aeromobile solare con la quale vuole circumnavigare la terra nel 2011. Quando il mio collega, che lo aveva fatto uscire da un'importante riunione, gli chiese quanto tempo potesse dedicare a un suo eventuale contributo per SCIENCEsuisse, Bertrand Piccard gli rispose: «Se accetto, mi prenderò il tempo che sarà necessario». Ma, quando al termine del nostro incontro cercammo di fissargli una sessione fotografica, con gentilezza e fermezza ci congedò: «Ci sono già tante belle foto di me. Sapete, per questo incontro mi sono appena perso un test importante di Solar Impulse.»

Gli scienziati riservano gelosamente il proprio tempo a quanto ritengono importante – le loro ricerche. Considerano anche il lavoro con i media poiché vogliono far conoscere le loro teorie e scoperte al vasto pubblico nell'interesse della società e anche per assicurare il finanziamento dei futuri progetti di ricerca. La realizzazione di SCIENCEsuisse ha evidenziato come alcuni scienziati prescelti non avessero alcuna intenzione di sacrificare alla registrazione dei filmati il tempo che la produzione aveva preventivato. In alcuni casi si è dovuto contrattare la concessione di un paio d'ore in più di ripresa. La maggior parte degli scienziati ci ha però dedicato tutto il tempo necessario – con la stessa risolutezza di Piccard: «Se accetto, lo faccio come si deve». E l'impegno loro richiesto non era poco: riprese televisive di alcuni giorni, un'intervista e una sessione fotografica per i ritratti raccolti in questo libro, oltre alla rilettura dei testi in varie lingue. Colgo quest'occasione per ringraziare molto sentitamente tutti gli intervistati per la collaborazione, la fiducia e il tempo che hanno dedicato a questo progetto.

E' difficile stabilire con precisione chi abbia avuto l'idea di SCIENCEsuisse. In ogni caso si è riaffacciata con regolarità, e con un sentimento di urgenza, da quando sono state lanciate e prodotte le serie televisive SRG SSR idée suisse consacrate ai settori dove la Svizzera si distingue per eccellenza: LiteraTour de Suisse, ArchitecTour de Suisse, PHOTOsuisse e DESIGNsuisse. Ognuna di queste è stata realizzata in stretta collaborazione con un'istituzione competente in materia. Per SCIENCEsuisse si è imposta la collaborazione con il Fondo Nazionale Svizzero per la Ricerca Scientifica (FNS) perché centro di competenza per eccellenza nella ricerca scientifica. La selezione degli scienziati è stata curata dal gruppo editoriale di SCIENCEsuisse – i produttori televisi Luisella Realini, Alberto Chollet, Gaspard Lamunière e chi scrive – dopo quattro riunioni con il FNS, che ha assicurato la collaborazione di esperti per il controllo dei testi, accompagnato il progetto lungo tutta la sua durata e contribuito con un sostegno finanziario a questa pubblicazione. Infine, grazie all'impegno della Segreteria di Stato per l'Educazione e la Ricerca, SCIENCEsuisse avrà una diffusione internazionale, mentre Swissinfo.ch ha assicurato il doppiaggio in inglese dei cortometraggi.

Abbiamo selezionato questi 25 scienziati lasciandoci guidare dal desiderio di offrire al pubblico una scelta e uno sguardo il più ampio possibile di discipline scientifiche. Ne avevamo a disposizione una vasta gamma: il FNS sovvenziona progetti in 112 differenti campi di ricerca. È quindi evidente che la nostra selezione non può e non vuole essere rappresentativa. Abbiamo preferito concentrare l'attenzione nelle discipline nelle quali la ricerca svizzera gode di fama internazionale. Ci è sembrato anche importante considerare la rappresentanza di tutte le regioni del paese. Avremmo volentieri dato più spazio alle scienziate, ma – oggi come in passato – le donne ai primi posti delle classifiche sono rare: portare avanti carriera scientifica e vita di famiglia è ancora molto difficile, come sottolinea Martine Rahier, la prima donna Rettrice d'Università nella Svizzera romanda. Per evitare ogni fraintendimento è bene dire che la lista delle personalità non è stata stilata in base al passaporto svizzero. Il criterio determinante nella scelta è stato l'eccellenza della ricerca condotta in Svizzera.

Con SCIENCEsuisse ci siamo prefissi l'obiettivo di approfondire e rendere accessibili a tutti alcuni campi di ricerca piuttosto complessi. Per i cineasti e gli autori dei testi è stata una grande sfida: trovare un approccio attraente e alla portata di tutti per penetrare nel mondo della scienza, appassionante anche se a volte ostico. Lo scopo è far conoscere al grande pubblico i campi di ricerca di punta ai quali riflettono e lavorano le scienziate e gli scienziati alla soglia del XXI secolo. Anche gli scienziati hanno affrontato la sfida di doversi esprimere in modo comprensibie: c'è voluto tempo, è stato faticoso e a volte anche difficile. La ricerca della formulazione più comprensibile e tuttavia corretta è stata ardua. E poi, semplificare un fatto complesso resta sempre una scommessa.

«In un cortometraggio, ogni parola ha il suo peso», ci ha scritto il Professor Klaus Scherer, docente di Psicologia a Ginevra, dopo aver verificato la correttezza scientifica della traduzione per la versione tedesca del cortometraggio che lo riguardava. Nei cortometraggi gli scienziati sono protagonisti e si esprimono ampiamente, questo permette un approccio personale con loro e il loro campo di ricerca. I testi della pubblicazione, redatti da giornalisti specializzati nella divulgazione scientifica, sono stati pensati per offrire anche una visione esterna. Infine le immagini di Andri Pol, fotografo tedesco noto per il sorprendente e personalissimo sguardo sul mondo, marcano questa pubblicazione offrendo una terza opportunità per avvicinarsi alla personalità dei 25 scienziati prescelti – muta, questa volta, ma sempre molto più eloquente.

Quando iniziammo la preparazione di SCIENCEsuisse, pensai che avremmo incontrato delle personalità molto diverse da quelle degli architetti, designer e fotografi che avevamo conosciuto durante la realizzazione delle serie precedenti. Ora, a posteriori, nella mia memoria prevalgono i tratti comuni. Ho conosciuto molti scienziati dotati di personalità giocose e piene di fantasia. Abbiamo spesso parlato della creatività quando, per esempio, si trattava della formulazione di un'ipotesi e di sviluppare un nuovo metodo di ricerca. Con grande sorpresa, molte delle scienziate e degli scienziati hanno rivelato una passione per la musica e di saper suonare uno strumento. Alcuni di loro, da giovani, avevano anche pensato seriamente di intraprendere la carriera musicale, come Felicitas Pauss, fisica delle particelle, per esempio. Ma, non potremmo anche dire che i grandi architetti, i designer più noti e i pionieri della fotografia sono, nel loro campo, degli scienziati? Impegnati nel mondo della cultura o della ricerca scientifica, tutti hanno una caratteristica in comune: lo sguardo che si illumina quando parlano del proprio lavoro. Si percepisce, allora, la passione che li spinge infaticabilmente ad andare avanti nonostante le difficoltà, gli ostacoli e le sconfitte.

Ciò che più mi ha colpito degli scienziati è la decisione, che ognuno di loro ha preso un giorno, di dedicare una vita intera alla ricerca di una risposta a una grande domanda per trovare, forse, un giorno una risposta, e con questa, una briciola di verità – con la consapevolezza che ogni risposta porta con sé altre domande. Ma è proprio questo che rende la ricerca scientifica così appassionante e la vita degna di essere vissuta.

Christian Eggenberger
Coeditore SCIENCEsuisse, produttore presso la Televisione Svizzera

A LIFE IN RESEARCH
FOR A GRAIN OF TRUTH

Scientists are always short of time. Like all other clichés, this one too contains a certain degree of truth. When I visited Ernst Fehr, the renowned economist, to explain the SCIENCEsuisse project to him, he told me that he generally turns down enquiries from the media, although he does occasionally write an article for the *Neue Zürcher Zeitung:* "Things like this distract our attention from the really important issues," he says. The fact is, however, that the media and the business world are very interested in the findings of scientists like Ernst Fehr. I could not resist testing him with a question: would he make an exception if he received an invitation from Microsoft founder Bill Gates? "It depends on how much he felt my advice was worth," Fehr replied, laughing mischievously. "If I can finance a new research project with the fee, then why not?" As it turned out, Ernst Fehr generously devoted a good deal of time to SCIENCEsuisse. I had a similar experience with Bertrand Piccard. My TSR colleague Gaspard Lamunière and I visited the well-known balloon pilot at his Solar Impulse headquarters near Lausanne, where his team is working on the solar-powered aircraft in which Piccard plans to circumnavigate the world in 2011. My colleague asked Bertrand Piccard, who had just inter- rupted an important meeting, how much time he could spare for a briefing about his – possibly – writing an article for SCIENCEsuisse. "If I accept, I'll take all the time necessary," he rejoined. When, towards the end of our discussion, we tried to talk Piccard into attending a photo shoot he declined politely but firmly: "There are plenty of good photos of me. You know, I missed an important test run for Solar Impulse because of this discussion."

Scientists make sure they use their time for things that are important to them, namely: for their research. And this also involves media work. After all, they want people to take notice of them and to acknowledge their discoveries for society's sake; they also want to secure the funds they need for their next research project. The SCIENCEsuisse project revealed that a few of the participating researchers aimed to spend as little time as possible on the filming (which was quite demanding at times) that had been proposed by the film makers. Indeed, there was quite a lot of haggling over just a few additional hours of shooting. Most of the researchers did, however, invest the time that was needed. And there was indeed a fair amount of work in store for the researchers: several days of filming, a photo shoot and a discussion that together provided the basis for the portraits in this book, not to mention checking texts written in several languages. So I would like to thank the researchers most sincerely for their cooperation, the trust they placed in us, and all the time they devoted to this project.

It is hard to say who originally came up with the idea for SCIENCEsuisse. It came up time and time again and with greater urgency after the Swiss broadcasting corporation SRG SSR idée suisse had launched and produced a number of television series on Switzerland's greatest strengths. SCIENCEsuisse was preceded by series with titles such as LiteraTour de Suisse, Architec-Tour de Suisse, PHOTOsuisse and DESIGNsuisse. Each one was produced in close cooperation with a specialist partner. In the case of SCIENCEsuisse, collaboration with the Swiss National Science Foundation (SNSF) was the obvious solution. Four SNSF Research Councils advised the SCIENCEsuisse editorial group – TV producers Luisella Realini, Alberto Chollet, Gaspard Lamunière and myself – on the choice of subjects. The SNSF also supported the publication financially and engaged the scientific editors, who monitored the entire project. Thanks to the commitment shown by the State Secretary for Education and Research, SCIENCEsuisse will be presented to an international audience. The English version of the short films, which you will find on the two DVDs accompanying this book, was produced by swissinfo.ch.

In selecting the twenty-five scientists, we were guided by the idea of presenting our audience with a diverse selection of research fields. We had the entire range of sciences to choose from. As the SNSF supports projects in a total of 112 disciplines, our selection could never have claimed to be representative. Consequently, we focused our attention on those research disciplines in which Switzerland enjoys an excellent international reputation. We also tried to ensure that the various regions of Switzerland were represented. We should have liked to include more female researchers, but even today very few women hold top positions in Switzerland. For a woman, reconciling a scientific career with raising a family is not easy, as Martine Rahier, the first female rector of a university in Western Switzerland, points out. To avoid any misunderstandings: in choosing the scientists, we did not ask about their nationality. Excellent research was the key criterion. With SCIENCEsuisse, we set out to explain complex research problems in a generally understandable way. The film-makers and text authors also found it quite a challenge to come up with appealing and intelligible ways and means of providing insights into the exciting and sometimes impenetrable world of science, as well as to inform the public on what leading researchers are involved in today, and what is occupying their minds in the early twenty-first century. It was certainly a challenge to the scientists to try to articulate their ideas in a clear and intelligible form; it was also a very time-consuming and sometimes arduous job. Time and again they found themselves struggling to formulate their ideas in a manner that was understandable but did not sacrifice accuracy. Ultimately, however, a complex problem cannot be rendered simpler than it is. As Klaus Scherer, Professor of Psychology in Geneva, wrote in an e-mail to me after checking to see whether the German version of his short film had been translated correctly: "With texts of this brevity, every word counts."

The short films, created as personal encounters, give the researchers an opportunity to present their respective fields in detail. The contributions in the book, written by specialised science journalists, adopt the position of the outside observer. Andri Pol, well known for his refreshingly personal view of the world, has left his visual stamp on this publication. His was the third angle on the twenty-five selected research scientists – one that did without any words and worked with the evocative means of photography.

When we began preparing SCIENCEsuisse, I have to admit that I was expecting to encounter individuals very different from the architects, designers and photographers that we had met in previous projects. In retrospect, it is the common features that proved to be so striking: I discovered that many researchers are playful, imaginative people. We often found ourselves discussing creativity, for instance, when they were talking about ways of finding a hypothesis or developing a new research method. It was surprising, too, just how many scientists spoke of having a passion for music and also play instruments. Some of them had seriously considered embarking on careers as musicians in their younger years, as was the case with particle physicist Felicitas Pauss. But, after all, is not every great architect, every distinguished designer and every trendsetting photographer a researcher in his or her particular field? All these specialists, no matter whether they are working in the field of culture or science, have one thing in common: their eyes light in a very special way when they talk about their work. It is then that the passion which inspires them manifests itself – despite all the difficulties, obstacles and setbacks they face in their work.

What impresses me most about all these people working in the sciences is the decision that every one of them took at some point to occupy themselves with a single question for the rest of their lives, and thus possibly find a single corresponding grain of truth, fully aware that each such answer will inevitably raise new questions. It is this that makes research so exciting and life worth living.

Christian Eggenberger
Co-publisher of SCIENCEsuisse, producer Swiss Television

Laurent Keller
Adrian Pfiffner
Thomas Stocker
Brigitte Studer
Carel van Schaik
Martine Rahier
Othmar Keel
Rolf Pfeifer
Michael Grätzel
Felicitas Pauss
Christian Schönenberger
Pierre Thomann

LAURENT KELLER

DER AMEISEN BESTER FREUND
Laurent Keller
Evolutionsbiologe

In einer Beziehung gleicht dieser Ameisenforscher seinen Studienobjekten: Laurent Keller ist ein emsiger Arbeiter, der weiss, was er will. Beweis dafür sind seine rund 100 wissenschaftlichen Artikel, von denen sicher 15 in so namhaften Wissenschaftszeitschriften wie *Science* oder *Nature* erschienen sind. Auch wenn ihm bis heute noch keine Fühler gewachsen sind, so ist der Biologe Laurent Keller doch ganz und gar in das Universum dieser Hautflügler eingetaucht. «Es gibt hier so viele Dinge zu entdecken», begeistert sich der Professor der Universität Lausanne.

«Haben Sie gewusst, dass Ameisen lange vor dem Menschen die Samenbanken erfunden haben?» fragt er mit Schalk in den Augen. Ist die Königin befruchtet worden, kann sie in einer Samentasche Millionen von Spermien aufbewahren und auf diese während ihres ganzen Lebens zurückgreifen, sobald es nötig wird. Arbeiterinnen führen «Razzien» durch, um Kolleginnen, die heimlich Eier legen, zu eliminieren – um damit die Produktivität im Ameisenstaat zu erhalten. Laurent Keller und sein Team haben dies im Jahre 2004 entdeckt. «Dürften sich alle Arbeiterinnen fortpflanzen, würden sie die Arbeit der Kolonie stören», erklärt Laurent Keller. «In allen Gesellschaften – bei den Ameisen ebenso wie bei den Menschen – sind Mechanismen nötig, die egoistisches Verhalten verhindern.» Die Forscher haben sogar herausgefunden, wie diese «Polizistinnen» auf die «Missetaten» ihrer Artgenossinnen aufmerksam werden: Sie verströmen einen verräterischen Geruch.

Soziale und kooperative Verhaltensweisen in Insektengesellschaften faszinieren diesen atypischen Forscher seit mehr als zwanzig Jahren. Laurent Keller erkennt darin auch einen Spiegel des menschlichen Zusammenlebens. «Ursprünglich wollte ich Menschenaffen studieren. Dies ist in Afrika möglich, aber ziemlich kompliziert. Oder man beobachtet sie in Gefangenschaft, was eine verzerrte Wirklichkeit darstellt», erklärt Laurent Keller. «Deshalb habe ich mich den Ameisen zugewendet.»

Sein Wissensdrang war nicht in seinen Genen festgeschrieben. Mit einem verschmitzten Lächeln gibt Laurent Keller gern zu, dass er als Jugendlicher zwar einfallsreich, aber eher undiszipliniert war; dass er von Mädchen, Fussball und Mopeds geträumt habe: «Ich wollte Zweiradmechaniker werden.» Seine Lehrer rieten ihm aber, ans Gymnasium zu gehen. «Ich musste mich immer zwischen zwei Möglichkeiten entscheiden», fasst er seine Biografie zusammen. Die nächste Entscheidung betraf seine Berufsbildung: Sollte es Physiotherapie sein? – «Ich arbeite gerne mit den Händen, und ich mag den Kontakt mit Menschen.» – Oder doch eher ein Studium an der Universität? Er entschloss sich für die Universität Lausanne, und zwar für die Biologie: «Ich hatte zunächst zwischen Physik und Medizin geschwankt. Das erste Fach schien mir aber nicht lebensnah genug, das Studium des zweiten unendlich lang.» Ein Vortrag von Daniel Cherix, Konservator des kantonalen zoologischen Museums in Lausanne und Universitätsprofessor, lenkte die Aufmerksamkeit des jungen Wissenschaftlers auf die Ameisen. Schliesslich promovierte er über dieses Thema und liess Forschungsaufenthalte in Toulouse und an der Universität Harvard in Boston folgen. Heute leitet Laurent Keller das Departement für Ökologie und Evolution der Universität Lausanne und steht somit auch seinem früheren

Lehrmeister vor. Der Biologe, der sich in einer für ihn oft wenig humorvollen akademischen Welt «nicht allzu ernst nimmt», misst der Hierarchie jedoch keine grosse Bedeutung zu.

Ganz im Gegensatz zu den Ameisen: Sein Team konnte kürzlich nachweisen, dass die Hautflügler eher Royalisten sind als Demokraten. Bis anhin ging man davon aus, dass das Schicksal der Larven – adelig oder nicht – in den Händen der Brutpflegerinnen liege. Nun scheint es, als beeinflussten die Königinnen selber das Los ihrer Sprösslinge. Sie entscheiden nämlich über das Geschlecht ihres Nachwuchses, indem sie zwischen sexueller Reproduktion (was zu Weibchen führt) und asexueller Vermehrung (wobei Männchen entstehen) wählen. «Bei der Beobachtung der *Cataglyphis cursor,* einer gewöhnlichen Ameise der Trockenwälder Europas, konnten wir sogar zeigen, dass die Königinnen eine dritte Wahlmöglichkeit haben», erklärt Laurent Keller. «Sie können ohne Befruchtung systematisch zukünftige Königinnen hervorbringen, indem sie in ihrem Körper die Zellkerne zweier Eizellen verschmelzen.»

Dass der Myrmekologe, so der Fachbegriff für Ameisenkundler, der Beobachtung dieser kleinen Tierchen nicht überdrüssig wird, liegt sicher am technologischen Fortschritt auch in diesem Forschungsbereich: «Früher war es vergleichsweise ein nettes Gebastel. Man tauschte etwa die Königinnen zwischen den Kolonien aus, um die so herbeigeführten Auswirkungen zu untersuchen. Heute verfügen wir über die modernen Methoden der Erbgutanalyse. Wir untersuchen den Einfluss der Gene auf das Verhalten der Ameisen.» Auf diese Weise hat sein Team unter anderem festgestellt, dass ein einziges Gen der Grund dafür ist, dass gewisse Kolonien nur eine Königin akzeptieren, andere wiederum mehrere.

All diese Entdeckungen haben Laurent Keller zu einem der bedeutendsten Myrmekologen der Welt gemacht. Er ist auch einer der sympathischsten: Der Biologe erzählt gerne von seinem Universum, in der Presse, in Büchern und vor seinen Studenten. «Mein Gehalt wird mit öffentlichen Geldern finanziert», begründet er seinen ungewöhnlichen Einsatz. Ebenso engagiert verteidigt er den Nutzen seiner Grundlagenforschung: «Es geht um den Reiz, verstehen zu wollen!», sagt Laurent Keller. «Wenn man den Rückfall in die dunkle Unwissenheit verhindern will, ist es zwingend notwendig, die gesamten Umstände der Evolution zu kennen. Bei den Ameisen wie bei den Menschen.» Olivier Dessibourg

---

Laurent Keller
– Geboren 1961 in Lausanne
– Studium der Biologie an der Universität Lausanne,
  Doktorat in Zoologie
– Professor für Biologie und seit 1998 Direktor des Departements
  für Ökologie und Evolution an der Universität Lausanne (seit 1996)
– Latsis-Preis (2000)
– Prix Leenaards (2000)
– E.O.Wilson Naturalist Prize (2005)

Laurent Keller

LE MEILLEUR AMI DES FOURMIS

Laurent Keller
Biologiste de l'évolution

Ce myrmécologue s'apparente fortement à l'objet de ses études, les fourmis: c'est un travailleur acharné qui sait où il va. Preuves en sont les centaines d'articles scientifiques qui portent son nom, dont une quinzaine dans les prestigieuses revues *Science* ou *Nature*. Et si pour l'heure aucune antenne n'a poussé sur sa tête, le biologiste Laurent Keller s'est complètement immiscé dans l'univers de ces hyménoptères. «Il y a tant de choses à y découvrir», s'enthousiasme ce professeur de l'Université de Lausanne.

«Savez-vous que les fourmis, entre autres insectes, ont inventé les banques de sperme bien avant l'homme?» lance-t-il, badin. La reine, une fois fécondée, peut stocker des millions de spermatozoïdes dans une poche, et les utiliser à l'envi durant toute sa vie. Ou que les ouvrières se lancent dans des «descentes de police» et éliminent leurs homologues qui pondent en douce, cela pour préserver la productivité dans la fourmilière? C'est ce qu'a montré son équipe en 2004. «Si toutes les ouvrières étaient autorisées à se reproduire, elles perturberaient le travail de la colonie, explique Laurent Keller. Dans toutes les sociétés – de fourmis autant que d'êtres humains – il faut des mécanismes généraux qui empêchent les comportements égoïstes.» Les chercheurs ont même compris comment les «policières» étaient averties du «méfait» commis par leurs congénères: celles-ci dégagent une odeur bien caractéristique.

L'envie de comprendre les modalités sociales et coopératives qui se mettent en place dans les sociétés d'animaux, miroirs de celle des hommes: voilà ce qui passionne ce chercheur atypique depuis plus de vingt ans. «Je voulais étudier les grands singes. C'était possible soit en Afrique, mais cela restait compliqué, soit en captivité, ce qui biaise la réalité. Je me suis donc rabattu sur les fourmis.»

Cette curiosité n'était pas inscrite dans ses gènes pour autant. Adolescent dissipé mais ingénieux, Laurent Keller avoue en souriant qu'il rêvait de filles, de football et de vélomoteurs. «Je m'imaginais réparateur de deux-roues.» Mais ses professeurs lui conseillent d'entrer au gymnase. «J'ai toujours dû faire des choix dichotomiques», résume-t-il. Le prochain concernera sa formation professionnelle: physiothérapie – «car je suis manuel et j'aime le contact humain» – ou université? Ce sera la haute école, à Lausanne. En biologie. «J'hésitais entre la physique et la médecine. Mais je trouvais la première branche trop éloignée de la vie de tous les jours, et la deuxième interminable.» C'est une présentation de Daniel Cherix, conservateur du Musée cantonal de zoologie lausannois et professeur à l'université, qui met le jeune scientifique sur la piste des fourmis, le temps d'une thèse, puis durant des séjours de recherche à Toulouse et Harvard. Aujourd'hui, Laurent Keller dirige le Département d'écologie et évolution, et se retrouve donc supérieur de son ancien maître. Mais le biologiste, qui ne «ne se prend pas trop au sérieux» dans un monde académique souvent trop guindé pour lui, n'accorde que peu d'importance à la hiérarchie. Au contraire des fourmis …

Son équipe vient en effet de confirmer que ces hyménoptères sont plus royalistes que démocrates. L'ancienne hypothèse voulait que la destinée des larves –

royale ou roturière – était entre les pattes des ouvrières nourricières. Or il semble que les reines peuvent aussi régler le sort de leurs rejetons. Mieux, elles parviennent à décider de leur sexe, en choisissant entre reproduction sexuée (donnant des femelles) ou asexuée (avec cette fois des mâles dans le berceau). «En observant la *Cataglyphis cursor,* une fourmi commune dans les forêts sèches d'Europe, nous avons même montré que les reines avaient une troisième option, explique Laurent Keller. En faisant fusionner en elles le noyau de deux ovocytes, elles peuvent, sans fécondation, systématiquement donner naissance à de futures reines.»

Si le myrmécologue ne s'est jamais lassé d'observer ces petites bêtes, c'est parce que son domaine a évolué avec le progrès technologique: «Au début, c'était de la jolie bricole. On interchangeait par exemple des reines entre colonies pour étudier les effets induits. Aujourd'hui, nous disposons des techniques de génétique. Nous étudions donc l'influence des gènes sur le comportement des fourmis.» Son groupe a ainsi notamment déterminé qu'un simple gène permettait d'expliquer pourquoi certaines colonies accueillent une seule reine, et d'autres plusieurs.

Toutes ces découvertes ont fait de Laurent Keller l'un des myrmécologues les plus éminents au monde. L'un des plus sympathiques aussi. Facétieux, bon vivant, le biologiste aime raconter son univers. A la presse, dans des livres, devant les classes. «Mon salaire m'est payé avec de l'argent public», rappelle-t-il. Dès lors, quand on lui demande quelle est, au fond, l'utilité de ses recherches fondamentales, il répond: «La beauté de comprendre! Et si l'on veut éviter un retour vers l'obscurantisme, il est impératif de connaître les tenants et aboutissants de l'évolution. Chez les fourmis comme chez les hommes.» Olivier Dessibourg

---

Laurent Keller
– Né en 1961 à Lausanne
– Etudes de biologie, doctorat en zoologie à l'Université
  de Lausanne (1989)
– Professeur de biologie (depuis 1996) et directeur du Département
  d'écologie et évolution à l'Université de Lausanne (depuis 1998)
– Prix Latsis National (2000)
– Prix Leenaards (2000)
– E.O.Wilson Naturalist Award (2005)

Laurent Keller

IL MIGLIOR AMICO DELLE FORMICHE

Laurent Keller
Biologo dell'evoluzione

Questo mirmecologo è imparentato con gli oggetti del suo studio, le formiche. Un lavoratore accanito che sa dove vuole arrivare. Ne sono la prova le centinaia di articoli scientifici che portano la sua firma, di cui una quindicina in prestigiose riviste come *Science* o *Nature*. Anche se non gli sono ancora spuntate le antenne sulla testa, il biologo Laurent Keller è completamente invischiato nell'universo di questi imenotteri. «Ci sono talmente tante cose da scoprire», afferma con entusiasmo il professore dell'Università di Losanna.

«Sapevate che le formiche, come altri insetti, hanno inventato la banca dello sperma molto prima dell'uomo?» dice scherzoso. Una volta fecondata, la regina conserva milioni di spermatozoi in una tasca che utilizza in caso di bisogno nel corso della sua vita. Oppure che le operaie si lanciano in «incursioni di polizia» ed eliminano le loro omologhe che depongono le uova di nascosto, per preservare la produttività nel formicaio? È quanto ha dimostrato il suo gruppo nel 2004. «Se tutte le operaie fossero autorizzate a riprodursi esse perturberebbero il lavoro della colonia, spiega Laurent Keller. In tutte le società, dalle formiche agli esseri umani, occorrono dei meccanismi generali che impediscano i comportamenti egoistici». I ricercatori hanno compreso anche in quale modo le «formiche poliziotto» venivano avvertite del misfatto compiuto dalle loro congeneri: esse liberavano un odore caratteristico.

Cercare di comprendere le modalità sociali e cooperative messe in atto nelle società animali perché specchio di quelle degli uomini: ecco ciò che appassiona quest'anomalo ricercatore da oltre vent'anni. «Avrei voluto studiare le grandi scimmie, ma occorreva studiarle in Africa e diventava una questione complicata o studiarle in cattività, ma in questo caso la realtà è alterata. Quindi ho ripiegato sulle formiche».

Questa curiosità non era scritta nei suoi geni. Adolescente scapestrato ma ingegnoso, Laurent Keller ammette sorridendo che pensava alle ragazze, al calcio e ai motorini. «Mi vedevo come meccanico delle due ruote». I suoi professori gli consigliarono però di frequentare il liceo. «Mi sono sempre trovato davanti a scelte dicotomiche», afferma. A un certo punto dovette scegliere la sua formazione professionale: fisioterapista – «poiché sono una persona manuale e amo il contatto umano» – oppure l'università? Ha scelto l'università a Losanna, biologia. «Esitavo tra fisica e medicina. Ma la prima era una branca troppo lontana dalla vita di tutti i giorni e la seconda era interminabile». È stata una presentazione di Daniel Cherix, conservatore al Museo cantonale di zoologia di Losanna e professore all'Università, a orientare il giovane scienziato sulla via delle formiche dopo una tesi e dei soggiorni di ricerca a Tolosa e Harvard. Oggi Laurent Keller dirige il Dipartimento di ecologia ed evoluzione e si ritrova dunque come superiore del suo maestro; però il biologo, che non si prende troppo sul serio in un mondo accademico spesso troppo ampolloso per lui, non attribuisce molta importanza alla gerarchia. Al contrario delle formiche…

Il suo gruppo ha dimostrato che questi imenotteri sono più monarchici che democratici. Il vecchio assunto indicava che il destino delle larve – regale o plebea – dipendesse dalle operaie nutrici, ma sembra che anche le regine influiscano sulla sorte dei loro rampolli, più esattamente possono deciderne il sesso scegliendo tra la riproduzione sessuata (che dà origine a delle femmine) o asessuata (che dà origine a dei maschi).

« Osservando la Cataglyphis curso, una formica comune che si trova nelle foreste secche d'Europa, abbiamo dimostrato che le regine avevano una terza opzione, spiega Laurent Keller. Facendo fondere il nucleo di due ovociti, senza fecondazione si ottengono sempre delle future regine ».

Il mirmecologo non si è mai stancato di osservare queste bestioline anche perché il suo ambito è evoluto con il progresso tecnologico. « All'inizio era una sorta di fai da te. Si interscambiavano le regine delle colonie per studiarne gli effetti. Oggi disponiamo di tecniche genetiche che ci permettono di comprendere l'influenza dei geni sul comportamento delle formiche ». Il suo gruppo ha potuto quindi determinare che un semplice gene permetteva di spiegare per quale motivo certe colonie accolgono una sola regina e altre diverse.

Queste scoperte hanno reso Laurent Keller uno dei mirmecologi più eminenti del mondo. E anche uno dei più simpatici. Burlone, amante della vita, il biologo ama raccontare le sue storie. Alla stampa, nei libri, nelle scuole. « Il mio salario giunge da fondi pubblici », spiega. Quando gli si chiede qual è l'utilità delle sue ricerche fondamentali, egli risponde: « La bellezza di comprendere! Se si vuole evitare il ritorno all'oscurantismo è indispensabile conoscere l'evoluzione nei minimi dettagli. Nelle formiche così come negli uomini ». Olivier Dessibourg

---

Laurent Keller
- Nato nel 1961 a Losanna
- Studi di biologia e dottorato in zoologia presso l'Università di Losanna
- Professore di biologia (dal 1996) e direttore del Dipartimento di ecologia e evoluzione all'Università di Losanna (dal 1998)
- Premio nazionale Latsis (2000)
- Premio Leenaards (2000)
- Premio E.O.Wilson naturalist (2005)

Laurent Keller

THE ANTS' BEST FRIEND
Laurent Keller
Evolutionary biologist

Laurent Keller studies ants with great enthusiasm, and in fact he has quite a bit in common with the objects of his research, for he is a truly tireless worker. And, like an ant, he is sure of his purpose, as witness his hundreds of scholarly articles, among them some fifteen in the leading journals *Science* and *Nature*. Short of developing antennae of his own, Keller has made the world of these hymenoptera completely his own. "There are just so many things yet to be discovered about them," this biology professor at the University of Lausanne never seems to tire of saying.

"Did you know", he asks provocatively, "that ants and some other insects invented sperm banks long before humans did? Once fertilised, the queen can store millions of spermatozoa in a pouch and draw on them at will throughout her life. And did you know that some female workers conduct 'police raids' to eliminate peers that lay eggs in secret. This is a way of maintaining a colony's productivity." This was in fact a discovery made by Keller and his team in 2004. "If all the female workers were allowed to reproduce," he explains, "it would disturb the work of the colony. All societies – ant or human – need to keep egoistic behaviour in check." The researchers even identified the means whereby the "policewomen" were alerted to the "misbehaviour" of their counterparts: the latter give off a very particular odour.

For twenty years now this out-of-the-ordinary biologist has been striving to understand the cooperative arrangements of animal societies that mirror those of human society. "At first I wanted to study the great apes," he recalls. "I could have done so in Africa, but there were too many problems involved, and studying animals in captivity tends to distort things. So I fell back on ant research."

Not that Keller always had this curiosity about social animals; on the contrary, he was once an unruly if intelligent teenager who, as he admits wryly, dreamt only of girls, soccer, and motorcycles. "I used to picture myself fixing bikes for a living." But his teachers urged him to continue with school. "I have always been faced by stark alternatives," he says. The next one arose over his professional training: would he become a physiotherapist ("because I was always good with my hands and I love human contact") or should he go to university? The answer was higher education, at the University of Lausanne. And there he chose biology after vacillating between physics and medicine. Physics seemed too far removed from real life and medicine took far too long." It was a talk by Daniel Cherix, curator of the cantonal museum of zoology in Lausanne and a professor at the university who pointed the young scientist towards ants, first as a thesis subject and then as the basis of research projects at Toulouse and Harvard University. Today, as Director of the new Department of Ecology and Evolution at Lausanne, Keller finds himself in a position superior to that of his former mentor. But, as someone who does not take himself "too seriously" in an academic world often rather too strait-laced for his liking, Keller pays scant attention to hierarchy – one trait that he does not share with his ants.

The Keller team has indeed confirmed that hymenoptera are royalists rather than democrats. An earlier consensus held that the fate of larvae – that is, whether they should become queens or workers – was determined by the workers that feed and nurture them. It seems, however, that queens also may control the development of their offspring. What is more, they decide their sex by choosing between sexual reproduction (which gives rise to females) and asexual reproduction (the outcome of which is males). "By observing *Cataglyphis cursor*," notes Keller, "an ant common in the dry forests of Europe, we have established that yet a third option is available to queens: by fusing the nuclei of two oocytes within their bodies, they can opt systematically and without fertilisation to produce future queens."

One reason why Keller has never tired of observing these little creatures is that his field of study has developed in tandem with technological progress: "At the start, it was a kind of pleasurable tinkering. We used to swap queens between colonies, for example, to see what effects this had. These days we have genetic techniques at our disposal; we can study the influence of genes on ant behaviour." His group has thus been able to demonstrate that a single gene may account for the fact that some colonies host a single queen whereas others host several.

His many discoveries have placed Laurent Keller among the most eminent myrmecologists in the world. And surely one of the most endearing. A bon vivant with an impish sense of humour, he loves to share his world with others. And he does so regularly, in the press, in his publications and in his classes. "After all," he says, "the public pays my salary." Whenever he is asked what use this basic research has, he readily replies: "The beauty of understanding something. And then, if we are not going to let ourselves slip back into obscurantism, we must master the ins and outs of evolution – in the ant just as in the human being." Olivier Dessibourg

---

Laurent Keller
– Born 1961 in Lausanne
– Studied biology, doctorate in zoology at the University of Lausanne
– Professor of Biology (since 1996) and Director of the Department
  of Ecology and Evolution at the University of Lausanne (since 1998)
– National Latsis Prize (2000)
– Leenards Prize (2000)
– E.O. Wilson Naturalist Award (2005)

ADRIAN PFIFFNER

Adrian Pfiffner

L'ARCHITECTURA DA LA TERRA
Adrian Pfiffner
Geolog

« Tschertgais Vus aur ? », dumondan ils viandants adina puspè Adrian Pfiffner, cura ch'el chamina cun il martè en maun per las muntognas. « E sche jau scurlat il chau », raquinta Pfiffner, « suonda immediat: chavais Vus cristals ? » Adrian Pfiffner, professer per geologia a l'Universitad da Berna, ri. « La glieud na sa betg tge ch'in geolog fa. » El declera alura cun tutta pazienza, pertge ch'ins dovra enconuschientschas geologicas en il mintgadi: Exista en quest lieu in privel da bovas ? È il terren adattà per construir in chalet ? Datti aua sutterrana ? U alura: Nua poss jau explotar glera e sablun ? La glieud taidla attentivamain quai ch'el raquinta. « La geologia n'ha tuttavia betg ina nauscha reputaziun en Svizra », di Pfiffner. « Ella n'ha insumma nagina reputaziun. » Quai è remartgabel per in pajais che sa definescha da tala maniera sur sias muntognas e che ha damai d'engraziar sia particularitad a la geologia.

Adrian Pfiffner s'engascha dapi onns per che la ruttadira inversa glarunaisa, quest'ovra miraculusa da la geologia, vegnia sin la glista dal Patrimoni natiral mundial da l'UNESCO. « In object spectacular », declera Pfiffner. Sur ina lunghezza da passa trenta kilometers è sa stuschada in'imposanta rasada da crap pli veglia sur ina pli giuvna. « Nagliur auter na pon ins encleger meglier co che las Alps èn sa furmadas. » Ellas èn la zona squitschada ch'è s'auzada tras la collisiun da la platta continentala europeica cun quella africana. Tras il stausch enorm nà dal sid èn differentas rasadas da crap pli veglias sa faudadas ina sin l'autra, èn ruttas, sa spustadas e s'encugnadas. E mintgatant, sco qua tranter Flem e Dialma, è quai ch'era giudim vegnì vieut suren.

Per chapir l'orogenesa specifica – quai è il pled scientific per la furmaziun da las muntognas – da las Alps, perscrutescha il team da Pfiffner actualmain las Andas. Pertge èn las muntognas da las Andas s'emplunadas bler pli ad aut, numnadamain sin prest 7000 meters ? Entant che las Alps èn creschidas siador simmetricamain tras la collisiun da dus continents, èn las Andas sa furmadas a moda asimmetrica. La platta oceanica dal Pacific sa stuscha sut quella dal continent sidamerican ed auza siador uschia las massas da crap.

Adrian Pfiffner ha fatg lavur da pionier cun perscrutar en il rom dal Program naziunal da retschertga (PNR 20) tge che succeda tar l'orogenesa en ina profunditad da trenta, quaranta kilometers, là nua ch'è il cunfin tranter la crusta ed il mantè da la terra. Il team dal PNR 20 ha registrà cun ina rait da geofons ils ecos d'explosiuns u fermas vibraziuns ch'ins ha provocà sistematicamain. Cun quels pon ins eruir, a maun d'in proceder ordvart cumplitgà, la structura ed ils cunfins da las differentas furmaziuns da crappa a l'intern da la muntogna.

Igl è damai evident ch'ins sa drizza ad Adrian Pfiffner per in'expertisa, sch'ins vul savair co ch'i vesa ora sut la surfatscha da la terra. Per la construcziun dal nov tunnel da basa dal Gottard ha el retschertgà quant profund sut ils funds da las vals che sa chatta il grip, u sch'ins sto quintar en la regiun dal vallà da la Piora era sin il nivel dal tunnel cun dolomit granellus: « In crap terribel; quel scroda immediat en sablun. » E mintgatant datti era « detgas surpraisas », ri Pfiffner: per exempel sch'ins fruntia al Lötschberg, amez in sochel da granit, sin ina rasada da charvun.

Ina particularitad da l'institut da Pfiffner a Berna è ch'ins lavura là sin trais binaris. «Nus giain en muntogna ed examinain là il terren, sco quai ch'ils geologs han adina gia fatg», declera il professer. «Nus modellain però era al computer ils process che furman la muntogna. E nus faschain experiments cun models analogs, vul dir en la sablunera». Là pon ins crear cun sablun, cullas da vaider e materials sintetics las pli differentas cundiziuns da partenza. En il tomograf computerisà da la facultad da medischina sa mussa alura en miniatura, co che sa furman las differentas muntognas. Uschia pon ins observar las muntognas durant ch'ellas creschan. Ins pudess damai quasi dir che Adrian Pfiffner gioghia la rolla da Dieu, cura ch'el lascha nascher en ses labor muntognas e vals. En mintga cas dumbra el en mesas eternitads. Per exempel sch'el raquinta ch'il terren s'auzia a Brig mintg'onn per 1,5 millimeters. «Quai na para betg bler», di Pfiffner. «Ma aifer in milliun onns èn quai tuttina 1,5 kilometers.»

Quai ch'al motivescha è in interess quasi istoric. «Jau sun creschì si a La Punt, en in territori da bovas», raquinta Pfiffner. «En in conturn, nua ch'ins sa dumonda immediat: Pertge datti qua dapertut questa grippa curiusa?» E cura ch'el ha alura survegnì las respostas en l'instrucziun da geologia en scola, è el stà tschiffà d'ina passiun ch'el ha mantegnì enfin oz. «Quai che ma fascinescha, sche jau stun visavi ad ina perditga dal temp, è il fatg che quella palaisa fitg differents process.» Il crap raquinta ad Adrian Pfiffner sia istorgia: co ch'el è sa furmà avant 300 milliuns onns, co ch'el era alura preschent en ina profunditad da 15 kilometers cura che las Alps en s'auzadas en deglias e co ch'el è arrivà sisum il spitg da la muntogna, è stà expost là a glatsch e naiv, vent e plievgia ed è la finala ramplunà en ina bova aval. Na, per Adrian Pfiffner n'è il crap nagina natira morta.

E cun questa tenuta chamina el era per las muntognas. «Ins sto vesair cun ils agens egls», sincerescha il geolog. «Ins observa, guarda e chamina lung l'agen nas. Ins sa mova sco in chaun tras la cuntrada.» Ins po damai chapir ils viandants, sch'els al dumondan plain mirveglias tge ch'el fetschia atgnamain qua. Kai Michel

---

Adrian Pfiffner
– Naschì il 1947 a Cuira
– Studi da geologia e doctorat a la SPF da Turitg
– Professer per tectonica a l'Universitad da Berna (dapi il 1987)
– Directur da l'institut per geologia (dapi il 2001)
– Premi Schläfli (1984)

DIE ARCHITEKTUR DER ERDE
Adrian Pfiffner
Geologe

«Suchen Sie Gold?» Wenn Adrian Pfiffner mit dem Hammer in der Hand durch die
Berge stapft, bekommt er von Wanderern die immer selben Fragen zu hören.
«Und wenn ich den Kopf schüttle», erzählt Pfiffner, «kommt als Nächstes: Suchen Sie
Kristalle?» Adrian Pfiffner, Professor für Geologie an der Universität Bern, lacht.
«Die Leute wissen gar nicht, was ein Geologe tut.» Geduldig erklärt er dann, wozu
es im Alltag geologisches Wissen braucht: Hat es hier Bergsturzgefahr? Taugt
der Boden für ein Chalet? Gibt es Grundwasser? Oder: Wo kann ich Kies und Sand
abbauen? Die Leute lauschen ihm aufmerksam. «Es ist ja nicht so, dass die Geologie
in der Schweiz ein schlechtes Image hätte», sagt Pfiffner. «Sie hat gar kein
Image.» Das ist erstaunlich für ein Land, das sich so sehr über seine Berge definiert
und damit seine Besonderheit der Geologie verdankt.

Adrian Pfiffner hat sich erfolgreich dafür eingesetzt, die Glarner Hauptüberschiebung,
dieses Wunderwerk der Erdgeschichte, auf die Weltnaturerbe-Liste der UNESCO
zu bringen. «Ein spektakuläres Objekt», erklärt Adrian Pfiffner. «Auf über dreissig Kilometer Länge hat sich eine ältere mächtige Gesteinsschicht über eine jüngere
geschoben. An keinem anderen Ort lässt sich besser verstehen, wie die Alpen
entstanden sind.» Sie sind die Knautschzone, die sich durch die Kollision der
europäischen und der afrikanischen Kontinentalplatte aufstülpte. Durch den enormen
Schub aus dem Süden falteten sich unterschiedlich alte Gesteinsschichten
auf, zerbrachen, verschoben und verkeilten sich. Und manchmal kam dabei, wie hier
zwischen Flims und Elm, das Unterste zuoberst.

Um die Orogenese – so lautet der Fachausdruck für Gebirgsbildung – der Alpen
in ihrer Besonderheit zu verstehen, erforscht Pfiffners Team gerade die Anden.
Warum haben sich die Berge dort viel höher, nämlich auf fast 7000 Meter getürmt?
Während die Alpen durch die Kollision zweier Kontinente symmetrisch emporwuchsen, sind die Anden asymmetrisch entstanden: Die ozeanische Platte des Pazifiks
schob sich unter die des südamerikanischen Kontinents und wuchtete so die
Gesteinsmassen hinauf.

Pionierarbeit leistete Adrian Pfiffner, indem er im Rahmen des Nationalen
Forschungsprogramms «Geologische Tiefenstruktur der Schweiz» (NFP 20) untersuchte, was bei der Orogenese in dreissig, vierzig Kilometer Tiefe passiert,
dort wo die Grenze zwischen Erdkruste und Erdmantel verläuft. Mit einem Netz
von Geophonen zeichnete das NFP-20-Team die Echos gezielt ausgelöster
Explosionen oder schwerer Vibratoren auf. Mit ihnen lassen sich in einem äusserst
komplizierten Verfahren Struktur und Grenzen der verschiedenen Gesteins-
formationen im Berginneren ermitteln.

Kein Wunder, dass Adrian Pfiffners Expertise immer dann gefragt ist, wenn geklärt
werden muss, wie es unter der Erdoberfläche aussieht. Bei den Arbeiten für den
neuen Gotthard-Basistunnel untersuchte er, wie tief unter den Talböden der Felsgrund
liegt oder ob in der Region der Piora-Mulde auch auf Tunnelniveau mit zucker-
körnigem Dolomit zu rechnen ist: «Ein fürchterliches Gestein. Es zerfällt sofort
zu Sand.» Dabei kann man schon mal «saftige Überraschungen» erleben, lacht Adrian

Pfiffner: zum Beispiel, wenn man am Lötschberg inmitten eines granitischen Grundgebirges auf ein Kohleflöz stosse.

Das Besondere an Pfiffners Institut in Bern ist, dass man dort dreischienig arbeitet: «Wir gehen ins Gebirge und machen dort Geländearbeit, wie das Geologen schon immer getan haben», erklärt der Professor. «Wir modellieren die gebirgsbildenden Prozesse aber auch am Computer. Und wir arbeiten experimentell mit Analogmodellen, sprich am Sandkasten.» Dort kann man mit Materialien wie Sand, Glaskugeln oder Kunststoffen die unterschiedlichsten Ausgangsbedingungen entwerfen. Im Computertomografen der medizinischen Fakultät in Bern zeigt sich dann, wie unter Druck die verschiedensten Miniaturgebirge entstehen. So kann man den Bergen beim Wachsen zugucken. Fast könnte man also sagen, Adrian Pfiffner spiele Gott, wenn er in seinem Labor Berge und Täler entstehen lässt. Zumindest rechnet er in halben Ewigkeiten. Etwa wenn er erzählt, dass sich in Brig der Boden um 1,5 Millimeter im Jahr hebt. «Das klingt nicht nach viel», sagt Pfiffner. «In einer Million Jahren sind das aber immerhin 1,5 Kilometer.»

Es ist eine geradezu historische Neugierde, die ihn umtreibt. «Ich bin in einem Bergsturzgebiet im bündnerischen Reichenau aufgewachsen», erzählt Pfiffner. «In einem Gelände, wo man sich gleich fragt: Warum gibt es hier überall diese komischen Felsen?» Und als ihm dann der Geologieunterricht in der Schule die Antworten lieferte, packte es ihn – und hat ihn seither nicht mehr losgelassen: «Was mich fasziniert, wenn ich einem steinernen Zeitzeugen gegenüberstehe, ist die Tatsache, dass er Zeuge von ganz verschiedenen Prozessen ist.» Der Stein erzählt Adrian Pfiffner seine Geschichte: Wie er vor 300 Millionen Jahren entstand, als er dann in 15 Kilometer Tiefe dabei war, als die Alpen unter Geburtswehen emporwuchsen, wie er hoch auf die Bergspitze wanderte, dort Eis und Schnee, Wind und Regen ausgesetzt war und bei einem Bergsturz schliesslich hinab ins Tal donnerte. Nein, für Adrian Pfiffner ist Gestein nicht tot.

Und so läuft er auch durchs Gebirge: «Man muss es mit den eigenen Augen sehen», beteuert der Geologe. «Man beobachtet, schaut und läuft der eigenen Nase nach. Man bewegt sich wie ein Hund durchs Gelände.» Da kann man die Wanderer schon verstehen, wenn sie ihn neugierig fragen, was er da eigentlich mache. Kai Michel

---

Adrian Pfiffner
– Geboren 1947 in Chur
– Studium der Geologie an der ETH Zürich
– Professor für Geologie an der Universität Bern (seit 1987)
– Direktor des Instituts für Geologie (seit 2001)
– Schläfli-Preis (1984)

Adrian Pfiffner

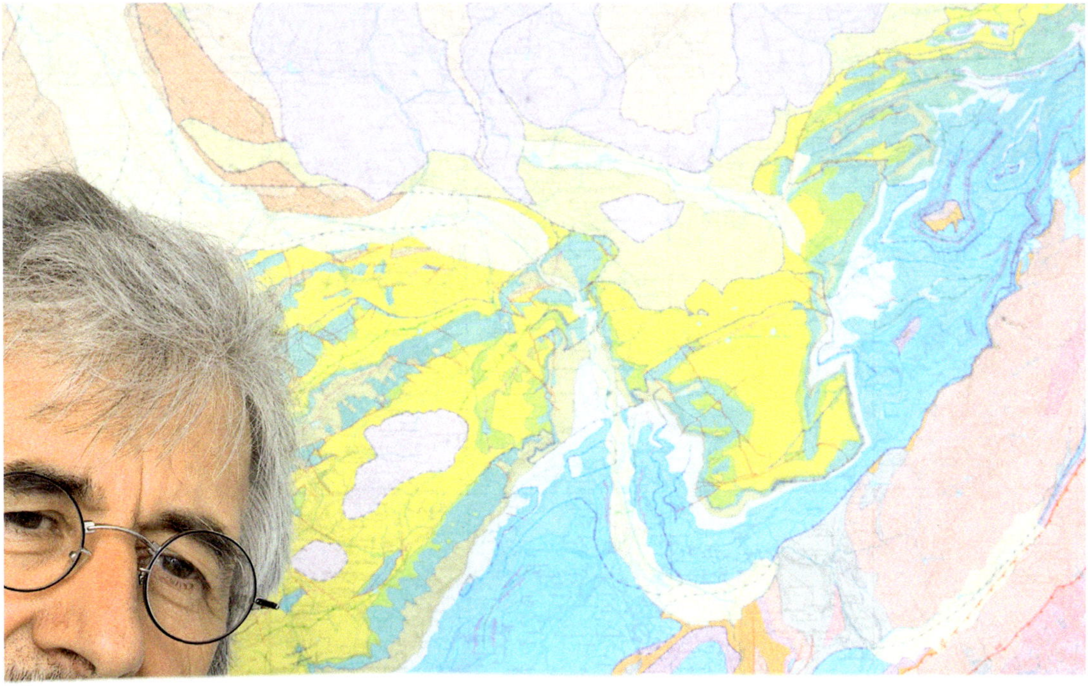

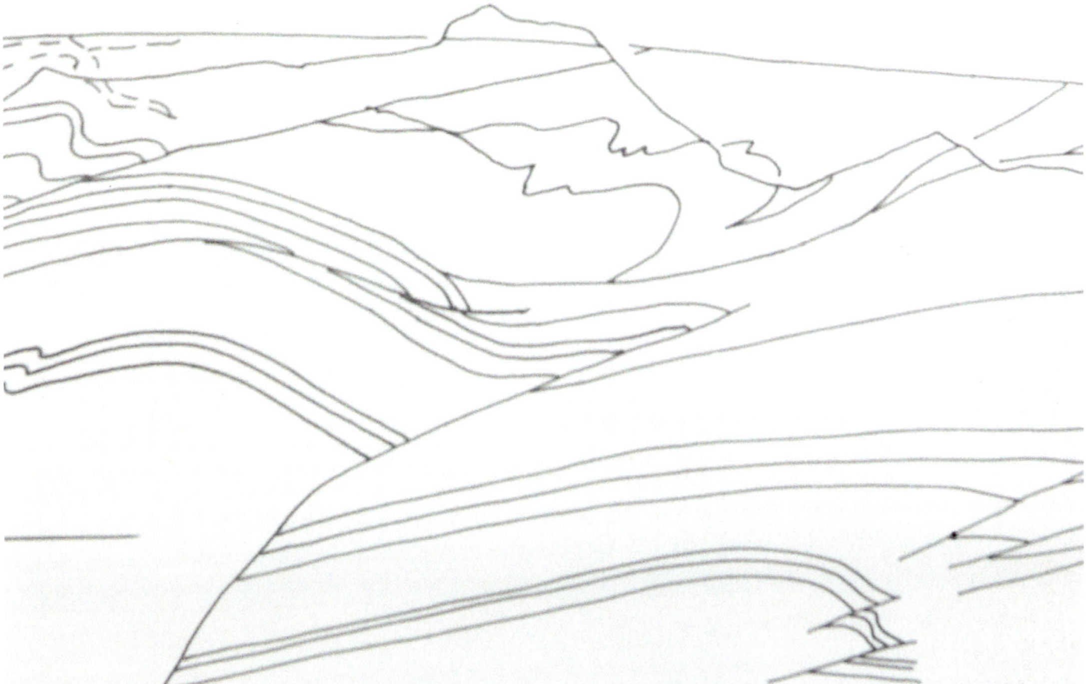

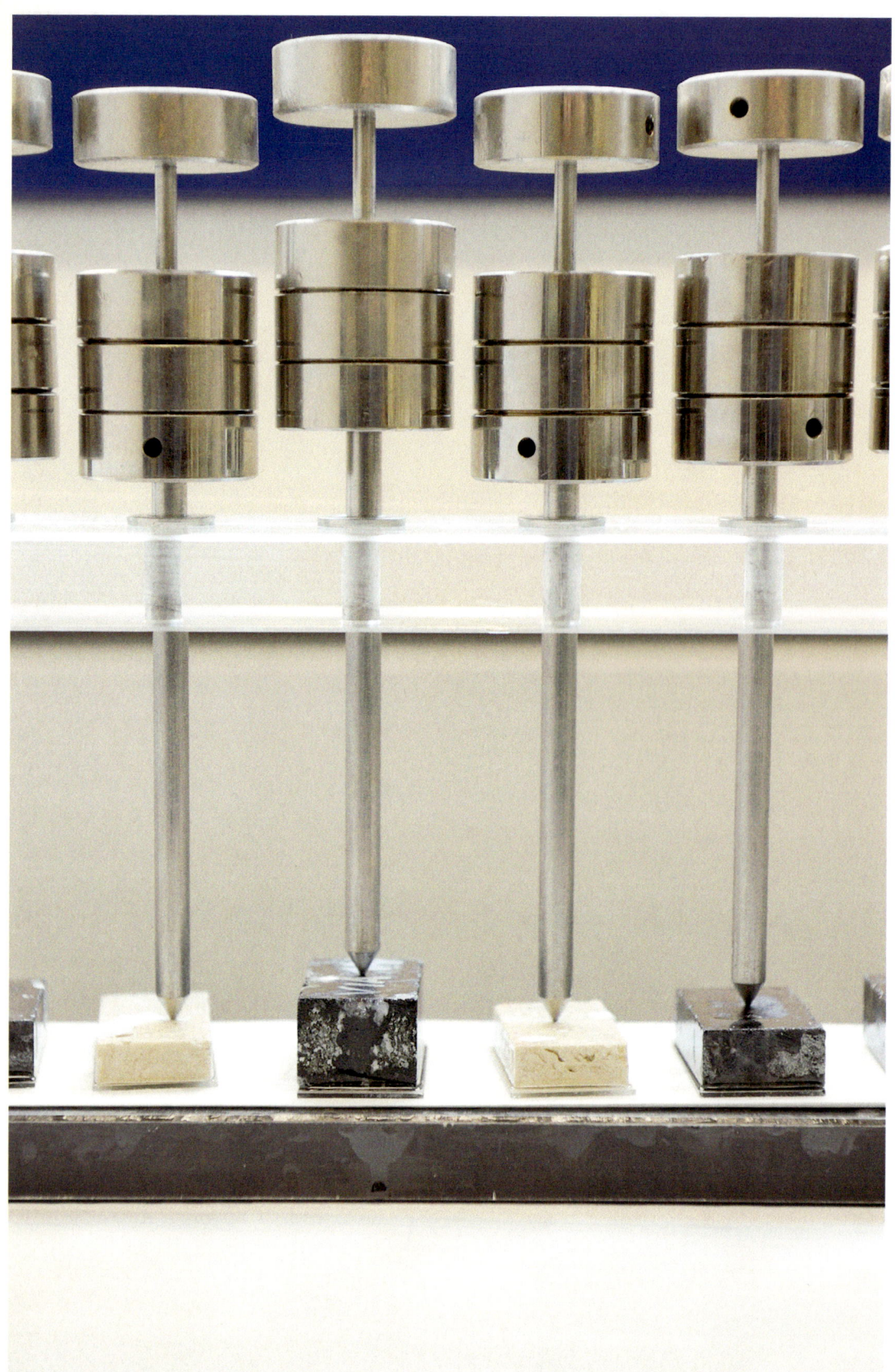

Adrian Pfiffner

L'ARCHITECTURE DE LA TERRE

Adrian Pfiffner
Géologue

«Vous cherchez de l'or?» Tous les randonneurs posent la même question à Adrian Pfiffner, lorsqu'ils le croisent en train d'arpenter la montagne un marteau à la main. «Et quand je dis non de la tête, on me demande invariablement si je traque les cristaux de roches…», ajoute-t-il. Adrian Pfiffner est professeur de géologie à l'Université de Berne. D'emblée, il constate en riant que «les gens n'ont pas la moindre idée de ce que fait un géologue». Le chercheur prend donc à chaque fois le temps d'expliquer comment ses connaissances permettent, au quotidien, de répondre à nombre de questions cruciales: y a-t-il des risques d'éboulement sur ce site? Tel terrain convient-il pour un chalet? Y a-t-il une nappe phréatique à cet endroit? Et où pourrait-on exploiter une carrière de sable ou de gravier? Les gens l'écoutent attentivement. «Je ne veux pas dire par là que la géologie souffre en Suisse d'une image négative, se justifie ce spécialiste. En fait, elle n'a pas d'image du tout.» Pour le moins étonnant, dans un pays qui se définit autant par ses montagnes, et qui, de fait, doit sa particularité à la géologie.

Adrian Pfiffner s'est engagé pendant des années, avec succès, pour que le chevauchement principal de Glaris, une merveille de l'histoire de la Terre, soit inscrit dans la liste du Patrimoine mondial de l'Unesco. «C'est un objet spectaculaire», souligne le géologue. Un site sur lequel une puissante couche de roches anciennes a été hissée au-dessus d'une autre strate plus jeune, sur une longueur de plus de 30 kilomètres. «Aucun autre endroit ne permet de mieux comprendre la formation des Alpes», assure Adrian Pfiffner. Car l'arc alpin est en réalité une zone de déformation, qui a commencé à se plisser lorsque les plaques continentales européenne et africaine sont entrées en collision. Sous l'énorme poussée venue du sud, des couches de roches de différents âges se sont fripées, fracturées, déplacées, enchevêtrées. Pour produire parfois le phénomène d'inversion de couches que l'on observe entre Flims et Elm.

Afin de mieux comprendre la spécificité de l'orogenèse (i.e. la formation) des Alpes, l'équipe d'Adrian Pfiffner étudie actuellement les Andes. Elle se demande notamment pourquoi les montagnes de la cordillère sud-américaine se sont élevées à près de 7000 mètres d'altitude, bien plus haut que les Alpes. Réponse: alors que l'arc alpin s'est dressé de manière symétrique après l'entrée en collision de deux continents, les Andes, elles, ont connu une naissance asymétrique. En se glissant sous la plaque du continent sud-américain, la plaque océanique du Pacifique a poussé les masses rocheuses vers le haut.

Adrian Pfiffner a fait œuvre de pionnier avec le Programme national de recherche «Exploration du soubassement géologique de la Suisse» (PNR20). Cette vaste campagne scientifique a permis d'étudier les phénomènes liés à l'orogenèse à 30 voire 40 kilomètres de profondeur, là où se situe la limite entre la croûte et le manteau terrestres. A l'aide d'un réseau de géophones, les équipes du PNR20 ont enregistré les échos d'explosions déclenchées de manière ciblée ou celles de vibrateurs lourds. Un procédé extrêmement complexe a ensuite permis de reconstituer, grâce aux échos captés, la structure et les délimitations des différentes strates rocheuses au cœur de la montagne. Rien d'étonnant, donc, à ce qu'Adrian Pfiffner soit un expert très sollicité lorsqu'il s'agit de dresser un tableau des profils et borborygmes souterrains.

Lors des travaux du tunnel de base du Gothard, par exemple, il lui a fallu déterminer quelle était la profondeur du soubassement rocheux de la vallée. Ou encore si, dans la région de la zone de Piora, il fallait s'attendre à tomber sur de la dolomie saccharoïde au niveau du tunnel. «C'est une roche terrible, qui se désagrège aussitôt qu'on la touche et se transforme en sable.» Son travail lui réserve parfois des surprises «pas piquées des vers», raconte-t-il encore en riant: lorsque par exemple le tunnelier du Lötschberg tombe, en creusant, sur une couche de houille au milieu d'un massif granitique.

L'institut que le géologue dirige à l'Université de Berne se distingue par une particularité: on y poursuit simultanément trois voies de recherche. «Nous nous rendons dans les chaînes de montagnes où nous faisons du travail de terrain, comme les géologues l'ont toujours fait, explique Adrian Pfiffner. Mais nous modélisons aussi sur ordinateur les processus qui ont conduit à la formation de ces mêmes massifs. Enfin, nous menons des expériences en nous appuyant sur des modèles, c'est-à-dire dans... un bac à sable.» Cet espace de travail permet en effet de simuler différentes situations de départ avec du sable, des billes de verre ou des matériaux synthétiques. Ces maquettes passent ensuite dans le tomographe assisté par ordinateur de la Faculté de médecine à Berne, qui montre comment des montagnes miniatures de toutes sortes émergent lorsqu'elles subissent une certaine pression. Une technologie qui permet, en somme, de regarder «pousser les montagnes». Pour peu, d'aucuns avanceraient qu'Adrian Pfiffner se prend pour Dieu lorsqu'il fait naître montagnes et vallées en laboratoire. Ses unités de calcul s'apparentent d'ailleurs à des moitiés d'éternité lorsqu'il raconte, par exemple, qu'à Brigue le sol se soulève d'un millimètre et demi par année. «A priori, on a l'impression que ce n'est pas grand-chose. Mais cela fait tout de même un kilomètre et demi par million d'années...»

La curiosité qui anime ce chercheur est quasiment née avec lui. «J'ai grandi dans les Grisons, dans une zone d'éboulis de la région de Reichenau. C'est un endroit où l'on se demande aussitôt comment il est possible qu'il y existe autant de falaises bizarres...» La passion des rocs le happe à l'école, lorsque les cours de géologie commencent à lui fournir des réponses. Elle ne l'a plus lâché depuis: «Ce qui me fascine, quand je suis face à l'un de ces témoins de pierre, ce sont toutes les transformations qu'ils ont vécues.» Car les roches racontent leur histoire au géologue: leur naissance il y a 300 millions d'années à 15 kilomètres de profondeur, puis le plissement des Alpes qui les a propulsées au sommet. Les zones où, ensuite, elles ont été exposées à la glace et à la neige, au vent et à la pluie. Enfin leur chute dans la vallée lors d'un éboulement bruyant comme le tonnerre. C'est un fait, pour Adrian Pfiffner, la roche n'est pas morte.

Pas étonnant, dès lors, de le savoir souvent en montagne: «Il faut voir tout cela de ses propres yeux, insiste le géologue. Observer, scruter, suivre son propre flair. Evoluer comme un chien dans le terrain.» De quoi mieux comprendre l'étonnement des randonneurs... Kai Michel

---

Adrian Pfiffner
– Né en 1947 à Coire
– Etudes de géologie à l'EPF de Zurich
– Professeur de tectonique à l'Université de Berne (depuis 1987)
– Directeur de l'Institut de géologie (depuis 2001)
– Prix Schäfli (1984)

L'ARCHITETTURA DELLA TERRA
Adrian Pfiffner
Geologo

«Sta per caso cercando l'oro?». Quando Adrian Pfiffner arranca faticosamente tra le vette con un martello in mano si sente rivolgere sempre la stessa domanda. «E quando scuoto il capo, – racconta – mi chiedono subito se sono alla ricerca di cristalli». Adrian Pfiffner, professore di geologia all'Università di Berna, è piuttosto divertito. «La gente non ha idea in cosa consista il lavoro del geologo». Con pazienza elenca quindi i vari campi di applicazione della scienza geologica: C'è un pericolo di frana? Il terreno è adatto alla costruzione di un chalet? Siamo in presenza di una falda acquifera? Oppure: dove posso andare a estrarre la ghiaia o la sabbia? La gente lo ascolta con grande attenzione. «Non si può dire che in Svizzera la geologia goda di una cattiva immagine» dice Pfiffner. «La verità è che un'immagine non ce l'ha». Una condizione sorprendente per un paese che si riconosce così tanto nelle sue montagne e deve pertanto gran parte della sua peculiarità alla geologia.

Adrian Pfiffner si è battuto durante anni per far inserire il sovrascorrimento principale del Glarus nella lista dei patrimoni naturali dell'umanità dell'Unesco. «Un oggetto spettacolare» dichiara Pfiffner. Su una lunghezza di trenta chilometri un imponente strato roccioso più antico è sovrascorso su uno più giovane. «È in assoluto il luogo più adatto per capire la nascita delle Alpi». Le Alpi sono la zona che ha assorbito la deformazione dovuta alla collisione tra la placca continentale europea e quella africana. A causa dell'enorme spinta da sud, una serie di strati geologici di varia età si sono piegati verso l'alto, si sono spezzati, sono stati traslati e si sono incuneati. In alcuni casi poi, come tra le cittadine di Elm e Flims, lo strato inferiore è diventato quello superiore.

Il team di Pfiffner è attualmente impegnato a studiare le Ande per comprendere la particolarità dell'orogenesi delle Alpi (questo è il termine tecnico che indica la formazione delle montagne). Per quale motivo, lì, le montagne si sono sollevate molto di più, e cioè fino a raggiungere quasi i 7000 metri? Le Alpi, a causa della collisione di due continenti, sono cresciute verso l'alto in modo simmetrico mentre le Ande hanno avuto uno sviluppo asimmetrico: laggiù la zolla oceanica del Pacifico scorre al di sotto del continente sudamericano, controbilanciando così la massa rocciosa che si erge verso l'alto.

Adrian Pfiffner ha svolto un'opera da pioniere, quando nell'ambito del Programma nazionale per la ricerca scientifica «Struttura geologica profonda della Svizzera» (PNR 20) ha indagato l'attività orogenetica alla profondità di trenta – quaranta chilometri, nella zona di transizione tra la crosta e il mantello terrestre. Avvalendosi di una rete di geofoni, il team dell'PNR 20 ha registrato l'eco di esplosioni mirate e le possenti vibrazioni trasferite al sottosuolo. Questa tecnica di rilevamento, che si avvale di una procedura estremamente complicata, permette di accertare la struttura e i confini delle diverse formazioni rocciose all'interno della montagna.

Non c'è da meravigliarsi che la consulenza di Pfiffner venga richiesta ogni qualvolta sia necessario un chiarimento sulla conformazione sotterranea del suolo. Per le opere del traforo di base del Gottardo egli ha misurato la profondità dello strato roccioso rispetto al fondovalle e ha verificato l'esistenza, al livello del traforo, della dolomia saccaroide nella zona di Piora: «Una roccia tremenda che si trasforma subito in sabbia». Sono situazioni critiche, che riservano «particolari sorprese», sorride Pfiffner. «Come è già successo anche nel traforo del Lötschberg, quando nel bel mezzo di una roccia granitica antica ci imbattemmo in una vena di carbone».

Le linee di ricerca prioritarie dell'Istituto bernese di Pfiffner seguono tre precise metodologie: «Come i geologi hanno sempre fatto, ci rechiamo tra le montagne per svolgervi l'attività sul terreno», spiega il professore. «Contemporaneamente sviluppiamo una modellizzazione computerizzata dei processi di formazione orogenetica. Inoltre, procediamo sperimentalmente simulando il comportamento di alcuni modelli di tipo analogico, e questo lo facciamo realizzando dei modelli di sabbia». Questa tecnica consente di predisporre le più disparate condizioni di partenza, avvalendosi di sabbia, sfere di vetro o materiali sintetici. Nelle apparecchiature per la tomografia computerizzata della Facoltà di medicina di Berna è successivamente possibile scoprire le modalità di formazione delle più diverse montagne in miniatura. Così si possono guardare le montagne «mentre crescono». Possiamo quasi pensare che quando nel suo laboratorio si diverte a plasmare le montagne e le vallate, Adrian Pfiffner giochi a fare il Creatore. O, comunque, sembra augurarsi una mezza eternità. Come quando racconta che a Briga il suolo si solleva di 1,5 millimetri l'anno. «Detto così non sembra tanto», dice Pfiffner. «Però si tratta pur sempre di un chilometro e mezzo in un milione di anni».

A tormentarlo è una curiosità addirittura storica. «Sono cresciuto in una zona franosa dalle parti di Reichenau nei Grigioni», racconta Pfiffner. «Un territorio del quale ci si chiede: perché ha queste strane rocce». Quando a scuola finalmente la lezione di geologia lo portò a scoprire la risposta, egli ne rimase affascinato e da quel giorno non ha più smesso di pensarci: «Quando mi trovo di fronte a un campione di roccia, mi affascina pensare che quella pietra sia testimone di processi cosi differenti». Le pietre raccontano ad Adrian Pfiffner la loro storia: narrano come sono nate 300 milioni di anni fa, quando si trovavano alla profondità di 15 chilometri e le Alpi cominciarono a innalzarsi verso il cielo nelle doglie del parto. Raccontano come arrivarono in cima alle vette, come rimasero esposte al ghiaccio, alla neve, al vento e alla pioggia e come, durante una frana, precipitarono con fragore giù nella valle. No, per Adrian Pfiffner la roccia non è affatto morta.

E con questo spirito va anche per montagne: «Sono cose che van viste con i propri occhi», afferma il geologo. «Si osserva, si guarda, si segue il proprio naso. Ci si muove come un cane sul terreno». Ora abbiamo capito gli escursionisti, che incuriositi gli chiedono sempre che cosa stia facendo. Kai Michel

---

Adrian Pfiffner
– Nato nel 1947 a Coira
– Studi di geologia e dottorato presso l'ETH di Zurigo
– Professore di geologia all'Università di Berna (dal 1987)
– Direttore dell'Istituto di geologia (dal 2001)
– Premio Schläfli (1984)

Adrian Pfiffner

THE ARCHITECTURE OF THE EARTH

Adrian Pfiffner
Geologist

"Are you looking for gold?" Whenever Adrian Pfiffner goes tramping through the mountains with his hammer in his hand, other hikers always ask him the same question. "And after I shake my head," says Pfiffner, "their next question is invariably: 'Are you looking for crystals?'" With a wry smile, Pfiffner, Professor of Geology at the University of Berne continues: "People don't have a clue what geologists do." He then patiently explains the practical uses of geology, citing the questions people generally ask. Is there any danger of rocks falling here? Is the ground suitable for a chalet? Is there any ground water on this site? Where can I mine for gravel and sand? When he speaks, people listen attentively. "It's not that geologists have a bad image in Switzerland; they don't have any image at all." This strikes Pfiffner as truly amazing for a country that so readily defines itself by its mountains and owes its unique image to its geology.

Pfiffner succeeded in having the "Glarus overthrust", one of the wonders of natural history, included in the UNESCO World Heritage List. "It's absolutely spectacular", says Pfiffner. A massive old layer of rocks, over thirty kilometres long, has pushed its way over a newer one. "There is no better place for finding out how the Alps came to exist." They are the damage zone that rose to the top after the European and the African continental shelves collided. The enormous thrust from the south caused layers of rocks of various ages to fold, fracture, shift and wedge tightly into one another. And sometimes, as in the area between Flims and Elm, the lowest layer eventually ended up on top.

In order to understand orogenesis (or mountain building) of the Alps, Pfiffner's team is currently doing research in the Andes. Why are the mountains so much higher there, towering almost 7,000 metres above sea level? Whereas the Alps arose symmetrically as the result of a collision between two continents, the Andes grew asymmetrically. The oceanic plate of the Pacific slid beneath that of the South American continent, forcing the rocky mass upwards.

Pfiffner carried out a pioneering investigation within the framework of the National Research Programme "Geological Deep Structure of Switzerland" (NRP 20), studying orogenic events at a level of thirty to forty kilometres beneath the earth's surface, along the boundary between the earth's crust and its mantle. Using a network of geophones, the NRP 20 team recorded the echoes of deliberately triggered explosions and heavy vibrations. It was thus possible, by means of an extremely complicated procedure, to determine the structure and boundaries of the various rock formations.

No wonder then that Pfiffner's expertise is always sought whenever one needs to know what things look like beneath the earth's surface. During the work on the new Gotthard Base Tunnel he gauged how far the bedrock lay beneath the valley floor, or whether saccharoidal dolomite was likely to occur at tunnel level close to the Piora zone. "The rock there is terrible," Pfiffner notes. "It crumbles like sand." But "amazing surprises" often await the geologist, he muses – as, for instance, when one comes across a coal seam in the Lötschberg tunnel in the midst of granite bedrock.

Pfiffner's institute in Berne has adopted a three-pronged approach: "We head off into the mountains and explore the terrain the way geologists have always done", explains Pfiffner. "On the computer, meanwhile, we model the processes whereby mountains come into being. And we experiment with analogue models – in the sandbox, for example." The sandbox makes it possible to simulate the most diverse initial states using materials that include sand, glass beads and synthetic materials. Using a computer tomograph at the Medical Faculty of the University of Berne, Pfiffner and his team are able to show how different types of mountains arise under pressure. It is an ideal way to watch mountains grow. It is tempting to say that Pfiffner is playing God when he creates mountains and valleys in his laboratory. He certainly thinks in extremely long time-ranges, as when he explains that the ground beneath the town of Brig is rising by 1.5 millimetres a year. "It doesn't sound like a lot," says Pfiffner, "but in a million years it still amounts to 1.5 kilometres."

Pfiffner is driven by his sheer passion for geo-historical developments: "I grew up in Reichenau (Grisons), an area that is known for its rock slides. On terrain where you are continually asking yourself: 'What are all these strange rocks doing here?'". And once he received the answer to this question in a geology lesson in school, there was no turning back for him. "What I find so fascinating when I'm standing there looking at a rock is the fact that it has borne witness to so many different processes." The rock tells Pfiffner its history: how it came to be 300 million years ago when it was still buried fifteen kilometres beneath the earth and the Alps went into their birth-throes; and the way it travelled towards the summit exposed to ice and snow, wind and rain, before it finally crashed down into the valley during a rock slide. In Pfiffner's eyes rocks are certainly not dead.

When he wanders through the mountains, Pfiffner will insist: "You simply have to see it for yourself. You look around and follow up on something interesting. You move through the terrain like a dog." It's no wonder, then, that passers-by ask Pfiffner what exactly he is doing. Kai Michel

---

Adrian Pfiffner
– Born 1947 in Chur
– Studied geology at the ETH Zurich
– Professor of Geology at the University of Berne (since 1987)
– Director of the Institute of Geological Sciences at the University
  of Berne (since 2001)
– Schläfli Prize (1984)

THOMAS STOCKER

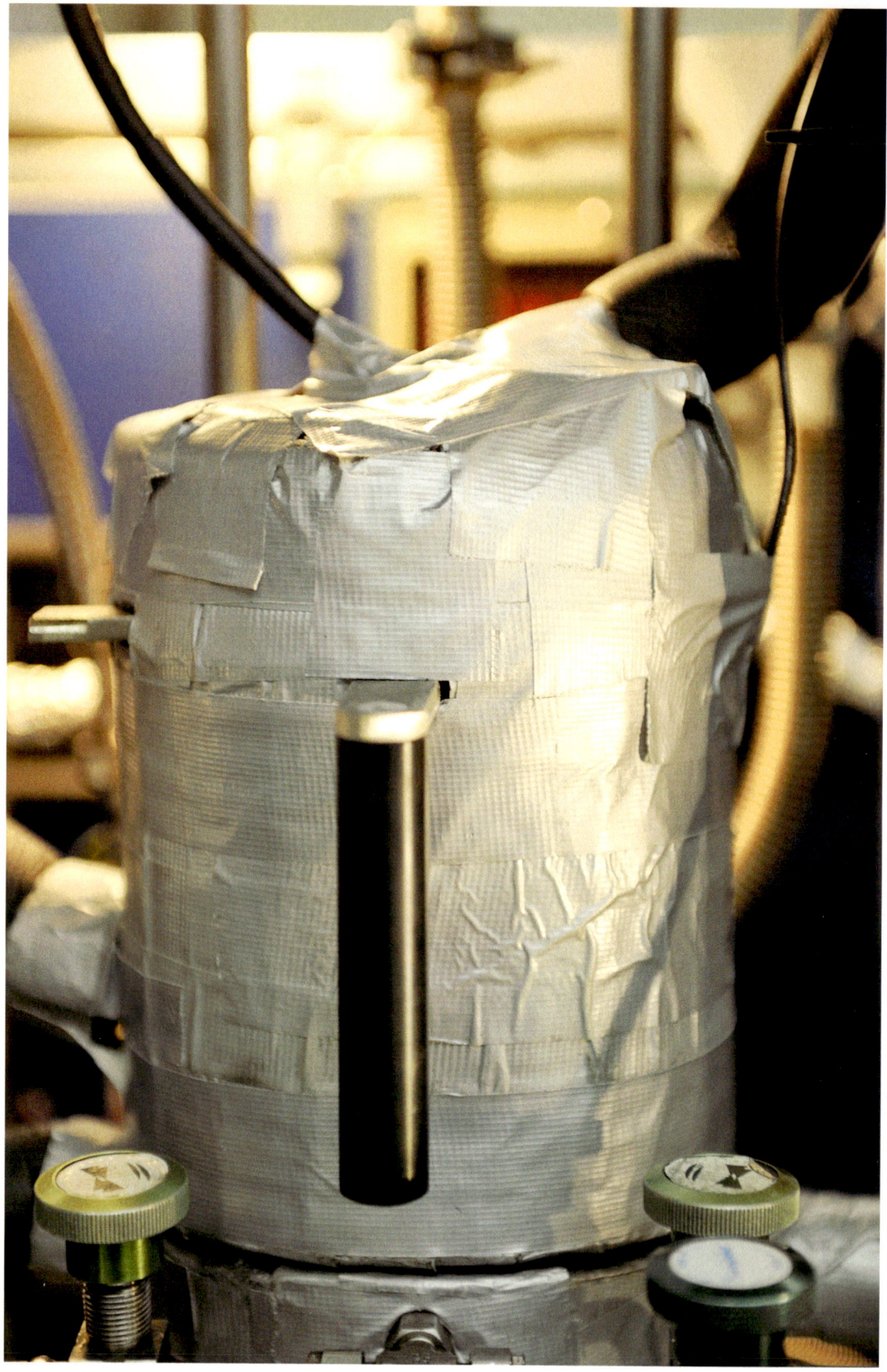

Thomas Stocker

DER KLIMAKÄMPFER
Thomas Stocker
Umweltphysiker

Wenn Thomas Stocker Rat braucht, fragt er schon mal bei seinen beiden Töchtern nach. *Change* sei doch ein schönes Lied, empfehlen sie ihm dann zum Beispiel. Da singt Tracy Chapman: «Wie schlecht, wie gut muss es werden? Welche Kettenreaktion hat eine Wirkung? Und wirst du dich dann ändern?» Das passt doch: Sind das nicht die Fragen, um die sich alles dreht? Thomas Stocker nickt und nimmt den Song mit zum Radio-Interview. Medienberatung hat der Berner Professor für Klima- und Umweltphysik auch nötig. Er ist auf allen Kanälen unterwegs. Ob nun mit Musik von Tracy Chapman beim Gespräch auf DRS 3, im Fernsehen, in der *Neuen Zürcher Zeitung* oder in der *Migros-Zeitung:* Überall ist Thomas Stocker eine – im wahrsten Wortsinn – gefragte Persönlichkeit. Sogar im Internet-Chat des *Blicks* schlägt er sich tapfer.

Es war viel los in letzter Zeit. Zu Al Gores Film *An Inconvenient Truth* lieferte Stockers Team harte Fakten über die menschengemachte Erderwärmung, und für den letzten Bericht des Weltklimarates IPCC (Intergovernmental Panel on Climate Change) koordinierte er die Arbeit zu einem von zwölf Kapiteln des 1000-seitigen Berichts. Als dann der Friedensnobelpreis 2007 an die Klimaexperten des UNO-Umweltprogramms und der Weltorganisation für Meteorologie ging, gratulierten viele auch dem Berner Professor, obwohl er nicht direkt im Panel Einsitz nimmt.

Dass sich die Medien auf ihn stürzen, liegt nicht nur daran, dass Thomas Stocker einer der renommiertesten Klimaforscher der Welt ist. Er hat das grosse Talent, die nicht gerade einfache Klimaproblematik sachlich und präzise auf den Punkt zu bringen und doch anschaulich und für alle verständlich zu bleiben. Dabei neigt er weder zu Übertreibungen («Von mir hören Sie keine Begriffe wie Klimakatastrophe»), noch gebärdet er sich als Missionar («Und schon gar nicht rede ich von Apokalypse»). Thomas Stocker geht es immer um die Sache. Mit grosser Geduld beantwortet er alle Fragen. «Nützt es etwas, wenn ich weniger grilliere», lautete eine im *Blick*-Chat. «Grillieren Sie weiter, das mach ich auch gern», tippte Stocker in die Tasten, «am besten mit Holz oder Holzkohle. Das sind nachwachsende Brennstoffe.» Wenn er nach dem richtigen Argument sucht, wirkt er authentisch und nicht so glatt wie viele andere Experten, die mit wohlkonfektionierten Phrasen über Zweifel und Unklarheiten hinwegtäuschen. «Mittlerweile habe ich Übung», entschuldigt sich der Berner, spricht man ihn auf sein Medientalent an. Seit zehn Jahren gehört er zu den Wissenschaftlern, die den Weltklimarat IPCC mit fundierten Forschungsresultaten beliefern. «Wir haben die Pflicht zu informieren», sagt Stocker. «Die Menschen müssen erfahren, wie die Ergebnisse zustande kommen und wie zuverlässig sie sind. Schliesslich werden auf dieser Basis grosse Verhaltensänderungen von ihnen erwartet. Und zwar von jedem Einzelnen.»

Ihn persönlich treibt vor allem die Neugier an: «Ich will wissen, was hinter den Dingen steckt, die wir sehen und die unser Leben bestimmen», erzählt Thomas Stocker: «Deshalb studierte ich Physik.» Thomas Stocker faszinieren vor allem die ganz konkreten Probleme. Und da ist es schon schade, dass er kaum noch ins Labor kommt. Seit 2008 ist er zudem Leiter des Nationalen Forschungsschwerpunktes (NFS)

«Klima – Variabilität, Vorhersagbarkeit und Risiken des Klimas». Umso mehr freut er sich, wenn er nun das erste Mal selbst zu einer Eisbohrung nach Grönland geht.

Seinen Kollegen sagte er schon: «Ich geh euch zur Hand! Da bin ich eure Hilfskraft.»

Ursprünglich waren Klimamodelle Stockers Hauptforschungsgebiet: Mit ihnen lässt sich berechnen, wie das Klima in ferner Vergangenheit war, aber auch, wie es einmal werden könnte. 2003 übernahm er die Leitung der an der Universität Bern bereits jahrzehntelang betriebenen Eisbohrkernforschung. In der Antarktis bohrten die Forscher zweimal rund 3000 Meter tief ins Eis und gewannen so Einblick in das Klimaarchiv der letzten 800 000 Jahre. In Bern untersuchte Stockers Team dann die Konzentration von Treibhausgasen wie Kohlendioxid (CO_2) und Methan in den kleinen im Eis eingeschlossenen Luftbläschen. Es zeigte sich, dass die Konzentration von CO_2 in der Erdatmosphäre heute rund 28 Prozent höher ist als je zuvor in den letzten 800 000 Jahren. Da bleibt kein Zweifel übrig, dass dieser Anstieg menschengemacht ist.

«Wir liefern das Wissen», sagt Thomas Stocker: «Die Gesellschaft entscheidet.» Doch da verliert der Klimaforscher in letzter Zeit etwas die Geduld. Zu oft musste er die Erfahrung machen, dass die von der Wissenschaft gelieferten Informationen einfach in den Schubladen der Politiker verschwinden. «Ich habe leider viel zu selten erlebt, dass wirklich Massnahmen getroffen wurden.» Wenn aber politisch nichts passiert – was also tun? Die Zeit drängt. «Ich stelle mir schon manchmal die Frage, ob es nicht effizienter wäre, mich in der Politik zu engagieren», sinniert Thomas Stocker. Doch er weiss genau: Nähme er Partei, verlöre seine Expertise als Wissenschaftler an Wert. Lieber nutzt er Wissen und Reputation und rüttelt die Öffentlichkeit auf. An der Medienfront ist er ja ein erfahrener Kämpfer.

Seine Töchter jedenfalls sehen das auch so. Sind sie denn stolz auf den Vater? «Die klopfen mir zurzeit nicht besonders oft auf die Schulter», sagt Stocker lachend. Sie sind 12 und 14 Jahre alt. «Gerade dabei, selbstständig zu werden. Aber sie schätzen es schon, dass ich einen Beruf habe, für den man sich nicht rechtfertigen muss, dass man sein Geld damit verdient.» Kai Michel

---

Thomas Stocker
- Geboren 1959 in Zürich
- Studium der Umweltphysik an der ETH Zürich
- Professor für Klima- und Umweltphysik an der
  Universität Bern (seit 1993)
- Leiter des NFS «Klima – Variabilität, Vorhersagbarkeit und
  Risiken des Klimas»
- Nationaler Latsis-Preis (1993)
- Ehrendoktor der Universität von Versailles

DÉFENSEUR DU CLIMAT

Thomas Stocker
Physicien de l'environnement

S'il a besoin d'un conseil, Thomas Stocker se tourne parfois vers ses deux filles. Elles lui répondent par exemple que *Change,* c'est une bonne chanson. Tracy Chapman y fredonne: «Jusqu'où faudra-t-il que les choses empirent ou s'arrangent? Quelles réactions en chaîne, quelle cause, quel effet te feraient faire volte-face? Te feraient changer?» Des paroles parfaitement dans l'air du temps, non? Thomas Stocker opine du chef. Et emporte Tracy Chapman avec lui pour son interview radio. Lorsque les médias cherchent à parler à un expert des changements climatiques, ce professeur de physique du climat et de l'environnement à l'Université de Berne devient une personne très sollicitée. Sur la chaîne de radio alémanique DRS 3 (avec la chanson de Tracy Chapman), dans la *Neue Zürcher Zeitung* ou dans *Migros Magazine:* Thomas Stocker est partout. Il joue même vaillamment le jeu quand le *Blick* organise une discussion en ligne sur internet.

Les événements et l'actualité ne lui ont pas laissé beaucoup de répit ces derniers temps. Il y a d'abord eu le film d'Al Gore, *An Inconvenient Truth,* pour lequel l'équipe de Thomas Stocker a fourni nombre d'éléments factuels concernant la responsabilité de l'Homme dans le réchauffement de la planète. Mais aussi les travaux que le climatologue a coordonnés pour l'un des douze chapitres du dernier rapport de mille pages du GIEC, le Groupe d'experts intergouvernemental sur l'évolution du climat créé par le Programme des Nations Unies pour l'environnement (PNUE) et l'Organisation météorologique mondiale (OMM). Lorsque le GIEC s'est vu décerner le Prix Nobel de la paix 2007, le professeur bernois a ainsi reçu de nombreuses félicitations, même s'il ne siégeait pas directement dans le comité de ce groupe d'experts.

Si les médias se jettent sur lui, ce n'est pas seulement parce que Thomas Stocker est l'un des plus éminents climatologues au monde. Il possède en outre le talent d'expliquer de manière factuelle et précise les enjeux liés à la problématique du climat, tout en restant accessible et compréhensible pour tous. De plus, il n'a ni une tendance à l'exagération – «Vous ne m'entendrez jamais utiliser des formules comme ‹catastrophe climatique›» – ni la fibre missionnaire – «Et je ne veux surtout pas parler d'apocalypse». Pour Thomas Stocker, l'important, ce sont les faits. Il répond toujours très patiemment à toutes les questions. «Cela sert-il à quelque chose si j'arrête de faire des grillades?» lui a demandé un internaute lors de la discussion en ligne organisée par le *Blick.* «Continuez à en faire, a répondu le climatologue. Moi aussi, j'adore ça. Surtout au bois ou au charbon de bois, car ce sont des combustibles renouvelables.» L'homme paraît authentique dans sa quête d'arguments. Et beaucoup moins lisse que ces nombreux experts qui tentent de donner le change en éludant les doutes et les incertitudes à coups de phrases bien rodées. Evoquez avec lui son aisance pour répondre aux médias, et Thomas Stocker remarque, comme pour s'excuser: «Avec le temps, j'ai un certain entraînement.» Cela fait dix ans, en effet, qu'il fait partie des scientifiques qui fournissent au GIEC de solides résultats de recherche. «Nous avons le devoir d'informer, souligne-t-il. Les gens doivent savoir de quelle façon nous obtenons ces résultats et s'ils sont fiables. Après tout, c'est sur cette base que l'on s'appuie pour exiger d'eux d'importants changements de comportement. De chacun d'entre eux.»

Ce qui motive quotidiennement Thomas Stocker, c'est la curiosité: «Je veux savoir ce qu'il y a derrière les choses. C'est pour cela que j'ai fait des études de physique.» Il se dit aussi fasciné par les problèmes très concrets. Et regrette de n'avoir quasiment plus le temps de travailler en laboratoire. Car depuis 2008, Thomas Stocker est aussi directeur du Pôle de recherche national (PRN) «Climat – Variabilité, prévisibilité et risques climatiques». Il se réjouit donc du prochain carottage de glace qu'il effectuera bientôt au Groenland. Le chercheur a déjà averti ses collègues: «Je vais vous prêter main-forte! Je serai votre assistant.»

A l'origine, établir des modèles climatiques constituait son domaine de recherche principal; ceux-ci permettent de calculer à quoi ressemblait le climat du passé, ainsi que son évolution dans le futur. En 2003, Thomas Stocker a repris la direction des projets de carottages glaciaires à l'Université de Berne, dont c'est une des spécialités depuis dix ans. Son équipe a notamment analysé des échantillons de glaces correspondant à des archives climatiques des 800 000 dernières années: il s'agissait de deux carottages extraits de la calotte antarctique jusqu'à 3 000 mètres de profondeur. A Berne, les scientifiques se sont penchés sur les concentrations de gaz à effet de serre, tels que le dioxyde de carbone (CO_2) et le méthane, contenus dans les petites bulles d'air prisonnières de la glace. Ces travaux ont montré que la concentration de CO_2 dans l'atmosphère terrestre est aujourd'hui supérieure d'environ 28 % par rapport aux 800 000 dernières années. Il ne persiste donc aucun doute sur le fait que cette augmentation est due à l'activité humaine.

«Nous fournissons les briques du savoir, explique Thomas Stocker. Mais c'est à la société de prendre des décisions.» Sur ce point, le climatologue commence à perdre patience depuis quelque temps. Trop souvent, estime-t-il, les informations fournies par les scientifiques disparaissent purement et simplement dans les tiroirs des politiciens. «J'ai malheureusement trop rarement vécu le cas de figure où l'on finit par prendre de vraies mesures», regrette-t-il. Si rien ne se passe à ce niveau-là, que faire? Car le temps presse. «Je me demande parfois si je ne serais pas plus efficace en m'engageant en politique», avoue Thomas Stocker. Mais le chercheur sait bien que s'il prenait parti, son expertise scientifique perdrait de sa valeur. Il préfère donc exploiter ses connaissances et sa réputation pour secouer l'opinion publique. Après tout, sur le front des médias, c'est un lutteur aguerri.

Ses filles, elles aussi, n'envisagent pas les choses autrement. Sont-elles fières de leur père? «Je ne peux pas vraiment dire qu'elles me tapent souvent sur l'épaule pour me féliciter, répond Thomas Stocker en riant. Elles ont 12 et 14 ans, c'est l'âge auquel on s'émancipe. Mais elles apprécient que le travail de leur père ne soit pas de ceux qui nécessitent qu'on doive sans cesse le justifier.» Kai Michel

---

Thomas Stocker
– Né en 1959 à Zurich
– Etudes de physique de l'environnement à l'EPF de Zurich
– Professeur de physique du climat et de l'environnement
  à l'Université de Berne (depuis 1993)
– Directeur du PRN «Climat – Variabilité, prévisibilité
  et risques climatiques»
– Prix Latsis national (1993)
– Docteur honoris causa à l'Université de Versailles

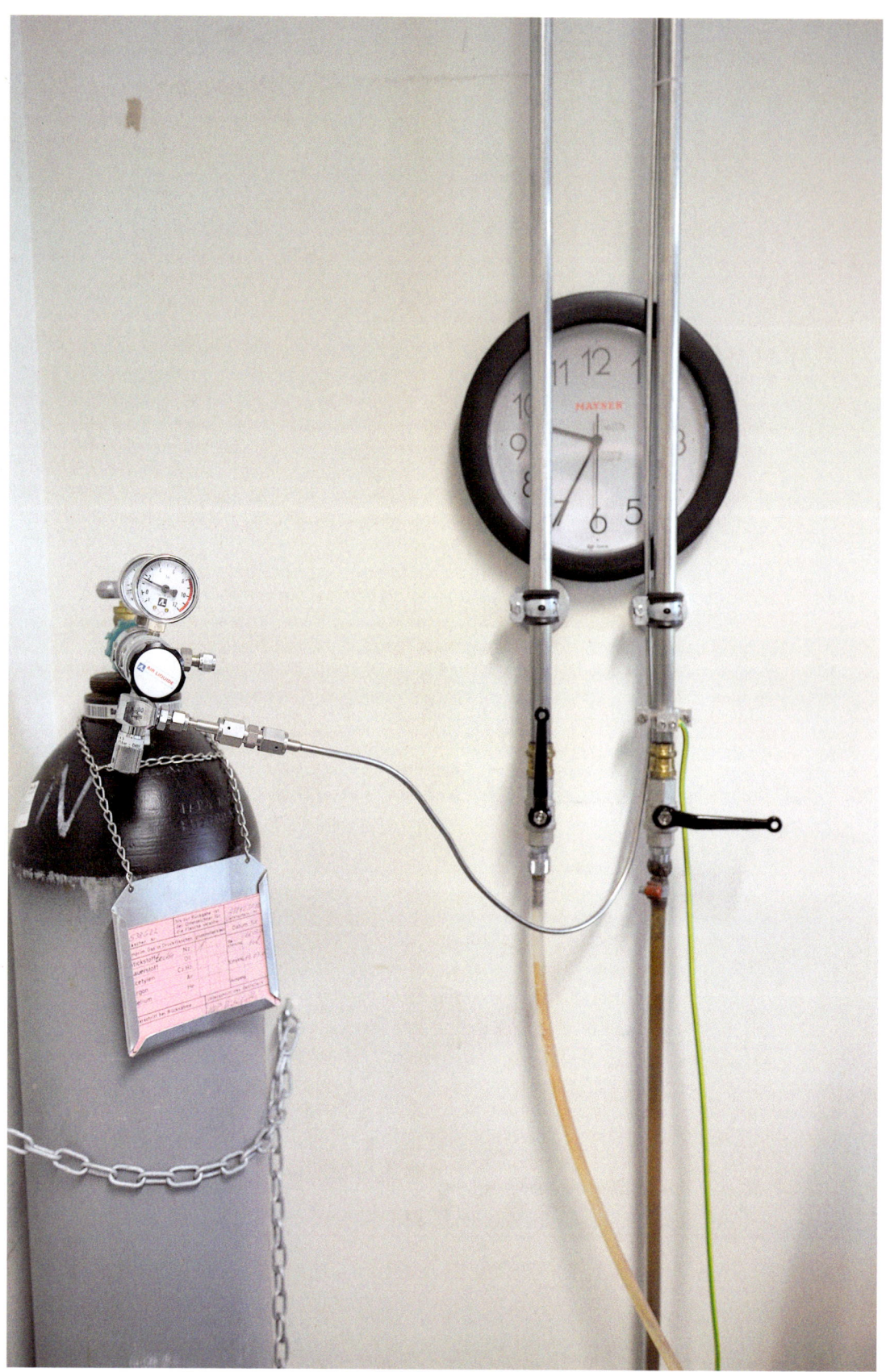

Thomas Stocker

IL DIFENSORE DEL CLIMA
Thomas Stocker
Fisico dell'ambiente

Quando Thomas Stocker ha bisogno di qualche consiglio si rivolge alle sue due figlie. E loro, per esempio, gli suggeriscono che *Change* è una bella canzone, nella quale Tracy Chapman canta così: «Fino a che punto le cose dovranno peggiorare. Quali reazioni a catena, quale causa, quale effetto ti faranno cambiare?» In fondo calza a pennello: non sono forse le domande intorno alle quali gira il mondo? Stocker annuisce e porta con sé la canzone per l'intervista radiofonica che lo aspetta. Il professore di Berna, esperto di Fisica ambientale e climatica, accetta consigli anche nel campo delle comunicazioni di massa. Egli è presente su tutti i canali. In un colloquio su DRS 3, accompagnato dalle note di Tracy Chapman, in televisione o sulle pagine della *Neue Zürcher Zeitung*, o su quelle della *Migros-Zeitung:* Thomas Stocker è una personalità molto richiesta ovunque, nel vero senso della parola. Egli è persino coraggiosamente presente sulla chatline di *Blick.*

Negli ultimi tempi sono avvenute molte cose. Il team di Stocker ha fornito al film di Al Gore *Una scomoda verità*, una serie di dati molto crudi sul riscaldamento globale prodotto dall'attività umana. Inoltre, in occasione dell'ultimo rapporto del Consiglio sul clima IPCC (Intergovernmental Panel on Climate Change), egli ha coordinato la ricerca confluita in uno dei dodici capitoli del documento finale di 1000 pagine. Quando nel 2007 è stato assegnato il Premio Nobel per la pace agli esperti dell'Organizzazione Mondiale della Meteorologia dell'ONU e del Programma Ambientale dell'ONU, molti di loro si sono congratulati pure con il professore di Berna, anche se egli non faceva direttamente parte dell'IPCC.

I media si rivolgono a lui non solo perché è uno dei più rinomati esperti mondiali di clima, ma anche perché è dotato di una straordinaria capacità di puntualizzare in modo obiettivo e preciso le problematiche del clima – che non sono affatto semplici – mantenendo comunque un linguaggio molto chiaro e comprensibile a tutti. Non è incline alle esagerazioni: «Non mi sentirete mai esprimere concetti come ‹catastrofe climatica›». Né tantomeno si atteggia a missionario: «E non parlo affatto di apocalisse». Con Thomas Stocker si parla sempre dei fatti. Egli risponde con grande pazienza a tutte le domande. Sulla chat di *Blick* qualcuno gli chiede: «Serve a qualcosa se riduco le mie grigliate all'aperto?». «Continui pure a grigliare», risponde Stocker «lo faccio anch'io, magari usando legna o carbonella, che sono materie prime rigenerabili». Quando cerca l'argomentazione giusta, non si nasconde dietro frasi fatte, non cela i suoi dubbi e le sue incertezze e appare sempre sincero. «Nel frattempo mi sono riscaldato», tenta di scusarsi il bernese visto che il colloquio è caduto sul suo talento mediatico. Da dieci anni è membro di un gruppo di scienziati che fornisce risultati scientifici accurati al Consiglio sul clima – IPCC. «Abbiamo il dovere di informare» afferma Stocker. «La gente deve sapere come si ottengono determinati risultati e quanto essi siano attendibili. In fondo ci aspettiamo che su queste basi la gente cambi radicalmente i propri comportamenti e più precisamente che lo facciano tutti».

Per quanto lo riguarda, è mosso soprattutto dalla curiosità: «Io voglio sapere che cosa si nasconde dietro la realtà che vediamo e che condiziona la nostra vita», confida Stocker. «E per questo ho studiato fisica». È affascinato soprattutto dai problemi molto concreti ed è veramente peccato che non abbia quasi più il tempo per andare in laboratorio. Dal 2008 dirige anche il Polo di ricerca nazionale (PRN) denominato «Clima – variabilità, previsione e rischi del clima». È felice perché si recherà per la prima volta in Groenlandia dove seguirà una perforazione nel ghiaccio. Ai colleghi dice già: «Vi darò una mano! Sarò il vostro aiutante sul terreno».

All'inizio, i modelli climatici rappresentavano il principale campo di ricerca di Stocker: essi permettono la ricostruzione delle condizioni climatiche del passato più remoto ma anche di formulare ipotesi per il futuro. Nel 2003 Stocker ha assunto la direzione della ricerca applicata alle perforazioni nel ghiaccio, già condotta da alcuni decenni presso l'Università di Berna. In Antartide gli scienziati hanno perforato per due volte l'immensa distesa bianca fino alla profondità di 3000 metri, allungando in questo modo lo sguardo sul passato: l'archivio climatico rinchiuso nel ghiaccio risale ora fino a 800 000 anni fa. A Berna, il team di Stocker ha analizzato la concentrazione di gas serra, come il diossido di carbonio (CO_2) e il metano, contenuta nelle microscopiche bolle di aria imprigionate nel ghiaccio. I risultati hanno dimostrato che la concentrazione attuale di CO_2 nell'atmosfera terrestre supera del 28 per cento quella degli ultimi 800 000 anni. Ora non ci sono più dubbi: il responsabile dell'aumento è l'uomo.

«Noi ci impegniamo a fornire conoscenza» dice Stocker. «La società decide». Anche se, su questo punto, negli ultimi tempi lo studioso ha cominciato a perdere la pazienza. Troppo spesso ha visto i politici abbandonare nel cassetto le informazioni fornite dagli scienziati. «Purtroppo, solo raramente ho assistito a un'effettiva attuazione delle misure necessarie». Ma che cosa bisogna fare, quando sul piano della politica non succede nulla? Il tempo stringe. «Qualche volta mi chiedo se da parte mia non sarebbe più efficace un coinvolgimento politico», riflette Thomas Stocker. Però, egli sa perfettamente che se parteggiasse per qualcuno la sua credibilità di scienziato perderebbe autorevolezza. Per scuotere il pubblico preferisce sfruttare le sue conoscenze e la sua reputazione visto che anche sul fronte dei media è un esperto combattente.

Anche le sue figlie sono d'accordo. Allora, sono orgogliose del loro padre? «Non è che mi diano spesso pacche sulle spalle per complimentarmi – risponde Stocker ridendo – hanno 14 e 12 anni e stanno diventando indipendenti, ma apprezzano molto che il mio sia un lavoro per il quale non si deve giustificare lo stipendio che si guadagna». Kai Michel

---

Thomas Stocker
– Nato nel 1959 a Zurigo
– Studi di fisica ambientale presso l'ETH di Zurigo
– Professore di fisica climatica e ambientale presso l'Università di Berna (dal 1993)
– Direttore del PRN «Clima – variabilità, previsione e rischi del clima»
– Premio nazionale Latsis (1993)
– Dottorato honoris causa dell'Università di Versailles

THE GUARDIAN OF OUR CLIMATE

Thomas Stocker
Environmental physicist

When Thomas Stocker needs advice, he sometimes turns to his two daughters. They suggest that he listen to Tracy Chapman's song *Change:* "How bad, how good does it need to get? … What chain reaction would cause an effect? … Would you change?" It's perfect, they say. And it asks all the right questions. Stocker nods in agreement and takes the song to a radio interview. As a matter of fact, this Professor of Climate and Environmental Physics at the University of Berne probably also needs some advice on how to manage media exposure. He is a highly sought-after man and can be heard on the Swiss radio programme DRS 3 *Focus* (armed with Tracy Chapman's music), seen on television and read in the *Neue Zürcher Zeitung* or the *Migros-Zeitung.* And he even holds his own in the *Blick* Internet chat.

A lot has happened in recent years. Stocker's research team supplied the data on human-induced global warming for Al Gore's film *An Inconvenient Truth.* And he co-ordinated the work for one of the twelve chapters of the latest report from the Intergovernmental Panel on Climate Change (IPCC), which fills 1,000 pages. When the Nobel Peace Prize for 2007 was awarded to the IPCC and to Al Gore, many people also congratulated Stocker, even though he does not himself have a seat on the IPCC.

The media are eager to get hold of Stocker not only because he is one of the world's most renowned climate researchers, but also because of the way he presents climate data; he is one of the few experts who is able to convey complicated results objectively, succinctly and in a lively and understandable manner. He does not exaggerate ("You won't catch me using expressions like 'climate catastrophe'.") and he has no missionary zeal ("And you certainly won't hear me speak of an apocalypse."). Stocker always addresses the issue itself. He patiently answers all questions. "Will it help if I don't barbecue so often?" was one of the questions asked in a *Blick* chat. In response, Stocker types: "Just keep on barbecuing. I enjoy it too – preferably with wood or charcoal. They are renewable fuels." When he is looking for the right argument, he impresses people with his authentic manner. He has nothing of the glib specialist glossing over doubts and uncertainties with elaborate terminology. "I've had a fair bit of media experience," Stocker acknowledges apologetically whenever anyone passes a remark on his skilful handling of mass communications. Over the past ten years, he has supplied the IPCC with sound research results. "It's our duty to inform people. They need to know how research scientists obtain their results and how reliable they are. After all, the results of this research may make it necessary to change our behaviour – and that involves everyone."

Stocker is driven by curiosity: "I want to know what's behind the things that we see and which shape our lives," he says. He is especially fascinated by very concrete problems. Unfortunately his many commitments now prevent him from spending much time at the laboratory. Since 2008, he has been the director of the National Centre of Competence in Research (NCCR) "Climate Variability, Predictability and Climate Risks". He is looking forward to travelling to Greenland for the first time, where a team will be drilling in the ice. He has already promised to lend his colleagues a helping hand. He tells them: "This time, I am your assistant."

Originally, most of Stocker's research involved developing climate models. These models are used to calculate what the climate was like in the distant past and how it could evolve in the future. In 2003, he took over the leadership of the long-term research project on ice coring in polar areas at the University of Berne, a specialty of the laboratory for the last several decades. In the Antarctic, researchers have drilled about 3,000 metres deep into the ice twice and have gained insights into the climate history of the last 800,000 years. In Berne, Stocker's team is investigating the concentration of greenhouse gases such as carbon dioxide (CO_2) and methane in the small air bubbles trapped in the ice. They discovered that the concentration of CO_2 in the Earth's atmosphere is approximately 28 per cent higher than at any other time during the last 800,000 years. There is no doubt that this rise is due to human activity.

"We supply the knowledge," says Stocker, "society decides." Even so, Stocker sometimes loses his patience. All too often he has seen scientific data end up in the drawers of politician's desks. "Unfortunately, I've rarely seen measures actually being taken." If no political steps are taken, what can anyone do? Time is running short. "I sometimes ask myself whether I would not be more effective if I got involved in politics," Stocker muses. But he knows full well that if he were to take sides, his expertise as a scientist would be less highly valued. So he prefers to use his knowledge and his reputation to shake the public out of its lethargy.

His daughters share his attitude. Are they proud of their father? "They don't pat me on the shoulder so much these days," he says with a smile. They are now twelve and fourteen years old and "on their way to becoming independent. But they are glad that I earn my money with a job that I don't have to make excuses for." Kai Michel

Thomas Stocker
– Born 1959 in Zurich
– Studied environmental physics at the ETH Zurich
– Professor of Climate and Environmental Physics at the University
  of Berne (since 1993)
– Director of the NCCR "Climate Variability, Predictability
  and Climate Risks"
– National Latsis Prize (1993)
– Honorary doctorate from the University of Versailles

BRIGITTE STUDER

Brigitte Studer

GEGENWÄRTIGE GESCHICHTE
Brigitte Studer
Historikerin

Ihr Interesse für englische Literatur führte sie nach dem Grundstudium in Geschichte 1977 für ein Jahr nach London. Die Begegnung mit der dortigen selbstbewussten Frauenbewegung prägte Brigitte Studers Werdegang als Sozialhistorikerin. «Ich war schon in einer Frauengruppe an der Uni in Freiburg engagiert», erzählt sie. «Wie man den Feminismus auch in aktuelle Geschichtswissenschaft umsetzen kann, erfuhr ich aber erst in England. Ich lernte beeindruckende Frauen kennen, die mir eine neue Perspektive der Geschichtsschreibung eröffneten.» Heute hat Brigitte Studer den Lehrstuhl für Schweizer und Neueste Allgemeine Geschichte an der Universität Bern inne und beschäftigt sich mit Geschlechtergeschichte, Staatsbürgerschaft, der Bildung kollektiver Identitäten und Sozialgeschichte.

Die Faszination für politische Bewegungen als Produkte und Akteure sozialer Umbrüche ist noch immer der Motor von Studers Forschungsarbeiten. Sie hat die fliessend Deutsch, Französisch und Englisch referierende und publizierende Historikerin von der Frauengeschichte zur historischen Kommunismusforschung nach Moskau in das Archiv der Kommunistischen Internationalen «Komintern» getrieben. Als erste Schweizer Forscherin erhielt Brigitte Studer im Zug der Perestroika Ende der 1980er-Jahre Zutritt zu dem «einschüchternden Monumentalbau aus weissem Marmor». Im Gedächtnis haften geblieben ist ihr die strenge Überwachung der Forschenden durch die Archivmitarbeiter: «Jeden Abend wurde kontrolliert, ob man nur die zuvor angebenen Stellen aus den Dokumenten kopiert hatte. An meinen Computer, eines der ersten tragbaren Modelle überhaupt, wagte sich allerdings niemand.» Ihre Aufarbeitung der Geschichte der schweizerischen kommunistischen Partei und des russischen Stalinismus haben Brigitte Studer als Kommunismus-Expertin europaweit bekannt gemacht.

Mittlerweile hat sich ihr Fokus auf weitere Themen verlegt: die 1968er-Bewegung in der Schweiz etwa oder die Geschichte des Schweizer Bürgerrechts von 1848 bis zur Gegenwart. «Die thematischen Schwerpunkte verlagern sich im Lauf eines Forscherlebens parallel zur Entwicklung der eigenen Interessen», sagt Brigitte Studer. «Ich habe mich aber immer mit dem Sozialstaat befasst – weil es mir um eine Erneuerung der Politgeschichte geht. Das Politische ist nur interessant aus der Perspektive des Sozialen und des Kulturellen.»

Dieser Ansatz, der in der französischen Tradition der Human- und Sozialwissenschaften gründet, wurde im 20. Jahrhundert durch die Annales-Historiker sowie Philosophen und Soziologen wie Michel Foucault oder Pierre Bourdieu populär. Ähnlich wie diese erstellt Brigitte Studer historische Analysen, die untersuchen, wie Wissen entsteht und Geltung erlangt und wie Macht ausgeübt wird: «Was ist das Politische? Wann und wie wird etwas zum politischen Gegenstand konstruiert? Um diese Fragen drehen sich letztlich alle meine Forschungsprojekte.» Sie untersucht die Voraussetzungen der politischen Prozesse, welche die Gesellschaften in jeder Epoche durchdringen und strukturieren: von den Geschlechterverhältnissen über die Arbeitswelten bis hin zu der privaten Bedeutung von Familie. Im Forschungsgebiet der Bürgerrechte treffen alle diese Themen aufeinander. «Citizenship», die Geschichte der Entwicklung von Staatsbürgerrecht und -pflicht, aber auch die individuelle Bedeutung nationaler Zugehörigkeit, fasziniert die Historikerin schon aufgrund ihrer eigenen Biografie. «Es ist eine der grossen, leider zu wenig genutzten Ressourcen der Schweiz, sowohl sprachlich wie auch kulturell oder wissenschaftlich an einer Kreuzung zu stehen», sagt die Tochter Deutschschweizer Eltern, die in Basel geboren wurde, aber im zweisprachigen Freiburg zur Schule gegangen ist und in Lausanne und Paris studiert hat. Sie kennt die Ambivalenz zweier Muttersprachen, das Nebeneinander zweier Kulturen und zweier Identitäten aus eigener Erfahrung.

So dreht sich die historische Studie *Das Schweizer Bürgerrecht* im Kern um die fundamentale Bedeutung, die dem Recht, Schweizer zu sein, seit der Gründung des Bundesstaates zugeschrieben wird. Sie spiegelt das Selbstbild des Landes so deutlich wie kaum ein anderes staatsprägendes Element. Die immer wieder aufflammenden politischen Diskussionen um die Integration von Ausländern illustrieren sowohl den Wert der Schweizer Staatsbürgerschaft bis heute als auch die immer wieder epochenspezifischen Erwartungen an die Einbürgerungskandidaten.

Im Zweiten Weltkrieg konnte allerdings die Schweizer Staatsbürgerschaft auch entzogen werden. «Zwischen 1940 und 1943 konnten Schweizer und Schweizerinnen aufgrund dreier Bundesbeschlüsse ausgebürgert werden, am Ende sogar dann, wenn sie damit staatenlos wurden», erläutert Brigitte Studer. Betroffen waren Personen, die in den Augen der Bundesbehörden die Staatssicherheit gefährdeten oder sich des Schweizer Bürgerrechts als «unwürdig» erwiesen hatten: Spione etwa oder aktive Frontisten und Nationalsozialisten, aber auch Frauen, denen eine «Scheinheirat» zur Erschleichung des Bürgerrechts vorgeworfen wurde. In einem anderen Forschungsprojekt befasst sich Brigitte Studer mit den Akteuren und Akteurinnen der 1968er-Bewegung in der Schweiz. Auch mit dieser Studie beleuchtet sie eine weitere Facette des Themas, das ihre wissenschaftliche Arbeit bestimmt: «Die politischen Einflüsse und Deutungen, die jeden Bereich der Gesellschaft, jedes Individuum prägen.» Anna Schindler

Brigitte Studer
- Geboren 1955 in Basel
- Studium der Schweizer Geschichte, der Neueren Geschichte, der Anglistik an der Universität Freiburg, an der EHESS in Paris, an der Universität Lausanne
- Lehraufträge, Vertretungen und Gastprofessuren an den Universitäten Genf und Zürich sowie an der Washington University in St. Louis, USA
- Professorin für Schweizer und Neueste Allgemeine Geschichte an der Universität Bern (seit 1997)
- Visiting Fellow am Institut für Geschichte der Universität Wien (1997)
- Visiting Professor an der University of Strathclyde, Glasgow (2001–2004)
- Prix François Hauser (1994)

L'HISTOIRE AU PRÉSENT
Brigitte Studer
Historienne

En 1977, Brigitte Studer est partie à Londres parce qu'elle s'intéressait à la littérature anglaise. Outre ses études d'histoire, c'est sa rencontre, sur place, avec un mouvement féministe qui a le plus marqué son année passée dans la capitale britannique. Une période qui a également influencé l'ensemble de son parcours d'historienne des mouvements sociaux. «Je m'étais déjà engagée dans un groupe de femmes à l'Université de Fribourg, raconte-t-elle. Mais c'est seulement en Angleterre que j'ai appris à faire intervenir le féminisme dans l'histoire contemporaine. J'ai rencontré là-bas des femmes impressionnantes, qui m'ont fait découvrir une nouvelle perspective dans la manière d'écrire l'Histoire.» Aujourd'hui, Brigitte Studer est titulaire de la chaire d'histoire suisse et d'histoire contemporaine à l'Université de Berne. Ses domaines de prédilection sont l'histoire des genres, la nationalité, la formation des identités collectives et l'histoire sociale.

La fascination pour les mouvements politiques, pris comme reflets et acteurs des mutations sociales, constitue aujourd'hui encore le ressort des travaux de recherche de cette historienne qui publie et enseigne aussi bien en français qu'en allemand ou en anglais. Après Londres et l'histoire des femmes, cette motivation intrinsèque l'a entraînée à Moscou, dans les archives du Komintern (l'Internationale communiste). A l'époque de la perestroïka de la fin des années 1980, Brigitte Studer a été la première chercheuse de Suisse à pouvoir accéder à ce «bâtiment de marbre blanc, si monumental et si intimidant». La surveillance sévère dont les chercheurs faisaient l'objet de la part des employés des archives est restée gravée dans sa mémoire: «Tous les soirs, on contrôlait que nous avions bien copié uniquement l'extrait du document prévu, se souvient-elle. En revanche, personne n'a jamais osé toucher à mon ordinateur, l'un des tout premiers modèles portables de l'époque.» Avec ce travail sur l'histoire du Parti communiste suisse et le stalinisme soviétique, Brigitte Studer est devenue une experte du communisme connue dans toute l'Europe.

Entre-temps, son centre d'intérêt s'est déplacé vers d'autres sujets: le mouvement de 1968 en Suisse, par exemple, ou l'histoire du droit de cité helvétique de 1848 à nos jours. «Au cours d'une vie de chercheur, les points forts thématiques changent parallèlement à l'évolution des intérêts personnels, explique Brigitte Studer. Reste que je me suis toujours penchée sur l'Etat social, car l'enjeu, selon moi, c'est le renouvellement de l'histoire politique. Or la politique n'est intéressante que si on l'envisage d'un point de vue social et culturel.»

Cet axiome trouve son fondement dans la tradition française des sciences humaines et sociales, popularisée au XXe siècle par le philosophe Michel Foucault et le sociologue Pierre Bourdieu et surtout l'école historique des Annales. Ainsi, à travers ses analyses historiques Brigitte Studer s'interroge sur la façon dont le savoir se constitue et gagne sa valeur et comment s'exerce le pouvoir: «Tous mes projets de recherche tournent finalement autour d'une même question: qu'est-ce que le politique? Quand et comment un problème est-il socialement construit comme politique?» Son objet d'étude, ce sont les conditions dans lesquelles émergent les processus politiques qui traversent et structurent les sociétés à chaque époque. Des conditions qui vont des rapports de genres à l'importance de la famille en tant que sphère dite privée, en passant par le monde du travail. Tous ces thèmes se superposent dans le domaine de recherche focalisé sur les droits du citoyen. Le « citizenship », c'est-à-dire l'histoire de l'évolution du droit de la nationalité, mais aussi l'importance individuelle de l'appartenance nationale: voilà un thème multiple qui fascine cette historienne bilingue, ne serait-ce qu'en regard de sa propre biographie. « Le fait que la Suisse se trouve à un carrefour tant linguistique que culturel ou scientifique constitue l'une de ses grandes ressources, mais aussi l'une des moins bien exploitées », affirme cette chercheuse née à Bâle de parents alémaniques, qui a fait sa scolarité dans un Fribourg bilingue, et étudié à Lausanne et Paris. Elle connaît, pour l'avoir vécue, l'ambivalence d'avoir deux langues maternelles, ou la collusion de deux cultures et de deux identités.

Son étude historique *Le droit de cité en Suisse* tourne donc autour de l'importance fondamentale que l'Etat fédéral a attribué, dès sa création, au droit d'être Suisse. Presque aucune autre composante ne reflète aussi nettement l'image que notre pays a de lui-même. Les discussions politiques autour de l'intégration des étrangers, qui embrasent régulièrement le pays, illustrent la valeur que la nationalité suisse revêt aujourd'hui encore, mais aussi les attentes par rapport aux candidats à la naturalisation. Des attentes qui présentent d'ailleurs leurs spécificités propres à chaque époque.

La possibilité de déchoir un Suisse de sa nationalité, par exemple, a été introduite durant la Deuxième Guerre mondiale: « Entre 1940 et 1943, trois arrêtés fédéraux ont été édictés qui prévoyaient cette option, même si cela pouvait faire des citoyens concernés des apatrides, explique Brigitte Studer. C'est un cas de figure unique dans l'histoire du droit suisse de la nationalité. » Cette mesure avait été imaginée par les autorités fédérales pour sanctionner ceux qui mettaient en péril la sécurité de l'Etat ou s'étaient montrés « indignes » de la nationalité suisse: les espions, les frontistes ou les nationaux-socialistes, mais aussi les femmes auxquelles on reprochait d'avoir conclu un « mariage fictif » pour obtenir plus facilement la nationalité helvétique. Quant au projet de recherche de Brigitte Studer sur 1968 en Suisse, il est consacré aux acteurs et aux actrices de ce mouvement. Dans cette étude, l'historienne éclaire une autre facette de la thématique qui imprègne tout son travail scientifique: « Les influences et les interprétations politiques qui marquent chaque couche de la société, chaque individu. » Anna Schindler

---

Brigitte Studer
– Née en 1955 à Bâle
– Etudes de l'histoire suisse, de l'histoire moderne
   et de l'anglais à l'Université de Fribourg, à l'EHESS à Paris
   et à l'Université de Lausanne
– Chargée de cours, professeure remplaçante et professeure invitée
   aux Universités de Genève et Zurich, ainsi qu'à l'Université
   Washington à Saint-Louis, Etats-Unis
– Professeure d'histoire suisse et d'histoire contemporaine
   à l'Université de Berne (depuis 1997)
– Visiting Fellow à l'Institut d'histoire de l'Université de Vienne (1997)
– Visiting Professor à l'Université de Strathclyde à Glasgow (2001–2004)
– Prix François Hauser (1994)

Brigitte Studer

LA STORIA AL PRESENTE
Brigitte Studer
Storica

Nel 1977, terminato il corso propedeutico di storia, Brigitte Studer, spinta dall'interesse per la letteratura inglese, trascorse un anno a Londra dove l'incontro con l'influente movimento femminista locale si rivelò di grande importanza per la sua carriera di studiosa di storia della società.«Mi ero già impegnata nell'attività di un collettivo di donne durante gli anni dell'Università di Friburgo», racconta. «Ma solo in Inghilterra capii quali fossero le implicazioni del femminismo sulla storiografia contemporanea. Ho incontrato donne sorprendenti, che m'insegnarono a vedere la storiografia da una nuova prospettiva». Oggi Brigitte Studer è titolare della cattedra di Storia svizzera e storia generale contemporanea presso l'Università di Berna e si dedica allo studio della storia dei sessi, della cittadinanza, della formazione dell'identità collettiva e della storia sociale.

Le sue ricerche sono sempre suscitate dal fascino per i movimenti politici, intesi come momenti di radicale cambiamento sociale, e hanno condotto questa storica poliglotta, che pubblica e tiene correntemente lezioni in tedesco, francese e inglese, a spostare il proprio interesse dalla storia delle donne a quella del comunismo. Approdata a Mosca negli archivi del «Komintern» (l'Internazionale comunista) verso la fine degli anni ottanta, sull'onda della Perestroika, Brigitte Studer fu la prima ricercatrice svizzera a ottenere l'accesso a quell'«edificio di marmo bianco, così monumentale e che incuteva timore». Nella memoria le è rimasta profondamente impressa la stretta sorveglianza cui gli impiegati dell'archivio sottoponevano i ricercatori: «Ogni sera si verificava che avessimo copiato unicamente l'estratto del documento precedentemente indicato. Tuttavia, mai nessuno osò toccare il mio computer, uno dei primi modelli portatili dell'epoca». Grazie alle sue ricerche sulla storia del Partito comunista svizzero e sullo stalinismo sovietico, Brigitte Studer è diventata un'esperta del comunismo riconosciuta in tutta Europa.

Nel frattempo, il suo interesse si è spostato verso altri temi: per esempio il movimento del '68 in Svizzera, oppure la storia del diritto di cittadinanza dal 1848 a oggi. «Nel corso della vita di un ricercatore gli ambiti di approfondimento tematico variano in sintonia con l'evoluzione degli interessi personali», dice Brigitte Studer. «Mi sono, comunque, sempre occupata dello Stato sociale perché per me è importante il rinnovamento della storia politica. L'aspetto politico diventa interessante solo se è inserito in una prospettiva sociale e culturale».

Quest'approccio, che affonda le radici nella tradizione francese delle scienze umane e sociali, fu reso popolare nel ventesimo secolo dagli storici delle «Annales» e da alcuni filosofi e sociologi come Michel Foucault, Pierre Bourdieu. Brigitte Studer, come loro, imposta analisi storiche che indagano la formazione del sapere, l'emergere dell'autorità e l'esercizio del potere: «In cosa consiste l'aspetto politico? Come e quando si costituisce? Tutti i miei progetti di ricerca ruotano attorno a questa domanda». Studia i processi politici che, in ogni epoca, attraversano e strutturano le società: dal rapporto tra i sessi al mondo del lavoro, fino ad arrivare al significato privato della famiglia. Nel campo di ricerca sui diritti del cittadino confluiscono tutte queste tematiche. Il «citizenship», inteso non solo quale storia dell'evoluzione dei diritti e dei doveri dei cittadini, ma anche nucleo dell'emergenza individuale del senso di appartenenza nazionale, affascina la storica bilingue anche per la sua stessa identità.

«Trovarsi al centro di un crocevia linguistico, culturale e scientifico è una delle più grandi risorse delle Svizzera, ma è anche una delle più sottovalutate», spiega questa figlia di svizzero-tedeschi, nata a Basilea, che ha frequentato le scuole nella bilingue Friburgo e studiato a Losanna e Parigi. Per esperienza personale conosce molto bene l'ambivalenza dell'avere due lingue madri entro le quali coesistono due culture e due identità.

Gli studi di storiografia sul diritto di cittadinanza in Svizzera vertono sul significato fondamentale che, fin dalla fondazione dello Stato federale, viene attribuito al diritto di essere svizzeri. Più di ogni altro, questo diritto riflette l'immagine che il nostro Paese ha di sé. L'acceso e puntuale dibattito politico attorno al tema dell'integrazione degli stranieri offre un indicatore sia del valore mantenuto fino a oggi dalla cittadinanza svizzera, sia delle aspettative nei confronti dei candidati alla naturalizzazione, valori e aspettative che hanno caratterizzato ogni periodo storico.

Per esempio, spiega Brigitte Studer, il ritiro della cittadinanza svizzera appartiene alla seconda guerra mondiale: «Tra il 1940 e il 1943, tre decreti federali legittimarono il ritiro della cittadinanza anche se le svizzere e gli svizzeri che ne venivano privati diventavano apolidi». Si volevano colpire persone che, agli occhi delle autorità federali, mettevano in pericolo la sicurezza nazionale o si erano rivelate in qualche modo «indegne» della cittadinanza svizzera: spie, frontisti e nazionalsocialisti politicamente attivi, ma anche donne accusate di un «matrimonio di pura facciata» teso all'ottenimento fraudolento della cittadinanza. A protagoniste e protagonisti del movimento del 1968 in Svizzera, Brigitte Studer dedica attualmente un progetto di ricerca. Anche con questo studio la storica chiarisce un altro aspetto dei temi fondamentali del suo lavoro scientifico: «I fattori d'influenza e d'interpretazione politica che condizionano ogni ambito della società, non meno che ogni individuo». Anna Schindler

---

Brigitte Studer
- Nata nel 1955 a Basilea
- Studi di storia svizzera, di storia contemporanea, di anglistica presso l'Università di Friburgo, l'EHESS di Parigi e l'Università di Losanna
- Incarichi d'insegnamento, di supplenza e di professore ospite presso le Università di Ginevra e Zurigo come pure presso la Washington University di St. Louis, Stati Uniti
- Professoressa di storia svizzera e storia generale contemporanea presso l'Università di Berna (dal 1997)
- Professoressa invitata presso l'Istituto di storia dell'Università di Vienna (1997)
- Professoressa invitata presso la University of Strathclyde, Glasgow (2001–2004)
- Prix François Hauser (1994)

PRESENT HISTORY
Brigitte Studer
Historian

Because of her keen interest in English literature, Brigitte Studer went to London in 1977 after completing her undergraduate education. During her year there, she encountered the highly conscious women's movement, which had a powerful influence on her subsequent career as a social historian. "I was actively involved in a women's group at the University of Fribourg," she recalls. "But it wasn't until I went to England that I learned how feminism can influence contemporary historical sciences. I became acquainted with some impressive women who showed me new perspectives in historiography." Today Studer holds the Chair in Swiss and Contemporary General History at the University of Berne and works in the fields of gender history, citizenship, the construction of collective identities and social history.

Studer's fascination with political movements as products and agents of social change has always been the driving force behind her research. It led her, a fluent speaker and writer of German, French and English, to turn her attention from women's history to the history of communism. Studer went to Moscow to work in the archives of the Communist International and thus became the first Swiss scholar granted admission to the Comintern's "intimidating monumental building of white marble" in the wake of Perestroika in the late 1980s. She vividly remembers how she was kept under strict surveillance by the archives' staff. "Every evening, they would check to see whether I had copied only the specified parts of the documents. However, nobody dared touch my computer, which was one of the first laptops on the market." Her reappraisal of the history of the Swiss Communist Party and its relationship to Russian Stalinism earned her a solid reputation throughout Europe as a historian of Communism.

She has now shifted her attention to other subjects: the 1968 movement in Switzerland, for instance, and the history of Swiss citizenship from 1848 to the present. "My choice of fields has changed during my research career as my own interests have altered," Studer says. "But I have never lost my interest in the welfare state, for instance, because I want to help to stimulate a renaissance in political history. And the political is interesting only when viewed through the lenses of the social and the cultural."

This approach, which embraces the French tradition in the human and social sciences, became popular during the twentieth century, thanks to the work of such philosophers and sociologists as Michel Foucault and Pierre Bourdieu and the Annales historians. Like them, Studer performs historical analyses to see how knowledge arises and becomes accepted, and how power is exercised. "What is political? When and why is something socially constructed as political? Ultimately, this is the question around which all my research revolves." She examines the underpinnings of the political processes that permeate and structure societies: the relationship between the sexes, the world of labour and the definition of the family as a private sphere. Her research on naturalisation touches on all these subjects. Citizenship, the history of civil rights and duties, as well as the significance of nationality are questions that have always fascinated Studer. Her own bilingual biography plays an important role here: Studer's parents were German-speaking Swiss, and although she was born in Basle, Studer went to school in the bilingual town of Fribourg. She later studied in Lausanne and Paris. She thus has first-hand knowledge of the ambivalence that comes from having two mother tongues and living in two cultures. But, as she points out, "being at the crossroads is one of this country's great and, unfortunately, seldom-tapped resources."

Studer's study of Swiss civil rights focuses on the fundamental importance assigned to Swiss citizenship when the federal state was founded. This emphasis reflects the country's self-image more clearly than any other element to have shaped the state and the nation thus far. The political discussions that repeatedly flare up over the integration of foreigners illustrate both the value of holding Swiss citizenship and the expectations placed on people applying for citizenship.

During the Second World War, however, people could be deprived of Swiss citizenship. "Between 1940 and 1943, Swiss men and women could be expatriated on the basis of three decisions by the Federal Government – even if it made them stateless," Studer points out. Those affected were people whom the Swiss authorities deemed a threat to state security or who proved "unworthy" of holding Swiss citizenship: spies, active Nazi sympathisers and National Socialists, and women accused of entering deviously into "sham marriages". Studer is presently studying the 1968 movement in a new research project. This study also sheds light on another aspect of the theme that runs like a thread through her work: "The political influences and interpretations that affect every aspect of society and every individual." Anna Schindler

---

Brigitte Studer
– Born 1955 in Basle
– Studied Swiss history, contemporary history and English
  language and culture at the University of Fribourg, at the EHESS
  in Paris and at the University of Lausanne
– Part-time lecturer, substitute-teaching posts and
  guest professorships at the Universities of Geneva and Zurich
  and at Washington University in St Louis, US
– Professor of Swiss and Contemporary General History
  at the University of Berne (since 1997)
– Visiting Fellow at the Institute for History at the University
  of Vienna (1997)
– Visiting Professor at the University of Strathclyde,
  Glasgow (2001–2004)
– François Hauser Prize (1994)

CAREL
VAN SCHAIK

UNTER ORANG-UTANS
Carel van Schaik
Anthropologe

Hitze, Blutegel und Mücken muss Carel van Schaik ertragen, wenn er seine liebsten Forschungsobjekte in freier Wildbahn beobachten will: die Orang-Utans von Suaq. Ihnen verdankt der Anthropologe seine zentrale These: Soziales Verhalten ist der Schlüssel für die Evolution von Intelligenz – sei es jene der Affen oder jene des Menschen. Der gebürtige Niederländer studiert seit über dreissig Jahren das Verhalten von Affen. «Anfangs hat mich der Mensch dabei überhaupt nicht interessiert», lacht er. Heute ist das anders. Das Hauptinteresse van Schaiks gilt dem Menschen: «Wenn wir verstehen wollen, woher wir kommen», sagt er, «bleibt uns nichts anderes übrig, als unsere genetischen Verwandten zu erforschen.»

Ursprünglich war Carel van Schaik Pflanzenbiologe. Zu den Affen fand er dank seiner Frau, einer Affenforscherin, die er Mitte der 1970er-Jahre zu ihren Feldstudien auf Sumatra begleitete. Bald schon begeisterte er sich mehr für Affen als für Pflanzen. Und als er im Nordwesten Sumatras auf das Sumpfgebiet Suaq stiess, hatte er seine Orang-Utans gefunden. Mehr rote Riesen pro Quadratkilometer leben hier als irgendwo sonst, keine Menschen weit und breit; dafür ein Überfluss an nahrhaften Früchten, Insekten und anderen Futterquellen. Van Schaik kennt die Gegend von unzähligen Reisen: «Es ist die Hölle für Menschen, aber ein Paradies für Orang-Utans.»

Hier gelang dem Forscher eine Beobachtung, die das Bild von den Orang-Utans nachhaltig verändern sollte. In Suaq leben die Menschenaffen nicht wie ihre Artgenossen andernorts als zurückgezogene Eigenbrötler; sie sind höchst sozial. Die Jungtiere schliessen sich zu Spielgruppen zusammen, die Erwachsenen sitzen friedlich beim gemeinsamen Mahl. Und was van Schaik am meisten überraschte: Die geselligen Affen von Suaq benützen Werkzeuge. Bei frei lebenden Orang-Utans wurde das zuvor noch nie beobachtet. Besonders trickreich wissen sie kleine Stöckchen einzusetzen. Sie stochern damit nach Honig oder klauben die nährstoffreichen Samen der Neesia-Frucht aus ihrer stacheligen Schale.

Wie kommt es, dass mitten im Sumpf von Suaq eine Art Hochkultur der Orang-Utans entstanden ist? «Wir können ausschliessen, dass die Affen dort genetisch irgendwie besonders sind», erklärt Carel van Schaik. Der entscheidende Unterschied sei der Überfluss an Nahrung. Deshalb herrsche in Suaq friedvolles Miteinander, statt – wie sonst üblich – harter Kampf um knappe Nahrungsressourcen. Enge soziale Kontakte seien die Voraussetzung dafür, dass sich Verhaltensweisen wie Werkzeuggebrauch in einer Affengruppe überhaupt etablierten. Van Schaiks Fazit: «Nur wenn die Tiere eng miteinander leben, haben sie genügend Gelegenheit, voneinander zu lernen und dabei innovative Verhaltensweisen zur Perfektion zu bringen.»

Sobald Affen Werkzeuge benutzen, sprechen Anthropologen von Kultur. «Kultur ist das Gegenteil von Instinkt», erklärt van Schaik. «Es geht dabei um Verhaltensweisen, die nicht angeboren sind, sondern durch Lernen weitergegeben werden.» Beobachtet wurde das bisher bei Schimpansen, Elefanten, Delfinen – und den Orang-Utans von Suaq. Kultur und Intelligenz hängen eng miteinander zusammen. Das ist unbestritten; doch Carel van Schaik gibt dem Ganzen einen neuen Dreh.

Für den Anthropologen ist Kultur nicht nur das Resultat von Intelligenz, sondern gleichzeitig auch ihr Motor im Verlaufe der Evolution: «Kultur macht schlau», bringt es der Anthropologe auf den Punkt. Der Grund ist die Wirkungsweise der natürlichen Selektion: Je gelehrsamer, also intelligenter, ein Tier ist, desto mehr kann es vom gesammelten Wissen seiner Gruppe profitieren; desto grösser sind damit auch seine Überlebenschancen und die Zahl seiner Nachkommen. Intelligenz setzt sich in sozialen Gruppen, die über Kultur verfügen, also besonders gut durch.

Weil die soziale Interaktion der Dreh- und Angelpunkt von Carel van Schaiks These ist, hat er sich inzwischen dem Altruismus zugewandt, der deutlichsten Form von sozialer Zuwendung. Bei Menschenaffen findet sich kein spontaner Altruismus. Sogar die überaus sozialen Orang-Utans von Suaq bleiben im Kern Egoisten, die sich nicht aktiv um das Wohlergehen von anderen kümmern. Fündig geworden ist van Schaik zusammen mit seiner Mitarbeiterin, der Psychologin Judith Burkart, bei den Weissbüscheläffchen, kleinen Primaten aus dem brasilianischen Regenwald, von denen eine Kolonie in der Affenstation der Universität Zürich lebt. Weit entfernt vom Menschen im evolutionären Stammbaum, teilen sie mit ihm eine Eigenart, die bisher bei keiner anderen Primatenart beobachtet wurde: Sie verhalten sich altruistisch gegenüber Gruppenmitgliedern, auch wenn diese nicht mit ihnen verwandt sind. «Wir vermuten, dass es damit zusammenhängt, wie Weissbüscheläffchen ihre Jungtiere aufziehen», erklärt Carel van Schaik. «Genau wie bei den Menschen auch wird der Nachwuchs nicht allein von der Mutter, sondern von der Gruppe grossgezogen. Und die gemeinsame Erziehung könnte der Grund dafür sein, warum die sozialen Bande besonders eng geknüpft sind.»

Gemäss van Schaik verdankt der Mensch seine herausragende Intelligenz also der Tatsache, dass er in gewisser Weise die optimale Mischung aus Orang-Utan und Weissbüscheläffchen ist: Wie die roten Riesen aus dem Regenwald von Sumatra besitzt der Mensch ein grosses Gehirn, was ihn befähigt, komplexe Fähigkeiten von anderen zu erlernen. Und wie die kleinen Äffchen aus Brasilien verfügt er über eine extrem enge Form von sozialer Interaktion – die beste Voraussetzung für optimales Lernen. «Wollen wir verstehen, wie der Mensch zum Menschen wurde», sagt Carel van Schaik, «müssen wir das Mosaik an Verhaltensweisen zusammensetzen, die in der Welt der Primaten vorkommen.» Odette Frey

---

Carel van Schaik
- Geboren 1953 in Rotterdam, Niederlande
- Studium der Biologie an der Universität Utrecht
- Professor für Biologische Anthropologie und
  Direktor des Anthropologischen Instituts und Museums
  der Universität Zürich (Seit 2003)

Carel van Schaik

Carel van Schaik

PARMI LES ORANGS-OUTANS
Carel van Schaik
Anthropologue

Chaleur, sangsues et moustiques: voilà ce que doit endurer Carel van Schaik lorsqu'il veut étudier les orangs-outans de Suaq à l'état sauvage. Un désagrément qu'il vaut toutefois la peine de supporter. Car ces grands singes, en plus de constituer le sujet de recherche préféré de cet anthropologue, lui ont aussi inspiré sa thèse principale: chez les primates comme chez les hommes, la clé de l'évolution de l'intelligence réside dans le comportement social. Cela fait plus de trente ans que Carel van Schaik se penche sur le comportement des grands singes. «Alors qu'au début, l'Homme ne m'intéressait pas du tout», avoue-t-il en riant. Il en est tout autrement aujourd'hui: l'être humain est le grand centre d'intérêt de ce chercheur né aux Pays-Bas. «Car si nous voulons comprendre d'où nous venons, explique-t-il, nous n'avons pas d'autre choix que d'étudier ceux qui sont nos plus proches parents au plan génétique.»

A l'origine, Carel van Schaik a une formation en biologie végétale. Son intérêt pour les singes lui est venu par sa femme, elle-même experte en espèces simiesques. Il l'a accompagnée au milieu des années 1970 à Sumatra (Indonésie), lors d'études sur le terrain. Mais sur place, Carel van Schaik n'a pas tardé à s'enthousiasmer davantage pour les singes que pour les plantes. Et c'est en débarquant dans les marais de Suaq, au nord-ouest de Sumatra, qu'il a découvert «ses» orangs-outans. Suaq est la région du globe qui compte le plus d'«hommes de la forêt» (la signification d'«orangs-outans») au mètre carré. Pas un seul être humain à l'horizon, et une abondance de fruits, d'insectes et autres sources de nourriture. Carel van Schaik connaît par cœur cette région pour s'y être rendu à maintes reprises: «Pour l'Homme, c'est l'enfer, mais pour les orangs-outans, c'est le paradis.»

C'est sur ce site que le chercheur a pu procéder à une observation qui a durablement modifié l'image de ces grands singes. Leur mode de vie diffère en effet de celui des orangs-outans d'autres régions d'Asie du Sud-Est, qui vivent solitaires et retirés: ceux de Suaq, eux, sont extrêmement sociables. Les jeunes jouent en groupes, les adultes prennent pacifiquement leurs repas en commun. Mais ce qui a le plus surpris Carl van Schaik, c'est que ces singes utilisent des outils. Un comportement qui n'avait encore jamais été observé auparavant chez des orangs-outans vivant en liberté. Les singes anthropoïdes de Suaq sont capables de manier de façon particulièrement habile des petits bâtons pour chercher du miel ou détacher les graines riches en nutriments de la coque épineuse du fruit d'un arbre appelé neesia.

Comment se fait-il que ce type de «civilisation d'orangs-outans» ait pu voir le jour au milieu des marais de Suaq? «Nous pouvons exclure la possibilité que ces primates présentent quelque singularité génétique», affirme Carel van Schaik. D'après lui, la différence décisive résiderait dans l'abondance de nourriture. D'où la cohabitation pacifique régnant à Suaq, qui tranche avec l'âpre lutte qui se produit habituellement lorsque les ressources en nourriture se révèlent limitées. Selon le chercheur, des contacts sociaux étroits constituent la condition préalable pour que des comportements tels que l'usage d'outils puissent s'établir dans un groupe de singes. « Pour que des animaux aient suffisamment d'occasions d'apprendre les uns des autres et de développer à la perfection des comportements novateurs, il faut qu'ils vivent en étroite communauté », résume Carel van Schaik.

Lorsque des primates se servent d'outils, les anthropologues évoquent l'apparition d'une « culture ». « La culture est le contraire de l'instinct, explique le biologiste. Il s'agit de comportements qui ne sont pas innés, mais transmis au cours d'un apprentissage. » Le phénomène a été observé jusqu'à présent chez les chimpanzés, les éléphants, les dauphins. Et désormais les orangs-outans de Suaq. Culture et intelligence sont donc étroitement liés; mais Carel van Schaik donne à l'ensemble une interprétation nouvelle. Il considère en effet que la culture n'est pas seulement le résultat de l'intelligence, mais aussi son moteur au fil de l'évolution: « La culture rend astucieux », conclut-il en substance. Ce processus est lié aux conséquences de la sélection naturelle: plus un animal est enclin à l'apprentissage, et devient donc intelligent, plus il est susceptible de profiter du savoir accumulé par son groupe. Par conséquent, plus grandes sont ses chances de survie; et plus nombreux ses descendants. Ainsi, l'intelligence s'impose particulièrement bien dans les groupes sociaux dépositaires d'une culture.

Comme l'interaction sociale constitue la pierre angulaire de sa thèse, Carel van Schaik a commencé entre-temps à s'intéresser à l'altruisme, qui représente la forme d'attention sociale la plus marquée. Chez les singes anthropoïdes, l'altruisme spontané n'existe pas. Même les orangs-outans de Suaq demeurent au fond des égoïstes qui ne se préoccupent pas activement de la santé des autres, en dépit de leur caractère extrêmement sociable. Carl van Schaik et sa collaboratrice Judith Burkart, psychologue, ont pourtant découvert ce trait de caractère chez les ouistitis du Nordeste. Ces petits singes, aussi appelés marmousets communs, vivent au Brésil dans la forêt amazonienne et l'Université de Zurich en abrite une colonie dans sa section des primates. Sur l'arbre de l'évolution, ces ouistitis sont très éloignés de l'être humain, mais ils partagent avec lui une particularité qui n'a pour l'instant été observée chez aucun autre primate: ils se comportent de manière altruiste envers les autres membres de leur groupe, même si ces derniers ne sont pas leurs parents. « Nous supposons que cela vient de la façon dont les ouistitis du Nordeste élèvent leurs petits, explique Carel van Schaik. Comme chez les êtres humains, ces derniers ne sont pas éduqués exclusivement par leur mère, mais par tout le groupe. C'est peut-être à cause de cette éducation collective que ces singes nouent des liens sociaux particulièrement étroits. »

A en croire Carel van Schaik, l'homme devrait donc son intelligence exceptionnelle au fait qu'il est une sorte de mélange idéal d'orang-outan de Suaq et de ouistiti du Nordeste: à l'instar du primate aux poils rouges de la forêt tropicale, l'être humain est doté d'un gros cerveau qui le rend capable d'apprendre de ses congénères. Et comme les petits singes du Brésil, il est susceptible de développer une forme extrêmement étroite d'interaction sociale – bref, des conditions préalables idéales à un apprentissage optimal. « Si nous voulons comprendre comment l'Homme est devenu humain, conclut Carel van Schaik, nous devons recomposer la mosaïque de comportements qui existe dans le monde des primates. » Odette Frey

---

Carel van Schaik
- Né en 1953 à Rotterdam, Pays-Bas
- Etudes de biologie à l'Université d'Utrecht
- Professeur d'anthropologie biologique et directeur de l'Institut et musée d'anthropologie de l'Université de Zurich (depuis 2003)

Carel van Schaik

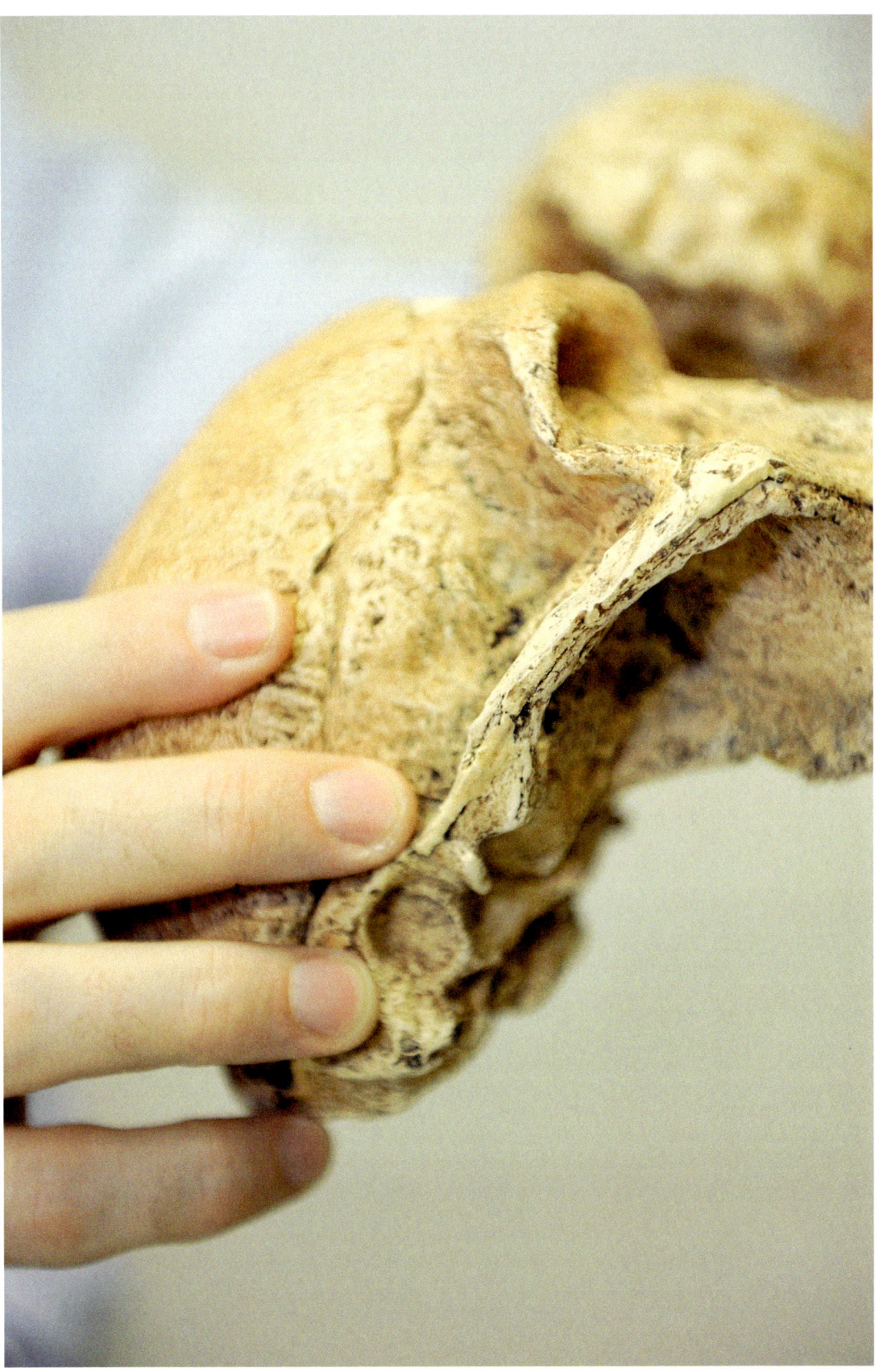

TRA GLI ORANG-UTANG

Carel van Schaik
Antropologo

Carel van Schaik deve sopportare il caldo soffocante, le sanguisughe e le zanzare quando vuole osservare nel suo habitat naturale l'oggetto preferito delle sue ricerche: l'orango del Suaq. A questo animale lo scienziato deve la sua teoria principale: il comportamento sociale rappresenta – nelle scimmie come negli uomini – il cardine dell'evoluzione intellettiva. Le attenzioni di questo ricercatore di origini olandesi si concentrano da trent'anni sul comportamento delle scimmie. «All'inizio l'uomo non mi interessava affatto» confessa ridendo. Anche se oggi le cose sono cambiate e l'obiettivo delle ricerche attuali di van Shaik è rappresentato dall'essere umano: «Se vogliamo capire da dove veniamo – dice – non ci resta altra scelta che indagare i parenti a noi geneticamente più vicini».

Carel van Schaik inizia la sua carriera come biologo delle piante. L'interesse per le scimmie nasce verso la metà degli anni Settanta, durante una spedizione a Sumatra al fianco della moglie, studiosa di primati. Presto van Schaik si appassiona di più alle scimmie che ai vegetali, e quando nella parte nord-occidentale di Sumatra si imbatte nella regione paludosa del Suaq, incontra finalmente i suoi oranghi. In quell'area vi è grande abbondanza di frutti nutritivi, insetti e altre fonti di alimentazione e i giganti rossi sono molto più numerosi che in qualsiasi altra parte del mondo, mentre gli umani sono praticamente inesistenti. Oggi, a seguito di innumerevoli spedizioni, Van Schaik conosce molto bene la regione: «Per gli uomini è un inferno ma per gli oranghi è un paradiso».

In quei luoghi il ricercatore fece una scoperta che, in seguito, avrebbe trasformato definitivamente l'immagine degli oranghi. Nel Suaq, le scimmie antropomorfe non si ritirano a vita appartata come altrove gli altri individui della stessa specie, ma mostrano un comportamento sociale più complesso. Gli animali più giovani si uniscono in gruppi di gioco, gli adulti consumano il pasto sedendosi pacificamente insieme. Un fatto attirò più di altri l'attenzione di van Schaik: le scimmie gregali di Suaq usavano gli utensili. Con un atteggiamento mai osservato fino a quel momento tra gli oranghi allo stato brado, gli animali utilizzavano con perizia alcuni bastoncini per raccogliere il miele o separare i semi del frutto di Neesia dalla buccia spinosa.

Com'è possibile che tra le paludi del Suaq si sia sviluppata una sorta di civiltà avanzata degli oranghi? «Possiamo escludere l'eventualità che le scimmie di quella regione siano dotate di qualche particolarità genetica» precisa van Schaik. La differenza determinante è rappresentata dall'abbondanza di cibo. Per questo motivo, al posto della dura lotta per la conquista delle scarse riserve alimentari, nell'area del Suaq regna uno spirito di serena collaborazione. L'intreccio delle relazioni sociali rappresenterebbe la premessa per un'affermazione, in particolar modo tra alcuni gruppi di primati, di determinate modalità di comportamento, così come dell'utilizzo degli utensili. La conclusione di van Schaik è la seguente: «Solo quando gli animali vivono a stretto contatto tra loro, hanno sufficienti occasioni per imparare gli uni dagli altri e quindi di acquisire una serie di comportamenti innovativi».

Appena le scimmie utilizzano gli utensili, gli antropologi parlano di cultura.
«La cultura è il contrario dell'istinto – chiarisce van Schaik – si tratta di comportamenti

non innati, tramandati attraverso l'apprendimento». Un fenomeno finora osservato tra scimpanzé, elefanti, delfini e oranghi del Suaq. Che la cultura e l'intelligenza siano strettamente correlate è un dato ormai acquisito, tuttavia van Schaik spinge le conclusioni molto più avanti: la cultura non è soltanto il risultato dell'intelligenza, ma ne è contemporaneamente anche il motore nel corso dell'evoluzione. «La cultura rende astuti», puntualizza lo scienziato. Alla base di tutto c'è l'azione della selezione naturale: quanto più un animale è in grado di apprendere con facilità – quindi è più intelligente – quanto meglio può approfittare delle conoscenze raccolte dal suo gruppo, e tanto maggiori sono anche le sue possibilità di sopravvivenza e il numero dei suoi discendenti. Di conseguenza, l'ambito di affermazione prediletto dall'intelligenza è quello rappresentato dai gruppi sociali che dispongono di cultura.

Dal momento che l'interazione sociale rappresenta il cardine della sua teoria, Carel van Schaik nel frattempo si è avvicinato allo studio dell'altruismo, che costituisce una delle forme più evidenti dell'attenzione sociale. Le scimmie antropomorfe non mostrano nessuna forma spontanea di altruismo. Visto che non mostrano alcun interesse attivo per il benessere degli altri individui, persino gli oranghi del Suaq, che sono estremamente gregali, rimangono in fondo animali egoisti. Van Schaik insieme alla sua collaboratrice, la psicologa Judith Burkart, ha fatto una scoperta che riguarda lo uistitì dai pennacchi bianchi, piccolo primate che abita la foresta pluviale del Brasile, di cui il Centro per lo studio delle scimmie dell'Università di Zurigo ospita una colonia. Questi primati, molto distanti dall'uomo nell'albero dell'evoluzione, dividono con lui una caratteristica che fino a oggi non è stata rilevata in nessuna altra specie: quella di mantenere un comportamento di tipo altruistico con gli altri individui che compongono il gruppo, anche in assenza di parentela. «Crediamo che ciò sia da mettere in relazione alle modalità di allevamento dei cuccioli dell'uistitì dai pennacchi bianchi», spiega Carel van Schaik. «Esattamente come avviene per l'uomo, dove la prole non è allevata solo dalla madre, ma dal gruppo». Questo genere di educazione impartita in società potrebbe spiegare perché il gruppo sociale risulti poi particolarmente coeso.

Secondo van Schaik, l'uomo deve la sua eccezionale intelligenza al fatto che in un certo qual modo è il frutto di una miscela ben dosata di orango e uistitì dai pennacchi bianchi. Egli, come i giganti rossi della foresta tropicale di Sumatra, è dotato di un cervello di grandi dimensioni che gli permette di imparare dal prossimo; inoltre come le scimmiette del Brasile dispone di una forma di interazione sociale estremamente ravvicinata – insieme, questi due fattori rappresentano la migliore premessa al buon apprendimento. Afferma van Schaik: «Se vogliamo capire come l'essere umano sia diventato uomo, dobbiamo comporre il mosaico dei comportamenti che caratterizzano il mondo dei primati». Odette Frey

---

Carel van Schaik
- Nato nel 1953 a Rotterdam, Paesi Bassi
- Studi di biologia presso l'Università di Utrecht
- Professore di antropologia biologica e direttore dell'Istituto e Museo di antropologia dell'Università di Zurigo (dal 2003)

Carel van Schaik

LIVING WITH ORANGUTANS
Carel van Schaik
Anthropologist

Carel van Schaik had to put up with heat, leeches and mosquitoes when he studied his favourite research object, the orangutans of Suaq, in the wild. It is to these primates that the anthropologist owes his central thesis: social learning is the key to the evolution of intelligence – be it the intelligence of apes or that of human beings. Van Schaik, who was born in the Netherlands, has spent more than 30 years studying the behaviour of apes. "I wasn't at all interested in human beings at first," he says, laughing. Things have changed. Now the human being is van Schaik's main concern: "If we want to understand where we come from," he says, "we have no choice but to study our genetic relatives."

Van Schaik started off as a plant biologist. He discovered apes through his wife, a primatologist, when he accompanied her on field studies in Sumatra in the mid-1970s. He soon found apes more fascinating than plants. When he came upon the swamps of Suaq, he discovered his orangutans. Here in north-western Sumatra there are more large red apes per square kilometre than anywhere else in the world. There is also a surplus of nutritious fruits, insects and other food sources. Van Schaik is familiar with the area, having travelled there many times. "It may be hell for human beings, but for orangutans it's paradise."

It was there that van Schaik made an observation which would change our picture of orangutans. The apes in Suaq are not solitary animals like other members of their species elsewhere, they are very social. The young gather in play groups; the adults sit together peacefully over meals. And the most surprising of all: the gregarious apes in Suaq use tools, something that had never been observed before among orangutans in the wild. They are extremely clever in the way they use little sticks to poke around for honey or to remove the nutritious seeds from the Neesia fruit's prickly shell.

How could an orangutan "high culture" of this nature develop in the middle of the swamps of Suaq? "We can rule out the idea that the apes in this area are genetically different," says van Schaik. The key difference lies in the abundance of food. This is why in Suaq they can afford to come together peacefully, instead of avoiding each other and thus potential conflicts over scarce food supplies. Close social contacts ensure that certain forms of behaviour, such as the use of tools by a group of apes, can establish themselves in the first place. "It is only by living in close contact that these animals have enough opportunities to learn from each other and to perfect innovative forms of behaviour," says van Schaik.

As soon as apes transmit behavioural innovations socially, anthropologists speak of culture: "Culture is the opposite of instinct," van Schaik explains. "We are dealing with forms of behaviour that are not innate, but acquired by learning." So far, this phenomenon has been observed in the animal world only among chimpanzees, elephants, dolphins – and the orangutans of Suaq. Culture and intelligence are closely related. This is undisputed for humans, but van Schaik maintains it also holds for apes. "Culture makes them clever", he says, because the more opportunities for social learning an animal has, the more it can benefit from the knowledge acquired by the group. However, van Schaik views culture not simply as the product of intelligence, but also as its motor in the course of evolution. If more intelligent animals have better chances of survival and leave more descendents, natural selection will favour increases in brain tissue more readily in species that live in social groups and can learn from each other. In other words: intelligence evolves remarkably well in social groups that have culture.

The mind and behaviour of great apes are remarkably like those of ours, but a major gap separating them from us remains. To explain that gap, van Schaik has recently turned his attention to altruism. Spontaneous altruism is not found amongst great apes. Even the extremely social orangutans in Suaq remain basically self-regarding, as they do not actively care about the well-being of the other apes. However, van Schaik and his colleague, the psychologist Judith Burkart, discovered what they were looking for among the common marmosets: small primates from the Brazilian dry forests. A colony of these apes now lives at the primate station at the University of Zurich. Although they are not closely related to humans, they nevertheless share with us a peculiar characteristic that has not been observed so far among other primates: they behave altruistically towards other members of their group, even those they are not related to. "We suspect that this has to do with the way the common marmosets raise their young," van Schaik explains. "The young, as is the case with humans, are not raised solely by their mothers, but by the group. And their collective upbringing could be the reason why social bonds are so strong."

According to van Schaik, then, humans owe their outstanding intelligence to the fact that they are, in a sense, an ideal combination of the orangutan and the common marmoset. Like the red giants in Sumatra's rainforest, human beings have a large brain that enables them to learn complex skills from others. And like the small Brazilian monkeys, they feel an urge to spontaneously help their fellow group members – a setting in which social learning can thrive. "If we want to understand what made human beings the way they are," says van Schaik, "we need to piece together the mosaic of behaviour patterns found in the world of primates." Odette Frey

---

Carel van Schaik
– Born 1953 in Rotterdam, Netherlands
– Studied biology at the University of Utrecht
– Professor of Biological Anthropology and Director of
  the Anthropological Institute and Museum of the University
  of Zurich (since 2003)

MARTINE RAHIER

LOB DER ARTENVIELFALT
Martine Rahier
Insektenforscherin

Martine Rahier hat zwei Leidenschaften an der Universität Neuenburg: die Forschung und die Wissenschaftspolitik. Folgerichtig rief sie an der Universität Neuenburg den Nationalen Forschungsschwerpunkt (NFS) «Plant Survival – Überlebenserfolg von Pflanzen» ins Leben und leitete ihn bis März 2008 auch. In diesem Netzwerk werden die Zusammenhänge und Interaktionen zwischen Pflanzen und ihrer Umgebung erforscht. Eine «Wissenschaftsmanagerin» sei sie in dieser Funktion gewesen, sagt die studierte Agronomin. Nicht bedauernd erwähnt sie das – im Gegenteil: Das Managen macht ihr Spass. Dass Martine Rahier ab dem 1. August 2008 als Rektorin der Universität Neuenburg amtet, ist daher nur folgerichtig. Sie ist die erste Frau in der Westschweiz, die einer Universität vorsteht. Die Leitung des NFS «Plant Survival» deswegen abzugeben, sei ihr nicht schwergefallen, erzählt sie: «Es ist wie bei richtigen Kindern. Eines Tages muss man sie in die Unabhängigkeit entlassen.»

Martine Rahier hatte als Mutter eines Sohnes auch immer die Ansprüche zweier unterschiedlicher Welten zu versöhnen: die der Wissenschaftlerin und jene einer Familienfrau. Dabei habe sie die effiziente Zeiteinteilung und die Fokussierung auf das Wesentliche gelernt. Die Erfahrungen, die sie mit der Doppelrolle gemacht hat, will sie nun auch in ihre Arbeit als Rektorin einfliessen lassen. Doch wie? – Für einmal kommt die Antwort nicht wie aus der Pistole geschossen. «Es braucht ein geändertes Bewusstsein», meint sie schliesslich. Kleine Dinge könnten dabei grosse Wirkung haben, zum Beispiel Sitzungstermine über Mittag statt nach 18 Uhr. «Ich möchte jungen Frauen ein Vorbild sein. Sie sollen erkennen, dass es nicht unmöglich ist, Familie und Karriere unter einen Hut zu bringen.» – Nicht unmöglich, aber keineswegs einfach. Das Schwierigste sei die Mobilität, die in der heutigen Wissenschaftswelt von jungen Forscherinnen und Forschern gefordert würde. Diese sei essenziell für die akademische Karriere, aber mit einem Familienleben kaum zu vereinbaren.

Martine Rahier selbst ist seit ihrer Jugend mobil. Die gebürtige Belgierin studierte in Brüssel Agronomie, wechselte dann 1979 in die USA an die Universitäten von Cornell und Berkeley (USA), kam schliesslich nach Basel und ist seit 1994 in Neuenburg zu Hause. In den USA entdeckte sie ihre Faszination für Insekten. Oder genauer: für die Interaktion zwischen Insekten und Pflanzen. «Hier spielt sich Entscheidendes ab», erklärt sie. «Denn unsere ganze Ernährung beruht auf Pflanzen, und die Insekten sind dabei unsere grössten Gegenspieler.» Das Thema «Insekten und Pflanzen» begleitete Martine Rahier während ihrer gesamten wissenschaftlichen Laufbahn. Die alpine Blattkäfergattung *Oreina* wurde dabei ihr Modellorganismus. Diese grün schimmernden Käfer leben zwischen 1500 und 2300 Meter Höhe auf verschiedenen Futterpflanzen und sind ideal, um die Interaktionen zwischen Pflanzen, Käfern und Feinden des Käfers, zum Beispiel Vögeln, zu studieren. Denn die Gattung *Oreina* besteht aus einem Dutzend Arten, die zwar eng miteinander verwandt sind, doch sehr unterschiedliche Überlebensstrategien entwickelt haben. «Weil die Arten genetisch sehr ähnlich sind, lässt sich gut untersuchen, welche Effekte die Umwelt hat», erklärt Martine Rahier.

Obwohl sie durch die Jahre hindurch immer weniger Gelegenheit gefunden hat, ihre Käfer selbst zu untersuchen, sind diese stets wichtige Versuchsinsekten am Labor für evolutionäre Entomologie der Universität Neuenburg gewesen, das Martine Rahier während vieler Jahre geleitet hat. «Meine Hauptaufgabe dabei war es, für ein gutes Forschungsumfeld zu sorgen. Dazu gehörte vor allem das Auftreiben von Forschungsgeldern.» Und wiederum merkt man: Das hat sie gerne gemacht. Der grösste Erfolg, den Martine Rahier diesbezüglich verbuchte, ist sicherlich der NFS «Plant Survival». Der breit angelegte Nationale Forschungsschwerpunkt widmet sich vielen verschiedenen Aspekten des Lebens und Überlebens von Pflanzen. Etwa: Wie schützen sich Pflanzen vor Krankheiten? Wie leben sie mit Nützlingen zusammen? Wie erobern sie neue Weltgegenden? Schweizweit flossen durch den NFS «Plant Survival» bisher rund 60 Millionen Franken in die Erforschung von Pflanzen in natürlichen und landwirtschaftlichen Ökosystemen.

Über 200 Schweizer Wissenschaftler und Wissenschaftlerinnen profitierten von den Forschungsgeldern, und die Universität Neuenburg, als leitende Institution des Netzwerkes, profitierte gleich doppelt: «Früher mussten wir auf internationalen Kongressen oft erklären, wo Neuenburg überhaupt liegt», sagt Martine Rahier. «Heute steht Neuenburg international für hochklassige Pflanzenforschung.» Das führe auch dazu, dass sich heute viel mehr ausländische Doktorierende für die kleine Universität am Neuenburgersee entscheiden. Für Martine Rahier ist dies das beste am NFS; denn die Förderung des wissenschaftlichen Nachwuches sei für jedes Gebiet prioritär: «Ohne junge Menschen gibt es eines Tages keine Forschung mehr – so einfach ist das.» Auch als Uni-Rektorin sieht sie sich vornehmlich im Dienste der nächsten Generation: «Ich möchte dafür sorgen, dass jungen Menschen ideale Bedingungen zum Lernen und Arbeiten geboten werden.» Die bescheidene Grösse der Universität Neuenburg mit ihren gut 3800 Studierenden sieht Martine Rahier dabei nicht als Nachteil: «Exzellenz ist keine Frage der Grösse. Im Gegenteil, die Studierenden schätzen die Nähe zu den Professoren, die hier möglich ist. Sie garantiert eine optimale Betreuung.» Odette Frey

---

Martine Rahier
- Geboren 1954 in Brüssel, Belgien
- Studium der Agronomie an der Freien Universität Brüssel, Doktorat an der Universität Basel
- Professorin für Tierökologie und Entomologie an der Universität Neuenburg (seit 1994)
- Direktorin des NFS «Überlebenserfolg von Pflanzen» (2001–2008)
- Rektorin der Universität Neuenburg (seit 2008)
- Preis der Doron-Stiftung (2006)

Martine Rahier

ÉLOGE DE LA BIODIVERSITÉ

Martine Rahier
Entomologiste

Martine Rahier a deux passions: la recherche et la politique scientifique. Deux approches qui lui ont permis de constituer puis de diriger le Pôle de recherche national (PRN) «Survie des plantes» à l'Université de Neuchâtel. Ce réseau de chercheurs étudie les interactions entre les plantes et leur environnement. Martine Rahier a participé à sa mise en orbite avant d'en prendre la direction entre 2001 et 2008. Un poste où cette agronome de formation a fonctionné comme «manageuse de sciences», résume-t-elle.

Martine Rahier le dit sans regret: la gestion, elle aime ça. Que la chercheuse officie depuis août 2008 comme rectrice de l'Université de Neuchâtel n'est donc qu'une suite logique des choses. Elle est la première femme de Suisse romande à se retrouver à la tête d'une alma mater. Et reconnaît ne pas avoir éprouvé de difficulté à abandonner la direction du PRN: «C'est comme avec les enfants, les vrais: un jour, il faut les laisser gagner leur indépendance.»

Martine Rahier a d'ailleurs toujours concilié ces deux responsabilités: scientifique et mère de famille. Elle a ainsi appris à gérer son temps de manière efficace et à se concentrer sur l'essentiel. Cette expérience, elle a maintenant l'intention de la mettre à profit dans son travail de rectrice. Comment? Pour une fois, la réponse ne fuse pas. «Il faut un changement de mentalité», finit-elle par répondre. Avant d'évoquer ces petites choses qui peuvent avoir un impact important. Par exemple, le fait de fixer les réunions pendant la pause de midi et non après 18 h. «J'aimerais être un exemple pour les jeunes femmes. Elles doivent se rendre compte qu'allier famille et carrière n'est pas impossible.» Certes, mais pas facile non plus. Le critère le plus difficile à remplir, selon elle, c'est d'accepter la mobilité que le monde scientifique exige aujourd'hui des jeunes chercheurs. Une disposition essentielle pour une carrière académique, mais qui reste souvent incompatible avec une vie de famille.

Martine Rahier, elle, a beaucoup bougé depuis sa jeunesse. Née en Belgique, elle a étudié l'agronomie à Bruxelles avant de poursuivre son cursus aux Universités de Cornell et Berkeley (Etats-Unis), puis de revenir à Bâle, et finalement de s'installer en 1994 à Neuchâtel. C'est en Amérique qu'elle s'est découvert une fascination pour les insectes. Plus exactement pour l'interaction entre insectes et végétaux: «Ce qui se joue sur ce plan est décisif car toute notre alimentation dépend des plantes. Et à ce niveau, les insectes sont nos grands adversaires.»

Cette thématique l'a accompagnée pendant tout son parcours scientifique, au cours duquel elle a utilisé les chrysomèles alpines du genre *Oreina* comme modèle d'étude. Ces coléoptères aux reflets verts vivent à une altitude comprise entre 1500 et 2300 mètres, sur divers végétaux dont ils se nourrissent. Ils se prêtent donc idéalement à l'étude de l'interaction entre les plantes, les insectes et leurs prédateurs comme les oiseaux. En effet, le genre *Oreina* regroupe une douzaine d'espèces qui, en dépit de leurs étroits liens de parenté, ont développé des stratégies de survie différentes. «La très grande similitude que présentent ces espèces sur le plan génétique permet de bien étudier les effets de l'environnement sur elles», explique Martine Rahier.

Au fil des années, l'entomologiste a de moins en moins trouvé l'occasion de se pencher elle-même sur «ses» coléoptères. Mais ceux-ci ont toujours joué un rôle important dans les expériences menées au Laboratoire d'entomologie évolutive de l'Université de Neuchâtel, que Martine Rahier a longtemps dirigé. «Ma tâche principale consistait à assurer un bon environnement de recherche. Ce qui incluait surtout la collecte de fonds pour la recherche.» Et une fois encore, aucun doute: elle a aimé ça.

Le plus grand succès obtenu par Martine Rahier dans ce domaine est certainement le PRN «Survie des plantes». Ce réseau qui ratisse large s'intéresse à diverses questions liées à la vie et à la survie des végétaux: comment les plantes se protègent-elles contre les maladies? Comment coexistent-elles avec les insectes auxiliaires? Comment conquièrent-elles de nouvelles régions du globe?

Sur l'ensemble de la Suisse, dans le cadre de ce PRN, quelque 60 millions de francs ont déjà été consacrés à ces recherches. Plus de 200 scientifiques suisses ont profité de ces fonds. Et l'Université de Neuchâtel aussi, en tant qu'institution dirigeante du PRN: «Avant, lors des congrès, nous devions souvent expliquer où se trouve Neuchâtel. Aujourd'hui, au niveau international, la ville est associée à une recherche de pointe en biologie végétale.». Résultat: désormais, les doctorants étrangers sont beaucoup plus nombreux à opter pour la petite université du bord du lac. Pour Martine Rahier, c'est là que réside le plus gros intérêt du PRN «Survie des plantes». Elle considère en effet comme prioritaire l'encouragement à la relève scientifique, quel que soit le domaine: «Sans les jeunes, il n'y aura un jour plus de recherche. C'est aussi simple que cela.»

En tant que rectrice aussi, elle se voit avant tout au service de la génération à venir: «J'aimerais faire en sorte d'offrir aux jeunes des conditions idéales pour apprendre et travailler.» Avec ses 3800 étudiants, l'Université de Neuchâtel affiche une taille modeste dans le paysage des hautes écoles de Suisse. Faut-il y voir un inconvénient? Non, affirme Martine Rahier: «L'excellence n'est pas une question de taille. Au contraire, nos étudiants le relèvent souvent: la proximité des professeurs leur assure un encadrement optimal.» Odette Frey

---

Martine Rahier
– Née en 1954 à Bruxelles, Belgique
– Etudes d'agronomie à l'Université libre de Bruxelles,
  doctorat à l'Université de Bâle
– Professeure d'écologie animale et d'entomologie
  à l'Université de Neuchâtel (depuis 1994)
– Directrice du PRN «Survie des plantes» (2001–2008)
– Rectrice de l'Université de Neuchâtel (depuis 2008)
– Prix de la Fondation Doron (2006)

Martine Rahier

Martine Rahier

ELOGIO DELLA BIODIVERSITÀ

Martine Rahier
Entomologa

Martine Rahier ha due passioni: la ricerca e la politica scientifica. Due interessi
che le hanno permesso di istituire il Polo di ricerca nazionale (PRN) «Plant Survival –
sopravvivenza delle piante» che gestisce dall'Università di Neuchâtel una rete
di ricerca sull'interazione tra le piante e l'ambiente e di cui è stata anche direttrice fino
al marzo 2008. Un ruolo con compiti di «manager scientifico», lo definisce
quest'agronoma di formazione; un ruolo che ricorda con piacere perché gli aspetti
gestionali la divertono. E, come logica conseguenza di tutto ciò, dal primo agosto
2008 Martine Rahier è la nuova Rettrice dell'Università di Neuchâtel. È la prima donna
della Svizzera romanda a trovarsi alla guida di un ateneo. Ammette di aver lasciato
senza difficoltà la direzione del PRN «Plant Survival» per questo nuovo incarico:
«È come con i bambini, quelli veri – racconta – a un certo punto bisogna lasciarli andare».

Martine Rahier, mamma di un bambino, ha sempre dovuto conciliare due ruoli:
quello di scienziata e quello di madre. Questo le ha permesso di imparare a
gestire efficacemente i tempi e di concentrarsi sulle questioni essenziali. E ora, a forza
di giocare il doppio ruolo, può mettere a disposizione del suo lavoro di Rettrice
l'esperienza maturata. Ma come? Per una volta la risposta non è immediata.
«È necessario un cambiamento di mentalità», conclude. Alcuni piccoli accorgimenti
potrebbero ottenere un grande effetto, come per esempio tenere le riunioni nella
pausa pranzo, invece che dopo le 18. «Mi piacerebbe essere un esempio per le giovani
donne. Dovrebbero riconoscere che conciliare la carriera con la famiglia non è
impossibile». Non è impossibile, ma sicuramente non facile. L'aspetto più difficile
è rappresentato dalla mobilità che il mondo della ricerca richiede oggi ai giovani.
Una mobilità essenziale per la carriera accademica, ma quasi incompatibile con la vita
familiare.

Martine Rahier conosce la mobilità da quando è ragazza. Nata in Belgio, ha studiato
agronomia a Bruxelles prima di trasferirsi nel 1979 negli Stati Uniti dove ha
approfondito gli studi presso la Cornell e la Berkeley University. Giunta infine a Basilea
si è poi insediata definitivamente, nel 1994, a Neuchâtel. Negli USA ha scoperto la sua
passione per gli insetti; o meglio per l'interazione tra gli insetti e le piante. «La posta in
gioco è determinante – spiega – poiché tutta la nostra alimentazione dipende dai
vegetali e su questo piano gli insetti sono nostri grandissimi avversari». La tematica
«insetti e piante» ha accompagnato tutta la carriera scientifica di Martine Rahier.
L'organismo vivente di riferimento delle sue ricerche è stato un coleottero, la crisomelide
alpina del genere Oreina. Questo insetto dai riflessi verdi che vive su diverse piante
da foraggio a un'altitudine compresa tra 1500 e 2300 m s.l.m., si presta perfettamente
allo studio dell'interazione tra la vegetazione, gli insetti e i loro predatori, come
per esempio gli uccelli. Poiché il genere Oreina raggruppa una dozzina di specie
che, nonostante la stretta parentela, hanno sviluppato strategie di sopravvivenza
molto differenti, «la grande similitudine presentata da queste specie sul piano genetico
permette uno studio molto accurato degli effetti ambientali», spiega Martine Rahier.

Benché nel corso degli anni la professoressa abbia trovato sempre meno
occasioni di occuparsi personalmente dei suoi coleotteri, questi ultimi hanno continuato

comunque a svolgere un ruolo importante nelle ricerche del Laboratorio di entomologia evolutiva dell'Università di Neuchâtel, da lei diretto per molti anni. «Il mio compito principale, in questo ambito, è stato quello di predisporre e garantire un contesto favorevole alla ricerca – ricorda – e quindi anche di reperire i fondi necessari». Anche questo un ruolo che ha svolto con attenzione e con piacere. Il successo maggiore ottenuto da Martine Rahier in questo campo è sicuramente rappresentato dal PRN «Sopravvivenza delle piante in ecosistemi naturali e agricoli»: un polo di ricerca nazionale su ampia scala, consacrato all'approfondimento di diversi aspetti della vita e della sopravvivenza delle piante. Il Polo ha per esempio cercato delle risposte a domande di questo tipo: Come si proteggono le piante dalle malattie? Come convivono con gli esseri viventi ausiliari? Come conquistano nuove regioni del pianeta? A livello svizzero, nel quadro del PRN «Plant Survival» finora sono stati erogati circa 60 milioni di franchi.

Più di 200, tra ricercatrici e ricercatori svizzeri, hanno beneficiato dei fondi destinati a queste ricerche e l'Università di Neuchâtel, in quanto istituto alla guida della rete di ricercatori, ne ha approfittato doppiamente: «Prima, in occasione di qualche congresso internazionale, eravamo spesso costretti a spiegare dove si trova Neuchâtel, oggi, a livello internazionale, la località è immediatamente associata alla ricerca avanzata sulle specie vegetali in biologia vegetale. Ciò ha condotto anche all'aumento dei dottorandi stranieri che optano per la piccola Università sulle sponde del lago», tiene a sottolineare. Per Martine Rahier questo è l'aspetto più bello del PRN «Plant Survival», poiché il sostegno alle giovani leve di scienziati è prioritario per qualunque paese. «Senza i giovani, un giorno non avremo più la ricerca – più semplice di così». Anche in veste di Rettrice, Martine Rahier si immagina soprattutto al servizio della prossima generazione. «Vorrei che ai giovani fossero offerte le migliori condizioni per studiare e lavorare». Le modeste dimensioni dell'Università di Neuchâtel, con i suoi 3800 studenti, non rappresentano uno svantaggio agli occhi di Martine Rahier: «L'eccellenza non dipende dalle dimensioni. Anzi, gli studenti, apprezzano molto la famigliarità con i docenti, che qui è assicurata e garantisce un accompagnamento ottimale». Odette Frey

---

Martine Rahier
- Nata nel 1954 a Bruxelles, Belgio
- Studi di ingegneria agraria presso la Libera Università di Bruxelles
  e dottorato presso l'Università di Basilea
- Professoressa di ecologia animale ed entomologia presso l'Università
  di Neuchâtel (dal 1994)
- Direttrice del PRN «Sopravvivenza delle piante in ecosistemi
  naturali e agricoli» (2001–2008)
- Rettrice dell'Università di Neuchâtel (dal 2008)
- Premio della Fondazione Doron (2006)

IN PRAISE OF BIODIVERSITY
Martine Rahier
Entomologist

Inspired by her two great loves, research and science policy, Martine Rahier called into being the National Centre of Competence in Research (NCCR) "Plant Survival", which she co-founded and directed at the University of Neuchâtel until March 2008. This research network studies the interaction between plants and their environment. Rahier, an agronomist by training, served as a scientific administrator. She has no regrets about this; on the contrary, she enjoys being a manager. So it was only logical that Martine Rahier should assume the post of Rector of the University of Neuchâtel in August 2008, making her the first woman in Western Switzerland to run a university. She did not find it very hard, she says, to give up her post as director of the NCCR "Plant Survival". "After all, it's just like with real children: a time comes when you have to let them go."

Having a son, Rahier has always had to reconcile two different worlds: that of the scientist and that of mother. This dual role has taught her to allocate her time effectively and to focus on the essential. She now wants to integrate these experiences into her work as rector. How does she plan to do this? For once, she does not answer immediately: "You need a change of mentality," she says, after a little while. Little things can have a big impact, like holding meetings at midday instead of after 6 p.m. "I would like to be a role model for young women. I want them to see that it's not at all impossible to have a family and pursue a career at the same time." It may not be impossible, but it certainly isn't easy. The greatest problem facing young researchers today, she says, is the mobility the scientific community expects of them. Mobility is indeed essential for anyone wishing to pursue an academic career, she explains, but often hard to reconcile with the responsibilities of a mother.

Rahier has been on the move since she was young. A Belgian by birth, she studied agronomy in Brussels. In 1979 she switched to Cornell and the University of Berkeley in the US before moving to Basle. Since 1994, she has been living in Neuchâtel. It was in the United States that she discovered her fascination with insects or, to be more precise, for the interaction between insects and plants. "Very decisive things happen there," she says. "Our food supply is based entirely on plants, and insects are our greatest adversaries." She has been interested in "insects and plants" throughout her scientific career. The alpine leaf beetle *Oreina* served as a model organism. These shimmering green beetles live on various forage plants between the altitudes of 1,500 and 2,300 metres. They are ideal for studying the interaction between plants, beetles and the latter's predators, such as birds. The *Oreina* genus consists of a dozen species which, although closely interrelated, have nevertheless developed very different survival strategies. "Because the species are very similar genetically, they are ideal for analysing the effects of the environment," she explains.

Although she has had fewer opportunities to study her beetles over the years, these important experimental insects have long been kept at the University of Neuchâtel's Evolutionary Entomology Laboratory, which Rahier directed for many years. "My main task was to ensure that we had a good research environment.

Above all, this meant procuring funds for our projects." Again, she evidently enjoyed doing this administrative work. Rahier's greatest success story so far has surely been the NCCR "Plant Survival". This large-scale scientific network is devoted to the multifarious aspects of the life and survival of plants, and to answering such questions as: How do plants protect themselves against disease? How do they coexist with beneficial animals and organisms? How do they conquer new regions of the world? So far approximately 60 million Swiss francs have flowed through NCCR "Plant Survival" into Swiss-wide research on plants in natural and agricultural eco-systems.

More than 200 Swiss scientists have so far benefited from the research grants, and the University of Neuchâtel, being the central institution in the network, has benefited doubly: "There was a time at international meetings when we had to start by explaining where Neuchâtel was", says Rahier. "Nowadays, Neuchâtel is internationally renowned for its plant research." As a result, far more foreign doctoral candidates than ever before have chosen to qualify at the small university near Lake Neuchâtel. As far as Rahier is concerned, this is the best thing about NCCR, because promoting a new generation of scientists has top priority in every area of science. "Without young scientists, research will one day grind to a halt." As university director, she sees herself first and foremost as serving the next generation: "I want to make sure that young people have optimal conditions for studying and working." She does not consider the modest size of Neuchâtel, which has some 3,800 students, to be a disadvantage. "Excellence is not a question of size. On the contrary, the students appreciate the close contact with the professors offered them here. It ensures that they get the best supervision." Odette Frey

---

Martine Rahier
- Born 1954 in Brussels, Belgium
- Studied agronomy and engineering at the Free University of Brussels; doctorate at the University of Basle (1983)
- Professor of Animal Ecology and Entomology at the University of Neuchâtel (since 1994)
- Director of the NCCR "Plant Survival" (2001–2008)
- Rector of the University of Neuchâtel (since 2008)
- Doron Prize (2006)

OTHMAR KEEL

GOTTES GESCHICHTE
Othmar Keel
Bibelwissenschaftler

Othmar Keel hat die Bibel vom Himmel auf die Erde geholt: Selbst vom Göttlichen redet die Bibel menschlich. Die Liebe zur Heiligen Schrift entdeckte der in der Zentralschweiz aufgewachsene katholische Bibelwissenschaftler in der Einsiedler Klosterschule. Ein Emmentaler Protestant, der benediktinischer Mönch geworden war, brachte den wissensdurstigen Gymnasiasten dazu, die Bibel in bester protestantischer Tradition Satz für Satz zu lesen: «Die Bücher, welche die Menschheit beeinflussten, interessierten mich, die Bibel nicht weniger als *Mein Kampf*. Bei der Bibel blieb ich», sagt Othmar Keel.

Nach der Matur studierte er in Zürich, Freiburg und Rom Religionswissenschaft und Theologie, Letztere jedoch mit schwindender Begeisterung: «Es kam mir vor wie im Militär, wo wir jeweils bei der Inspektion das Gewehr mit einer völlig unpraktischen Schnur putzen mussten. Vorher hatten wir es mit einem geeigneten Flaschenbesen gereinigt.» Statt Vorlesungen zu besuchen, vertiefte sich Othmar Keel leidenschaftlich in die altorientalische Bilderwelt des Alten Testaments. Entgegen der vorherrschenden Theologie stiess er zu einem neuen Bibelverständnis vor: Sie war ihm nicht länger der Ausfluss geschichtsloser göttlicher Offenbarung und ewige Wahrheit, sondern ein von inspirierten Menschen in einem bestimmten historisch-kulturellen Kontext produziertes Werk.

«Weil mich die Frauen zu sehr interessierten, liess ich mich nicht zum Priester weihen.» Stattdessen bereiste Othmar Keel in den 1960er-Jahren mit einem Kollegen per Vespa den Nahen Osten, wo die biblischen Schriften im ersten Jahrtausend vor Christi Geburt als jüngstes Erbe jahrtausendealter Schriftkulturen entstanden waren. Die kulturellen Traditionen der ägyptischen und babylonischen Reiche, zwischen denen das kleine Israel eingebettet war, bestimmten anfänglich auch die biblische Vorstellungswelt mit ihren halb menschen-, halb tierähnlichen göttlichen Figuren, die auf bildlichen Massenkommunikationsmitteln wie Siegeln oder Amuletten zirkulierten, die man an Fingerringen und Halsketten trug. «Die biblische Gottesvorstellung war nicht, wie die protestantische und katholische Theologie noch heute behaupten, von Anfang an monotheistisch», sagt Othmar Keel. «Das Gottesbild der Bibel ist viel komplexer.»

Mit seinen auch auf archäologischen Funden beruhenden Forschungen hat er einem neuen, differenzierten Verständnis der biblischen Schriften zum Durchbruch verholfen. So hat er mit seiner Deutung des *Hohelieds Salomos* diesem die erotische Würde zurückgegeben, die von den lustfeindlichen Kirchenvätern während Jahrhunderten unterdrückt worden war. Er zeigte, dass der Satz «Deine Augen sind Tauben», der von der Theologie rein allegorisch gedeutet worden war, sinngemäss «Deine Blicke sind Liebesboten» bedeutet. Er wies nach, dass die Cherubim ursprünglich geflügelte Sphingen, die Seraphim geflügelte Kobras waren und erst im griechischen Raum menschengestaltige Engel wurden. Freilich bedurfte es dafür seines interpretatorischen Scharfsinns: Die Propheten, die für ihre Visionen auf alte Symbole zurückgriffen, benützten sie nicht im herkömmlichen Sinn, sondern verkündeten mit ihnen die Botschaft von der alles überragenden Macht und Herrlichkeit ihres Gottes.

Bereits 1969, im Alter von 32 Jahren, wurde Othmar Keel auf den Lehrstuhl für Altes Testament und biblische Umwelt der Universität Freiburg berufen. Von hier aus festigte er sein Werk und Wirken auch institutionell, unbehelligt von der katholischen Kirche, die sich kaum für die folgenreiche Neuauslegung des Alten Testaments interessierte. Zum einen begründete der Bibelwissenschaftler die sogenannte «Freiburger Schule», die heute internationales Renommee geniesst. Seine Schüler und Schülerinnen führen den «ikonografischen» und «holistischen» Ansatz, also die ganzheitliche und sich auf die Deutung von Bildern stützende Auslegung der Bibel, sowie die historische Religionswissenschaft Israels und Palästinas weiter. Zum anderen baute Othmar Keel in Freiburg eine einzigartige Sammlung altorientalischer Miniaturkunst auf und aus. Die von ihm mitbegründete Stiftung Bibel+Orient hat zum Ziel, die über 10 000 archäologisch-ikonografischen Objekte in einem Museum der Öffentlichkeit zugänglich zu machen.

Othmar Keels in zahlreiche Sprachen übersetzte Arbeiten kulminieren in seiner «Vertikalen Ökumene», einer historisch fundierten Neuausrichtung der Theologie. Der Bibelforscher kann nachweisen, dass die abrahamitischen Religionen, also Judentum, Christentum und Islam, miteinander verwandt sind und den gleichen Stammbaum besitzen, der über Israel bis in die heidnischen Glaubensvorstellungen des Alten Orients zurückreicht. Jahwe, der jüdische Gott, der am Ursprung sowohl des christlichen als auch des islamischen Gottes steht, vereinigte in sich mehrere Götter, darunter einen Sonnen- und Wettergott – und eine Göttin. «Heute betonen die monotheistischen Religionen wieder ihren Absolutheitsanspruch und ihre einzigartige Identität. Stattdessen könnten sie sich auf ihre Gemeinsamkeiten besinnen», fordert Othmar Keel. «Dazu gehört auch die frühere Sensibilität für die Natur oder das einst unbefangene Verhältnis zur Erotik.» Urs Hafner

---

Othmar Keel
- Geboren 1937 in Einsiedeln
- Studium der Theologie in Zürich, Freiburg, Rom, Jerusalem
  und Chicago
- Professor für Altes Testament und Biblische Umwelt
  an der Universität Freiburg (1969–2002)
- Mitbegründer der Schweizerischen Gesellschaft für orientalische
  Altertumswissenschaft und der Stiftung Bibel+Orient
- Marcel-Benoist-Preis (2005)

Othmar Keel

L'HISTOIRE DE DIEU

Othmar Keel
Bibliste

Othmar Keel est pour ainsi dire allé chercher la Bible au ciel pour la ramener sur Terre, tant le livre de Dieu décrit selon lui le divin sous des traits humains. Ce spécialiste catholique des sciences bibliques a grandi en Suisse centrale et découvert son amour pour les Saintes Ecritures au collège du couvent d'Einsiedeln. C'est un protestant de l'Emmental devenu moine bénédictin qui, à l'époque, a poussé ce gymnasien avide de savoirs à lire la Bible phrase par phrase, dans la plus pure tradition protestante: «Je m'intéressais aux livres qui ont influencé l'humanité, à la Bible comme à *Mein Kampf,* explique Othmar Keel. Mais j'en suis resté à la Bible.»

Après sa maturité, Othmar Keel s'est lancé dans des études de sciences des religions et de théologie à Zurich, Fribourg et Rome, mais son enthousiasme pour la deuxième branche s'est rapidement émoussé: «J'avais l'impression d'être au service militaire où, avant chaque inspection, nous devions nettoyer notre fusil avec un cordon peu pratique, ce qui rendait la tâche rébarbative. Tandis qu'auparavant, nous le curions avec une simple brosse à bouteille.» Au lieu de fréquenter les cours, Othmar Keel s'est donc plongé dans l'univers figuratif oriental de l'Ancien Testament. Contrairement à la théologie dominante, il en a développé une lecture nouvelle, en considérant ce texte non plus comme une émanation sans image de la révélation divine et de la vérité éternelle, mais comme une œuvre humaine produite par des hommes inspirés dans un contexte historico-culturel précis.

«Les femmes m'intéressaient trop, poursuit-il. C'est pour cela que je ne me suis pas fait ordonner prêtre.» Dans les années 1960, Othmar Keel a parcouru le Proche-Orient en Vespa en compagnie d'un ami. C'est dans ce berceau que sont nées au Ier millénaire av. J.-C. les Ecritures bibliques qui constitueront l'héritage le plus récent d'anciennes cultures écrites vieilles de quelque deux mille millénaires. Les traditions culturelles des royaumes égyptien et babylonien entre lesquels était niché le petit Israël ont dessiné le monde spirituel et religieux à l'aide de figures divines mi-humaines, mi-animales, qui circulaient sur des vecteurs figuratifs de communication de masse comme des sceaux, des amulettes, des bagues et des colliers. «Contrairement à ce qu'affirme aujourd'hui encore la théologie protestante et catholique, la représentation biblique du divin n'est pas, dès son origine, mono-théiste ou dénuée d'images, relève-t-il. Elle est bien plus complexe.»

Avec ses recherches qui se fondent aussi sur des découvertes archéologiques, Othmar Keel a contribué à l'avènement d'une compréhension nouvelle et différenciée des Ecritures bibliques. Son interprétation du *Chant de Salomon* a par exemple restitué à ce texte sa dignité érotique que les pères de l'Eglise avaient réprimée par puritanisme durant des siècles. Il a démontré que la phrase «Tes yeux sont des colombes», interprétée de manière purement allégorique par la théologie, signifie en substance «Tes regards sont des messagers d'amour». Il a aussi mis en évidence que les chérubins étaient à l'origine des sphinx ailés, les séraphins des cobras ailés, et que ce n'est que dans l'univers hellénique que ces derniers sont devenus des anges à forme humaine. Pour parvenir à ces conclusions, il fallait toutefois être doté d'une grande sagacité interprétative: les prophètes recouraient en effet à d'anciens symboles pour exprimer leurs visions et ne les utilisaient pas dans leur sens courant, car il s'agissait pour eux d'annoncer par leur message la force immense et la splendeur de leur Dieu.

En 1969 déjà, alors qu'il n'avait que 32 ans, Othmar Keel s'est vu attribuer la chaire d'Ancien Testament et d'environnement biblique de l'Université de Fribourg. C'est là qu'il a consolidé son œuvre ainsi que l'impact de cette dernière au niveau institutionnel. Et cela sans qu'il soit importuné par l'Eglise catholique, qui s'intéressait à peine à ses nouvelles interprétations de l'Ancien Testament, quand bien même ces dernières n'étaient pas sans conséquences. Othmar Keel a également fondé «l'Ecole de Fribourg», qui jouit aujourd'hui d'une renommée internationale. Ses élèves perpétuent son approche «iconographique» et «holistique», c'est-à-dire une lecture de la Bible prise dans son ensemble et basée sur l'interprétation des représentations, ainsi que l'histoire des sciences des religions d'Israël et de Palestine. A Fribourg Othmar, Keel a par ailleurs constitué et agrandi une collection de miniatures orientales unique en son genre. La Fondation Bible+Orient, dont il est l'initiateur, a pour but de rendre accessible au public ces quelque dix mille objets archéologiques et iconographiques dans le cadre d'un musée.

Les travaux d'Othmar Keel ont été traduits dans de nombreuses langues et trouvent leur apogée dans son «Œcuménisme vertical», une réorientation de la théologie basée sur des fondements historiques. Il a su démontrer que les religions abrahamiques, c'est-à-dire le judaïsme, le christianisme et l'islam, ont des liens de parenté et un même arbre généalogique. Ce dernier passe par Israël et remonte jusqu'aux religions païennes de l'Orient ancien. Yaveh, le Dieu du judaïsme, est aussi à l'origine du Dieu du christianisme et du Dieu de l'islam. Au départ, il réunissait en lui plusieurs divinités, dont un dieu du soleil, un autre décidant de la pluie et du beau temps, ainsi qu'une déesse. «Aujourd'hui, relève Othmar Keel, les religions monothéistes revendiquent à nouveau le caractère absolu et unique de leur identité. A la place de quoi elles pourraient réfléchir aux aspects qu'elles ont en commun, comme leur ancienne sensibilité envers la nature et une relation autrefois spontanée à l'érotisme.» Urs Hafner

---

Othmar Keel
– Né en 1937 à Einsiedeln
– Etudes de théologie à Zurich, Fribourg, Rome, Jérusalem et Chicago
– Professeur d'Ancien Testament et d'environnement biblique
  à l'Université de Fribourg (1969–2002)
– Cofondateur de la Société suisse pour l'étude du Proche-Orient
  ancien et de la Fondation Bible+Orient
– Prix Marcel Benoist (2005)

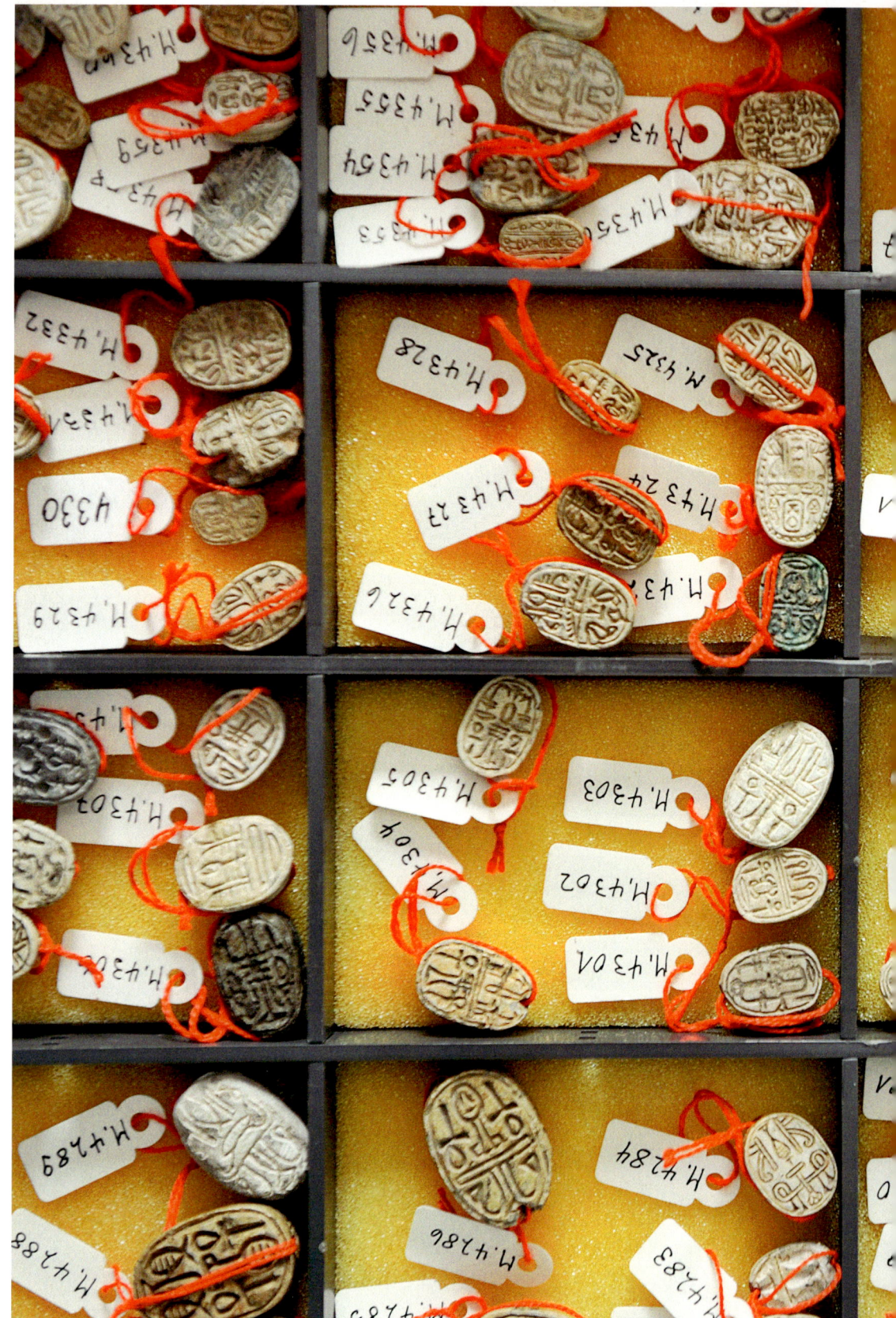

Othmar Keel

LA STORIA DI DIO
Othmar Keel
Biblista

Othmar Keel ha fatto scendere la Bibbia dal cielo in terra, e reso il Libro di Dio un libro dell'uomo. Questo biblista cattolico, cresciuto nella Svizzera centrale, scoprì la passione per le Sacre Scritture frequentando la scuola conventuale di Einsiedeln. Ad avvicinare alla Bibbia lo studente ginnasiale fu un protestante originario dell'Emmental divenuto monaco benedettino. Insegnò al giovane Keel, assetato di conoscenza, a leggere la Bibbia frase per frase, secondo la migliore tradizione protestante. «Mi interessavano tutti i libri che avevano avuto un ruolo nella storia dell'umanità, la Bibbia non meno del *Mein Kampf*. Ma mi sono fermato alla Bibbia», afferma Othmar Keel.

Dopo la maturità approfondisce a Zurigo, Roma e Friburgo gli studi di storia delle religioni e, con meno entusiasmo, di teologia: «con questa provavo quanto mi succedeva durante il servizio militare, quando durante l'ispezione eravamo obbligati a pulire il fucile con un cordino poco pratico, mentre prima eravamo abituati a farlo con una spazzola per bottiglie». Invece di seguire le lezioni Othmar Keel si appassiona all'antica iconografia orientale del Vecchio Testamento. Controcorrente rispetto ai dettami della teologia dominante, egli intraprende un nuovo percorso di comprensione della Bibbia: non più frutto di rivelazione divina e verità eterna, ma opera umana realizzata all'interno di un preciso contesto storico e culturale.

«Non mi feci ordinare prete, avevo troppo interesse per le donne». Negli anni Sessanta, assieme a un amico, intraprende un viaggio in Vespa attraverso il Vicino Oriente e visita i luoghi che nel corso del primo millennio prima di Cristo avevano dato alla luce le Sacre Scritture: ultima eredità di culture scritte millenarie. Le tradizioni culturali dei regni di Egitto e Babilonia, tra i quali giaceva il piccolo Israele, avevano impregnato la cultura del Vecchio Testamento di simbologie pagane e politeiste, arricchendole di figure divine per metà umane e per metà animali, diffuse dai mezzi di comunicazione di massa dell'epoca: sigilli, amuleti, anelli e collane. «La Bibbia non è, come ancora oggi sostenuto dalla teologia cattolica e protestante, l'espressione e il veicolo di una religione originariamente monoteista priva di riferimenti iconografici. L'immagine di Dio contenuta nella Bibbia nasce da un contesto molto più complesso».

Le ricerche di Othmar Keel, convalidate anche da ritrovamenti archeologici, hanno contribuito a una nuova e differenziata comprensione delle Sacre Scritture. Per esempio riportando alla luce, con una nuova interpretazione, la dignità erotica del «Cantico di Salomone» che i padri della Chiesa, nemici del piacere, hanno tenuto per secoli nell'ombra. Keel ha dimostrato come il versetto biblico «i tuoi occhi son colombe», che da sempre la teologia interpreta in modo assolutamente allegorico, significhi in realtà: «i tuoi sguardi sono portatori di messaggi d'amore». Egli ha dimostrato come i cherubini e i serafini, originariamente sfingi e cobra alati, si siano trasfigurati in angeli antropomorfi solo dopo aver subito l'influenza della cultura greca.

Per arrivare a questo occorreva senz'altro il suo acume interpretativo: i profeti, che per descrivere le proprie visioni ricorrevano volentieri alla simbologia più antica, non la utilizzavano in senso convenzionale, ma lo facevano per comunicare l'eminenza del potere e la magnificenza del loro Signore.

Nel 1969, alla giovane età di 32 anni, Othmar Keel è chiamato a ricoprire la cattedra di Esegesi dell'Antico Testamento e introduzione al contesto biblico dell'Università di Friburgo. Da quella sede egli riesce a consolidare anche istituzionalmente la sua opera e la sua azione, senza subire l'interferenza della Chiesa cattolica difficilmente interessata a una nuova interpretazione, ricca di conseguenze, del Vecchio Testamento. Da una parte Othmar Keel dà vita alla cosiddetta « Scuola di Friburgo », che oggi gode di reputazione internazionale. Le allieve e gli allievi ne seguono l'approccio « iconografico » e « olistico », procedono nella comprensione complessiva del testo sacro basata anche sull'interpretazione delle immagini, oltre a dedicarsi all'approfondimento della scienza delle religioni di Israele e Palestina. Dall'altra parte lo studioso istituisce a Friburgo, ampliandola, una raccolta di miniature di arte orientale antica unica nel suo genere. La fondazione Bibel+Orient di cui è l'iniziatore, ha come obiettivo l'apertura al pubblico di un museo che ospiterà la collezione ricca di oltre 10 000 reperti archeologici.

L'opera di Othmar Keel, tradotta in numerose lingue, raggiunge il suo apice con l'elaborazione del nuovo orientamento storicista della teologia da lui denominato: « ecumenismo verticale ». Egli è in grado di dimostrare che tutte le religioni abramitiche – Ebraismo, Cristianesimo e Islam – sono strettamente collegate tra loro e godono di radici comuni che attraverso Israele risalgono alle credenze pagane dell'antico Oriente. Il dio degli ebrei, Jahwe, alle origini del Signore cristiano e islamico, assommava in sé più di una divinità, tra le quali anche un dio maschile del sole e uno delle intemperie e una divinità femminile. « Oggi le religioni monoteiste pongono nuovamente l'accento sulle rivendicazioni di assolutezza e unicità della propria identità. Invece – come chiede Othmar Keel – potrebbero prendere coscienza delle proprie affinità, tra le quali ricordiamo anche la primordiale sensibilità per la natura o quell'antico rapporto senza pregiudizi con l'erotismo ». Urs Hafner

---

Othmar Keel
- Nato nel 1937 a Einsiedeln
- Studi di teologia a Zurigo, Friburgo, Roma, Gerusalemme e Chicago
- Professore di esegesi dell'Antico Testamento e contesto biblico all'Università di Friburgo (1969–2002)
- Cofondatore della Società svizzera per lo studio dell'antico Vicino Oriente e della Fondazione Bibel+Orient
- Premio Marcel Benoist (2005)

Othmar Keel

GOD'S HISTORY
Othmar Keel
Biblical scholar

Othmar Keel has brought the Bible down to earth. Keel, a Catholic Biblical scholar, grew up in central Switzerland and discovered his love of the Scriptures at the convent school in Einsiedeln. An Emmental Protestant turned Benedictine monk persuaded Keel, then a grammar-school pupil with an immense thirst for knowledge, to study the Bible sentence by sentence in the best Protestant tradition. "I am interested in books that have had an impact on society – the Bible no less than *Mein Kampf*. But I have stuck with the Bible," says Keel.

On completing school, Keel went to university in Zurich, Fribourg and Rome, taking up religious studies and theology. For the latter, however, he soon lost enthusiasm. "It was like being in the armed forces, where we had to clean our rifles at every inspection with a piece of string totally unsuitable for the purpose. We'd previously cleaned them with a bottle brush." Instead of attending lectures, Othmar Keel became thoroughly engrossed in the ancient oriental world of Old Testament imagery. Challenging the precepts of the prevailing theology, he arrived at a new understanding of the Bible. He no longer saw it as the product of divine revelation with no history and as eternal truth, but as a work produced by inspired human beings within a specific historical-cultural context.

"I was far too interested in women to allow myself to be ordained a priest," he says. In the 1960s, Keel and a friend travelled through the Middle East on Vespas, visiting the lands where the Scriptures – the most recent testimony to ancient Oriental written cultures – were composed during the first millennium BC. The cultural traditions of the Egyptian and Babylonian empires, between which tiny Israel was wedged, permeated the biblical mindscape with their semi-human and semi-animal figures that circulated on such forms of visual mass communication as seals and amulets and were worn on rings and necklaces. "The biblical notion of God was not what the Protestant and Catholic theologians would have us believe, devoid of imagery and monotheistic from the very start. The image of God portrayed by the Bible is much more complex."

Keel's research, which is based on archaeological finds, has helped win acceptance of a new and more differentiated understanding of the Scriptures. His interpretation of the Song of Solomon, for instance, has restored the work's original erotic dignity, repressed for centuries by the early fathers of the Church, who were opposed to all carnal pleasures. He showed that the phrase, "Your eyes are like doves…", interpreted in a purely allegorical manner by theologians, actually means: "Your eyes are harbingers of love." And he demonstrated convincingly that cherubs were originally winged sphinxes, and seraphs winged cobras, which first took on the human-like form of angels under the influence of the Greeks. An acute interpretive sense is necessary to arrive at such conclusions; the prophets, their visions inspired by old symbols, did not use the symbols in traditional ways, but rather to proclaim the message of the superior power and glory of their God.

In 1969, at the age of thirty-two, Othmar Keel became Professor of Old Testament and Biblical World Studies at the University of Fribourg. He proceeded to consolidate his

reputation in this institutional setting, undisturbed by the Catholic Church, which showed little interest in his momentous reinterpretation of the Old Testament.
Keel founded the so-called Fribourg School, which is now internationally renowned. His male and female pupils pursue an "iconographical" and "holistic" approach, in other words, they interpret the Bible holistically and with the aid of imagery. They also study the history of religion in Israel and Palestine.

Keel established and continues to enlarge a unique collection of ancient oriental miniatures in Fribourg. The "Bible+Orient" foundation which he co-founded, aims to make over 10,000 archaeological-iconographic objects accessible to the museum-going public.

Othmar Keel's writings, translated into many languages, have culminated in his "vertical ecumenism", a historically grounded new orientation within theology. Othmar Keel argues persuasively that the Abrahamic religions, i.e. Judaism, Christianity and Islam, are related to one another and that they have the same "family tree", one that reaches back to the heathen beliefs of the ancient Orient. The Jewish god, Yahweh, from whom both the Christian and Moslem gods derive, unites within himself a number of gods, including a sun god and a weather god – and a goddess. "Once again, the monotheistic religions are emphasising their claims to perfection and their unique identity. Instead, they would do well to reflect upon what they have in common," contends Othmar Keel, "including their former sensitivity to nature and once less inhibited relationship to the erotic sphere." Urs Hafner

---

Othmar Keel
- Born 1937 in Einsiedeln
- Studied theology in Zurich, Fribourg, Rome, Jerusalem and Chicago
- Professor of Old Testament and Biblical World Studies at the
  University of Fribourg (1969–2002)
- Co-founder of the Swiss Society for Ancient Near Eastern Studies
  and the Bible+Orient foundation
- Marcel Benoist Prize (2005)

ROLF PFEIFER

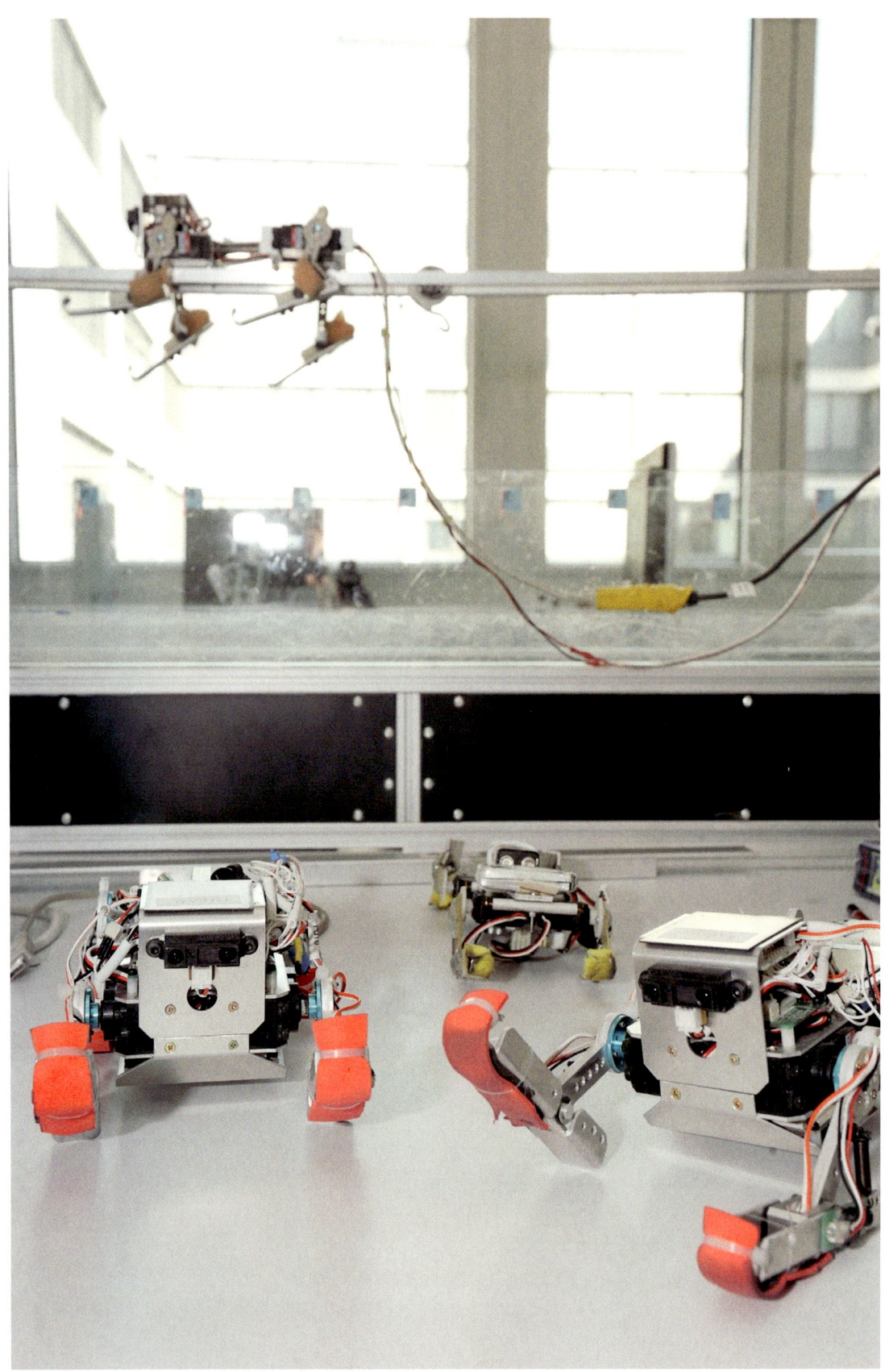

Rolf Pfeifer

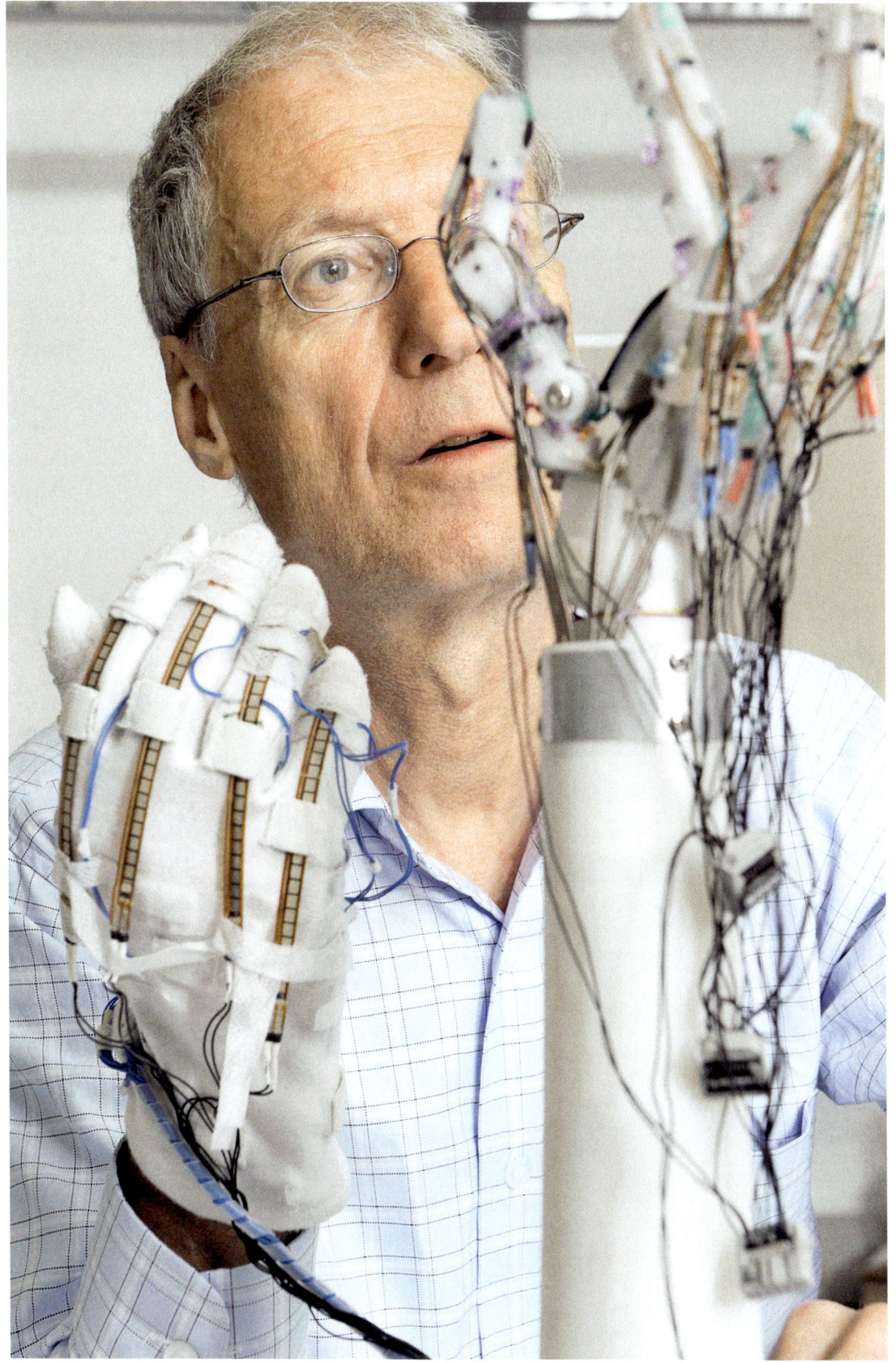

DIE INTELLIGENZ DES KÖRPERS

Rolf Pfeifer
Robotiker

«Zuerst kommt der Sex», sagt Rolf Pfeifer, «und gleich danach die Intelligenz.»
Die Hitliste der Interessen sei tief in der Menschheitsgeschichte verwurzelt, stellt der
Informatik-Professor fest, und in der Gesellschaft geniesse die Frage der Intelligenz einen ausserordentlichen Stellenwert. «Man darf über jemandes Kind sagen,
es sei faul oder frech», fügt Pfeifer zur Illustration an. «Sie dürfen aber nie und
nimmer behaupten, es sei nicht intelligent!»

Was aber ist Intelligenz? Diese Frage liesse sich mit viel Theorie beantworten.
Doch Rolf Pfeifer, dieser Mann mit der Aura eines unermüdlichen Machers, hat einen
anderen Weg gewählt: In seinem Labor für Künstliche Intelligenz an der Universität
Zürich steht der Besucher inmitten von hüpfenden, rennenden und schwimmenden
Kreaturen aus Plastik, Metall, Motoren und Sensoren: Stumpy, Wanda und Puppy etwa
heissen der Tanzroboter, der Roboterfisch und das Hündchen aus Blech. Sie
warten in mehrfacher Ausführung – zum Teil aktionsbereit, zum Teil in die einzelnen
Bestandteile zerlegt – die nächsten Experimente ab. Wer sich in dieser auf ver-
schiedenste Räume ausgedehnten «Bastelecke» umschaut, den erstaunt es nicht,
wenn Pfeifer bekennt: «Einige Leute halten unser Labor für etwas verrückt.» –
Rolf Pfeifer wäre der Letzte, der sich gegen verrückte Ideen stemmen würde. So viel
ist klar – und klar ist auch, dass diese spezielle Stimmung, dieses sprichwörtliche
kreative Chaos viel zu dem beigetragen hat, was das Laboratorium heute ist: eine
Top-Adresse für die Cracks auf dem Feld der künstlichen Intelligenz.

Angefangen hatte der diplomierte ETH-Physiker seine Forscherkarriere am
Psychologischen Institut der Universität Zürich. «Ich mühte mich ab, Träume im Computer zu simulieren», lacht Rolf Pfeifer heute. Nach einem dreijährigen Abstecher
in die USA wurde er Mitte der 1980er-Jahre an die Universität Zürich berufen – als
Professor für Informatik. Er versuchte sein Glück mit sogenannten Expertensystemen.
Mit seinem Team packte er das Wissen von Fachleuten wie Ärzten, Kreditprüfern
oder Servicetechnikern in einen Computer, um den Weg zu einer konkreten
Entscheidung in programmierbare Wenn-dann-Regeln zu fassen. Zu jener Zeit
entwickelte sich ein riesiger Hype um solche Expertensysteme. «Wir hatten wunderbare
Systeme entwickelt», sagt Rolf Pfeifer. «Doch mit der Zeit merkten wir, dass da
etwas grundlegend faul war.» Die Computerprogramme lieferten ganz andere Resultate
als die Fachleute aus Fleisch und Blut. Pfeifers Erkenntnis: Logik alleine ist
nicht ausschlaggebend für die getroffenen Entscheidungen. Etwas fehlte: die
Wahrnehmung!

Was folgte, war typisch für den begeisterungsfähigen Wissenschaftler: Rolf Pfeifer
stellte sein Forschungsprogramm kurzerhand um – und begann mit Robotik.
«Ich hatte damals zwar keine Ahnung, was ein Roboter genau ist», beschreibt
Rolf Pfeifer seine damalige Situation. «Mir war aber klar, dass Intelligenz einen Körper
braucht, um mit diesem Körper Wahrnehmungen zu sammeln.» Alle intelligenten
Wesen werden durch Reaktionen auf ihre Umwelt gesteuert – davon ist Rolf Pfeifer
überzeugt. Die Morphologie, das Design eines Körpers, hat folglich einen grossen
Einfluss auf das Verhalten des dazugehörigen Wesens. Das bestätigen die mittlerweile

unzähligen Versuche mit Robotern jeglicher Dimension und Bauart. «Die Körperform kann sogar teilweise Aufgaben erfüllen, die wir gemeinhin dem Gehirn zuschreiben», versichert Pfeifer. Lassen wir zum Beispiel einen Arm schwingen, so benötigt dies fast keine Steuerung durch das Gehirn, obwohl die Hand dabei eine komplizierte Bewegung vollführen muss. Das erledigt die Anordnung der Muskeln, Knochen und Bänder im menschlichen Körper praktisch alleine. Die Roboter am Labor für Künstliche Intelligenz sind folglich nicht mit Rechenkapazität überladen. Und wie die Natur auch verwenden Pfeifer und sein Team möglichst billige, aber schlaue Konstruktionen und Materialien für ihre Kreaturen: «Cheap Design» nennt sich das im Jargon.

Die Idee, dass Intelligenz einen Körper benötigt, der sich bewegt und sich der Umwelt stellt, setzt sich zunehmend durch. Die Erforscher der künstlichen Intelligenz bedienen sich inzwischen vielerorts der Erkenntnisse aus den Neurowissenschaften, der Entwicklungspsychologie, der Biomechanik und den Materialwissenschaften. Sogar im Mutterland der Roboter, in Japan, wo heute viele Roboterbauer nach wie vor auf grosse Rechenkapazität setzen, wächst das Interesse an Pfeifers Arbeit. Das bezeugen die vielen Besuche aus Japan in «Little Tokyo», wie Pfeifers Laboratorium dort inzwischen genannt wird. Sein neues Buch *How the Body Shapes the Way We Think – A New View of Intelligence* (Wie der Körper die Art unseres Denkens formt – eine neue Sicht der Intelligenz) hat auf der Hightech-Insel reissenden Absatz gefunden. Es ist ein Manifest geworden für einen neuen Blick auf die Intelligenz – auch auf jene des Menschen. Dieser hat sich in seiner Entwicklung immer der Umwelt angepasst. «Mit einer rein zentralen Steuerung im Gehirn wäre das kaum möglich gewesen», sagt Rolf Pfeifer und fügt an: «Inzwischen gibt es immer mehr Hinweise, dass auch höhere Geistesleistungen, vielleicht sogar die Sprache, an die Motorik geknüpft sind.» Rolf Pfeifer erforscht nicht nur Roboter; letztlich ist er auch ein Menschenforscher. Mark Livingston

---

Rolf Pfeifer
- Geboren 1947 in Zürich
- Studium der Physik und Mathematik an der ETH Zürich, Doktorat in Informatik an der ETH Zürich
- Professor für Informatik an der Universität Zürich, Direktor des Artificial Intelligence Laboratory (seit 1987)
- SWIFT AI Chair an der Freien Universität Brüssel (1990–1991)
- Gastprofessor am MIT Artificial Intelligence Laboratory (1996–1997)
- 21st Century COE (Centre of Excellence) Professor Information Science and Technology an der Universität Tokio (2003–2004)

Rolf Pfeifer

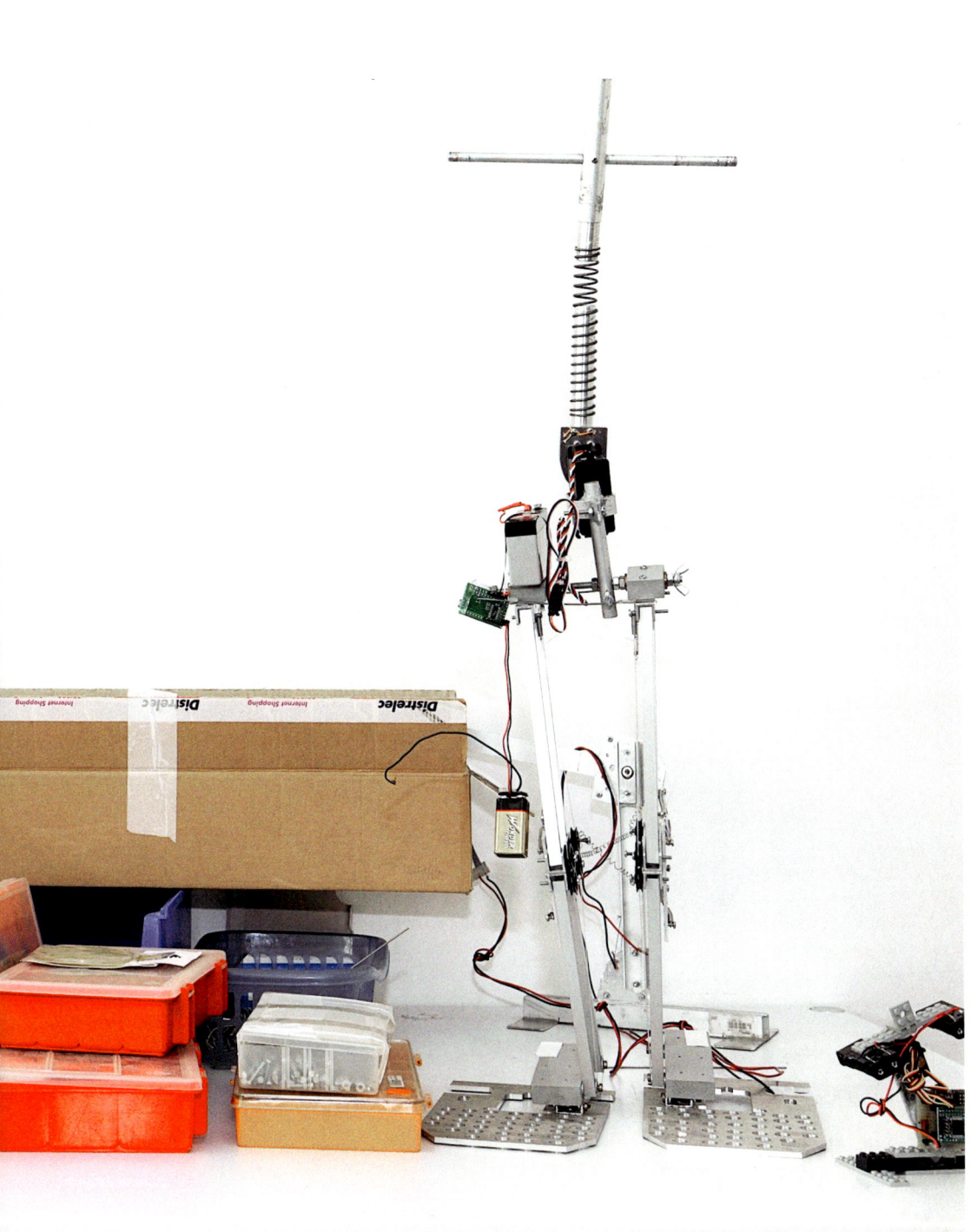

L'INTELLIGENCE DU CORPS

Rolf Pfeifer
Roboticien

«D'abord, le sexe. Juste après, l'intelligence!» Pour Rolf Pfeifer, ce classement des centres d'intérêt est profondément enraciné dans l'histoire de l'humanité. La société accorde en effet une valeur exceptionnelle à l'intelligence. «On a le droit de dire de l'enfant de quelqu'un qu'il est paresseux ou insolent, ajoute ce professeur d'informatique pour illustrer ses propos. Mais jamais, au grand jamais, qu'il n'est pas intelligent!»

Mais qu'est-ce que l'intelligence? Les tentatives de réponse sont légion, chacune se basant sur une théorie propre. Rolf Pfeifer, lui, fidèle à sa réputation d'infatigable homme d'action, a choisi une autre voie. Dans son Laboratoire d'intelligence artificielle de l'Université de Zurich, le visiteur se retrouve parachuté au milieu de créatures de plastique, de métal, remplies de moteurs et de capteurs, qui sautillent, courent et nagent: un robot dansant, un poisson-robot et un petit chien de tôle, qui portent les noms respectifs de Stumpy, Wanda et Puppy. Les engins attendent en plusieurs exemplaires leur prochain rôle dans quelque expérience – certains sont déjà prêts, d'autres encore en pièces détachées. A regarder autour de soi dans les différentes pièces de ce vaste «coin bricolage», on ne s'étonne pas d'entendre Rolf Pfeifer avouer que «certaines personnes voient dans notre laboratoire comme un brin de folie». Rolf Pfeifer est pourtant bien le dernier à refuser une idée, aucun doute sur ce point. Aucun doute non plus sur le fait que cette atmosphère particulière et ce chaos créatif ont largement contribué à faire de ce lieu de recherches ce qu'il est aujourd'hui: une adresse de référence pour les cracks qui évoluent dans le champ de l'intelligence artificielle.

Diplômé en physique de l'Ecole polytechnique fédérale de Zurich, Rolf Pfeifer commence sa carrière à l'Institut de psychologie de l'Université de Zurich. «Je m'efforçais de simuler des rêves sur ordinateur», se souvient-il aujourd'hui en riant. Nommé professeur d'informatique au milieu des années 1980 à l'Université de Zurich, après un séjour de trois ans aux Etats-Unis, il tente alors sa chance dans le domaine des «systèmes experts». Avec son équipe, il tente d'intégrer à son ordinateur les connaissances d'experts tels que des médecins, des gestionnaires de crédit ou des techniciens de maintenance. Son objectif est de reproduire, au moyen de règles de déductions logiques – si le postulat A est vérifié, alors effectuer l'action B –, le parcours qui mène à une décision concrète. A l'époque, ces systèmes experts étaient totalement portés aux nues. «Nous avons développé de merveilleux systèmes, explique Rolf Pfeifer. Mais nous avons aussi remarqué, avec le temps, qu'il y avait là quelque chose de fondamentalement faux.» Les programmes livrent en effet des résultats totalement différents de ceux obtenus avec des experts en chair et en os. Rolf Pfeifer en conclut que la logique n'est pas le seul élément déterminant dans une prise de décision. Il manque un autre facteur à ce processus: la perception!

Rolf Pfeifer réagit alors à sa manière, en chercheur enthousiaste qu'il est: il modifie son programme de recherche sans autre forme de procès, et se lance dans la robotique. «A l'époque, je n'avais aucune idée de ce qu'était exactement un robot.

Mais je savais que l'intelligence a besoin du corps pour recueillir des perceptions.»
Rolf Pfeifer en est persuadé: tous les êtres intelligents sont contrôlés par la façon dont
ils interagissent avec leur environnement. La morphologie, c'est-à-dire le design
d'un organisme, exerce par conséquent une grande influence sur le comportement de
ce dernier. C'est ce qu'ont confirmé depuis d'innombrables essais menés sur
des robots de toute taille et de toute facture. «La forme du corps peut même accomplir
en partie certaines tâches que nous attribuons communément au cerveau», assure
Rolf Pfeifer. Le fait de balancer un bras, par exemple, ne nécessite pratiquement
aucun contrôle de la part du cerveau, alors que la main est amenée, elle, à accomplir
des mouvements compliqués. C'est avant tout la disposition des muscles, des
os et des ligaments du corps qui les permet. Les robots du Laboratoire d'intelligence
artificielle ne sont donc pas surchargés de capacités de calcul. A l'image de
la nature, Rolf Pfeifer et son équipe optent aussi pour des constructions et des
matériaux les moins onéreux possibles ainsi que pour des solutions subtiles – dans le
jargon, on parle de «cheap design».

L'idée selon laquelle l'intelligence a besoin d'un corps qui bouge et tire parti
de l'environnement s'impose de plus en plus. Un peu partout, les chercheurs
en intelligence artificielle se mettent à puiser dans les acquis des neurosciences,
de la psychologie du développement, de la biomécanique et des sciences des
matériaux. Même dans la patrie des robots par excellence, le Japon, où les construc-
teurs continuent de miser avant tout sur les grosses capacités de calcul, l'intérêt
pour le travail de Rolf Pfeifer va grandissant. En témoignent les nombreux visiteurs
venus du Pays du Soleil levant qui viennent visiter «Little Tokyo», comme on
surnomme là-bas le laboratoire de Rolf Pfeifer.

Le nouvel ouvrage du professeur zurichois, *How the Body Shapes the Way We
Think – A New View of Intelligence* (Comment le corps forme notre manière
de penser – un nouveau regard sur l'intelligence), s'est aussi vendu comme des petits
pains dans l'archipel nippon, devenant le manifeste d'un nouveau regard sur
l'intelligence en général, et sur celle de l'Homme en particulier. Tout au long de leur
évolution, les hominidés se sont en effet toujours adaptés à leur environnement.
«S'il n'y avait qu'un contrôle central issu du cerveau, cette capacité aurait été
impossible», affirme Rolf Pfeifer. Avant d'ajouter: «Entre-temps, nous récoltons sans
cesse de nouveaux indices montrant que certaines performances intellectuelles
supérieures, peut-être même le langage, sont liées à la motricité.» Dans l'absolu, Rolf
Pfeifer ne se penche pas seulement sur les robots: son sujet de recherche, c'est
également l'être humain. Mark Livingston

Rolf Pfeifer
– Né en 1947 à Zurich
– Etudes de physique et de mathématiques, doctorat
  en informatique à l'EPF de Zurich
– Professeur d'informatique à l'Université de Zurich
  et directeur du Laboratoire d'intelligence artificielle (depuis 1987)
– Professeur invité au Laboratoire d'intelligence artificielle (SWIFT AI)
  de l'Université libre de Bruxelles (1990–1991)
– Professeur invité à l'Artificial Intelligence Laboratory
  du MIT (1996–1997)
– Elu 21st Century COE Professor Information Science and Technology
  à l'Université de Tokyo (2003–2004)

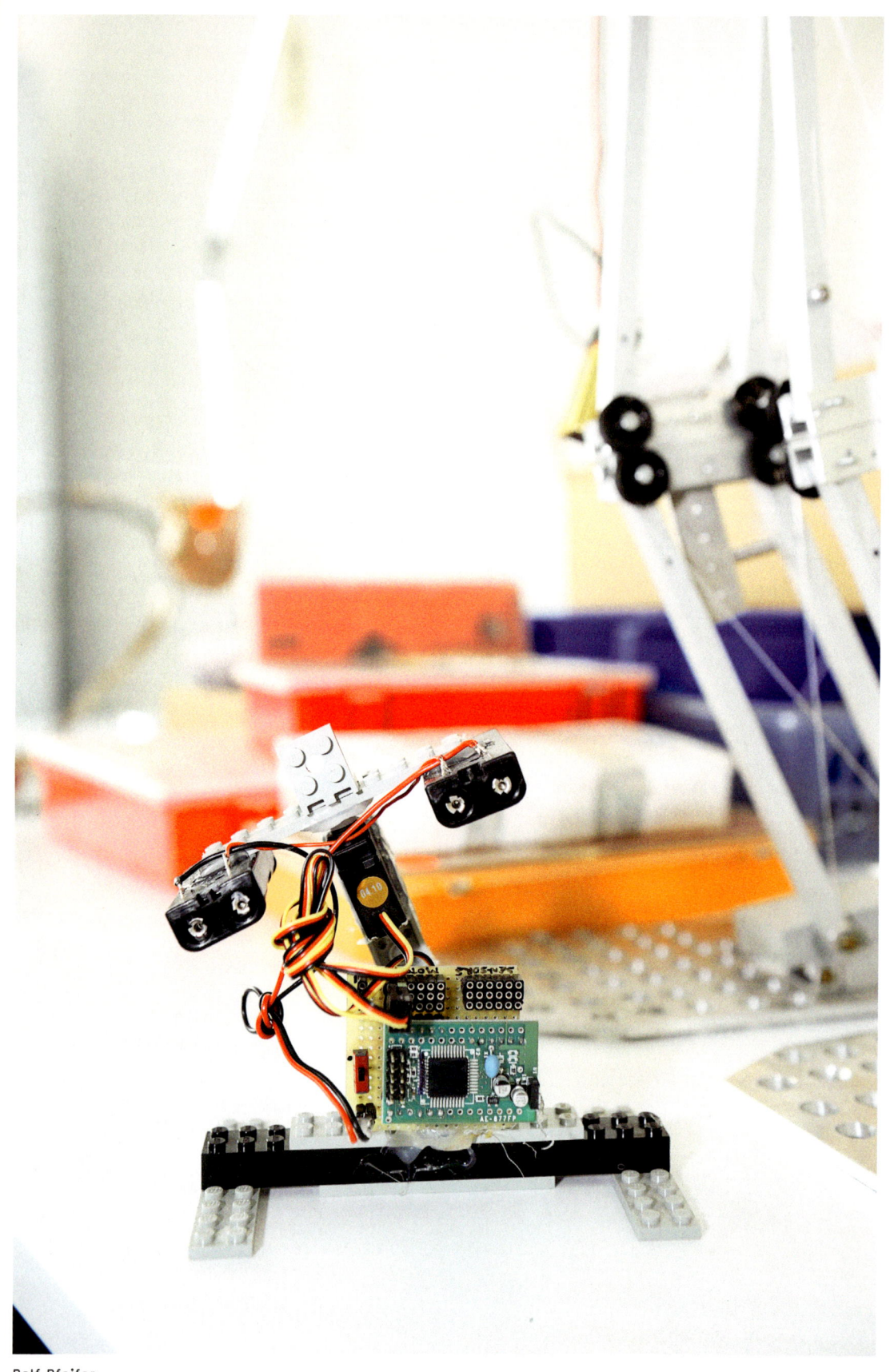

Rolf Pfeifer

L'INTELLIGENZA DEL CORPO
Rolf Pfeifer
Fisico di robotica

«Prima viene il sesso – dice Rolf Pfeifer – e subito dopo l'intelligenza». Il professore di informatica precisa «che la classifica dei nostri interessi affonda le radici nelle storia dell'umanità e che nella società la questione dell'intelligenza gode di una importanza straordinaria». «Di ogni bambino si può dire che è pigro o sfacciato – cerca di chiarire Pfeifer – ma non potrete mai affermare che non sia intelligente!»

Che cos'è l'intelligenza? Una domanda alla quale è possibile rispondere con molta teoria. Però Rolf Pfeifer, accompagnato da una fama di instancabile artefice, ha scelto un'altra strada: nell'Artificial Intelligence Laboratory, che egli dirige presso l'Università di Zurigo, il visitatore è circondato da creature di plastica e metallo, con motori e sensori, oggetti che saltellano, corrono e nuotano. I nomi del robot danzante, del robot-pesce e del cagnolino di lamiera sono Stumpy, Wanda e Puppy. Sono lì, in varie fasi di allestimento e in attesa del prossimo esperimento. Alcuni pronti a entrare in azione, altri ordinatamente smontati. Il visitatore intento a curiosare in questo «angolo del fai da te», che occupa diversi e svariati locali, non si meraviglia quando Pfeifer confessa: «Qualcuno considera il nostro laboratorio una gabbia di matti». Rolf Pfeifer è certamente l'ultimo a opporsi a idee un po' folli. Adesso è tutto chiaro: questa particolare atmosfera e questo caos creativo hanno contribuito a fare del suo laboratorio uno dei centri più rinomati nel campo dell'intelligenza artificiale e della robotica.

Lo scienziato, diplomatosi in Fisica presso il Politecnico federale di Zurigo, ha iniziato la carriera di ricercatore presso l'Istituto di Psicologia dell'Università di Zurigo. «All'epoca mi sforzavo di voler simulare i sogni con il computer», scherza oggi Rolf Pfeifer. Dopo un soggiorno di tre anni negli Stati Uniti, verso la metà degli anni ottanta venne chiamato a ricoprire il ruolo di professore di Informatica presso l'Università di Zurigo. Tentò la fortuna occupandosi dei sistemi esperti. Con la collaborazione del suo team introdusse in un computer le competenze di diverse figure professionali specializzate come medici, revisori di credito o fornitori di servizi tecnici. L'obiettivo era individuare un percorso decisionale pratico all'interno di un codice di regole condizionali e a quei tempi l'interesse intorno ai sistemi esperti di questo genere era molto alto. «Avevamo sviluppato sistemi meravigliosi», dice Pfeifer. «Anche se con il tempo ci accorgemmo che c'era qualcosa di fondamentale che non funzionava». Il software forniva risposte completamente differenti da quelle degli specialisti in carne e ossa. Era il momento della rivelazione per Pfeifer: la logica da sola non è sufficiente a determinare le scelte. Mancava qualcosa: la percezione!

Quella che seguì fu la tipica reazione di uno scienziato pieno di entusiasmo: Pfeifer cambiò su due piedi il suo programma di ricerca, e si dedicò alla robotica. «All'epoca non avevo la più pallida idea di cosa fosse esattamente un robot», racconta Pfeifer. «Mi era però estremamente chiaro che l'intelligenza ha bisogno di un corpo, e che il corpo è essenziale per percepire». «Tutte le forme di vita intelligente sono guidate dalle reazioni all'ambiente circostante», di questo Rolf Pfeifer è convinto. La morfologia e il design di un corpo hanno di conseguenza una grande influenza sulla capacità di reazione dell'essere vivente. Lo dimostrano gli innumerevoli esperimenti eseguiti nel frattempo con robot di ogni dimensione e tipo. «La forma del corpo può addirittura adempiere in parte a determinate funzioni che noi attribuiamo comunemente al cervello», assicura Pfeifer. Se per esempio lasciamo oscillare un braccio, questo non ha quasi più bisogno di alcun controllo da parte del cervello, sebbene la mano debba nel frattempo compiere movimenti complicati. Ci pensa praticamente da sola, grazie alla disposizione dei muscoli, delle ossa e dei legamenti. Di conseguenza, nel laboratorio di intelligenza artificiale, non amiamo sovraccaricare di capacità di calcolo i nostri robot. Anche Pfeifer e il suo gruppo di ricercatori, come la natura, prediligono per le proprie creature i sistemi costruttivi ottimizzati e i materiali economici: quello che in gergo è chiamato «Cheap Design».

L'idea che l'intelligenza non possa fare a meno del corpo in grado di muoversi e di relazionarsi con l'ambiente si fa sempre più strada. Gli studiosi dell'intelligenza artificiale nel frattempo utilizzano sempre più spesso le conoscenze acquisite in altri campi: neurologia, psicologia evolutiva, biomeccanica e scienza dei materiali. L'interesse per l'opera di Pfeifer sta crescendo perfino in Giappone, patria dei robot, dove oggi, come sempre, molti costruttori scommettono sulle grandi capacità di calcolo. Il gran numero di visitatori provenienti dal Giappone accolto nelle stanze del «Little Tokyo», come è soprannominato in Oriente il laboratorio di Pfeifer, ne è la dimostrazione. Il suo nuovo libro How the Body Shapes the Way We Think – A New View of Intelligence (Come il corpo plasma il nostro modo di pensare – una nuova immagine dell'intelligenza) ha riscosso un travolgente successo nel mondo dell'HighTech. È diventato il manifesto di un nuovo modo di guardare all'intelligenza – anche a quella umana – che nel corso del suo sviluppo ha sempre cercato di adattarsi all'ambiente. «Sarebbe una cosa molto difficile da ottenere con una sede di controllo concentrata solo nel cervello», dice Rolf Pfeifer aggiungendo: «Nel frattempo stiamo raccogliendo un numero sempre più cospicuo di informazioni, che ci permettono di ipotizzare che anche le prestazioni intellettuali di livello superiore, come per esempio il linguaggio, siano in qualche modo collegate alla motricità». Rolf Pfeifer non si occupa solamente di robot: in realtà il suo soggetto di ricerca é anche l'essere umano. Mark Livingston

---

Rolf Pfeifer
– Nato nel 1947 a Zurigo
– Studi di fisica e matematica e dottorato di informatica presso
  l'ETH di Zurigo
– Professore di informatica presso l'Università di Zurigo, direttore
  dell'Artificial Intelligence Laboratory (dal 1987)
– Professore invitato presso la Libera Università
  di Bruxelles (1990–1991)
– Professore invitato al MIT Artificial Intelligence
  Laboratory (1996–1997)
– «21st Century COE Professor Information Science and Technology»
  presso l'Università di Tokio (2003–2004)

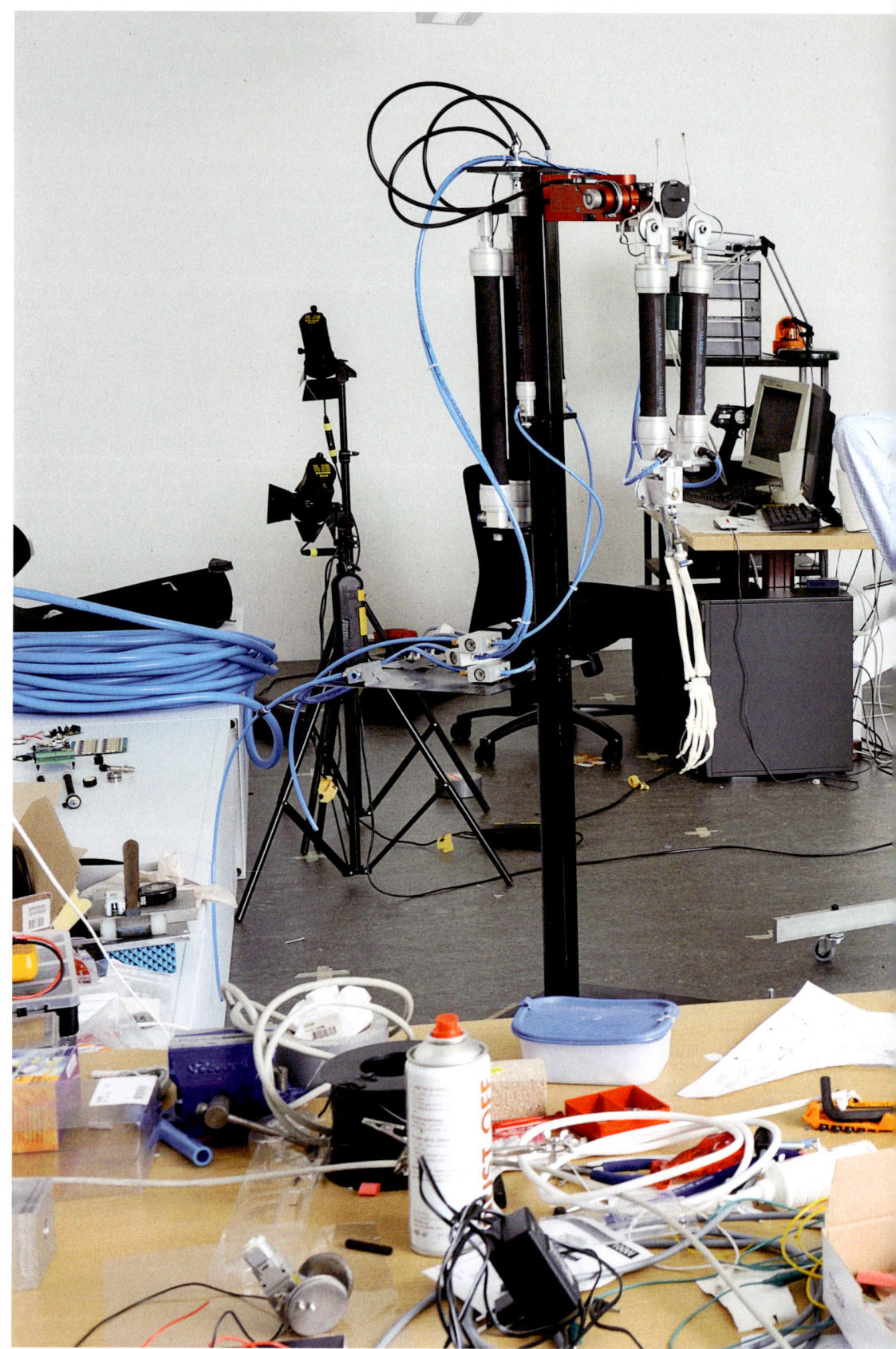

Rolf Pfeifer

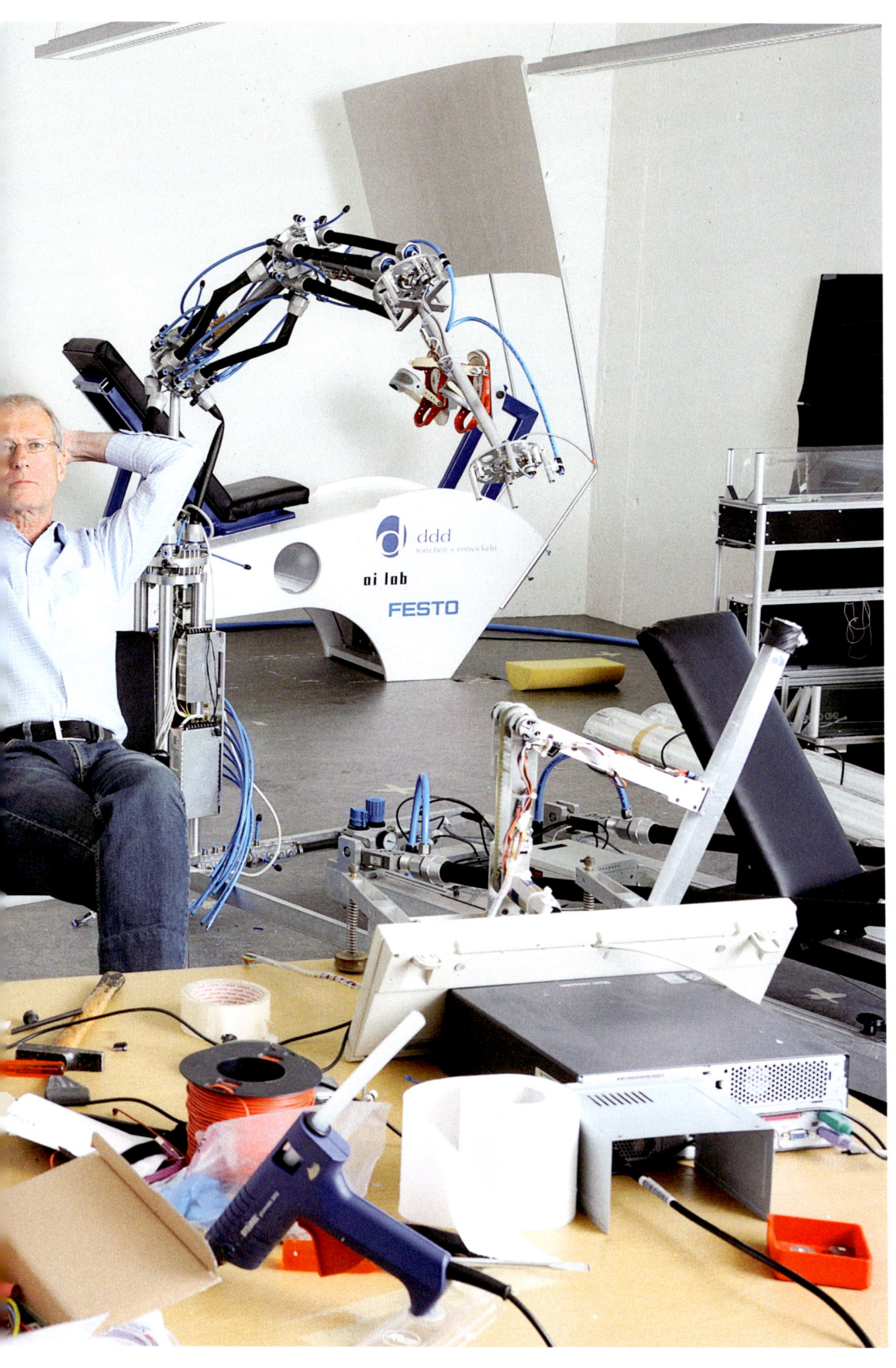

EMBODIED INTELLIGENCE
Rolf Pfeifer
Roboticist

"Sex comes first, and then intelligence," says Rolf Pfeifer, Professor of Computer Science. "Our priorities are firmly rooted in human history, and society attaches great importance to intelligence. It's no problem if you say that a child is lazy or cheeky, But you must never say that he or she isn't very bright!"

But what is intelligence? One could answer this question with a mountain of theory. Pfeifer, however, who comes across as a tireless man of action, has chosen a different path. Visitors to his Artificial Intelligence Laboratory in the Department of Informatics of the University of Zurich find themselves surrounded by an array of hopping, running and swimming creatures made of plastic, rubber and metal, and equipped with motors and sensors. Stumpy, Wanda and Puppy are the names he has given to just a few of his sheet-metal robots – a dancer, a fish and a dog respectively. The lab contains a whole range of these figures, some ready for action, others still no more than their component parts, as yet unassembled and waiting for the next experiment to begin. Anyone looking around this do-it-yourself-like work space, which occupies several large rooms, will tend to agree with Pfeifer when he says, "Some people think our lab is a little crazy." But if one thing is certain it is that Pfeifer is the last person to reject ideas simply because they seem crazy. Another certainty is that the unique atmosphere in the lab, as well as the creative chaos that prevails there, has made it what it is today: a leading address for top scientists in the field of artificial intelligence and robotics.

After studying physics at the ETH Zurich, Pfeifer began his research career at the Institute of Psychology at the University of Zurich. "I took great pains to simulate dreams on the computer, and in the end it didn't really work out," says Pfeifer with a laugh. He was appointed Professor of Computer Science at the University of Zurich in the mid-1980s, after three years in the US. He tried his luck at so-called expert systems. He and his team uploaded specialised data from experts (doctors, credit analysts, service technicians, etc.), the aim being to support computer-aided decision-making with programmes based on a large number of if-then rules. At the time, there was a lot of hype about expert systems of this nature. "We developed some wonderful systems," says Pfeifer. "But as time went by we noticed that there was something fundamentally wrong." The results delivered by the computer programmes were completely different from those of the real flesh-and-blood specialists. Consequently, Pfeifer concluded that logic alone was not the crucial factor when people made decisions. Something was missing – and an important missing link was perception.

What happened next was typical of Pfeifer, who easily gets carried away. He redesigned his research programme there and then. This time, he turned to robots. "At the time, I didn't have a clue what a robot was," says Pfeifer. "But I knew that intelligence needs a body with which to perceive and behave in the world." Pfeifer is convinced that all intelligent beings are governed by the way they interact with their environment. From this, it follows that the morphology or design of a body has considerable influence on its behaviour. This supposition has meanwhile been confirmed by countless tests with robots of all types, shapes and sizes. "The body can, at times, even fulfil tasks that we generally attribute to the brain," Pfeifer assures us. When, for example, we swing a loosely hanging arm, we perform a movement that needs very few control signals from the brain, despite the fact that the hand is performing a complicated movement. The specific organisation of the muscles, bones and ligaments takes care of this more or less passively in a process of self-organisation. Therefore, the robots in the Laboratory for Artificial Intelligence are not supplied with excess computing capacity. Like nature, Pfeifer and his team use the cheapest possible (albeit sophisticated) designs and materials: they are, in fact, proponents of what is known as "cheap design".

The idea that intelligence needs a body that moves and interacts directly with the environment is gaining currency. In the meantime, researchers into artificial intelligence have started drawing on insights from the neurosciences, developmental psychology, biomechanics and the materials sciences. Even in Japan, homeland of robots, where many robot designers still swear by large computing capacity, interest is growing in Pfeifer's work. The great number of Japanese visitors to "Little Tokyo", as Pfeifer's laboratory is called these days, is proof enough of that. His latest book, *How the Body Shapes the Way We Think: A New View of Intelligence* has been a runaway success. It has become a manifesto for a new perspective on intelligence – including human intelligence. Adaptation to the environment has always been a hallmark of human development. "This would hardly have been possible with only one central control in the brain," says Pfeifer. "There is growing evidence that higher intellectual achievements, and perhaps even language, are inextricably linked to motor functions." Rolf Pfeifer is a roboticist, but ultimately he also researches human nature. Mark Livingston

---

Rolf Pfeifer
– Born 1947 in Zurich
– Studied physics and mathematics, doctorate in computer science
  at the ETH Zurich
– Professor of Computer Science at the University of Zurich,
  Director of the Artificial Intelligence Laboratory (since 1987)
– SWIFT Chair in Artificial Intelligence at the Free University
  of Brussels (1990–1991)
– Visiting professor at the MIT Artificial Intelligence Laboratory
  (1996–1997)
– 21st Century COE (Centre of Excellence) Professor of Information
  Science and Technology at the University of Tokyo (2003–2004)

MICHAEL GRÄTZEL

SOLAR ANDERSRUM
Michael Grätzel
Chemiker

Ausdauer. Dieses Wort benutzt Michael Grätzel, Professor für Physikalische Chemie an der ETH Lausanne, häufig. Und Charakterstärke brauchte er, um den Skeptikern innerhalb der Wissenschaftsgemeinde die Stirn zu bieten. Eine bahnbrechende Entdeckung hat ihn im Bereich der Solarenergie und der Photovoltaik berühmt gemacht. In einer Technologie, die von Silizium-Zellen dominiert wird, schlug er nämlich eine radikal neue Lösung vor: Von der Photosynthese der Pflanzen inspiriert, hat er Zellen aus einem Farbstoff entwickelt, der mit nanokristallinen Partikeln aus Titandioxid verbunden ist. Theoretisch müssten diese Sensoren billiger und erst noch solider sein als ihre Verwandten aus Silizium. In der Praxis ist allerdings der Wirkungsgrad noch weniger als halb so gross wie jener der klassischen Photovoltaikzellen – eine Kinderkrankheit, wie Michael Grätzel betont.

Als er seine Erfindung 1991 im Wissenschaftsmagazin *Nature* vorstellte, erregte er grosses Aufsehen. Die Medien verkündeten eine neue Ära günstigerer und zuverlässigerer Sonnenenergie. «Die Industrie meldete sehr schnell ihr Interesse an», erinnert sich Michael Grätzel. «Aber unsere Technologie musste erst noch ausreifen. Das führte zu Enttäuschungen. Nicht genug, viele Forscherkollegen zweifelten unsere Experimente an.»

Michael Grätzel liess sich nicht beirren: «Ich bin überall hingereist, um unsere Resultate vorzustellen. Der elektrische Strom, den wir mit unseren Prototypen herstellen können, ist keine Illusion! – Ich wurde zum Wanderprediger.» Diese Bezeichnung ist gar nicht so weit hergeholt, wenn man weiss, dass Grätzels Vater ein lutheranischer Pfarrer war. Dem christlichen Glauben ist er treu geblieben, auch seiner Passion für gregorianische Gesänge, die er für sich entdeckte. Als Jugendlicher sang er in einem Chor mit. Trotzdem: «Religion und Wissenschaft sind zwei verschiedene Welten. Ich lebe sie nebeneinander, ohne in Konflikte zu geraten. Ich glaube an Gott, und ich zweifle weder am Big Bang noch an der Evolutionstheorie.»

Ebenso glaubt er an die Anstrengung: Will man ein Ziel erreichen, darf man weder die Arbeitsstunden noch die Enttäuschungen zählen. «Diese Einstellung habe ich wahrscheinlich in meiner Kindheit erworben. Wir haben damals harte Zeiten durchlebt.» Michael Grätzel wurde 1944 in der Nähe von Dresden geboren, das Ende des Zweiten Weltkrieges von der alliierten Luftwaffe in Grund und Boden gebombt wurde. «Meine Eltern wohnten in einem Nachbardorf, meine Grosseltern in Dresden selbst. Sie alle haben sehr unter den Bombenangriffen gelitten.»

Während seiner Schulzeit spielte der kleine Michael in den Ruinen Dresdens. Da er nie etwas anderes gekannt hatte, war dies nichts Besonderes für ihn. In seiner Erinnerung eingraviert bleibt ein anderes Ereignis: Kurz vor der Errichtung der Mauer beschlossen seine Eltern, mit ihren sechs Kindern mit der U-Bahn von Ost-Berlin nach West-Berlin zu flüchten. «Wir haben gar nichts mitgenommen. Ein Koffer hätte die Wache alarmiert», erinnert sich Michael Grätzel. «Unser Leben im Westen war anfangs sehr karg.» Bald danach schickten ihn seine Eltern in ein Internat am Bodensee. Hier wurde nicht nur Disziplin grossgeschrieben; Michael Grätzel musste auch mit Demütigungen fertig werden: «Man wollte mich zurückstufen, weil ich weder Französisch noch Englisch beherrschte. Denn ich hatte Russisch und Latein gelernt. Ich kämpfte und bin schliesslich einer der besten Schüler geworden.» Eine Erfahrung, welche seinen Charakter prägte: Michael Grätzel ist heute ein weltweit anerkannter und mit zahlreichen Preisen ausgezeichneter Spezialist im Bereich der Physikalischen Chemie geworden. Gern hätte er seine Karriere in West-Berlin aufgebaut: «Ich mochte diese Atmosphäre von Freiheit und Kreativität.» Aber das Angebot der ETH Lausanne reizte ihn. So kam er 1977 an den Genfersee, wo er auch seine Frau kennenlernte, die Chemikerin ist wie er.

Sein Interesse für die Solarenergie wurde schon sehr früh geweckt: «Während der Ölkrise von 1973 war ich in den Vereinigten Staaten. Schnell wurde mir bewusst, dass Erdöl eine beschränkte Ressource ist, dass man neue Antworten finden muss.» Diese Erkenntnis hat ihn letztlich zur Entdeckung seiner Farbstoffzellen geführt. Heute ist der grosse Durchbruch zum Greifen nah: Ein Unternehmen in Wales hat mit dem Bau eines Solarkraftwerkes von 120 Megawatt Leistung begonnen, dank zweier Geldgeber, die 55 Millionen Franken investiert haben. «Unsere leichten und flexiblen Zellen sind bestens geeignet für finanzarme Länder», sagt Grätzel, «Südafrika hat 100 000 Einheiten bestellt.» Der Prediger ist erhört worden. Pierre-Yves Frei

Michael Grätzel
– Geboren 1944 in Dresden, Deutschland
– Studium der Chemie an der Technischen Universität Berlin
– Professor für Physikalische Chemie an der ETH Lausanne (seit 1977)
– Ehrendoktortitel der Universitäten von Uppsala, Turin und Delft
– World Technology Award (2006)
– Preis der Japanese Society of Coordination Chemistry (2007)
– Harvey Prize for Science and Technology (2007)

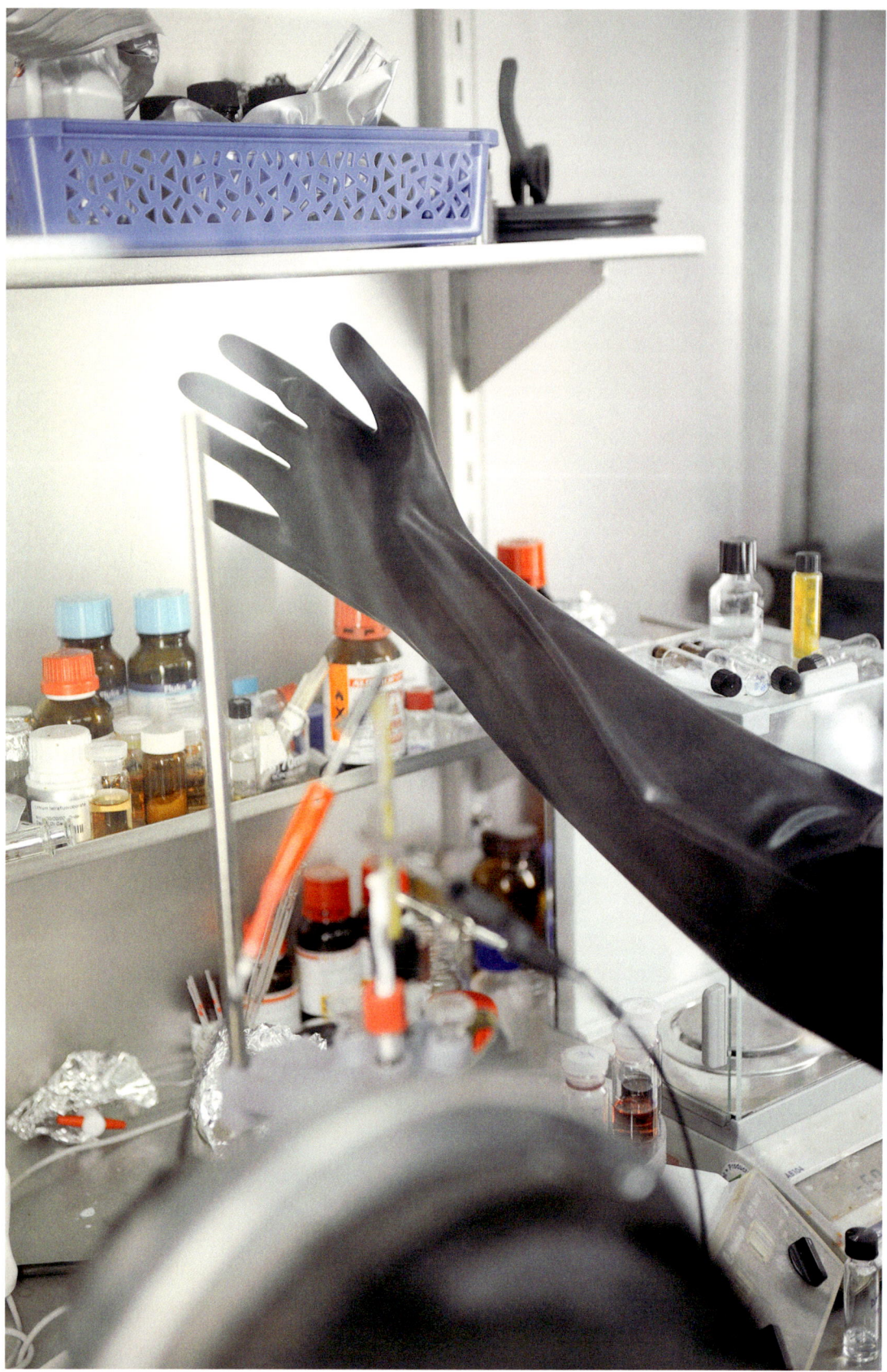

Michael Grätzel

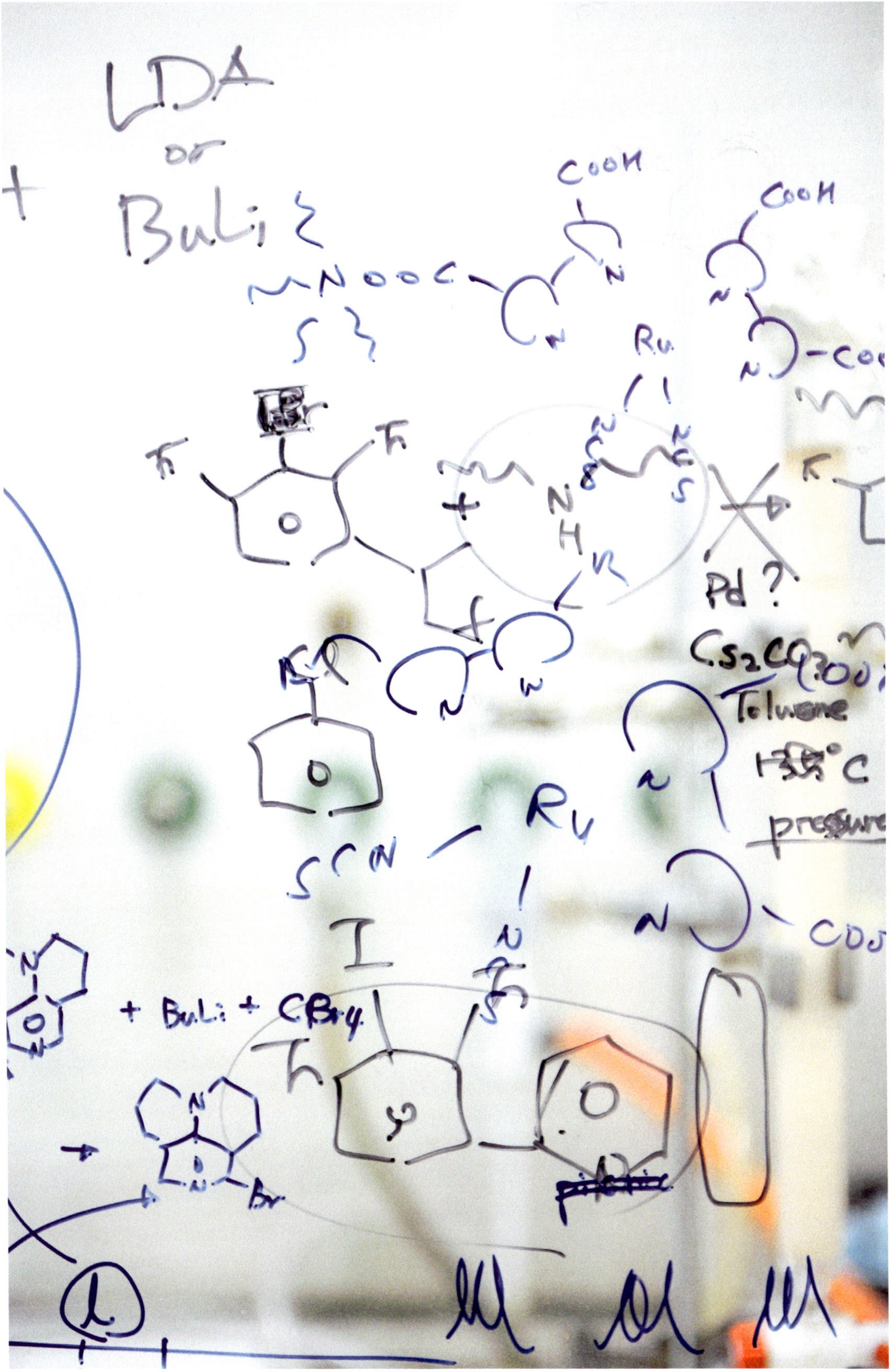
LDA
or
BuLi
COOH
COOH
Ru
Pd ?
Toluene
pressure
Ru
SCN
I
+ BuLi + CBr4
Br

LE SOLAIRE AUTREMENT
Michael Grätzel
Chimiste

Persévérance. Voilà un mot qui ressort souvent dans le discours de Michael Grätzel, professeur de chimie physique à l'Ecole polytechnique fédérale de Lausanne (EPFL). Et de la force de caractère, il lui en a fallu pour affronter le doute et le scepticisme d'une partie de la communauté scientifique. Il faut dire que la découverte qui l'a rendu célèbre tranche avec tout ce qui s'est fait avant elle dans le domaine de l'énergie solaire et du photovoltaïque. Dans un monde où le silicium dominait, et domine encore très largement, ce chercheur, allemand de souche, a proposé une solution radicalement différente. Inspirées de la photosynthèse des plantes, ses cellules font appel à un colorant associé à des particules nanocristallines de dioxyde de titane. Au final, et en théorie, ces capteurs devraient être moins coûteux et plus solides que leurs cousins en silicium. Leur seul défaut de jeunesse: des rendements encore moitié moindres que ceux des cellules photovoltaïques classiques.

La publication de cette découverte dans la revue scientifique *Nature* en 1991 a fait grand bruit. Les médias annoncèrent alors l'avènement d'une énergie solaire meilleur marché et plus fiable. «L'industrie s'y est très vite intéressée, explique le professeur de chimie physique. Mais cette technologie avait besoin de mûrir, ce qui a pu causer pas mal de frustration. Et puis, dans le camp des chercheurs, beaucoup doutaient de la validité de nos expériences.»

Michael Grätzel a donc entamé depuis lors une vie de pèlerin: «J'ai voyagé partout pour présenter nos résultats et démontrer que la production du courant électrique que nous observions sur nos prototypes n'était pas le fruit d'une illusion. Je suis devenu une sorte de prêcheur.» Le terme n'est pas usurpé quand on sait que le père du chercheur était un pasteur luthérien. De son éducation, Michael Grätzel a gardé une foi chrétienne certaine. Et un goût tout particulier pour les chants grégoriens qu'il a développé lorsqu'il faisait partie d'un chœur. Il appartient à ces croyants qui préfèrent suivre l'esprit plutôt que la lettre des textes sacrés. «La science et la religion sont deux mondes séparés. On peut les vivre parallèlement sans que cela cause un quelconque conflit. Je crois en Dieu, mais je ne doute ni du Big Bang ni de la théorie de l'évolution.»

Il croit également en l'effort. Ne pas compter ses heures, ni son temps quand on veut parvenir à un résultat. «J'ai sans doute hérité cela de mon enfance qui, par certains côtés, fut assez dure.» On le comprend. Il est né en 1944 dans les faubourgs de Dresde. Une ville toujours citée en exemple pour le très lourd tribut qu'elle a payé à l'aviation alliée. «Mes parents habitaient dans un village voisin, mais mes grands-parents étaient à Dresde même. Ils ont subi tous les bombardements.»

Pendant sa scolarité, le petit Michael joue dans les ruines, et n'ayant jamais connu autre chose, ne s'en émeut guère. Mais il se souvient avec émotion du jour où lui, ses parents et ses cinq frères et sœurs ont pris le métro pour fuir Berlin-Est, juste avant l'édification du mur. «Nous sommes partis avec rien. Une valise aurait alerté la garde. Notre vie à l'Ouest a commencé dans le dépouillement.» Et la rigueur. Le futur scientifique est envoyé dans un internat au bord du Lac de Constance. Là, il lui faut non seulement faire face à la discipline, mais également à la vexation:

« On voulait me rétrograder de classe. J'avais appris le russe et le latin, et on me demandait de savoir le français et l'anglais. J'ai décidé de me battre et finalement, je suis devenu l'un des meilleurs élèves. Cela m'a forgé le caractère. » Cette excellence ne se démentira plus. Celui qui hésita d'abord entre la physique et la chimie est devenu un spécialiste reconnu mondialement dans le domaine de la chimie physique, récompensé par de très nombreux prix.

Il aurait aimé faire sa carrière à Berlin-Ouest: « J'aimais son atmosphère de liberté et de créativité. » Mais l'offre que lui fait l'EPFL en 1977 le séduit. Le voilà au bord du Léman. Il y rencontre son épouse, chimiste tout comme lui, avec qui il aura trois enfants. Il s'intéresse déjà au solaire. « J'étais aux Etats-Unis lors du choc pétrolier de 1973. J'ai pris conscience que le pétrole était une ressource limitée et qu'il fallait trouver de nouvelles réponses. » Une conscience qu'il n'a jamais perdue et qui, un jour, l'a mené à la découverte des cellules à colorant. Après bien des péripéties, une entreprise du Pays de Galles, financée à hauteur de 55 millions de francs suisses par deux investisseurs, a aujourd'hui commencé la construction d'une centrale solaire apte à produire 120 mégawatts. « Nos cellules, légères et flexibles, s'adaptent surtout bien aux besoins des pays en voie de développement. L'Afrique du Sud en a d'ailleurs commandé 100 000. » De toute évidence, le pèlerin a été entendu. Pierre-Yves Frei

---

Michael Grätzel
- Né en 1944 à Dresde, Allemagne
- Etudes de chimie à l'Université technique de Berlin
- Professeur de chimie physique à l'EPF de Lausanne (depuis 1977)
- Docteur honoris causa des Universités de Uppsala, Turin et Delft
- World Technology Award (2006)
- Prix de la Japanese Society of Coordination Chemistry (2007)
- Harvey prize for Science and Technology (2007)

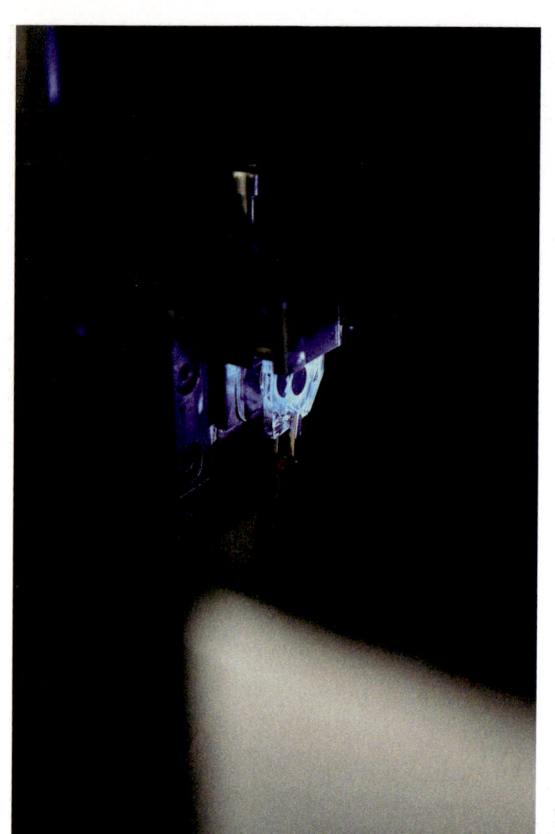
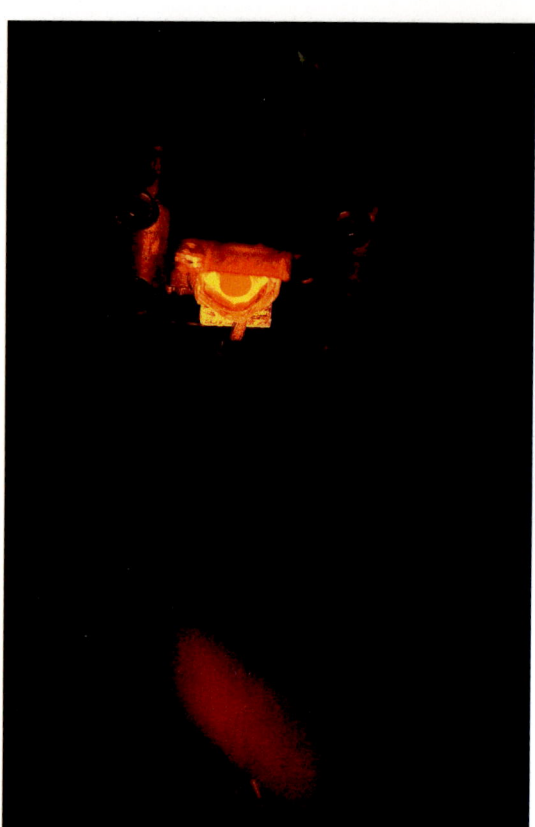

Michael Grätzel

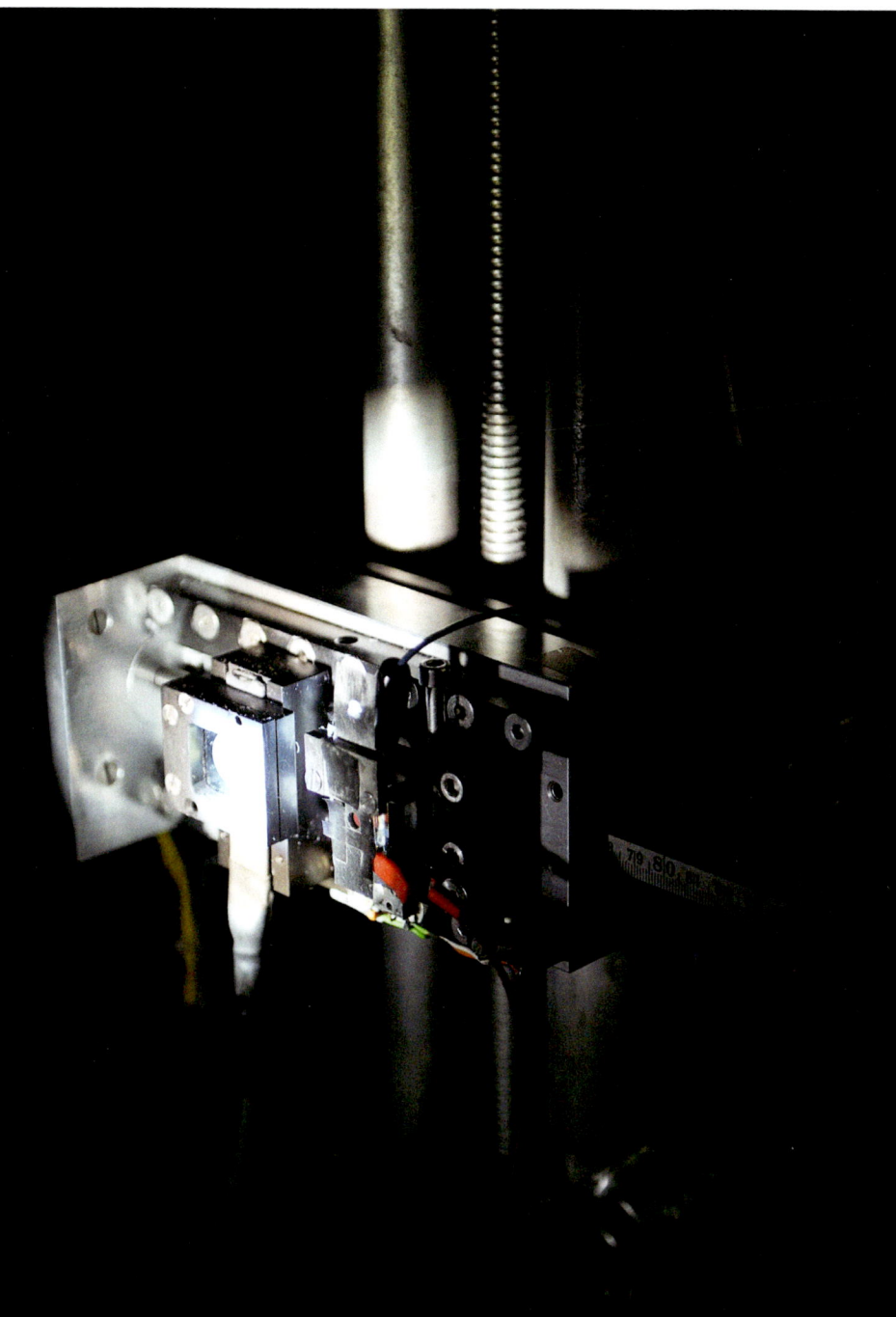

Michael Grätzel

IL SOLARE ALTRIMENTI

Michael Grätzel
Chimico

Perseveranza, ecco una parola che ritorna spesso nei discorsi di Michael Grätzel, professore di chimica fisica alla Scuola Politecnica Federale di Losanna (EPFL). E forza di carattere ne ha dovuta avere molta per affrontare i dubbi e lo scetticismo di parte della comunità scientifica. La scoperta che l'ha reso celebre va infatti in una direzione opposta a tutto quanto pensato prima nell'ambito dell'energia solare e del fotovoltaico. In un mondo in cui dominava e tuttora domina il silicio, il ricercatore d'origine tedesca propone una soluzione radicalmente diversa. Ispirandosi alla fotosintesi delle piante, le sue celle utilizzano un colorante associato a particelle nanocristalline di diossido di titanio. In teoria, questi recettori dovrebbero costare meno ed essere più solidi dei loro congeneri in silicio. L'unico difetto è il rendimento che per ora è la metà di quello prodotto dalle celle fotovoltaiche classiche.

La pubblicazione di questa scoperta nella rivista scientifica *Nature* nel 1991, provocò scalpore, i media annunciarono l'avvento di una nuova energia solare meno cara e più affidabile. « L'industria si è rapidamente interessata a questo tipo di tecnologia che però, spiega il professore di chimica fisica, aveva bisogno di maturare e ciò ha generato anche parecchie frustrazioni. E molti nel campo della ricerca avevano dubbi sulla validità delle nostre esperienze ».

Da allora, Michael Grätzel vive come un pellegrino. « Ho presentato ovunque i nostri risultati per dimostrare che la produzione di corrente elettrica osservata sui nostri prototipi non era frutto di un'illusione. Sono diventato una specie di predicatore ». Il termine non è usato a sproposito. Infatti, il padre del ricercatore era un pastore luterano. Della sua educazione, Michael Grätzel ha conservato una fede cristiana certa e un gusto particolare per i canti gregoriani che ha affinato quando era membro di un coro. Appartiene a quei credenti che preferiscono lo spirito e non seguono alla lettera i testi sacri. « Scienza e religione sono mondi separati, è possibile viverli parallelamente senza generare conflitti. Credo in Dio, ma non dubito del Big Bang o della teoria dell'evoluzione ».

Crede anche nel lavoro. Quando si vuole ottenere un risultato, non si contano le ore del proprio tempo. « Ho imparato questa filosofia già nel corso dell'infanzia, che, per alcuni aspetti, è stata molto dura ». È nato nel 1944 nei sobborghi di Dresda. Una città sempre citata per il pesante tributo pagato all'aviazione alleata. « I miei nonni abitavano a Dresda, mentre i miei genitori abitavano in un villaggio vicino. Hanno subito tutti i bombardamenti ».

Durante la scolarità, il piccolo Michael gioca tra le rovine che, non avendo conosciuto altro, non lo emozionano. Ma si ricorda, con emozione, il giorno in cui con i suoi genitori e i suoi cinque fratelli e sorelle, salì sulla metropolitana per fuggire da Berlino Est appena prima dell'edificazione del muro. « Siamo partiti senza niente, una valigia avrebbe insospettito la guardia. La nostra vita all'Ovest è cominciata nell'indigenza ». E nel rigore. Il futuro scienziato frequenta un internato sul lago di Costanza dove affronta non solamente la disciplina ma anche le vessazioni: « Volevano farmi retrocedere di classe, avevo imparato il russo e il latino, ma mi veniva richiesto il francese e l'inglese. Ho deciso di impegnarmi e alla fine sono diventato uno dei migliori allievi. Questo ha forgiato il mio carattere». L'eccellenza non sarà mai più smentita. All'inizio esita tra la fisica e la chimica, ma poi diventa uno specialista riconosciuto mondialmente nell'ambito della chimica fisica e onorato da numerosi premi.

Avrebbe voluto fare carriera a Berlino Ovest: «Amavo l'atmosfera di libertà e creatività di quella città», ma nel 1977 fu sedotto dall'offerta dell'EPFL. Ed eccolo sulle rive del Lemano. Vi incontra sua moglie, chimica come lui, insieme avranno tre figli. È già interessato al solare, «durante la crisi del petrolio, nel 1978, ero negli Stati Uniti. Mi resi conto che questa risorsa è limitata e quindi occorreva trovare delle alternative». Una consapevolezza mai persa che, un giorno, l'ha portato a scoprire le celle a colorante. I risultati cominciano ad arrivare: dopo molte peripezie, finalmente un'azienda del Galles, finanziata con oltre 55 milioni di franchi, ha iniziato la costruzione di una centrale solare in grado di produrre 120 megawatt. «Le nostre celle, leggere e flessibili, si adattano particolarmente ai bisogni dei paesi in via di sviluppo. L'Africa del Sud ne ha ordinate 100 000.» Il pellegrino è stato ascoltato. Pierre-Yves Frei

---

Michael Grätzel
- Nato nel 1944 a Dresda, Germania
- Studi di chimica all'Università tecnica di Berlino
- Professore di chimica fisica all'EPF di Losanna (dal 1977)
- Dottorato honoris causa alle Università di Uppsala, Torino e Delft
- Premio World Technology (2006)
- Premio della Japanese society of coordination chemestry (2007)
- Premio Harvey for science and technology (2007)

Michael Grätzel

A NEW TAKE ON SOLAR ENERGY
Michael Grätzel
Chemist

Perseverance is a word that rolls frequently off the tongue of Michael Grätzel, Professor of Physical Chemistry at the École Polytechnique Fédérale de Lausanne (EPFL). As for strength of character, Grätzel certainly needed a good deal of it to confront the doubt and scepticism of some people in the scientific community. After all, the discovery that made him famous broke with everything that had been achieved previously in the sphere of solar energy and photovoltaic cells. In a world where silicon was king, and indeed still reigns today, this German-born researcher proposed a radically new solution. Inspired by photosynthesis in plants, "Grätzel cells" made use of a dye attached to nanocrystalline particles of titanium dioxide. Eventually, and in theory, these captors were expected to be cheaper and stronger than their silicon counterparts. Their only drawback was an output still only half that of classic photovoltaic cells.

The publication of Grätzel's discovery in 1991 in the pages of *Nature* was a sensation. The media hailed the advent of a cheaper and more reliable form of solar power. "Industry quickly expressed its interest," Grätzler recalls. "But the technology still needed to mature, which caused a bit of frustration. There was also a good deal of doubt as to the validity of our experiments."

So Grätzel embarked on an evangelist-like existence, travelling "hither and yon to present our findings and prove that the production of electric current that we observed on our prototypes was not an illusion. I turned into a sort of preacher." This could hardly be a coincidence, for Grätzel's father was a Lutheran pastor. From his religious upbringing the scientist has retained a distinctly Christian faith. And he developed a strong liking for Gregorian chants when he sang in a church choir. Grätzel is one of those believers who embrace the spirit rather than the letter of the scriptures. "Science and religion are two separate worlds", he says. "You can experience them in parallel without any conflict. I believe in God, but I certainly don't question the Big Bang or the theory of evolution."

He is also a great believer in hard work, and in paying no mind to passing hours when tracking down an important result. "I suspect this tendency must be a legacy of my childhood," he says, "which was in some ways pretty tough." Grätzel was born in 1944 on the outskirts of Dresden, a city that was devastated by Allied aircraft. "My parents lived in a village not far away," he says, "but my grandparents were in Dresden and lived through all the bombings."

As a schoolboy Michael Grätzel played on the bomb sites of Dresden, though since he knew of nothing but ruins, the experience did not particularly affect him. But he recalls with emotion how he and his parents and his three brothers and two sisters took the metro one day and fled East Berlin just before the Wall went up. "We left with nothing but the clothes on our backs," he says. "Even one suitcase would have alerted the guards. We began our life in the West in a state of destitution." Destitution – and adversity. The future scientist was sent to a boarding school near Lake Constance. There he had to face not only strict discipline but also harassment: "They wanted to put me in a lower level class since I had studied Russian and Latin and lacked the knowledge in French and English. But I resolved to fight back and caught up. In the end I became one of their star pupils. It all built my character." The promise he began to show then was confirmed later. After hesitating initially whether to study physics or chemistry, Grätzel ended up as a world-famous physical chemist, the recipient of many awards.

He would have liked to pursue his career in West Berlin: "I liked the atmosphere of freedom and creativity there," he says. But he could not resist the offer made by the EPFL in 1977, and he found himself on the banks of Lake Geneva. There he met his wife, a chemist like him, with whom he has three children. He was already interested in solar energy. "I was in the United States at the time of the oil shock in 1973, which made me realise that petroleum was a finite resource and that alternatives would have to be found." That awareness never left him, and clearly led him eventually to discover his dye-sensitive solar cells. After many ups and downs, a Welsh company with 55 million Swiss francs' worth of backing from two investors has now begun building a solar power plant capable of producing 120 megawatts of electricity based on his technology. "Our cells", says Grätzel, "are light and flexible, and thus especially well adapted to the needs of developing countries. South Africa has in fact ordered 100,000 of them." Clearly, the evangelist in Grätzel has succeeded at last in communicating the good news. Pierre-Yves Frei

---

Michael Grätzel
- Born 1944 in Dresden, Germany
- Studied chemistry at the Technical University of Berlin
- Professor of Physical Chemistry at the EPFL (since 1977)
- Honorary doctorate of the Universities of Uppsala, Turin and Delft
- World Technology Award (2006)
- Prize of the Japanese Society of Coordination Chemistry (2007)
- Prize for Science and Technology (2007)

FELICITAS PAUSS

Felicitas Pauss

WAS DIE WELT ZUSAMMENHÄLT
Felicitas Pauss
Teilchenphysikerin

Es wurde eine Frühschicht mit einem historischen Ergebnis: Als Felicitas Pauss um acht Uhr morgens ihren Dienst am CERN bei Genf antrat, merkte sie sogleich, dass etwas anders war als sonst. Gestikulierend und diskutierend drängelten sich ihre Kollegen im Kontrollraum des UA1-Experiments am CERN, der sonst um diese Zeit nur spärlich besetzt war, mit einer Besatzung, die ihrer Ablösung entgegendämmerte. – Nicht so am Morgen des 2. Mai 1983. In der Nacht waren Spuren eines bisher noch nie beobachteten Teilchens gesichtet worden. Nur sahen diese etwas seltsam aus.

Felicitas Pauss gehörte zur Analysegruppe und machte sich sogleich an die Arbeit. Einige Zeit später stand fest: Aus den Trümmern der Kollision eines Protons und eines Antiprotons war das sehnlichst erwartete Z-Boson entstanden, eines von drei Teilchen, welche die Wirkung der schwachen Kräfte zwischen den Grundbausteinen der Materie vermitteln. Das CERN hatte damit einen weiteren Pfeiler des Standardmodells der Teilchenphysik gesetzt. Dieses Theoriegebäude erklärt, was die Welt im Innersten zusammenhält.

Seit diesen aufregenden Tagen ist Felicitas Pauss dem CERN treu geblieben, auch wenn die Österreicherin seit 1993 einen Lehrstuhl für experimentelle Teilchenphysik an der ETH Zürich innehat. «Schon in der Schule haben mich die Grundbausteine der Materie interessiert», erzählt Pauss. Und so siegte ihre Neugier über ihr musikalisches Talent: Statt Geige, Klavier oder Querflöte studierte sie in Graz Theoretische Physik und Mathematik. Nach einigen Jahren in den USA kam sie gerade rechtzeitig ans CERN, um die Entdeckung des Z-Bosons mitzuerleben.

Ab 2008 wird wieder eine Zeit der Entdeckungen anbrechen – diesmal mit dem Large Hadron Collider (LHC), dem leistungsstärksten Teilchenbeschleuniger der Welt, der die Teilchenphysik für mindestens ein Jahrzehnt dominieren wird. Zum ersten Mal werden in 100 Meter Tiefe Protonen auf einer 27 Kilometer langen Kreisbahn beinahe mit Lichtgeschwindigkeit kreisen, um dann in einem von vier gigantischen Detektoren (CMS, Atlas, Alice, LHCb) aufeinanderzuschmettern. Die Energie, die in jedem einzelnen Protonenstrahl steckt, entspricht jener eines 400 Tonnen schweren Zugs, der mit 150 Stundenkilometern durch die Landschaft donnert.

Immer wieder werden Befürchtungen laut, bei der Kollision der Protonen könnten mikroskopische Schwarze Löcher entstehen. Felicitas Pauss nimmt diese Bedenken ernst, macht aber auch klar, dass bei einer Teilchenkollision im LHC die frei werdende Energie nicht grösser ist als jene, die eine menschliche Hand benötigt, um eine Fliege zu zerklatschen. «Sollten im LHC tatsächlich mikroskopische Schwarze Löcher entstehen, wäre das wissenschaftlich eine Sensation, aber absolut ungefährlich», betont Felicitas Pauss.

Der Bau der «philosophischen Maschine», wie Friedrich Dürrenmatt ein Vorläufermodell des LHC nannte, ist über die technologischen Superlative hinaus auch eine Meisterleistung in Projektmanagement. Allein am CMS-Detektor, an dem Felicitas Pauss federführend beteiligt ist, arbeiten mehr als 2900 Forschende von über 180 Forschungsinstitutionen aus 38 Ländern zusammen. Insgesamt beschäftigen sich über 10 000 Personen mit dem LHC. Wie geht das? – «Die Motivation der Wissenschaftler, hier mitzuarbeiten, ist unglaublich hoch», sagt Pauss. «Denn sie tun es alle aus eigenem Antrieb und ohne Weisungen von oben.» Diese Autonomie der vielen kleinen Untereinheiten streicht sie als Hauptunterschied zu den autoritären und hierarchischen Führungsstrukturen in grossen Unternehmen heraus. Im Lauf von zwanzig Jahren Plan- und Bauzeit ist so die komplexeste Wissenschaftsmaschine aller Zeiten entstanden.

«Jetzt brechen spannende Zeiten an», freut sich Felicitas Pauss auf die kommenden Monate und Jahre. Sie sollen Antworten auf Fragen aus der Theoretischen Physik bringen, für die der LHC mit seinen vier Detektoren gebaut wurde. Zum Beispiel, ob wirklich das Higgs-Teilchen sämtlichen anderen Elementarteilchen deren Masse «vermittelt». Ein weiteres ungelöstes Problem ist die Frage der Dunklen Materie, die immerhin ungefähr 80 Prozent aller Materie im Universum stellt. Niemand weiss, woraus diese besteht. Ein vielversprechender Kandidat dafür sind die Neutralinos – nur ganz schwach wechselwirkende Teilchen, die den Raum und uns unablässig durchfluten und bisher noch nie gemessen werden konnten. Der CMS-Detektor könnte das Neutralino stellen. Es wäre dann der Bote einer Welt jenseits des bewährten, aber unvollständigen Standardmodells der Teilchenphysik.

Die Dunkle Materie nimmt Felicitas Pauss auch im fernen Universum mit einem Teleskop ins Visier. Es heisst MAGIC und steht hoch auf dem dominierenden Vulkan der kanarischen Insel La Palma. In den aktiven Zentren von Galaxien, wo die Dichte der Dunklen Materie am höchsten ist, stossen zuweilen zwei Neutralinos frontal ineinander und löschen sich gegenseitig aus. Dabei können Gammastrahlen aufblitzen, die MAGIC erhaschen soll.

Somit wird Felicitas Pauss die Entdeckung der neuen Physik vielleicht sogar zwei Mal feiern können: einmal auf dem Vulkan auf La Palma mit MAGIC, das andere Mal 100 Meter tief im Untergrund bei ihrem CMS. Und vielleicht entdeckt sie auch etwas ganz anderes, als die Theoretiker ihrer Zunft erwarten. Auch darauf freut sie sich: «Das ist das Spannende am Forschen, es tauchen immer wieder neue Fragen auf.» Thomas Müller

---

Felicitas Pauss
- Geboren 1951 in Vorau, Österreich
- Studium der Theoretischen Physik und der Mathematik
  an der Universität Graz
- Professorin für Experimentalphysik an der ETH Zürich (seit 1993)
- Mitglied des Executive Board des CMS-Experimentes am CERN
- Mitglied des Collaboration Board des Teleskops MAGIC auf La Palma
- Grosses Ehrenzeichen des Landes Steiermark, Österreich (2003)

Felicitas Pauss

DES MIETTES QUI FONT L'UNIVERS
Felicitas Pauss
Physicienne des particules

Le 2 mai 1983 marque une découverte historique. A 8 heures du matin, au moment de prendre son service au CERN à Genève, Felicitas Pauss remarque très vite qu'il se passe quelque chose d'inhabituel. Ses collègues se précipitent en gesticulant et en discutant dans la salle de contrôle de l'expérience UA1, un local qui n'est d'habitude que parcimonieusement occupé à ces heures. Motif de cette soudaine effervescence: les traces d'une particule encore jamais observée jusque-là ont été repérées. Des traces pour le moins bizarres…

Felicitas Pauss, qui fait partie de l'équipe d'analyse des données, se met aussitôt au travail. Un peu plus tard, les derniers doutes sont levés: cette fameuse particule qui a émergé des débris de la collision entre un proton et un anti-proton est bel et bien un boson Z, celui-là même que les physiciens attendaient avec tant d'impatience. Le boson Z est l'une des trois particules qui assure l'interaction faible entre les briques fondamentales de la matière. Avec cette découverte, le CERN vient d'ajouter un pilier supplémentaire au modèle standard de la physique des particules, cette construction théorique qui explique ce qui fait tenir le monde debout dans sa structure la plus infime, et de quelle façon.

Depuis cette journée palpitante, Felicitas Pauss est restée fidèle au CERN, même si elle occupe aussi une chaire de physique des particules expérimentale à l'Ecole polytechnique fédérale de Zurich. «A l'école déjà, confie cette Autrichienne, je m'intéressais aux composants fondamentaux de la matière.» A tel point que cette curiosité l'a emporté sur son talent pour la musique. Faisant fi des violon, piano ou autre flûte traversière, Felicitas Pauss est partie étudier la physique théorique et les mathématiques à l'Université de Graz. Elle a ensuite passé quelques années aux Etats-Unis, avant d'arriver au CERN, juste à temps pour vivre la découverte du boson Z.

Aujourd'hui s'ouvre une nouvelle ère de découvertes, symbolisée par le lancement en 2008 du Large Hadron Collider (LHC), l'accélérateur le plus puissant au monde, qui dominera durant une décennie au moins la physique des particules. Des protons doivent circuler à une vitesse proche de celle de la lumière dans cet anneau de 27 kilomètres construit à 100 mètres de profondeur sous la frontière franco-genevoise, avant d'entrer en collision frontale dans l'un des quatre gigantesques détecteurs (CMS, Atlas, Alice, LHCb) placés le long du parcours. L'énergie que renferme les faisceaux de protons correspondra à celle d'un train de 400 tonnes fonçant à 150 km/h, et cette énergie sera concentrée sur la minuscule surface d'interaction entre paquets de protons.

La crainte de voir ces feux d'artifice de protons générer de microscopiques trous noirs est régulièrement évoquée. Cette inquiétude, Felicitas Pauss la prend au sérieux, tout en expliquant que l'énergie libérée lors d'une collision de particules dans le LHC ne dépasse paradoxalement pas celle qu'il faut à une main pour s'abattre sur une mouche et l'écraser. «Et s'il devait vraiment se former des micro-trous noirs dans le LHC, cela constituerait une sensation scientifique, mais qui ne représenterait aucun danger.»

Au-delà des superlatifs technologiques, la construction de cette «machine philosophi-que» – c'est ainsi que Friedrich Dürrenmatt a surnommé l'accélérateur qui a précédé le LHC – représente un véritable tour de force en termes de gestion de projet. A lui seul, le détecteur CMS, dont Felicitas Pauss assume une fonction-clé dans la direction, regroupe plus de 2 900 chercheurs venus de 180 institutions de recherche de 38 pays. En tout, plus de 10 000 personnes travaillent au LHC. Comment gérer une telle armada de scientifiques? «Leur motivation à collaborer est incroyablement forte, explique Felicitas Pauss. Ils le font tous à leur propre initiative, sans directives venues d'en haut.» Cette autonomie des nombreuses sous-unités représente la principale différence entre le CERN et les structures dirigeantes des grandes entreprises, autoritaires et hiérarchiques. C'est ainsi qu'en vingt ans de planification et de construction, la machine scientifique la plus complexe de tous les temps a pu voir le jour.

«Nous entrons dans une période palpitante», affirme Felicitas Pauss, qui se réjouit des mois et années à venir. Le LHC et ses quatre détecteurs ont été construits dans le but d'apporter des réponses à différentes questions de physique théorique. Celle, par exemple, de savoir si c'est bien le fameux, mais élusif, boson de Higgs qui «confère» leur masse à toutes les autres particules élémentaires. Autre problème encore non résolu: l'identité de la matière noire, qui constitue quelque 80 % de l'ensemble de la matière dans l'univers, mais dont nous igrorons la composition. Les neutralinos en sont des candidats prometteurs: il s'agirait de particules n'interagissant quasiment pas avec la matière ordinaire, qui traversent continuellement l'espace – les hommes aussi par la même occasion –, mais que l'on n'a encore jamais réussi à détecter. Le détecteur CMS pourrait les piéger. Ces neutralinos seraient alors les messagers d'un monde allant au-delà du modèle standard – un modèle qui a fait ses preuves mais qui reste encore incomplet.

Felicitas Pauss traque aussi la matière noire dans l'univers au moyen du télescope MAGIC, installé sur le volcan qui domine l'île de La Palma, aux Canaries. Dans les centres actifs des galaxies, là où la densité de matière noire semble la plus forte, il arrive en effet que deux neutralinos entrent en collision frontale et s'annihilent l'un l'autre. Un événement qui produit des rayons gamma, que MAGIC devrait capter.

Felicitas Pauss sera donc peut-être doublement à la fête dans ce nouveau monde de la physique moderne: une fois sur son volcan à La Palma avec MAGIC, une deuxième fois à 100 mètres sous terre dans le CMS. Peut-être découvrira-t-elle aussi quelque chose de totalement différent de ce qu'attendent ses collègues théoriciens? Ce ne serait que pur bonheur: «C'est ce qui rend la recherche passionnante: de nouvelles questions surgissent sans cesse.» Thomas Müller

---

Felicitas Pauss
– Née en 1951 à Vorau, Autriche
– Etudes de physique théorique et de mathématiques
  à l'Université de Graz
– Professeure de physique expérimentale à l'EPF de Zurich (depuis 1993)
– Membre de l'Executive Board de l'expérience CMS au CERN
– Membre du Collaboration Board du télescope MAGIC à La Palma
– Grande médaille d'honneur du Land de Steiermark, Autriche (2003)

Felicitas Pauss

Felicitas Pauss

L'UNIVERSO DI BRICIOLE
Felicitas Pauss
Fisica delle particelle

Fu un turno di mattina con un risultato storico: quando Felicitas Pauss si presentò alle otto del mattino per iniziare il suo lavoro al CERN vicino a Ginevra, capì immediatamente che nell'aria c'era qualcosa di diverso. I suoi colleghi discutevano e gesticolavano nella sala di controllo del CERN predisposta per l'esperimento UA1; di solito a quell'ora, in quella sala, vi era un team in dormiveglia in attesa del cambio. Quella mattina del 2 maggio 1983 non fu così. Nella notte le tracce di una particella mai osservata prima erano state individuate e avevano un aspetto davvero singolare.

Felicitas Pauss apparteneva al gruppo incaricato di approfondire l'analisi e si mise subito al lavoro. Qualche tempo più tardi fu evidente: dai resti della collisione di un protone con un antiprotone era nato il tanto atteso Bosone Z, una delle tre particelle che trasmettono la forza debole tra le particelle elementari che compongono la materia. Con questo risultato il CERN aveva posato un altro pilastro del «Modello standard» della fisica delle particelle: l'impianto teorico che descrive cosa tiene insieme l'universo nella sua composizione più intima.

Felicitas Pauss è rimasta fedele al CERN da quei giorni così carichi di emozioni, anche se dal 1993 l'austriaca ricopre la cattedra di Fisica sperimentale delle particelle presso la Scuola Politecnica federale di Zurigo (SPFZ). «Le particelle elementari mi hanno interessato sin dai tempi della scuola», racconta Pauss. Fu così che la sua curiosità ebbe il sopravvento sul talento musicale: invece di dedicarsi allo studio del violino, del pianoforte o del flauto traverso, a Graz si immerse nello studio della fisica teorica e della matematica. Trascorsi alcuni anni negli Stati Uniti arrivò al CERN giusto in tempo per assistere alla scoperta del Bosone Z.

A partire dal 2008, assisteremo a un nuovo periodo di scoperte – questa volta con l'aiuto del Large Hadron Collider (LHC), il più potente acceleratore di particelle al mondo, destinato a dominare la fisica delle particelle per almeno un decennio. All'interno di una traiettoria circolare di 27 chilometri collocata alla profondità di 100 metri, per la prima volta, i protoni saranno fatti circolare a una velocità prossima a quella della luce per essere poi scagliati l'uno contro l'altro all'interno di uno dei quattro giganteschi rilevatori (CMS, Atlas, Alice, LHCb). L'energia racchiusa in ogni singolo fascio di protoni, corrisponde a quella di un treno di 400 tonnellate che attraversa il paesaggio con fragore, alla velocità di 150 km/h.

Si levano continuamente i timori che la collisione tra i protoni possa dare origine a microscopici buchi neri. Felicitas Pauss prende sul serio queste perplessità, ma tiene a chiarire che l'energia liberata nell'LHC nel corso di una collisione di particelle non è maggiore di quella di un mano che schiaccia una mosca. E sottolinea: «Se nell'LHC dovessero formarsi alcuni piccolissimi buchi neri, sarebbe un avvenimento sensazionale dal punto di vista scientifico, ma assolutamente senza pericoli».

La costruzione della «Macchina filosofica», come fu chiamato da Friedrich Dürrenmatt il precessore dell'LHC, oltre a rappresentare un'eccellenza tecnologica è anche un capolavoro di project management. Solamente il Rilevatore CMS, nel quale Felicitas Pauss ricopre un'importante ruolo, offre spazio di collaborazione a più di

2900 ricercatori appartenenti a 180 istituti di ricerca di 38 paesi diversi. La totalità delle persone che lavorano alla costruzione dell'LHC supera le 10 000 unità. Com'è possibile? «La motivazione degli scienziati a collaborare a questo progetto è incredibilmente alta» – dice Pauss – «poiché tutto quello che fanno è frutto di iniziativa personale, senza ordini e disposizioni che provengono dall'alto». L'autonomia delle numerose piccole sottounità di lavoro è il vanto di questa organizzazione e la differenza principale rispetto alle strutture autoritarie e gerarchicamente organizzate delle grandi imprese. Nell'arco di venti anni è sorta così la macchina sperimentale più complessa di tutti i tempi.

«Adesso comincia un periodo molto avvincente», si rallegra Felicitas Pauss pensando ai mesi e agli anni che l'aspettano. Dovranno fornire le risposte ai quesiti della fisica teorica, per i quali è stato costruito l'LHC con i suoi quattro rilevatori. Per capire, per esempio, se la particella di Higgs sia veramente in grado di «trasmettere» a tutte le altre particelle elementari la loro massa. Un altro problema irrisolto è quello della materia oscura che costituisce circa l'80 per cento di tutta la materia che compone l'universo. Nessuno sa di cosa sia fatta. Un candidato molto promettente è il neutralino: una particella con interazione molto debole, fino a oggi mai rilevata, che attraversa continuamente tutto quello che incontra nello spazio, persino noi stessi. Il rilevatore CMS potrebbe rilevare il neutralino: sarebbe il precursore di un universo al di là del conosciuto del modello standard della fisica delle particelle, che si è rivelato ottimo nella descrizione di tanti fenomeni, ma che non è completo come modello.

Felicitas Pauss prende di mira anche la materia oscura relegata negli antri più lontani dell'universo e lo fa con l'aiuto di un telescopio. Il suo nome è MAGIC ed è installato sulla vetta del vulcano che domina l'isola di La Palma, nell'arcipelago delle Canarie. A volte, due neutralini collidono frontalmente annullandosi a vicenda nel nucleo attivo delle galassie dove la materia scura raggiunge la massima densità. Il fenomeno dovrebbe generare una radiazione gamma che MAGIC è in grado di rilevare.

In questo modo Felicitas Pauss potrà forse festeggiare la scoperta delle nuove regole della fisica per ben due volte: una con MAGIC, sulla cima del vulcano di La Palma, l'altra nel sottosuolo, nel CMS posizionato a cento metri di profondità. Forse avrà anche modo di scoprire qualcosa di completamente diverso da ciò che le teorie si aspettano di verificare. Si rallegra anche di questo: «L'emozione della ricerca sta proprio nel fatto che sorgono sempre nuove domande». Thomas Müller

---

Felicitas Pauss
- Nata nel 1951 a Vorau, Austria
- Studi di fisica teoretica e matematica presso l'Università di Graz
- Professoressa di fisica sperimentale presso l'ETH di Zurigo (dal 1993)
- Membro del Executive Board dell'Esperimento CMS del CERN
- Membro del Collaboration Board del Telescopio MAGIC di La Palma
- Grande Medaglia d'Onore della Regione Stiria, Austria (2003)

WHAT HOLDS THE WORLD TOGETHER
Felicitas Pauss
Particle physicist

It was a morning shift with an historic result. When Felicitas Pauss came to work at CERN in Geneva on 2 May 1983, she noticed something unusual. Her colleagues from the night shift were gesticulating and talking excitedly in the control room of the UA1 experiment at CERN – a room with usually only a few scientists at this time of day. But things were different that morning. During the night, traces of a new particle had been identified. And they looked rather strange.

Pauss, a member of the analysis group, went straight to work. It soon became clear what had happened: out of the remains of a collision between a proton and an anti-proton, the long-awaited Z boson had appeared. (The Z boson is one of three particles that mediate the weak forces between the building blocks of matter.) With this discovery, CERN has added yet another vital component to the standard model of particle physics – the theory that explains what the universe is made of and what holds it together.

Since those exciting days, Pauss, who comes from Austria, has remained loyal to CERN, despite holding a Chair of Experimental Particle Physics at the ETH Zurich since 1993. "I became interested in the building blocks of matter when I was at school," she says. In those days, she played the violin, the piano and the flute, but her curiosity soon won out over her musical talent. She chose to study theoretical physics and mathematics in Graz. After a few years in the US, she went to CERN just in time to take part in the discovery of the Z boson.

In 2008 another period of discovery will begin. This time the focus will be the Large Hadron Collider (LHC), the world's most powerful particle accelerator, which is certain to play a vital role in particle physics in the coming years. For the first time protons will circle in a 27-kilometre-long orbit at a depth of 100 metres underground and at a speed close to that of light before colliding head-on into one of four gigantic detectors (CMS, Atlas, Alice and LHCb). The energy contained in each single proton beam corresponds to that of a 400-ton train thundering through the countryside at 150 kph.

Many people have expressed concern that the collision could lead to the creation of microscopic black holes. Although Pauss takes such fears seriously, she points out that the energy released in a particle collision in the LHC is no greater than that required by a human hand to kill a fly with a clap of the hands. "If microscopic black holes were to be created in the LHC," she argues, "it would be a scientific sensation, but not in the least dangerous."

Aside from all the technical superlatives, the construction of this "philosophical machine" (as Friedrich Dürrenmatt called a precursor to the LHC) is a masterpiece in project management. The construction of the CMS detector alone, in which Pauss has played a leading role, was the joint product of more than 2,900 research scientists from over 180 research institutes in thirty-eight countries. All in all, more than 10,000 people are involved in the LHC project in one way or another. How did this come about? "The scientists were incredibly keen to collaborate on this project," says Pauss, "because they do all this work of their own accord and without any order from above." She believes the autonomy of the many diverse units represents a striking contrast to the authoritarian and hierarchical management structures of large companies. After twenty years of cooperation, planning and construction, the most complicated scientific machine of all time was completed.

"Exciting times lie ahead," says Pauss. In the coming years scientists may find answers to questions raised by theoretical physics, which is the reason why the LHC, with its four detectors, was built in the first place. One such question is whether the Higgs particle is really at the origin of how particles acquire mass. Another unsolved problem is the question of dark matter, which, after all, accounts for almost 80 per cent of the total matter in the universe. No one knows what it is made of. An extremely promising candidate, however, is the neutralino. Neutralinos are weakly interacting particles that incessantly flow through space and us human beings. So far, they have not been detected. But the CMS (Compact Muon Solenoid) detector might just be able to catch the neutralino, which would then be seen as the harbinger of a world beyond the well-established yet still incomplete standard model used in particle physics.

With a telescope, Pauss sets her sights on the dark matter in the remoter parts of the universe. MAGIC, as it is named, stands high on the volcano dominating the Canary Island of La Palma. In the active centres of the galaxies where the density of dark matter is greatest, two neutralinos occasionally collide and annihilate one another. When they do so, they sometimes generate flashing gamma rays, which MAGIC is supposed to detect.

It looks as if Pauss might have a chance to celebrate a discovery of modern physics twice: on the volcano on La Palma, where MAGIC is located, as well as 100-metres underground with the CMS detector. And, who knows, she may even discover something quite at odds with the expectations of theorists in her field. "That's the exciting thing about doing research – new questions pop up." Thomas Müller

---

Felicitas Pauss
– Born 1951 in Vorau, Austria
– Studied theoretical physics and mathematics
  at the University of Graz
– Professor for Experimental Particle Physics at the ETH Zurich
  (since 1993)
– Member of the Executive Board of the CMS experiment at CERN
– Member of the Collaboration Board for the MAGIC telescope
  on La Palma
– Grand Decoration of Honour of the Federal Province of Styria,
  Austria (2003)

CHRISTIAN SCHÖNENBERGER

Christian Schönenberger

NANOWELTEN
Christian Schönenberger
Physiker

Die Nanowissenschaften gelten als Schlüssel zur industriellen Zukunft. Sie könnten so bedeutend werden wie die Computer- und die Kunststoffindustrie, und sie sind wie geschaffen für einen Tüftler und Denker wie Christian Schönenberger. Doch diese Winzigkeit: Ein Nanometer ist ein Milliardstelmeter! – Das Fulleren, ein typisches Nanomolekül, sieht aus wie ein Fussball; im Vergleich zu einem Fussball ist es aber so klein wie ein Fussball im Vergleich zur Erde. Die Regeln der Nanowelten sind zudem verquere, an denen man mit gesundem Menschenverstand scheitert. Erst ein gehöriges Mass an theoretischem Verständnis darüber, wie sich Moleküle verhalten, öffnet die Türen. Und ohne Freude an technischem Gerät, um in den Raum der Winzigkeiten vorzustossen, bleibt die Nanowelt einem ebenfalls verschlossen. Christian Schönenberger, Professor für Experimentalphysik an der Universität Basel und Direktor des Schweizerischen Nanoinstituts, bringt beides mit: das Flair für Maschinen und die Freude am Nachdenken.

Am Anfang stand eine Elektronikerlehre, in der er von der Pike auf lernte, Steuerungen für Sonnenkollektoren oder Fotoentwickler zu bauen. Am Technikum Winterthur vergrub er sich in die Literatur, bis er verstand, wie die Geräte, die er baute, genau funktionieren. Nach bestandener Aufnahmeprüfung an der ETH Zürich – Schönenberger machte nie die Matura – lernte er schliesslich die physikalischen Grundlagen der Elektronik: die Quantenphysik. «Das war eine Offenbarung für mich, endlich erhielt ich Einsicht in Fragen, die mich Jahre beschäftigt hatten», erzählt Christian Schönenberger. Seither versteht er Elektronik als Ingenieur wie auch als Physiker: Diese Kombination wurde zu seinem Markenzeichen.

Seine erfolgreichste Arbeit entstand in einer Zusammenarbeit mit Hans-Werner Fink, der heute Professor an der Universität Zürich ist. Sie gipfelt in der Aussage, das Erbmolekül DNA leite Strom etwa gleich gut wie ein metallischer Halbleiter, wie er in Transistoren verwendet wird. Darüber hinaus habe diese Leitfähigkeit etwas mit der Fähigkeit der DNA zu tun, sich selbst zu reparieren. Für gestandene Biologen mag das etwas esoterisch klingen. Die kühne Arbeit wurde aber in der renommierten britischen Wissenschaftszeitschrift *Nature* abgedruckt, und die Kollegen und Konkurrenten beehrten sie mit üppigen 528 Zitierungen (bis März 2008). «Es ist die meistzitierte chemische Arbeit in Basel, ich aber bin Physiker», sagt Christian Schönenberger nicht ohne Stolz. Nachdenklicher fügt er hinzu: «Es war ein spektakuläres Ergebnis; aber ich habe heute Zweifel, ob es wirklich stimmt.» Eine ungewohnte Aussage für einen Wissenschaftler – und doch courant normal in der Wissenschaft, in der es nichts Endgültiges und Definitives gibt, sondern nur vorläufig nicht Widerlegtes. Heute steht es in der Debatte um die Frage, ob die DNA als Stromleiter fungiert oder doch eher ein Isolator ist, unentschieden.

Für Schönenbergers Fachgebiet, die molekulare Elektronik, war die Arbeit ein Meilenstein, allerdings ein früher. «Wir sind etwa dort, wo die Halbleiter-Elektronik Anfang der 1940er-Jahre stand», ordnet er den gegenwärtigen Stand des Wissens ein. Damals knatterte Radio Beromünster aus rundlichen Röhrenradios, Computer waren so gross wie Wohnzimmer und beherrschten dennoch nur knapp das Einmaleins. Für die nähere Zukunft nennt Christian Schönenberger, der einige Zeit in der Philips-Zentrale in Holland geforscht hat, verschiedene Anwendungen der molekularen Elektronik, welche in unseren Alltag eingreifen könnten. Zum Beispiel die organischen Leuchtdioden. Heute sind sie erst als Mini-Bildschirme in Handys oder Autoarmaturen zu betrachten; schon in wenigen Jahren könnten sie die heute üblichen Lampen und Leuchten konkurrenzieren und Wände, Decken und Böden zum Leuchten bringen – je nach Stimmung in einer anderen Farbe. Der TV-Bildschirm verwandelt sich womöglich dereinst in ein Stück Tapete.

Gegen diese Visionen lässt sich kaum etwas einwenden; dennoch ist in der Gesellschaft ein Unbehagen gegenüber den Nanotechnologien spürbar. Tatsächlich birgt sie gewisse Gefahren. So ist bei nicht gebundenen Nanopartikeln der Übergang zu den Feinstaubpartikeln der Smogepisoden fliessend. Für Christian Schönenberger ist es «wichtig und richtig, dass die Menschen ein gewisses Misstrauen haben. Auch ich will nicht Gefahr laufen, meine Gesundheit oder jene meiner Mitarbeiter durch den unvorsichtigen Umgang mit Nanopartikeln zu schädigen.» Die Chancen stehen nicht schlecht, dass diesmal eine von ideologischem Ballast unbelastete Auseinandersetzung geführt werden kann. Im Vergleich zur Gentechnologie-Debatte Jahrzehnte früher ist ein Nationales Forschungsprogramm zu den «Chancen und Risiken von Nanomaterialien» initiiert worden, und der Bundesrat startete im Frühjahr 2008 den Aktionsplan «Synthetische Nanomaterialien».

Dazu zählen auch die Nanoröhren, die Schönenberger für chemische Elektronikbauteile verwendet. Sie könnten zum Beispiel auch beim Quantencomputer zum Einsatz kommen, an dem Kollegen ein paar Türen weiter hirnen und tüfteln. Quantencomputer wären wirklich revolutionär, weil sie sich der Regeln der Nanowelten bedienen und deshalb ganz anders rechnen als herkömmliche Computer. Bei bestimmten Aufgaben wie dem Knacken von Verschlüsselungen oder dem Durchrechnen von Wettermodellen würden sie konventionelle Supercomputer förmlich zur Schnecke machen. Zwar schaffen Quantencomputer heute nicht viel mehr, als die Zahl 15 in ihre Primfaktoren zu zerlegen (3 und 5). Aber eben: Vor 70 Jahren, als konventionelle Computer noch jung waren, konnten die selbst das nicht. Thomas Müller

Christian Schönenberger
– Geboren 1956 in Zürich
– Elektronikerlehre, Studium Elektroingenieur HTL in Winterthur, Physikstudium an der ETH Zürich
– Professor für Experimentalphysik an der Universität Basel (seit 1995)
– Direktor des Schweizerischen Nanoinstituts in Basel (seit 2006)
– Preis der Schweizerischen Physik-Gesellschaft (1991)

NANOMONDES
Christian Schönenberger
Physicien

Les nanosciences sont considérées comme un secteur-clé pour l'avenir de l'industrie. A terme, elles pourraient égaler voire dépasser en importance l'informatique et la production de produits chimiques. Ce domaine semble aussi avoir été inventé pour le bricoleur érudit qu'est Christian Schönenberger. Place, avec ce physicien, au vertige de l'infiniment petit !

Prenez le fullerène, une molécule nanométrique typique (soit de l'ordre du milliardième de mètre): sa structure sphérique ressemble à celle d'un vieux ballon de football, avec des hexagones et des pentagones. A une différence près: sa taille. Comparée à un ballon de foot, cette molécule est aussi petite que cette même balle par rapport au globe terrestre. Quant aux règles inhabituelles qui régissent le nanomonde, elles défient parfois le bon sens. Les portes ne s'ouvrent donc sur cet univers du minuscule absolu qu'au prix d'une bonne dose de connaissances théoriques concernant le comportement des molécules. De même, se montrer à l'aise face à un appareillage technique est indispensable, sans quoi, à nouveau, le nanomonde reste hermétique. Christian Schönenberger, professeur de physique expérimentale à l'Université de Bâle et directeur du Swiss Nanoscience Institute, a la chance de réunir ces deux compétences: le plaisir du savoir et de la réflexion ainsi que la familiarisation des instruments de laboratoire.

Tout commence, chez lui, lors de son apprentissage en électronique. Christian Schönenberger apprend à construire dans leurs moindres détails des systèmes de régulation pour capteurs solaires ou développeurs photographiques. Dans la foulée, au Technicum de Wintertour, il se plonge dans la littérature spécialisée jusqu'à ce qu'il comprenne le fonctionnement exact des appareils qu'il construit. Ce n'est qu'une fois son examen d'admission à l'Ecole polytechnique fédérale de Zurich (EPFZ) en poche – Christian Schönenberger n'a jamais fait de maturité – que le scientifique se familiarise finalement avec les fondements de l'électronique: la physique quantique. «La découverte de cette discipline a été une révélation, se souvient-il. Je pouvais enfin accéder à des questions qui m'avaient préoccupé pendant des années.» Depuis, Christian Schönenberger est capable de comprendre l'électronique du point de vue de l'ingénieur, mais aussi depuis, celui du physicien. Une dualité qui est devenue son signe distinctif.

Son plus grand succès, Christian Schönenberger l'a connu avec un travail mené en collaboration avec Hans-Werner Fink, aujourd'hui professeur à l'Université de Zurich. Des recherches qui ont culminé dans le postulat suivant: l'ADN, la molécule de l'hérédité, conduit le courant électrique aussi bien qu'un matériau semi-conducteur, comme ceux utilisés dans la fabrication des transistors. Par ailleurs, cette conductivité est liée à la capacité de l'ADN à se réparer seul. Pour des biologistes chevronnés, un tel résultat peut sembler quelque peu ésotérique. Cependant, ces audacieux travaux ont été publiés dans la prestigieuse revue scientifique britannique *Nature.* Et en mars 2008, ils avaient déjà été mentionnés à 528 reprises par des collègues et des concurrents. «Il s'agit du travail de chimie le plus cité parmi ceux réalisés à Bâle, alors que je suis physicien», souligne Christian Schönenberger, non sans fierté. Avant d'ajouter, un peu plus pensif: «C'était un résultat spectaculaire, mais aujourd'hui encore, j'ai des doutes quant à son exactitude.» Une déclaration qui semble plutôt inhabituelle de la part d'un scientifique. Mais qui se révèle en fait banale dans un univers où une théorie n'est la plupart du temps jamais définitive, mais temporaire, le temps qu'elle soit confirmée ou réfutée. Aujourd'hui, l'affirmation que l'ADN sert de conducteur ou d'isolant fait donc encore débat.

Dans le domaine de l'électronique moléculaire, ces travaux ont représenté une avancée majeure. Néanmoins, ce champ de recherche n'en est encore qu'à ses balbutiements: «Nous nous trouvons à peu près là où était l'électronique des semi-conducteurs au début des années 1940», dit Christian Schönenberg pour situer l'état actuel des connaissances. A l'époque, Radio Sottens crépitait dans des postes en bakélite, les ordinateurs étaient gros comme des salles entières et ils permettaient au mieux d'effectuer des multiplications. Christian Schönenberger, qui a aussi travaillé au centre de recherches de Philips, aux Pays-Bas, cible pourtant déjà différentes applications d'électronique moléculaire qui, dans un futur proche, pourraient enrichir notre quotidien. Un seul exemple? Les diodes électro-luminescentes organiques, que l'on peut observer aujourd'hui sous forme de mini-écrans de téléphones portables ou de montres-bracelets; dans quelques années, elles pourraient bien concurrencer les lampes et éclairages classiques, et illuminer parois, sols et plafonds en des tons différents suivant l'ambiance voulue. Quant au poste de télévision, il fera probablement un jour partie intégrante du papier peint.

De telles visions sont pour le moins prometteuses. Pourtant, dans la société point un certain malaise vis-à-vis des nanotechnologies. Et celles-ci présentent en effet certains dangers. Des nanoparticules libres aux particules fines constituant les épisodes de smog, il n'y a par exemple qu'un pas. Christian Schönenberger estime d'ailleurs qu'il est «juste et important que les gens éprouvent une certaine méfiance. Moi non plus je ne veux pas courir le risque de nuire à ma santé ou à celle de mes collaborateurs en manipulant sans précautions des nanoparticules.» Cependant, il y a de bonnes chances, cette fois, que la discussion publique puisse se dérouler sans encombre idéologique, à la différence des débats sur le génie génétique il y a une dizaine d'années. Un Programme national de recherche sur les «Chances et risques des nanomatériaux» vient en effet de débuter et le Conseil Fédéral a lancé au printemps 2008 le plan d'action «Nanomatériaux synthétiques».

Parmi ces nanomatériaux, on trouve notamment les nanotubes, que Christian Schönenberger utilise pour générer certains composants électroniques chimiques. Ces infimes tuyaux de carbone pourraient par exemple être exploités dans les ordinateurs quantiques sur lesquels planchent ses collègues, à quelques portes de son laboratoire. L'avènement de telles machines représenterait une révolution dans la mesure où elles utiliseraient, cette fois, les règles propres au nanomonde. Leur mode de calcul serait complètement différent de celui des ordinateurs classiques. Et pour l'exécution de tâches comme le déchiffrage d'informations cryptées ou le calcul de modèles météorologiques, ces derniers ressembleraient à des limaces. Pour l'heure, ces ordinateurs quantiques ne savent guère faire plus que calculer les facteurs premiers du nombre 15 (3 et 5). Mais est-ce là une si piètre performance? Il y a septante ans, lors de l'apparition des premiers ordinateurs, ces engins n'étaient même pas capables d'effectuer une telle opération. Thomas Müller

---

Christian Schönenberger
– Né en 1956 à Zurich
– Apprentissage d'électronicien, études d'ingénieur ETS
  en électronique au Technicum de Wintertour, études de physique
  à l'EPF de Zurich
– Professeur de physique expérimentale à l'Université
  de Bâle (depuis 1995)
– Directeur du Swiss Nanoscience Institute à Bâle (depuis 2006)
– Prix de la Société suisse de physique (1991)

Christian Schönenberger

NANOMONDI
Christian Schönenberger
Fisico

Le nanoscienze sono la chiave dell'evoluzione industriale. Potrebbero diventare importanti come l'informatica e l'industria della plastica; inoltre sembrano fatte apposta per un pensatore sofisticato come Christian Schönenberger. Ma stiamo parlando di cose veramente minuscole. Un nanometro corrisponde a un miliardesimo di metro. Il fullerene, una classica nanomolecola, assomiglia a un pallone da calcio: confrontata al pallone e' pero piccola quanto un pallone comparato alla Terra. Inoltre, le regole dei nanomondi sono molto particolari, nell'inifinitamente piccolo il buon senso non regge. Per avvicinarsi a questa disciplina occorre innanzitutto un bagaglio di conoscenze teoriche sul comportamento delle molecole. Il nanouniverso è inoltre precluso a chi non coltiva la passione per le tecnologie che consentono l'ingresso negli spazi più ristretti. Christian Schönenberger, professore di Fisica sperimentale presso l'Università di Basilea e direttore dell'Istituto svizzero di nanoscienze, possiede entrambe queste qualità: l'intuizione per le macchine e la passione per la riflessione intellettuale.

Iniziò con un apprendistato in elettronica che gli permise di approfondire l'ABC dei sistemi di controllo dei collettori solari e delle macchine per lo sviluppo fotografico. All'Istituto tecnico di Winterthur si dedicò alla letteratura tecnica per capire esattamente il funzionamento degli apparecchi che andava costruendo. Dopo aver superato l'esame di ammissione al Politecnico federale di Zurigo – Schönenberger non ottenne mai la maturità – si dedicò finalmente allo studio dei fondamenti fisici dell'elettronica: la fisica quantistica. «Per me fu una rivelazione, finalmente potevo entrare nel merito delle domande che mi avevano occupato per anni», racconta Christian Schönenberger. Da quel momento guardò all'elettronica con gli occhi dell'ingegnere e del fisico: una combinazione che divenne il suo marchio.

La ricerca di maggior successo nata dalla collaborazione con Hans-Werner Fink, oggi professore all'Università di Zurigo, culmina con l'affermazione che il DNA, la molecola dell'ereditarietà, ha le stesse capacità di conduzione elettrica di un semiconduttore metallico, come quelli inseriti nei transistor. Inoltre questa caratterstica ha dei punti in comune con la specifica capacità di autoriparazione del DNA. Fu una teoria che sembrò piuttosto esoterica alle orecchie di molti biologi affermati. L'ardita ricerca fu però pubblicata sulle pagine della prestigiosa rivista scientifica britannica *Nature* e i collaboratori, come gli avversari, l'hanno onorata citandola per ben 528 volte (fino al marzo del 2008). Non senza orgoglio, Christian Schönenberger ammette: «Nonostante io sia un fisico, è lo studio in assoluto più citato nel campo della ricerca chimica tra quelli realizzati a Basilea». Dopo aver riflettuto qualche istante aggiunge: «Fu un risultato spettacolare, anche se oggi non sono del tutto certo della sua fondatezza». Un'affermazione insolita per uno scienziato, ma assolutamente normale nel mondo della ricerca, dove non c'è nulla di sicuro e definitivo, ma dove è tutto soltanto «provvisoriamente inconfutabile». Oggi la discussione verte intorno alla questione irrisolta del funzionamento del DNA: se esso abbia caratteristiche di conduttore o di isolante rimane tuttora non chiaro.

Per il campo di ricerca di Schönenberger – l'elettronica molecolare – quel lavoro rappresentò una pietra miliare, un precursore di grandi scoperte. «Oggi siamo allo stesso punto in cui era la ricerca sui semiconduttori elettronici all'inizio degli anni quaranta» dice, per inquadrare lo stato delle scoperte attuali. A quell'epoca Radio Beromünster crepitava dalle forme tondeggianti degli apparecchi a valvola, mentre i computer grandi come una stanza riuscivano a malapena a calcolare le tabelline. Christian Schönenberger, che per un certo periodo di tempo ha lavorato anche presso il quartier generale olandese della Philips, prevede per il futuro prossimo che diverse applicazioni dell'elettronica molecolare entreranno a far parte della nostra vita quotidiana. Per esempio attraverso i diodi luminosi organici. È un campo che già oggi trova applicazioni nei minischermi per il cellulare e nei quadri di comando delle auto. Nel giro di pochi anni potranno prendere il posto delle lampade normali e di altre fonti di luce, rendendo per esempio luminose le pareti, i soffitti e i pavimenti, con la possibilità di cambiare colore in base all'atmosfera. Un giorno lo schermo della TV potrà tramutarsi in una parte della tappezzeria.

Di fronte a queste visioni c'è poco da ribattere, tuttavia nei confronti delle nanotecnologie la società manifesta ancora un certo disagio. Oggettivamente nasconde alcune insidie. Le nanoparticelle, per esempio, possono aggregarsi alle polveri sottili dell'inquinamento terrestre. Christian Schönenberger tiene a sottolineare che è «importante e corretto che la gente conservi una buona dose di diffidenza. Neanche io, lavorando incautamente con le nanoparticelle, vorrei correre il rischio di arrecare danno alla mia salute, o a quella di qualche collaboratore». La possibilità che il confronto possa avanzare senza zavorre ideologiche in questo caso sono buone. Come alcuni decenni fa, in occasione del dibattito sulle tecnologie per la manipolazione genetica, anche questa volta è stato promosso un Programma nazionale di ricerca sulle «Probabilità di successo e i rischi dell'uso di nanomateriali»; nella primavera del 2008 il Governo federale ha avviato un programma di intervento denominato «Nanomateriali di origine sintetica».

A quest'ambito appartengono anche le nanovalvole utilizzate da Schönenberger nei componenti elettronici di natura chimica. Sono elementi che si prestano all'impiego anche nei calcolatori quantistici, ai quali lavorano alcuni suoi colleghi solo due porte più in là. I computer quantistici potrebbero essere veramente rivoluzionari. Essi rispondono alle regole dell'universo nanometrico, dispongono quindi di una modalità di calcolo radicalmente differente da quella dei calcolatori tradizionali. Per determinati compiti, come per esempio la forzatura dei codici cifrati o l'elaborazione dei modelli di simulazione atmosferica, il migliore dei supercomputer attualmente disponibile al confronto farebbe la figura di una lumaca. Oggi i computer quantistici riescono a malapena a determinare i fattori primi del numero 15 (3 e 5). Settant'anni fa, i primi calcolatori elettronici non sapevano fare nemmeno quello. Thomas Müller

---

Christian Schönenberger
- Nato nel 1956 a Zurigo
- Apprendistato di elettrotecnico, studi in ingegneria elettronica presso la HTL di Winterthur, laurea in fisica presso l'ETH di Zurigo
- Professore di fisica sperimentale presso l'Università di Basilea (dal 1995)
- Direttore dell'Istituto svizzero di nanotecnologia di Basilea (dal 1996)
- Premio della Società svizzera di fisica (1991)

NANOWORLDS
Christian Schönenberger
Physicist

The nano-sciences are considered to be the key to our industrial future. They may one day become as important as the computer and plastics industries. And for someone like Christian Schönenberger, who enjoys thinking and tinkering with things, the nano sciences are an ideal field of study. But the sizes he is dealing with are truly mind-boggling: one nanometer is a billionth of a metre. The fullerene, a typical nanomolecule, may resemble a soccer ball, but in size it is to a soccer ball as a soccer ball is to the earth. Nanomolecules obey very strange rules. Anyone approaching them armed only with ordinary common sense is doomed to failure. The doors of nanoscience only open to those with a reasonable theoretical grasp of how molecules behave – and to those who like working with technical devices. Christian Schönenberger, Professor of Experimental Physics at the University of Basle and Director of the Swiss Nanoscience Institute has both qualities: he loves machines and he loves thinking.

It all started with an apprenticeship in electronics, during which he learned from scratch how to construct control systems for solar collectors and photo developers. When he studied at the Zurich University of Applied Sciences, he immersed himself in books until he understood perfectly how the devices he was making functioned. Schönenberger passed the entrance examination at the ETH Zurich (in fact, he never obtained a high school diploma) and began studying physics. In particular he studied the physics on which electronics is based, namely quantum physics. "It was a revelation to me. I finally got to the bottom of questions that had occupied me for years", he explains. As a consequence, he now understands electronics both as an engineer and as a physicist – a combination that has become his hallmark.

One of Schönenberger's most successful projects was realised in cooperation with Hans-Werner Fink, now a professor at the University of Zurich. It culminated in the finding that DNA, the hereditary molecule, conducts electricity just as well as the semiconductors used in transistors. This conductivity seems to be related to DNA's ability to repair itself. This may sound somewhat esoteric to experienced biologists, yet this bold work was published in the renowned British scientific journal *Nature* and honoured by colleagues and competitors who cited it an overwhelming 528 times (as of March 2008). "It is the most cited work on chemistry in Basle," says Schönenberger, not without pride, even though I am in fact a physicist." Then, a little more pensively, he adds: "The result was quite spectacular, although I now doubt whether it is really true." This is quite an unusual statement for a scientist – and yet completely normal in the world of science, in which there is nothing final or definitive, only findings as yet unrefuted. For the time being, the question as to whether DNA functions as a conductor or an insulator remains undecided.

As far as Schönenberger's specialised field of molecular electronics was concerned, his discovery was a milestone, albeit an early one: "We have now reached a similar position to that of semiconductor electronics in the early 1940s," says Schönenberger, placing the current state of knowledge in perspective. In those days, Radio Beromünster used to come crackling out of "roundish" vacuum tube radios;

computers were the size of living rooms and could barely perform the most elementary sums. Molecular electronics may soon affect our daily lives. Schönenberger envisions a number of applications for the near future. Organic light-emitting diodes (LEDs), for instance: at the moment, they are used as mini-screens in mobile phones and car dashboards. In a few years' time, they could be competing with standard lamps and light bulbs, illuminating walls, ceilings and floors – with a different colour to suit every mood. And one day the TV screen might transform itself into a piece of wallpaper.

There is nothing to be said against visions of this nature. Nevertheless, one senses a degree of unease with respect to nanotechnologies. Indeed, they do carry certain risks. For example, there is no clear dividing line between unbound nanoparticles and the fine-dust particles that are found in smog. Christian Schönenberger says that it is "important for people to be a little distrustful. I don't want to run the risk of damaging either my health or that of my colleagues by being careless with nanoparticles." There is a fairly good chance that, this time round, the debate can be conducted without any ideological padding. Unlike the debate over genetic engineering, a National Research Programme has now been launched to examine the "Opportunities and Risks of Nanomaterials", and in spring 2008 the Swiss Federal Council launched an action programme entitled "Synthetic Nanomaterials."

These materials include nanotubes which Schönenberger uses as electrical components. They could also be used in quantum computers which his colleagues just a few doors down the corridor are working on. Quantum computers would be a truly revolutionary development because they operate according to the rules of the nanoworld and work very differently from conventional computers. For some tasks, such as cracking codes or computing weather models, they are clearly superior to conventional supercomputers. At the moment, however, quantum computers cannot do much more than break down the number 15 into its prime factors (3 and 5). However, it is worth bearing in mind that only seventy years ago, when conventional computers were still in their infancy, they could not even do that. Thomas Müller

---

Christian Schönenberger
– Born 1956 in Zurich
– Studied electrical engineering at the HTL in Winterthur; doctorate at the ETH Zurich
– Professor of Experimental Physics at the University of Basle (since 1995)
– Director of the Swiss Nanoscience Institute in Basle (since 2006)
– Prize from the Swiss Physics Society (1991)

PIERRE THOMANN

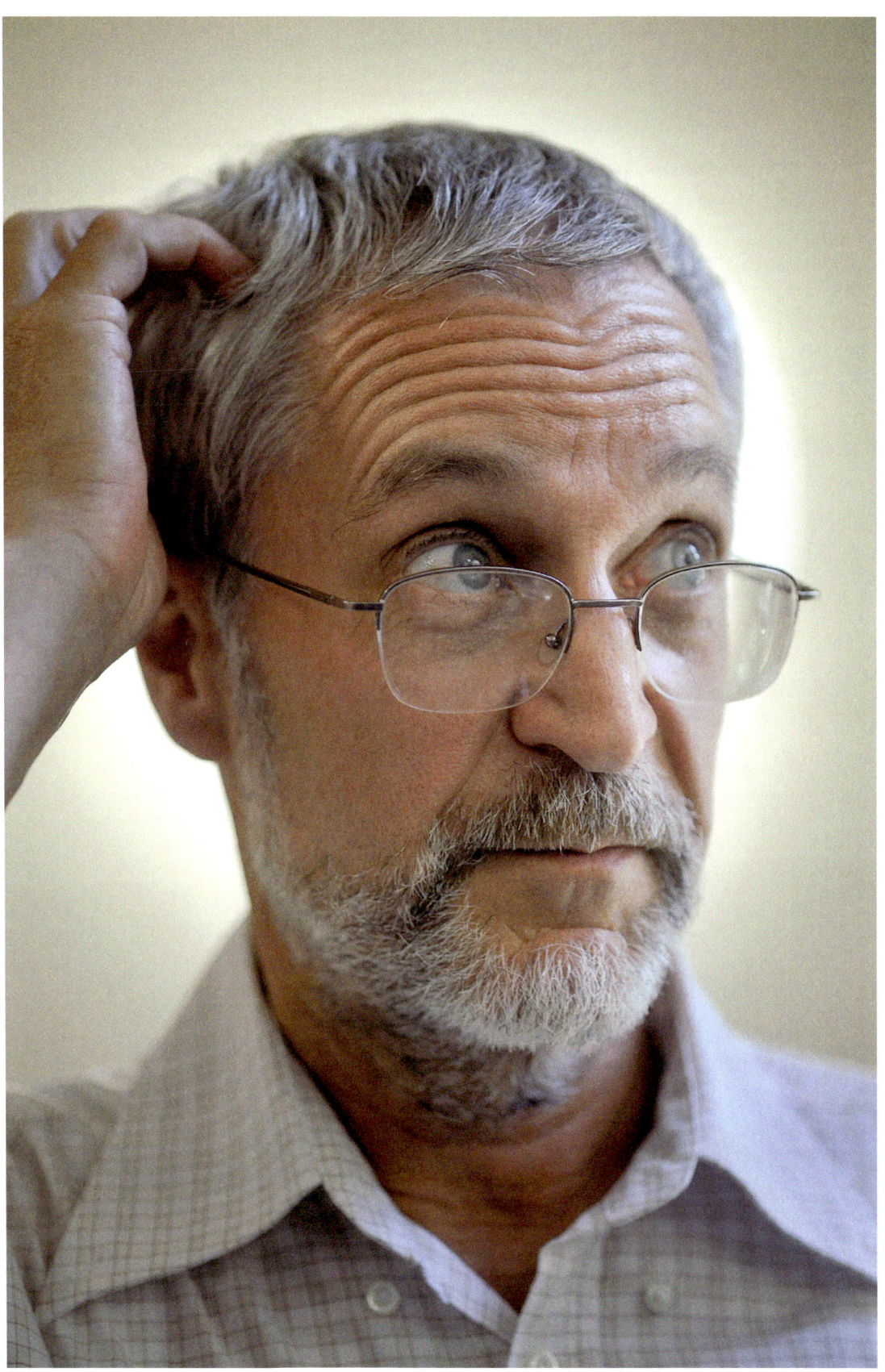

DER ZEITFORSCHER
Pierre Thomann
Physiker

Alles begann mit einer Bleistiftskizze auf einem Papierset in einem Berner Restaurant. Im Juni 1991 trifft sich Pierre Thomann zu einem Abendessen mit Vertretern der eidgenössischen Behörde für das Messwesen, des Bundesamts für Metrologie (METAS). Dabei erwähnt der Physiker, der seit Kurzem wieder am Observatorium Neuenburg tätig ist, den neusten Durchbruch im Bereich der Atomphysik: Forschern war es gelungen, Atome mithilfe von Laserstrahlen abzubremsen – «abzukühlen», wie sie es nennen –, um sie so besser beobachten zu können. Ein paar Bleistiftstriche später nimmt die Idee Gestalt an: Warum nicht mit diesem genialen Kniff eine hochpräzise Atomuhr entwickeln, mit der das METAS massgeblich zur Bestimmung der Weltzeit beitragen könnte? Ohne lange administrative Umwege entscheiden sich die Beteiligten für das gewagte Unternehmen, der Schweizerische Nationalfonds sichert seine Unterstützung zu. Pierre Thomann wusste schon damals, dass ein solches Vorhaben einen langen Atem braucht. Der Physiker war sehr motiviert; denn die höchstpräzise Zeitmessung ist genau der Bereich, der ihn fasziniert.

Der 1946 geborene Lausanner machte zunächst die Matura mit Latein und Griechisch: «Man sagte mir, dass ich damit die besten Berufschancen hätte.» Seit seiner Kindheit wollte er immer alles ganz genau verstehen, und so studierte er doch Physik an der damaligen Polytechnischen Schule der Universität Lausanne (EPUL), die mittlerweile ETH Lausanne heisst. Er schrieb seine Doktorarbeit über Spektroskopie, eine Zeit der grossen Entscheidungen folgte. «Die akademische Welt reizte mich wenig. Ich suchte deshalb eine Stelle in der Industrie; aber der Markt war ausgetrocknet», erinnert sich Pierre Thomann. «Mithilfe eines Stipendiums ging ich schliesslich in die USA.» Als er zwei Jahre später in die Schweiz zurückkehrte, hatte sich die Situation umgekehrt: Die Unternehmen rissen sich um Physiker. Pierre Thomann entschied sich für die Firma Asulab, ein Labor für Uhrentechnik. Hier spezialisierte er sich auf Atomuhren. Als die Industrie im Jurabogen in den 1980-er Jahren in eine grosse Krise schlitterte, übernahm die Firma Oscilloquartz Thomanns Forschungsgruppe. Sie wurde etwas später ans Observatorium Neuenburg transferiert. Schliesslich kam es zum erwähnten Abendessen in der Bundeshauptstadt, eine Sternstunde, von der Pierre Thomann heute noch schwärmt.

«Da wir in der Entwicklung von Uhren auf der Grundlage von lasergekühlten Atomen in Rückstand waren, haben wir uns für einen eigenen Weg entschieden», sagt Pierre Thomann. «Wir wollten nicht andere kopieren. Es war eine spannende, aber schwierige Herausforderung.» Die Neuenburger mussten nicht von null auf beginnen: Atomuhren, welche die Länge einer Sekunde genau festlegen, gab es schon seit drei Jahrzehnten. Die Länge einer Atomsekunde entspricht exakt 9 192 631 770 Schwingungen des Atoms Cäsium-133 zwischen zwei bestimmten Energieniveaus des Atoms. Gemessen wird in einer Vakuumkammer. Je länger man aber die Cäsium-Atome, die sich in der Messkammer sehr schnell bewegen, beobachten kann, umso genauer werden der Vorgang und die Messung. Deshalb interessierten sich die Spezialisten der Zeitmessung für die Möglichkeit, die Atome «abkühlen» zu können, sie also zu verlangsamen. Heute kann die Dauer einer Sekunde auf beinahe fünfzehn Dezimalstellen genau festgelegt werden. Was ist aber die Besonderheit der Neuenburger Atomuhr? «Im Gegensatz zu den anderen Uhren verwenden wir keine gepulsten Pakete von Cäsium-Atomen, sondern einen kontinuierlichen Strahl», erklärt Pierre Thomann. «Dieser Ansatz hat uns methodisch sehr gefordert, aber nun erzielen wir bessere Resultate.» Die Schweizer Atomuhren stehen heute wieder in der Spitzengruppe der internationalen Zeitmessung.

Wem nützt dieser Wettlauf um die genaueste Sekunde? Eine der wichtigsten Anwendungen der Hochpräzisions-Zeitmessung findet sich im Weltraum. Die GPS-Navigationssatelliten arbeiten mit Miniatur-Atomuhren, die aufs Genaueste aufeinander abgestimmt sein müssen. Die Abweichung von nur einer Milliardstel-sekunde zwischen den Satellitensignalen entspricht einem Fehler von 30 Zentimeter auf dem Gelände. «Unser Team spielte eine entscheidende Rolle beim Aufbau des europäischen Navigationssystems Galileo, des Gegenstücks zum amerikanischen GPS. Die Galileo-Satelliten werden mit 120 in Neuenburg hergestellten Atom-uhren ausgerüstet», erzählt Pierre Thomann nicht ohne Stolz. Zudem wurde kürzlich ein Vertrag mit der Europäischen Weltraumorganisation ESA abgeschlossen. Andere Sektoren profitieren ebenfalls von dieser Technologie, etwa die Telekommuni-kation, die Radioastronomie, die Geophysik, ja sogar die Kosmologie: Dank hochpräziser Atomuhren werden Physiker dereinst Einsteins allgemeine Relativi-tätstheorie überprüfen können.

Heute leitet Professor Thomann das Labor Zeit und Frequenz an der Universität Neuenburg. Als wichtigstes Ziel nennt er, das Weiterbestehen seines Teams garantieren zu können. Und er freut sich darauf, sich noch einige Jahre auf diesem «etwas eigenartigen Spielplatz tummeln zu können – auf dieser Gratwanderung zwischen purer Neugierde und nützlicher Anwendung, was die Welt der Physik und jene der Zeitmessung so faszinierend macht». Nach seiner Pensionierung will er sich endlich mehr Zeit für die Musik nehmen: Pierre Thomann spielt leidenschaftlich gern Klavier. Und er will seiner kleinen Enkelin viel Zeit widmen. Olivier Dessibourg

---

Pierre Thomann
– Geboren 1946 in Lausanne
– Studium der Physik an der Polytechnischen Hochschule
  von Lausanne (EPUL)
– Professor für Physik der Universität Neuenburg (seit 2002)
– Direktor des Labors Zeit und Frequenz
  der Universität Neuenburg (seit 2007)
– Mitglied der schweizerischen und europäischen
  physikalischen Gesellschaften
– European Frequency and Time Award (2008)

EXPLORATEUR DU TEMPS

Pierre Thomann
Physicien

Tout s'est dessiné sur une nappe en papier, dans un restaurant de Berne. Ce jour de juin 1991, Pierre Thomann, qui vient de rejoindre l'Observatoire de Neuchâtel, dîne avec des responsables de l'Office fédéral de métrologie (METAS), tout en évoquant la découverte du moment: des physiciens ont réussi à ralentir – «refroidir», disent-ils – des atomes à l'aide de rayons laser pour mieux les observer. En trois coups de stylo, l'idée prend forme: pourquoi ne pas utiliser cette géniale astuce pour développer l'horloge atomique primaire dont le METAS veut alors se doter pour être aussi gardienne du temps universel? Sans chichis administratifs, c'est décidé. L'Observatoire et le METAS, aidés par le Fonds national suisse, se lancent. Pour le plus grand bonheur de Pierre Thomann, qui avertit: «C'est une entreprise de longue haleine.» Mais le physicien, patient et persévérant, ne manque pas de motivation. Car il a enfin trouvé là le domaine qui le passionne: les mesures de très haute précision.

Né en 1946, ce Lausannois décroche un baccalauréat latin-grec, «car on me prédisait de meilleurs débouchés». Mais, comme il le ressent depuis l'enfance, sa curiosité doublée d'un insatiable plaisir de comprendre l'incitent à se lancer en physique à l'EPUL (devenue Ecole polytechnique fédérale de Lausanne). Une thèse en spectroscopie, puis vient le temps des grandes décisions. «Peu attiré par le monde académique, j'ai cherché un poste dans l'industrie. Mais le marché était sclérosé. Avec une bourse, je suis parti aux Etats-Unis.» A son retour, deux ans plus tard, c'est Byzance: les entreprises engagent à tour de bras. Pierre Thomann choisit Asulab, un laboratoire de technique horlogère où il touche aux horloges atomiques. Durant les années 1980, dans la tourmente d'une crise industrielle, le petit groupe est repris par la firme Oscilloquartz, puis transféré à l'Observatoire de Neuchâtel. Survient alors ce repas dans la capitale, qui permet au physicien de se régaler d'enthousiasme.

«Comme nous étions en retard dans le développement d'horloges à refroidissement d'atomes par laser, décision fut prise de s'engager dans notre propre voie plutôt que de copier les autres groupes. Un joli et ardu défi.» Les Neuchâtelois ne partent toutefois pas de rien. Des horloges atomiques existent depuis trois décennies, et ont permis de définir la seconde: sa durée correspond précisément à 9 192 631 770 oscillations de l'atome de césium-133 entre deux configurations appelées «états d'énergie». Pour s'approprier cette fréquence ultrastable, les physiciens tentent d'y calquer celle d'un rayonnement micro-ondes, aisément manipulable et donc quantifiable. Or cette manœuvre est d'autant plus précise que les atomes de césium peuvent être observés longtemps. D'où le nouvel intérêt de les «refroidir».

Avec cette percée, la durée de la seconde peut désormais être déterminée à quinze décimales près. La spécificité neuchâteloise dans ce domaine? «A l'inverse de la majorité des autres horloges, les nôtres n'utilisent pas des paquets pulsés d'atomes de césium, mais un jet continu. Ce fut un cauchemar de mettre au point un tel dispositif. Mais il permet un gain en stabilité et en rapidité des mesures.» Les prototypes suisses se retrouvent ainsi aux premières loges dans la mesure du temps atomique international. «Des succès qui sont le fruit de toute une équipe», insiste Pierre Thomann.

Mais quel est l'intérêt de cette course à la précision ultime? «Pour le quidam, il n'est pas évident. Pourtant, ce sont bien les applications qui guident nos travaux.» L'une des plus cruciales se trouve dans l'espace. Les satellites de navigation, de type GPS, contiennent des horloges atomiques miniatures qui doivent être parfaitement synchronisées. Une disparité d'un milliardième de seconde, et c'est 30 centimètres d'écart sur le terrain. «Notre groupe joue un rôle déterminant dans le système européen Galileo, pendant du GPS américain: 120 horloges fabriquées à Neuchâtel équiperont sa flottille de satellites.» Un contrat de développement a aussi été conclu avec l'Agence spatiale européenne. D'autres secteurs tirent aussi profit de cette technologie, comme les télécommunications, la radioastronomie, la géophysique, voire la cosmologie: une précision accrue de ces horloges devrait permettre de mettre à l'épreuve la théorie de la relativité générale d'Einstein.

Aujourd'hui à la tête du Laboratoire Temps-Fréquence, issu de l'intégration d'une moitié de l'Observatoire dans l'Université de Neuchâtel, le professeur Thomann se «soucie avant tout d'assurer la pérennité du groupe.» Mais il se réjouit aussi de s'aventurer quelques années encore sur ce «terrain de jeu extraordinaire, à cheval entre la curiosité fondamentale et l'utilité sociale, qu'est le monde de la physique et de la mesure du temps». Avant, une fois sonnée l'heure de la retraite, de donner plus de temps aux temps de la musique – le piano est sa passion – et de prendre celui qui lui permettra de voir grandir sa petite-fille. Olivier Dessibourg

---

Pierre Thomann
– Né en 1946 à Lausanne
– Etudes de physique à l'Ecole polytechnique de l'Université de Lausanne (EPUL)
– Professeur de physique à l'Université de Neuchâtel (depuis 2002)
– Directeur du Laboratoire Temps-Fréquence de l'Université de Neuchâtel (depuis 2007)
– Membre des Sociétés suisse et européenne de physique
– European Frequency and Time Award 2008

Pierre Thomann

Pierre Thomann

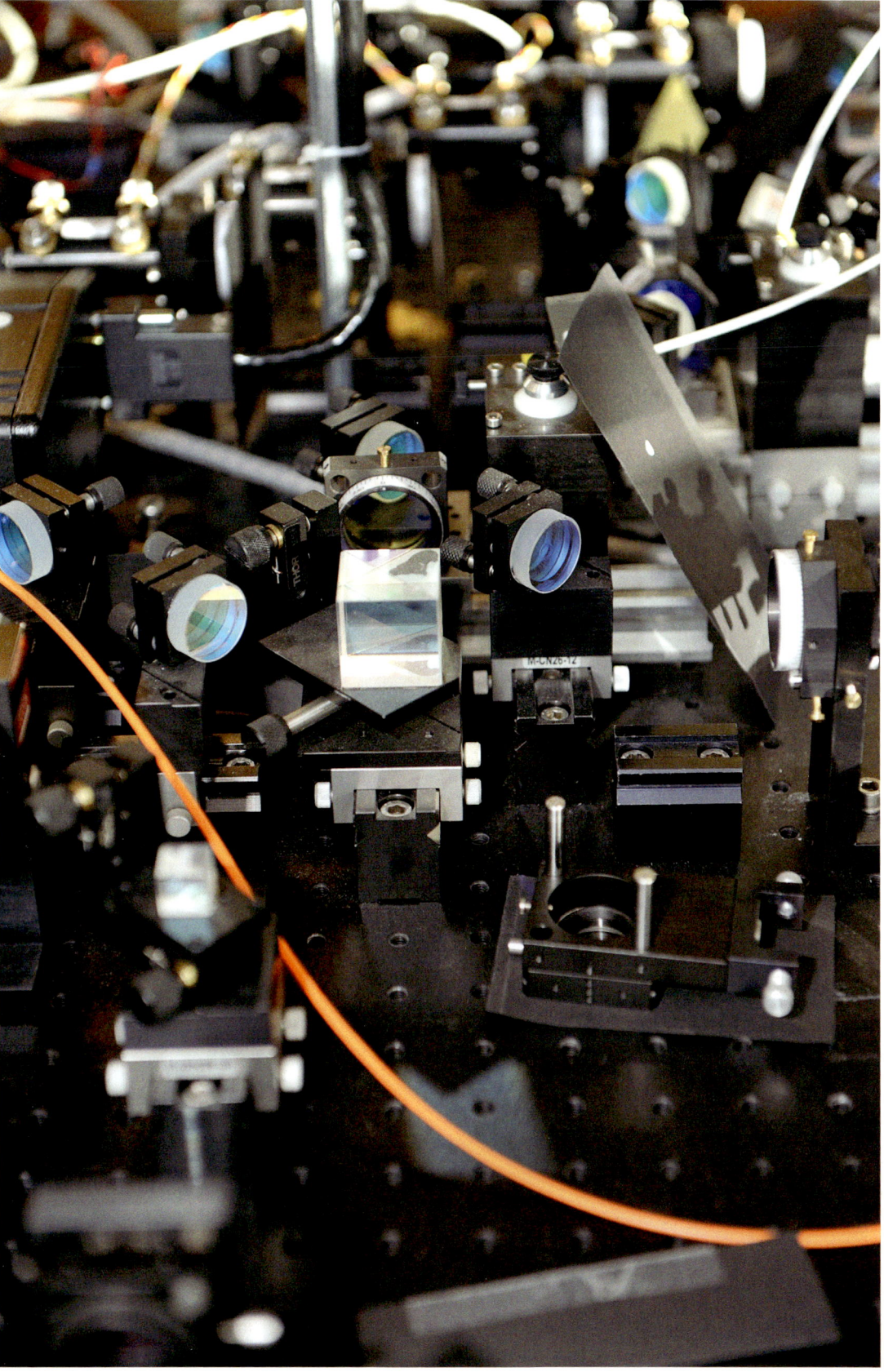

Pierre Thomann

ESPLORATORE DEL TEMPO

Pierre Thomann
Fisico

Tutto è stato disegnato su un tovagliolo di carta in un ristorante di Berna. Quel giorno di giugno 1991, Pierre Thomann appena giunto all'Osservatorio di Neuchâtel, pranza con i responsabili dell'Ufficio federale per la metrologia (METAS) e annuncia la scoperta più importante del momento: dei fisici sono riusciti a rallentare gli atomi con l'ausilio di raggi laser. Così rallentati, gli atomi si possono osservare meglio. Bastano pochi tratti di penna e l'idea prende forma: bisogna utilizzare questo geniale stratagemma per sviluppare il primo orologio atomico che permetterebbe a METAS di diventare anche il guardiano del tempo universale. Senza inezie amministrative tutto viene deciso in pochi istanti, l'Osservatorio e METAS, sostenuti dal Fondo nazionale svizzero, si lanciano nell'impresa. Pierre Thomann è molto felice ma avverte, «sarà un lavoro lungo». Il fisico è però paziente e perseverante. E non manca di motivazioni perché, infine, ha trovato l'ambito che l'appassiona: le misure di alta precisione.

Nato nel 1946 a Losanna, ottiene la maturità classica, «mi prometteva migliori opportunità». Come aveva già capito da bambino la sua curiosità, e un insaziabile piacere di conoscere, lo spronano a lanciarsi nello studio della fisica presso l'EPUL (diventata in seguito la Scuola Federale Politecnica di Losanna). Dopo una tesi in spettroscopia giunge il tempo delle grandi decisioni. «Ero poco attratto dal mondo accademico quindi ho cercato un posto nell'industria, ma il mercato era saturo, allora con una borsa di studio sono partito per gli Stati Uniti». Al suo ritorno, due anni dopo, il momento è propizio. Le industrie assumono con facilità. Pierre Thomann sceglie Asulab, un laboratorio di tecnica orologiera che si occupa di orologi atomici. Negli anni '80 a causa di una crisi industriale il piccolo gruppo è prima rilevato dalla ditta Oscilloquartz, poi trasferito all'Osservatorio di Neuchâtel. E rieccoci a quel pranzo in un ristorante della capitale che permette al fisico di lasciarsi andare all'entusiasmo.

«Dato che eravamo in ritardo nello sviluppo degli orologi a raffreddamento d'atomi con il laser, decidemmo di non imitare gli altri gruppi, ma di cercare una nostra pista. La sfida era interessante, ma ardua». Comunque il gruppo di Neuchâtel non partiva da zero. Gli orologi atomici esistevano da tre decenni e hanno permesso di definire il secondo: un secondo dura precisamente 9 192 631 770 oscillazioni dell'atomo di cesio-133 tra due configurazioni chiamate «stati di energia». Per appropriarsi di questa frequenza ultra-stabile, i fisici tentano di ricalcarla con l'irradiamento a micro-onde, facilmente manipolabile e dunque quantificabile. Questa manovra è molto più precisa se gli atomi di cesio possono essere osservati a lungo. Da cui l'interesse di «raffreddarli».

Questo metodo permette di determinare la durata del secondo con quindici decimali circa. La specificità neocastellana in questo ambito? «Al contrario della maggioranza degli altri orologi, i nostri non usano la propulsione di pacchetti di atomi di cesio, ma un getto continuo. È stato un incubo mettere a punto questo dispositivo, ma la stabilità è migliore e le misure possono essere eseguite più rapidamente». I prototipi svizzeri sono quindi in prima linea nella misura internazionale del tempo. «Questi risultati sono frutto del lavoro di tutto un gruppo», sottolinea Pierre Thomann.

Ma qual è l'interesse per questa precisione sempre più estrema? «Non è evidente, eppure sono le applicazioni che ci spingono ad avanzare nel nostro lavoro». Una delle più importanti volerà nello spazio. I satelliti di navigazione di tipo GPS contengono degli orologi atomici miniaturizzati perfettamente sincronizzati. La differenza di un miliardesimo di secondo corrisponde sul terreno a uno scarto di 30 cm. «Il nostro gruppo svolge un ruolo determinante nel sistema Galileo, risposta europea al GPS americano: 120 orologi fabbricati a Neuchâtel equipaggeranno la flotta dei satelliti». È stato concluso un contratto di sviluppo con l'Agenzia spaziale europea. Anche altri settori traggono profitto da questa tecnologia, le tele-comunicazioni, la radioastronomia, la geofisica e la cosmologia; la precisione sempre più grande di questi orologi dovrebbe permettere di verificare la teoria della relatività generale di Einstein.

Oggi il professor Thomann è a capo del Laboratorio Tempo-Frequenza, un centro di ricerca nato dall'integrazione di una parte dell'Osservatorio nell'Università di Neuchâtel. La sua preoccupazione principale è «assicurare la continuità del gruppo». Thomann è felice di potersi avventurare ancora per qualche anno su questo «straordinario terreno di gioco, a cavallo tra curiosità fondamentale e utilità sociale, che è il mondo della fisica e la misura del tempo». Una volta giunta l'ora della pensione, egli dedicherà più tempo ai «tempi» della musica – il pianoforte è la sua passione – e si prenderà il tempo per veder crescere la sua nipotina. Olivier Dessibourg

---

Pierre Thomann
– Nato nel 1946 a Losanna
– Studi di fisica all'EPFL
– Professore di fisica all'Università di Neuchâtel (dal 2002)
– Direttore del Laboratorio Tempo-Frequenza dell'università di Neuchâtel (dal 2007)
– Membro della Società svizzera e europea di fisica e dell'IEEE
– Premio European Frequency and Time (2008)

THE EXPLORER OF TIME
Pierre Thomann
Physicist

On a June day in 1991, shortly after joining the Observatory of Neuchâtel, Pierre Thomann dined with the directors of the Swiss Federal Office of Metrology (METAS) at a restaurant in Berne. There, he sketched everything out on a paper napkin. Thomann had just described the discovery that physicists were very excited about: they had succeeded in slowing down (or "cooling") atoms by means of laser beams so as to observe them better. Three strokes of the pen and the idea was born: why not use this extraordinary achievement to develop the atomic clock that METAS was looking for in order to become one of the guardians of universal time? Red tape was slashed, the decision taken. With support from the Swiss National Science Foundation, the Observatory and METAS sprang into action. No one was more delighted than Pierre Thomann, though he issued a warning: "This is a long-term project." But Thomann is a patient and persistent man, and highly motivated, for he had at last found his way into a field that had long fascinated him, that of high-precision measurement.

Born in 1946 in Lausanne, Thomann finished high-school with a major in Latin and Greek, because, as he recalls, "I was told that this would open more career opportunities for me." But as he had always been extremely curious and derived endless pleasure from understanding things it came as no surprise that he chose to study physics at the EPUL school in Lausanne (later to become the École Polytechnique Fédérale de Lausanne, or EPFL). After defending a thesis on spectroscopy, Thomann had to decide which career path to follow. "The academic world held little appeal for me," he recounts. "I looked for work in industry, but at that time the job market was stagnant. I accepted a scholarship and went to the United States." When he returned to Switzerland two years later, everything had changed and businesses were hiring right and left. Thomann went to work for Asulab, a high-tech company where he encountered the technology of atomic clocks for the first time. During the economic turmoil of the 1980s, the little Asulab group was taken over by Oscilloquartz, and ultimately transferred to the Neuchâtel Observatory.

"Since we were behind in the development of laser-cooled atomic clocks, we decided to go our own way rather than follow the example of other groups. This was a fine challenge but a tough one." The Neuchâtel team did not start from scratch, however: atomic clocks had existed for three decades, and had made it possible to define the second as a duration of 9,192,631,770 oscillations of the caesium-133 atom between two levels known as "energy states". Physicists seek to imprint this ultra-stable frequency on microwave radiation that is more easily manipulable and hence quantifiable. This operation is made all the more precise when caesium atoms are observed over a long period. Hence the new interest in "cooling" them.

Thanks to this advance, the duration of a second may now be measured to fifteen decimal places. As for the specific contribution of the Neuchâtel team to the field, Thomann explains that "contrary to most other clocks, ours do not use pulsed packets of caesium atoms but rather a continuous beam of them. It was a nightmare setting up this system, but it means increased stability and faster measurement."

These Swiss prototypes are consequently at the forefront in the measurement of international atomic time. "These successes", Thomann hastens to point out, "were the achievement of a whole team."

But what is the practical importance of this race for absolute precision? "To the layperson, the answer is not obvious. Yet the fact is that the applications are what guide our research." One of the most crucial of those applications is in space technology: GPS-type navigation satellites are equipped with miniature atomic clocks that have to be perfectly synchronised. An inaccuracy of a single billionth of a second corresponds to a thirty-centimetre error on the ground. "Our group plays a critical role in the European Galileo system," says Thomann, "which is the counterpart of the American GPS: 120 clocks made at Neuchâtel will be installed in Galileo's satellite fleet." A contract to develop the system has been signed with the European Space Agency. Other sectors benefit from this technology as well, among them telecommunications, radio astronomy, geophysics – and even cosmology: the increased accuracy of these clocks may make it easier to test Einstein's theory of general relativity.

Today Thomann is head of the Time and Frequency Laboratory, which was founded after half of the Observatory was incorporated into the University of Neuchâtel. His chief concern is "to ensure the continuity of the group". He looks forward to a few more years of exploring a "truly extraordinary field, embracing both natural curiosity and social utility, namely that part of physics concerned with the measurement of time." Once he retires, he plans to devote more time to music – the piano is a great passion of his – and to watching his granddaughter growing up. Olivier Dessibourg

Pierre Thomann
– Born 1946 in Lausanne
– Studied physics at the Ecole Polytechnique de l'Université de Lausanne (EPUL)
– Professor of Physics at the University of Neuchâtel (since 2002)
– Head of the Time and Frequency Laboratory at the University of Neuchâtel (since 2007)
– Member of the Swiss and European Physical Societies
– European Frequency and Time Award (2008)

MEINE GEDANKEN ZU WISSENSCHAFT UND FORSCHUNG

Rolf Zinkernagel

1. Wissenschaftliche Spitzenleistungen

Forschung lebt wie Kunst und Sport vom Spitzenresultat, vom Einmaligen, vom Besten und Ausserordentlichen. Dies macht Forschung spannend und zugleich auch zutiefst undemokratisch und elitär. Die Wissenschaft ist aber die Basis für den gesellschaftlichen und wirtschaftlichen Fortschritt. Wegen der impliziten Veränderungen und Auswirkungen auf unser Leben wird Forschung unmittelbar moralisch-ethisch angreifbar. Die Diskrepanz zwischen ausserordentlicher Spitzenleistung und gesellschaftlicher Kritik erklärt die gespaltene Haltung unserer Gesellschaft gegenüber der Wissenschaft.

2. Faszination Forschung

Als Erster zu sehen und zu erkennen, herauszufinden und zu verstehen, wie «es» funktioniert, ist ein fantastisches Erlebnis. Forschen oder Wiederentdecken (*la recherche,* wie es französisch treffend heisst), was in der Natur schon funktioniert, aber noch verborgen ist, gehört für mich zum Schönsten im Leben überhaupt.

3. Wettbewerb

Wie in Sport und Kunst ist der Wettbewerb essenziell für Forschung und Wissenschaft. Dies gilt für alle Beteiligten und Stufen: Professoren und Studenten, Universitäten und Schulen, Kleinunternehmen und Grossindustrien, Städte und Länder.

Uns geht es in der Schweiz sehr gut, sogar zu gut, sodass wir den Wettbewerb oft nicht mehr suchen. Leider tendieren wir hierzulande dazu, das Mittelmass zu fördern. Richtiger Wettbewerb bedeutet aber, dass der Bessere mehr oder noch mehr bekommt und derjenige, der im Wettbewerb nicht besteht, zurückgestuft wird oder gar ausscheidet. Um den Wettbewerb zu verbessern, brauchen wir deshalb auch in der Schweiz noch mehr Konkurrenz aus der ganzen Welt. Das heisst: offene Grenzen und Platz für die Besten.

4. Öffentliche und private Finanzierung

In einer direkten Demokratie sind öffentliche Gelder für alle bestimmt. Es ist deshalb schwierig, sie nach elitären Prinzipien einzusetzen. Private Gelder können den Wettbewerb offener und kompetitiver machen, nicht nur bei der Rekrutierung der forschenden Professoren, sondern auch bei den Studenten (zum Beispiel mit Stipendien). Nicht zufällig sind die Top-Forschungsinstitutionen der Welt oft Privatuniversitäten wie Harvard, Yale, Stanford und Princeton in den USA. In der Schweiz bestehen erst zögerliche Ansätze, öffentliche Mittel in einer erfolgsabhängigen Art zu verteilen: An der medizinischen Fakultät Zürich sind es lediglich fünf Prozent des Forschungsbudgets. Auch die Abteilung Biologie des Schweizerischen Nationalfonds setzt de facto

Beitragslimiten, was offenen Wettbewerb und erfolgsabhängige Forschungsförderung hindert.

5. Wissenschaftsfeindlichkeit

Unsere Gesellschaft ist gegenüber Wissenschaft und Forschung sehr kritisch
eingestellt. Medien, Sozial- und Schuleinrichtungen kultivieren diese Grund-
haltung. Das erschwert eine rationale Forschung. Ist einmal bewiesen, dass
Impfung gegen Masern die schweren Krankheitsfolgen 100 bis 1000 Mal
senkt, wird der Irrglaube, dass eine natürliche Maserninfektion die «Reifung»
von Kindern begünstigt, unakzeptabel. Genau das wird aber oft öffentlich
proklamiert und gar sanktioniert. Ein ähnliches Beispiel sind die mythischen
Vorstellungen, dass genveränderte Pflanzen unsere Gesundheit gefährden, weil
die veränderten Eiweisse oder Zucker direkt und indirekt unsere Nahrung
verändern sollen. Dafür gibt es gar keine Hinweise! Wer heute nicht weiss,
was ein Gen oder ein Virus ist oder wie ein Eiweiss entsteht und verdaut wird,
ist meiner Meinung nach ebenso wenig gesellschafts- und lebenstauglich wie
jemand, der die Verkehrsregeln nicht kennt. Interessant ist in diesem Zusammenhang folgende Statistik aus der wissenschaftlichen Zeitschrift *Science*:
Während in Norwegen nur 8 Prozent der Bevölkerung die biblische Schöp-
fungsgeschichte anstelle der wissenschaftlich fundierten darwinschen
Evolutionstheorie zur Grundlage ihres Weltbildes heranziehen, sind es in der
Schweiz 40 Prozent und in Amerika mehr als 50 Prozent. Da müssen wir
Forscher und Wissenschaftler die Bevölkerung und vor allem die Lehrer und
Kinder besser informieren.

6. Öffentlichkeitsarbeit

Eine verständliche und kritische Darstellung von Wissenschaft, Experimenten
und Resultaten in populären Medien ist eine Voraussetzung und ein wichtiges
Mittel, alle Mitglieder der Gesellschaft zu informieren und zu bilden. Nur
Wissen und Verstehen kann Ängste reduzieren. Wie erkennt und begreift man
komplexe Zusammenhänge und kommt dadurch zu einem besseren Verständnis des Lebens und hoffentlich zur Anwendung des Erlernten? Am besten
geschieht dies, wenn Einzelteile und kontrollierbare Einzelresultate zusam-
mengefügt und verständlich dargestellt werden. Für Kommunikation von
Wissenschaft gilt dabei meiner Meinung nach: «It's better to be simple than
(absolutely) right.»

7. Was darf Wissenschaft?

Der einzelne Forscher, der sich wundert, Fragen stellt und Lösungen sucht,
bewegt Wissenschaft. Der Forscher muss unter Berücksichtigung menschlicher
Grundregeln zuerst einmal herausfinden, wie die Natur funktioniert und was
alles möglich ist. Die Gesellschaft muss dann über neu Entdecktes aufgeklärt
werden, um dann wissentlich zu entscheiden, was vom Erforschten und
Erkannten genutzt oder eben verboten werden soll. Wenn aber Kirche, Politiker, Demagogen oder Diktatoren entscheiden, was gewusst und erkannt
werden darf und was nicht, hat dies immer zu Katastrophen geführt. Deshalb
heisst für mich Forschungsunterstützung, dass vom Einzelforscher initiierte
Projekte unterstützt werden sollen, und nicht politisch motivierte Programme;
denn Letztere sind allzu leicht missbrauchbar. Ausserdem dürfen Gesellschaft
und Politik über allzu strenge und administrativ komplizierte, aufwendige
Tierversuchsgesetze oder Stammzellverordnungen die Forschung nicht ver-
unmöglichen; denn betroffene Wissenschafter suchen sich dann einfach die
beste und produktivste Umgebung und landen so oft in den USA.

8. Wissenschaft und Wahrscheinlichkeit

Wissenschaft und Forschung können sich der Realität oder Wahrheit meistens nur annähern. Deshalb ist ein neues wissenschaftliches Resultat ganz selten definitiv, aber höchstwahrscheinlich richtiger als ein früheres Ergebnis. Deshalb kommen einige zur pessimistischen Aussage, dass nur der Nachweis, dass ein wissenschaftliches Resultat falsch ist, sicher ist. Trotzdem und glücklicherweise kommen wir der Wirklichkeit und der Wahrheit doch immer etwas näher. Wir Wissenschaftler müssen uns vor den Gefahren der Übertreibung in Acht nehmen, wozu Erfolgsdruck und Medien oft verleiten. Ein unwahrscheinliches, seltenes Ergebnis oder ein geringster Unterschied wird dabei oft hochgeschaukelt, ohne dass auf die unwahrscheinliche Seltenheit, den Ausnahmecharakter oder die fehlende Bedeutung des Unterschiedes hingewiesen würde.

9. Falsche Versprechungen

Die Wissenschaft läuft Gefahr, Menschen mit falschen Versprechungen zu täuschen oder übertriebene Hoffnungen zu wecken. So wurden allzu oft Meldungen über effiziente Krebstherapien oder HIV-Impfungen verbreitet. Auch Experten täuschen sich gegenseitig, vor allem wenn sie komplexe experimentelle Ansätze wählen, in denen nicht ein, sondern gleich zwei oder mehrere unbekannte Faktoren gleichzeitig untersucht werden. Vor allem in der Biologie, vermehrt auch in der Neurobiologie und Immunologie, sind unkontrollierbare, komplexe «Nebelexperimente» beliebt: Erst wenn an Wissenschaft und Forschung die harten Kriterien der Reproduzierbarkeit, der Falsifizierbarkeit und der Korrigierbarkeit angelegt werden, nähern wir uns besserer Erkenntnis.

10. Zufall oder Planung

Kommt neue Erkenntnis aus rational geplanten Fragen oder aus zufälligen Beobachtungen? Ohne eine vernünftige Fragestellung machen Forscher in der Regel keine Experimente. Bestätigt das Ergebnis bloss die Frage, ist das Resultat eigentlich gar nicht so interessant, weil man es eigentlich schon erahnt oder gewusst hat. Glücklicherweise gibt uns aber jedes Experiment, auch ein langweiliges, die Chance, etwas Unerwartetes, Neues, Abweichendes, Paradoxes zu entdecken. Sofern wir als Forscher solch paradoxe Befunde nicht verschlafen, sondern weiter ergründen, kann neue Erkenntnis entstehen. Eine solche zufällige Entdeckung von Peter Doherty und mir, nämlich wie Immunzellen virusinfizierte Zellen erkennen, wurde 23 Jahre später mit dem Nobelpreis belohnt. Wissenschaftlicher Erfolg ist also eine Kombination von Wissen, Erfahrung, harter Arbeit, guter wissenschaftlicher Umgebung, herausfordernden Kollegen, sehr guten Mitarbeitern, hervorragender Infrastruktur – aber auch von Zufall und Glück.

11. Grundlagenforschung und angewandte Forschung

Es gibt eigentlich keinen Unterschied zwischen sogenannter Grundlagenforschung und angewandter Forschung; Erstere ist aber meistens längerfristiger angelegt als Letztere. Die Grundlagenforschung in der Biomedizin ist meiner Meinung nach oft mit dem Problem behaftet, dass sie zwar messbare Unterschiede ergründet, die aber oft unnütz oder wenig aussagekräftig sind. Demgegenüber kann angewandte Forschung, die in direkter Verbindung mit einer Krankheit gemacht wird, leichter zu einer biologisch wichtigen Erkenntnis führen.

12. Anwendung von Wissenschaft

Die Naturwissenschaften und ihre entsprechende Forschung sind die Grundlage für verschiedene Industriezweige wie die Biotechnik, Pharmaindustrie und Elektrotechnik. Die Nutzung sowohl von längerfristiger Grundlagenforschung wie auch von kurzfristiger angewandter Forschung ist für unsere Wirtschaft und Gesellschaft sehr wichtig. Sie fruchtet zum Beispiel in neuen Medikamenten, welche die Lebensqualität und Lebensdauer bei bestimmten Krankheiten wesentlich verbessern, in produktiveren und krankheitsresistenten Pflanzen, die mithilfe langwieriger Zuchtgänge oder durch das sehr viel schnellere gentechnische Einbringen von Resistenzgenen entwickelt wurden.

Auch hier gilt: Keine falschen Versprechungen! Es gibt keine Medikamente ohne gewisse Nebenwirkungen. Aber trotzdem: Eine Verbesserung einer Krankheitsbehandlung, egal ob um einen Faktor 3, 10, 100 oder 1000, ist eindeutig besser als gar keine Verbesserung.

13. Zukunftsglaube

Forschung und Wissenschaft arbeiten für eine bessere Zukunft. Mehr Wissen, mehr Können, mehr Lernen, aber auch die Umsetzung dieses Wissens in die Praxis und die Übersetzung in ein besseres Verhalten unsererseits bedeuten erst eine bessere Zukunft für die Menschheit. Deshalb meine ich: Ohne Wissenschaft und Forschung – wie auch ohne Kunst und Kultur, ohne Spiel und Sport – gibt es keine menschlichere Zukunft.

Rolf Zinkernagel
1996 erhielt Rolf Zinkernagel zusammen mit Peter Doherty den Nobelpreis für Medizin, und zwar «für die Erforschung des biochemischen Mechanismus, mit dem das körpereigene Immunsystem von Viren befallene Zellen erkennt und vernichtet».

MES RÉFLEXIONS SUR LA SCIENCE ET LA RECHERCHE
Rolf Zinkernagel

1. Performances scientifiques de pointe

Comme l'art et le sport, la science vit de la performance, de l'exceptionnel, de l'excellence et de l'extraordinaire. C'est ce qui rend la recherche palpitante, et en même temps si profondément peu démocratique et si élitaire. Pourtant, la science est à la base du progrès social et économique. La recherche induit aussi des changements ou effets implicites sur notre existence, ce qui la rend directement attaquable d'un point de vue moral et éthique. Cette divergence entre performance extraordinaire et critique sociale explique l'attitude ambivalente de notre société à son égard.

2. Fascination pour la recherche

Etre le premier à voir, à identifier, à découvrir et à comprendre «comment ça fonctionne» est une expérience fantastique. Etudier ou redécouvrir ce qui fonctionne déjà de manière dissimulée dans la nature fait partie, à mes yeux, de ce qu'il y a de plus beau dans l'existence.

3. Compétition

Comme pour le sport et l'art, la compétition est essentielle dans la recherche et la science. Ce principe vaut pour l'ensemble des participants et des échelons impliqués: professeurs et étudiants, universités et écoles, petites entreprises et grandes industries, villes et campagnes.

En Suisse, nous nous portons très bien, voire trop bien. Au point que souvent, nous ne cherchons plus la compétition. Dans notre pays, nous avons hélas tendance à encourager le juste milieu. Alors qu'une véritable compétition implique que le meilleur reçoive davantage, ou encore davantage, et que celui qui échoue soit rétrogradé, voire éliminé. Si nous voulons renforcer cette compétition, nous avons besoin en Suisse de plus de concurrence en provenance du monde entier. En d'autres termes: d'une ouverture des frontières et de places pour les meilleurs.

4. Financement public et privé

Dans une démocratie directe, les fonds publics sont destinés à tous. Il est donc difficile de les attribuer en fonction de principes élitaires. Les fonds privés, en revanche, peuvent ouvrir la compétition et renforcer son caractère concurrentiel, au niveau du recrutement de professeurs actifs dans la recherche, mais aussi des étudiants (par exemple avec des bourses). Ce n'est pas un hasard si les meilleures institutions de recherche au monde sont souvent des universités privées comme Harvard, Yale, Stanford et Princeton aux Etats-Unis. En Suisse, on assiste à de timides tentatives d'attribution des fonds publics en fonction des succès obtenus: à la Faculté de médecine de l'Université de Zurich par exemple, ces fonds ne représentent que 5 % du budget. La division Biologie & Médecine du Fonds national suisse fixe elle aussi *de facto* des limites aux montants alloués, ce qui entrave une compétition ouverte et un encouragement à la recherche tenant compte des résultats déjà obtenus.

5. Hostilité envers la science

Notre société nourrit une attitude très critique envers la science et la recherche. Une perception cultivée à la base par les médias ainsi que les institutions sociales et scolaires, qui entrave une recherche rationnelle. Une fois prouvé que le vaccin contre la rougeole réduit de cent à mille fois les conséquences graves de cette maladie, l'hérésie postulant qu'une infection de rougeole naturelle favoriserait la «maturation» des enfants est inacceptable. De tels propos continuent néanmoins d'être répandus en public sans jamais être sanctionnés. Autre exemple: les mythes selon lesquels les plantes génétiquement modifiées mettent notre santé en danger, au motif que les protéines et les sucres modifiés altéreraient directement et indirectement notre alimentation. Il n'existe pas la moindre preuve de cela! Ceux qui ignorent aujourd'hui ce qu'est un gène ou un virus, voire la façon dont une protéine est synthétisée et digérée, sont à mon avis aussi inaptes à fonctionner dans la société qu'une personne qui ne connaît pas le code de la route. A cet égard, la revue américaine *Science* a publié des statistiques révélatrices: alors qu'en Norvège, seuls 8% de la population ont une vision du monde qui s'appuie sur l'histoire biblique de la création et non sur la théorie darwinienne de l'évolution (fondée scientifiquement), en Suisse, ce chiffre est de 40%, et aux Etats-Unis de plus de 50%. Cette réalité démontre que nous, chercheurs et scientifiques, nous devons de mieux informer la population, notamment les enseignants et les enfants.

6. Relations publiques

Présenter la science, les expériences effectuées et les résultats obtenus de façon compréhensible et critique dans les médias populaires est indispensable et important pour informer et éduquer tous les niveaux de la société. On ne peut juguler les angoisses qu'en donnant les moyens de savoir et de comprendre. Comment identifier et appréhender des rapports complexes de cause à effet? Comment comprendre le vivant et trouver si possible une application qui s'appuie sur ces nouvelles connaissances? On y réussit au mieux lorsqu'on associe des questionnements isolés à des résultats qui peuvent être contrôlés, et lorsqu'on présente ceux-ci de manière intelligible. A mon avis, lorsqu'il est question de science, la communication a tout intérêt à obéir à la règle suivante: «It's better to be simple than (absolutely) right.»

7. Jusqu'où la science peut-elle aller?

Le chercheur qui s'étonne, pose des questions et cherche des solutions fait bouger la science. Sa tâche consiste d'abord à découvrir le fonctionnement de la nature et le champ des possibles, pour la société et dans le respect des règles humaines fondamentales. Ensuite, il doit informer au sujet de ses découvertes. Enfin, c'est à la société de décider en connaissance de cause quels sont les éléments découverts et identifiés par la recherche qui doivent être autorisés ou interdits. Mais lorsque ce sont les églises, les politiciens, les démagogues et les dictateurs qui décident de ce que l'on a le droit de savoir ou de mettre au jour, on court toujours à la catastrophe. Raison pour laquelle je plaide en faveur d'un encouragement à la recherche qui soutienne des projets initiés par des chercheurs individuels, et non des programmes motivés politiquement: ces derniers peuvent être trop facilement usurpés à d'autres fins. Par ailleurs, la société et le politique doivent veiller à ne pas entraver la recherche en édictant des lois sur l'expérimentation animale ou les cellules souches qui soient trop sévères, administrativement trop compliquées ou trop onéreuses. Sans quoi les scientifiques concernés se tourneront vers un environnement plus favorable, plus productif, et finiront souvent par atterrir aux Etats-Unis.

8. Science et vraisemblance
Le plus souvent, la science et la recherche ne réussissent qu'à se rapprocher de la réalité ou de la vérité. Les nouveaux résultats scientifiques sont donc rarement définitifs, mais très probablement plus exacts que les précédents. Ce qui fait dire aux pessimistes que seule la démonstration qu'un résultat scientifique est faux peut être considérée comme fiable. Néanmoins – et heureusement – nous nous rapprochons toujours davantage de la réalité et de la vérité. Nous, scientifiques, devons nous garder des dangers de l'exagération vers laquelle nous poussent souvent la pression de la réussite et les médias. Un résultat improbable, rare, ou une différence minime, sont souvent montés en épingle sans qu'ait été fait mention de l'improbabilité, du caractère exceptionnel ou du peu d'importance de cette différence.

9. Fausses promesses
La science court aussi le danger de tromper les gens avec de fausses promesses ou d'éveiller des espoirs exagérés. On a trop souvent diffusé des communiqués concernant l'efficacité de traitements contre le cancer ou de vaccins anti-VIH. Les experts s'abusent aussi parfois les uns les autres, notamment lorsqu'ils choisissent des bases expérimentales complexes, où il s'agit d'examiner non pas un, mais deux ou trois facteurs inconnus à la fois. En biologie notamment, mais de plus en plus aussi en neurobiologie et en immunologie, on affectionne les expériences quasi à l'aveugle, complexes, impossibles à contrôler. Or nos connaissances ne peuvent s'améliorer que si la science et la recherche se soumettent à des critères exigeants: la reproductibilité, la réfutabilité et la possibilité que ces connaissances soient corrigées.

10. Hasard ou planification
Les nouvelles connaissances émergent-elles de questionnements planifiés de manière rationnelle, ou au contraire d'observations faites par hasard? En général, les chercheurs ne procèdent à aucune expérience sans s'être posés au préalable quelques questions raisonnables. Si le résultat obtenu ne fait que confirmer la question, il ne présente guère d'intérêt: cela signifie qu'on l'avait pressenti, voire qu'on le connaissait déjà. Heureusement, toutes les expériences, même celles qui sont ennuyeuses parfois, peuvent nous offrir la possibilité de découvrir quelque chose d'inattendu, de nouveau, de déviant, de paradoxal. Tant que nous, chercheurs, ne les laissons pas passer, tant que nous poursuivons nos investigations, ces résultats paradoxaux peuvent donner naissance à de nouveaux savoirs. C'est aussi une découverte faite par hasard (la façon dont les cellules immunitaires identifient les cellules infectées par des virus), qui a été à la base des travaux que j'ai menés avec Peter Doherty, et qui, vingt-trois ans plus tard, ont été récompensés par un Prix Nobel. Le succès scientifique est donc une combinaison de connaissances, d'expérience, d'un travail acharné, d'un environnement scientifique de qualité, de collègues qui vous mettent au défi, d'excellents collaborateurs, d'infrastructures de premier ordre, mais aussi de hasard et de chance.

11. Recherche fondamentale et recherche appliquée
Il n'existe pas de différence entre la recherche fondamentale et la recherche appliquée, si ce n'est que la première est aménagée davantage sur le long terme. D'après moi, la recherche fondamentale en biomédecine comporte

souvent un problème fondamental: les brèches qu'elle sonde sont certes mesurables, mais souvent vaines et peu pertinentes. A l'inverse, la recherche appliquée liée directement à une maladie peut plus facilement déboucher sur des avancées biologiques importantes.

12. Utilisation de la science

Les sciences naturelles et la recherche dont elles font l'objet constituent le fondement de différentes branches industrielles, comme les biotechnologies, l'industrie pharmaceutique et l'électrotechnique. Il est donc très important pour notre économie et notre société d'exploiter aussi bien la recherche fondamentale à long terme que la recherche appliquée à court terme. Leurs fruits en sont par exemple de nouveaux médicaments qui améliorent la qualité et l'espérance de vie de certains patients. Mais aussi des plantes plus productives et résistantes aux maladies, développées après de longs processus de sélection complexes ou plus rapidement grâce au génie génétique qui permet d'introduire des gènes résistants.

Mais là aussi, le principe doit rester le même: pas de fausses promesses! Les médicaments sans effets secondaires n'existent pas. Une amélioration de facteur 3, 10, 100 ou 1000 des perspectives de certains patients reste néanmoins préférable à un statu quo.

13. Foi dans l'avenir

La recherche et la science œuvrent pour un avenir meilleur. Davantage de connaissances, de savoir-faire, d'enseignement, mais aussi l'application de ce savoir dans la pratique et sa traduction de notre part dans un comportement plus adéquat: tout cela est synonyme d'un avenir meilleur pour l'humanité. D'où ma conclusion: sans science ni recherche, sans art ni culture, ou sans jeu ni sport, l'avenir ne saura gagner en humanité.

Rolf Zinkernagel
En 1996, Rolf Zinkernagel a reçu avec Peter Doherty le Prix Nobel de médecine « pour ses recherches sur le mécanisme biochimique qui permet au système immunitaire de reconnaître et de détruire les cellules contaminées par des virus ».

LE MIE RIFLESSIONI SULLA SCIENZA E LA RICERCA

Rolf Zinkernagel

1. I primati delle ricerca scientifica

La ricerca scientifica, come l'arte e lo sport, vive di primati, condizionati dall'unicità, dalla qualità e dall'eccezionalità del risultato. Tutto ciò rende la ricerca scientifica emozionante, ma nello stesso tempo anche profondamente elitaria e non democratica. La scienza rappresenta tuttavia la base del progresso economico e sociale. La ricerca scientifica, attraverso le trasformazioni implicite e le conseguenze che può avere sulla nostra vita, è direttamente attaccabile dal punto di vista etico e morale. La discrepanza tra l'eccezionalità di un grande risultato e le critiche che si levano dalla società spiega l'atteggiamento dissociato della nostra stessa società nei confronti della scienza.

2. Il fascino della ricerca

Quella di essere i primi a vedere e conoscere « qualcosa », scoprendone e comprendendone il funzionamento, è un'esperienza fantastica. Ricercare ciò che in natura è già in atto, anche se avviene in modo nascosto, per me fa parte delle cose in assoluto più belle della vita.

3. La competizione

Come nell'arte e nello sport, la competizione è essenziale per la scienza e la ricerca. È una regola che vale a ogni livello e per tutti i partecipanti: professori e studenti, università e scuole, piccole imprese e grandi complessi industriali, città e regioni.

In Svizzera le cose vanno molto bene, fin troppo bene; al punto che spesso smettiamo di alimentare la competizione. Purtroppo, in questo Paese abbiamo la tendenza a favorire le mezze misure. La competizione vera, invece, implica che il migliore ottenga di più e di più ancora, e che chi non superi la gara venga declassato o si ritiri del tutto. Per migliorare la competizione abbiamo bisogno, anche in Svizzera, di maggiore concorrenza da ogni parte del mondo. Ovvero: frontiere aperte e spazio ai migliori.

4. Il finanziamento pubblico e privato

In una democrazia diretta il denaro pubblico è destinato a tutti. Per questo motivo diventa difficile stabilirne la destinazione secondo principi elitari. Il denaro privato può contribuire a rendere la gara più aperta e competitiva, non solo per il reclutamento dei professori ricercatori, ma anche degli studenti (per esempio attraverso le borse di studio). Non è infatti un caso che le migliori istituzioni al mondo nel campo della ricerca siano spesso università private, come Harvard, Yale, Stanford e Princeton negli Stati Uniti. In Svizzera assistiamo ai primi timidi tentativi di assegnazione di fondi pubblici secondo la logica del risultato: presso la Facoltà di Medicina di Zurigo questi stanziamenti rappresentano solo il cinque per cento del budget per la ricerca. Anche la sezione Biologia del Fondo nazionale svizzero impone de facto un limite ai contributi, il che ostacola la libera competizione e un sostegno alla ricerca scientifica vincolato all'ottenimento di risultati.

5. L'avversione verso la ricerca scientifica

La nostra società è molto critica nei confronti della scienza e della ricerca. Quest'atteggiamento di fondo è coltivato da tutte le istituzioni preposte all'erogazione di servizi sociali, scolastici e d'informazione. Ciò rende più difficile lo svolgimento razionale della ricerca. Se è dimostrato che la vaccinazione contro il morbillo contribuisce a ridurre, di un fattore compreso tra 100 e 1000, le pesanti conseguenze cliniche della malattia, diventa inaccettabile la falsa credenza secondo la quale un'infezione naturale di morbillo favorirebbe la «maturazione» dei bambini. Tuttavia, lo si sente spesso affermare, con tanto di proclami. Potrei citare un altro esempio molto simile, ed è quello rappresentato dalle mitiche fantasie che individuano un pericolo per la nostra salute nelle piante geneticamente modificate: poiché le proteine o gli zuccheri modificati potrebbero causare alterazioni, dirette o indirette, alla nostra alimentazione. Non esiste nessuna evidenza in tal senso! Oggi, chi non sa che cos'è un gene o un virus, o come si forma una proteina e come essa venga assimilata, secondo me manca delle conoscenze necessarie per vivere e stare in società quanto colui che non conosce le regole del traffico. A questo proposito voglio citare un'interessante statistica tratta dalla rivista *Science:* mentre in Norvegia solo l'8 percento della popolazione pone all'origine della sua visione del mondo la Genesi biblica, preferendola alla teoria dell'evoluzione di Darwin, che ha una validità dimostrata scientificamente, in Svizzera la percentuale sale al 40 percento e negli Stati Uniti supera il 50. Noi ricercatori e scienziati abbiamo il dovere di informare meglio la popolazione e soprattutto gli insegnanti e i bambini.

6. L'informazione pubblica

Una rappresentazione critica e comprensibile della scienza, degli esperimenti e dei risultati, attuata con i mezzi di comunicazione di massa rappresenta un presupposto e uno strumento importante per l'informazione e l'educazione di tutti i soggetti che compongono la società. Le paure si annullano solo con la conoscenza e la comprensione. Come riconoscere e capire le relazioni complesse e giungere a una migliore comprensione della vita e, speriamo, a un migliore utilizzo di quanto è stato appreso? Questo avviene nel modo migliore quando si presentano le singole parti e i singoli risultati verificabili in una correlazione comprensibile e chiara. Per quanto riguarda la diffusione dell'informazione scientifica io credo che: «It's better to be simple than (absolutely) right».

7. Che cosa è consentito alla scienza?

Il singolo ricercatore, che si stupisce, pone domande e cerca soluzioni, ottiene il risultato di muovere nuova conoscenza. Il ricercatore deve scoprire per primo come funziona la natura, oltre a tutto ciò che è possibile farne nel rispetto delle regole fondamentali umane di cui la società dispone. La società deve quindi essere informata delle nuove scoperte, per poi decidere consapevolmente su cosa, tra ciò che è stato indagato e riconosciuto, debba essere utilizzato o proibito. Quando però la Chiesa, la politica, i demagoghi o i dittatori hanno voluto decidere cosa fosse consentito sapere e conoscere, e cosa invece no, i risultati sono sempre stati catastrofici. Per questo motivo sono convinto che il sostegno alla ricerca si identifichi nel sostegno ai progetti promossi dai singoli ricercatori, e non ai programmi voluti per motivazioni politiche; poiché di questi ultimi è troppo facile farne abuso. Inoltre, la società e la politica non devono ostacolare la ricerca con leggi troppo severe e complicate dal punto di vista amministrativo, nonché dispendiose, come quelle che regolano la sperimentazione animale o il trattamento delle cellule staminali. Gli scienziati coinvolti ricercano un ambiente di lavoro quanto più favorevole e produttivo possibile e spesso approdano proprio negli Stati Uniti.

8. La scienza e la probabilità

La scienza e la ricerca possono, nella maggior parte dei casi, soltanto avvicinarsi alla realtà o alla verità. Per questo ogni nuovo risultato scientifico molto raramente è definitivo, ma con ogni probabilità è più corretto del risultato precedente. Questo porta alcuni alla conclusione pessimista che l'unica certezza è rappresentata dalla prova che ogni risultato scientifico è falso. Nonostante ciò, e fortunatamente, il nostro avvicinamento alla realtà e alla verità è costante e graduale. Noi scienziati dobbiamo guardarci dal rischio dell'esagerazione, a cui i mass media e il successo ci espongono. Un risultato inverosimile e raro, o una piccolissima differenza, rischiano spesso di essere in questo modo sovrastimati, senza la dovuta attenzione verso l'improbabile rarità, il carattere eccezionale o la mancanza di significato della differenza.

9. Le false promesse

La scienza corre il rischio di ingannare la gente con false promesse o di destare eccessive speranze. In questo modo sono stati troppo spesso diffusi gli annunci sull'efficacia delle terapie antitumorali o dei vaccini per l'HIV. Anche gli esperti si ingannano a vicenda, soprattutto quando scelgono approcci sperimentali complessi, nei quali l'indagine riguarda contemporaneamente non uno, ma addirittura due o più fattori sconosciuti. Soprattutto nella biologia, e ancor di più nella neurologia e nell'immunologia, gli studiosi amano condurre incontrollabili e complessi «esperimenti nebulosa»: in realtà i migliori risultati si ottengono solo quando la scienza e la ricerca sono condotte applicando rigorosamente i criteri di riproducibilità, confutabilità e correggibilità.

10. Il caso o la pianificazione

Le nuove conoscenze derivano da quesiti razionalmente programmati o da osservazioni casuali? Di regola i ricercatori non fanno alcun esperimento senza aver prima posto il problema in termini ragionevoli. Se l'esperimento si limita a fornire la conferma dell'ipotesi, il risultato non è poi così interessante, poiché in realtà il risultato era già stato intuito o comunque previsto. Fortunatamente però ogni esperimento, anche quello più noioso, offre la possibilità di scoprire qualche cosa di inatteso, nuovo, differente, paradossale. Se il ricercatore non tende a dimenticare il risultato paradossale, ma si impegna ad approfondirne la natura, ecco che può scaturire nuova conoscenza. All'origine dello studio svolto da Peter Doherty e me – e premiato 23 anni più tardi con il Nobel – vi era proprio una scoperta casuale di quel genere, riguardante la capacità delle cellule immunitarie di riconoscere le cellule infettate da un virus. Il successo nella ricerca scientifica è dunque il risultato di una combinazione di conoscenza, esperienza, duro lavoro, ambiente scientifico favorevole, colleghi stimolanti, ottimi collaboratori, eccellenti infrastrutture – ma anche caso e fortuna.

11. La ricerca di base e la ricerca applicata

In realtà non esiste nessuna differenza tra la ricerca di base e quella applicata, la prima però è nella maggior parte dei casi vincolata a tempi più lunghi della seconda. Per me la ricerca di base della biomedicina soffre spesso del problema di esaminare sì differenze misurabili, ma spesso inutili o di scarso significato. D'altra parte la ricerca applicata, sviluppata a diretto contatto con la malattia può condurre con maggior facilità a una scoperta importante dal punto di vista biologico.

12. L'utilizzo della scienza

Le scienze naturali e la ricerca collegata sono alla base dello sviluppo di vari settori industriali, come la biotecnologia, l'industria farmaceutica e l'elettro-tecnica. L'utilizzo della ricerca fondamentale a lungo termine, oltre che della ricerca applicata a breve termine, svolge un ruolo fondamentale per la nostra economia e la nostra società. Per esempio sfociando nella creazione di nuovi farmaci, che nel caso di determinate patologie migliorano considerevolmente la qualità e la durata della vita; o di piante più produttive e più resistenti alle malattie, sviluppate con l'aiuto di lunghi e complicati processi di coltivazione o attraverso l'introduzione molto più rapida di geni resistenti.

Anche qui vale sempre la regola: niente false promesse! I farmaci senza alcun effetto collaterale non esistono. Tuttavia, è sempre preferibile una guarigione parziale – è indifferente se di un fattore 3, 10, 100 o 1000 – piuttosto che l'assenza di miglioramenti.

13. La fiducia nel futuro

La ricerca e la scienza lavorano per un futuro migliore. Più conoscenza, più capacità, più studio, ma anche il trasferimento della conoscenza nell'esperienza pratica, portano a un nostro miglior comportamento e significano innanzitutto un futuro migliore per l'umanità. Per questo ritengo che senza scienza e ricerca un futuro più umano non esista, così come non esiste senza arte e cultura, gioco e sport.

Rolf Zinkernagel
Nel 1996, Rolf Zinkernagel ottenne il Premio Nobel per la medicina,
assegnatogli quale riconoscimento per il suo contributo alla scoperta del
meccanismo con cui il sistema immunitario distingue le cellule sane da
quelle infettate dai virus. Zinkernagel condivise il premio con Peter Doherty.

MY THOUGHTS ON SCIENCE AND RESEARCH
Rolf Zinkernagel

1. Outstanding scientific achievements

Research, like art and sport, thrives on excellent results, and on unique and extraordinary achievements. This makes research exciting, but also very undemocratic and elitist. At the same time science is the basis of social and economic progress. The changes that ensue as a result of research and the impact such changes may have on our lives often make science vulnerable to attack on moral and ethical grounds. The discrepancy between the outstanding achievements in research and the criticism to which this research is subjected explains the ambivalent attitude of society towards science.

2. Fascination of research

To be the first person to see and recognise, discover and understand "how it works" is an incredibly satisfying and happy experience. Researching and discovering how nature actually functions is the source, in my opinion, of one of the most wonderful fulfilments in this world.

3. Competition

In research and science, as in sport and art, competition is essential. This applies to everyone involved and to all levels of involvement: to professors and students, universities and schools, small start-ups and large industries, as well as to towns, cities and countries.

We are very comfortable in Switzerland – perhaps too comfortable, in fact, so that we often stop competing. Unfortunately, we are also risk-averse and have a tendency to encourage mediocrity. Real competition, however, entails rewarding those who are better and downgrading those who are uncompetitive. To make Swiss companies and institutions more competitive, Switzerland needs to increase competition from all over the world. That means: open borders and make room for the best.

4. Public and private funding

In a direct democracy, public funds are available to everybody, which makes it hard to disburse them on an elitist basis. Private monies, however, can much more easily foster and even intensify competition, not only when it comes to recruiting research professors, but also among students (in the form of scholarships, for example). It is no coincidence that many of the world's leading research institutions, such as Harvard, Yale, Stanford and Princeton, are private universities. In Switzerland, the first faint-hearted attempts are only now being made to distribute public funds on the basis of achievements. At the medical faculty of the University of Zurich, public funds account for a mere 5 per cent of the research budget. And even the biology section of the Swiss National Science Foundation still sets some limits on their contributions. This hinders open competition and hampers performance-related promotion of research.

5. An anti-science mentality

Our society has a very critical attitude towards science and research, an attitude that is also fostered by the media, as well as by social and educational institutions. This makes a rational approach to research difficult. Having been proved that the measles vaccine reduces the serious effects of the disease by 100 to 1000 times, the misbelief that a natural measles infection helps children to "mature" becomes unacceptable. Yet this is exactly the kind of thing that is being proclaimed – and even sanctioned – publicly. A similar example is provided by the idea that genetically modified plants present a health hazard because they directly or indirectly modify our food by altering proteins and sugars. There is absolutely no evidence to suggest that this is true! Anyone who does not know what a gene or a virus is, or how proteins are made and digested, is, in my opinion, as unfit to survive in our present-day society as someone ignorant of the rules of the road. The following statistics from *Science* magazine are very interesting in this context: whereas only 8 per cent of the Norwegian population would invoke the Bible's creation story rather than Darwin's scientifically founded theory of evolution as the basis of their world view, the corresponding figure for Switzerland is 40 per cent and for the United States over 50 per cent. This is shocking!

We researchers and scientists must do much more to provide citizens and, above all, teachers and children with better information.

6. Public-relations work

The intelligible and critical presentation of science – of scientific experiments and their results – in the popular media is a precondition for, and an invaluable way of informing and educating all members of society. Only knowledge and understanding can reduce people's fears. How can we grasp complex questions and arrive at a better understanding of life and apply what we have learned? Our aim must be to create a picture that is both complete and understandable. Therefore, when communicating science, "it's better to be simple than (absolutely) right."

7. What should science do?

The individual researcher who is prepared for surprises, who asks questions and seeks solutions, moves science. Respecting the basic rules of human society, the research scientist must first establish, for the benefit of society, how nature works and what choices are available to him. Society must then be informed about new discoveries so that it can decide, in full awareness of its choices, which avenues should be pursued and which ones should be discouraged. But whenever churches, politicians, demagogues and dictators have been left to decide what others should – or should not – know or discover, the consequences have been disastrous. For this reason, supporting research means, in my view, sponsoring projects initiated by individual researchers. It does not mean funding politically motivated programmes, for these are all too often misused. Furthermore, society and the state should not impede research by passing overly strict laws, too complicated to administer, which ban animal experimentation or hamper stem-cell research. Scientists affected by such measures simply look for the best and most productive environments and often end up in the US.

8. Science and probability

In general, science and research can only approximate reality and the truth. A new scientific finding or result is thus rarely definitive, although it is still likely to be more correct than an earlier result. For this reason, some have ended up taking the pessimistic view that the only certainty we have is the proof that a scientific result is wrong. Fortunately, we are nevertheless always getting closer to reality and truth. However, we scientists must also take care not to exaggerate our findings, an inclination often encouraged by both the pressure to succeed and the media. Frequently, an improbable and questionable result or trivial difference is exaggerated without anyone taking the trouble to point out the exceptional character or the insignificance of the finding.

9. False promises
Science is in danger of deceiving people or of raising exceedingly high hopes by making false promises. All too often, for example, reports are published announcing a cure for cancer or an HIV vaccine. And experts also deceive one another, especially when they perform "nebulous" experiments that examine not one, but two or more unknown factors at the same time. This kind of practice is found, above all, in biology, and even more so in neurobiology and immunology. Only when science and research are subjected to the tough criteria of reproducibility, falsifiability and correctibility will we find ourselves moving towards better knowledge and insight.

10. Accidental discoveries
Do we gain insight through rationally planned questions or chance observations? In general, researchers do not conduct experiments unless a rational question inspires them to do so. A result that merely confirms a posed question is not particularly interesting, because the researcher suspects or knows the result from the start. Fortunately, however, every experiment contains the possibility that one might discover something unexpected, new, different or paradoxical. As long as we, as research scientists, do not ignore or overlook paradoxical findings of this nature, but continue to get to the root of them, we can make new breakthroughs. One such accidental discovery – namely, of how immune cells identify cells that are infected by viruses – formed the basis of work done by Peter Doherty and myself, which led to our receiving the Nobel Prize twenty-three years later. In our case, which was in this sense no doubt exemplary, scientific success was the result of knowledge, experience, hard work, a good scientific environment, stimulating colleagues, first-rate staff, an excellent infrastructure – as well as of opportunity and good luck.

11. Basic research and applied research
There is no real difference between basic research and applied research, except that the former is generally projected over a longer period of time than the latter. In my opinion, basic research in the field of biomedicine often faces the problem that although it establishes measurable differences, these are often not particularly meaningful. Applied research, in contrast, when conducted in the context of a specific disease, for example, more easily produces biologically significant results.

12. Applying science
The natural sciences and related research form the basis of various branches of Swiss industry, such as bioengineering, the pharmaceuticals industry and electrical engineering. Long-term basic research and short-term applied research are very important for our society. They provide us with new drugs, for instance, which greatly improve both the quality of life and increase life expectancy of people suffering from diseases; they give us more productive and disease- resistant plants that are developed either through traditional

breeding methods or genetic engineering.

The same applies here, too: no false promises! There is no such thing as a drug without side effects. But improving the treatment of an illness – whether by a factor of 3, 10, 100, or 1,000 – is obviously better than no improvement at all.

13. Faith in the future

Researchers and scientists are working for a better future. More knowledge, improved skills, more learning, as well as their application and translation into better practise mean, above all, a better future for humans and our world. I firmly believe that without science and research – and without art and culture, games and sport – we cannot hope for a more humane future.

Rolf Zinkernagel
In 1996 Rolf Zinkernagel, together with Peter Doherty, was awarded the Nobel Prize for Medicine "for his research into the biochemical mechanism whereby the body's immune system identifies and destroys cells attacked by viruses."

DIE SCHWEIZ – EIN KLEINES LAND MIT GROSSER FORSCHUNG

In der Schweiz hat man über Generationen jungen Menschen das Bewusstsein mit auf den Lebensweg gegeben, ein kleines Land ohne Bodenschätze könne nur dank besonderem Erfindergeist, Tugend und Fleiss überleben. Im Zeitalter der Globalisierung gilt diese Wahrheit erst recht – auch für Länder, welche über mehr natürliche Ressourcen verfügen als die Schweiz. Und was man früher «Erfindergeist» nannte, heisst heute «Forschung und Innovation».

Tatsächlich hat sich die Schweiz innerhalb eines guten Jahrhunderts vom Agrarstaat zu einer führenden Wissensnation entwickelt. Es ist Mode, Hochschulen international zu vergleichen – «Ranking» heisst das auf Neudeutsch. Welche der zahlreichen Rankings man auch immer konsultiert, immer findet man Schweizer Hochschulen unter den besten 100, ja sogar unter den besten 50. Das trifft unter den europäischen Staaten nur noch für England zu. Misst man den Erfolg der in der Schweiz durchgeführten Forschung anhand von Indikatoren wie der Anzahl der wissenschaftlichen Publikationen, Patentanmeldungen oder Nobelpreisträger, so ist die Schweiz immer in der Spitzengruppe positioniert, oft sogar an erster Stelle. Deshalb ist sie eine gesuchte Partnerin bei internationalen Forschungspartnerschaften.

Nachholbedarf bei den öffentlichen Forschungsgeldern

Solche Erfolge fallen nicht vom Himmel. Vielmehr sind sie das Produkt einer umsichtigen und langfristigen Forschungspolitik. Gemeinsam investieren die öffentliche Hand und die Privatwirtschaft 2,9 Prozent des Bruttoinlandsprodukts in die Forschung. Das entspricht fast dem von der Europäischen Union für 2010 gesetzten Ziel von 3 Prozent. Diese Marke wird nur von Schweden, Finnland, Japan, Südkorea und Island übertroffen. Angeführt wird die Liste von Schweden mit 4,0 Prozent. Es ist sicher kein Zufall, dass man in dieser Spitzengruppe vor allem kleine Länder findet.

Im Falle der Schweiz hat die erwähnte Zahl von 2,9 Prozent allerdings einen kleinen Schönheitsfehler: Die Forschungsinvestitionen der Privatwirtschaft sind nämlich dreimal grösser als jene der öffentlichen Hand (2,2 gegenüber 0,7 Prozent). Dabei handelt es sich nur um die inländischen Investitionen der Unternehmen; zusätzlich investieren Schweizer Firmen einen ähnlich grossen Betrag im Ausland in die Forschung. Anders gesagt: Während die Privatwirtschaft ihre Hausaufgaben mehr als gemacht hat, liegt der Staat mit seinen 0,7 Prozent deutlich zurück. Es war daher ein wichtiges Zeichen, dass das Schweizerische Parlament im letzten Jahr beschlossen hat, das Budget für den Bereich Bildung, Forschung und Innovation für 2008–2011 um jährlich 6 Prozent zu erhöhen.

Konkurrenz und Kooperation

Geld ist nötig, aber es garantiert allein noch keine erfolgreiche Forschung. Dazu braucht es auch die richtigen institutionellen und organisatorischen

Voraussetzungen. Die von der öffentlichen Hand finanzierte Forschung findet vorwiegend an den zwei eidgenössischen und zehn kantonalen Hochschulen statt. Bund und Kanton betreiben zudem gewisse ausseruniversitäre Forschungsanstalten (wie etwa das Paul-Scherrer-Institut und drei weitere Forschungsanstalten im ETH-Bereich) sowie sieben Fachhochschulen; auch sie forschen mit öffentlichen Geldern. Das Staatssekretariat für Bildung und Forschung will mit seiner Forschungspolitik – unter Wahrung der Autonomie der genannten, zur öffentlichen Forschung beitragenden Institutionen – mithilfe einer kompetitiven Mittelverteilung die Zusammenarbeit dieser Institutionen und der Forschenden in der Schweiz verstärken. Zudem soll der Forschungsplatz durch die Schaffung von strategischen Schwerpunkten international noch konkurrenzfähiger werden.

Kreativität und Exzellenz fördern

Um Forschende anzuspornen, sind stabile Verhältnisse ebenso nötig wie Wettbewerbsanreize: Auf der einen Seite stehen die Grundbeiträge an die Institutionen, auf der anderen der Wettstreit um zusätzliches Geld für exzellente Forschende. Neben den Rahmenprogrammen für Forschung und technologische Entwicklung der EU sind der Schweizerische Nationalfonds (SNF) und die Förderagentur für Innovation (KTI) die wichtigsten kompetitiven Förderinstrumente der Schweiz. Namentlich mit dem SNF steuert die Schweiz einen besonderen Kurs, welcher Teil des Erfolges der Schweizer Forschung ist: 84 Prozent der Mittel des SNF fliessen in die freie Forschung. Das heisst, die Wissenschaftlerinnen und Wissenschaftler bestimmen mit ihren Anträgen selbst, für welche Forschung genau die Gelder verwendet werden. Die Projekte werden durch internationale Experten evaluiert, und nur die besten werden finanziert. Auch bei den restlichen 16 Prozent der verteilten SNF-Mittel, der so genannten orientierten Forschung, entstanden die heute 20 Nationalen Forschungsschwerpunkte aufgrund eines freien, alle Disziplinen übergreifenden Wettbewerbs von Forschungsnetzwerken.

Selbstverständlich soll Forschung einen gesellschaftlichen Nutzen abwerfen. Es wäre aber fatal, daraus den Schluss zu ziehen, Forschungsförderung müsse sich auf angewandte, direkt zur Innovation führende Projekte beschränken. Die Erfahrung lehrt, dass es zwischen Grundlagen- und angewandter Forschung keinen prinzipiellen Unterschied gibt. Oft finden scheinbar nutzlose Forschungsresultate später eine unerwartete Anwendung. Ähnlich wie in der Planwirtschaft bergen Versuche, von oben die Forschung über die Köpfe der Forschenden hinweg auf scheinbar ökonomischen Erfolg versprechende Gebiete zu lenken, die Gefahr eines ineffizienten Einsatzes von personellen und finanziellen Mitteln. Damit soll nicht gesagt sein, dass forschungspolitische Instrumente generell unnötig sind. Es braucht diese durchaus; nur haben sie sich primär auf Umfang und Art der Forschungsförderung zu beziehen – und nicht auf die Auswahl der wissenschaftlichen Themen.

Nachwuchs und Weltoffenheit

Spitzenforschung ist ohne talentierten Nachwuchs undenkbar. Die Förderung von jungen Forschenden im Übergang vom Doktorat zu einer permanenten akademischen Stelle ist deshalb ein weiteres zentrales Element der Forschungsförderung durch die öffentliche Hand. Hier spielt der SNF mit verschiedenen Förderinstrumenten eine wichtige Rolle: Diese ermöglichen es jungen Forschern zum Beispiel, eine eigene, unabhängige Forschungsgruppe aufzubauen oder erste Erfahrungen im Ausland zu sammeln.

Die internationale Zusammenarbeit bildet das dritte Element der Schweizer Forschungspolitik, ja sie stellt geradezu den Kern des Erfolges dar. Nicht nur arbeiten Schweizer Forschergruppen sehr häufig mit ausländischen Partnern zusammen, sodass mehr als die Hälfte aller wissenschaftlichen Publikationen aus der Schweiz mindestens einen Koautor oder eine Koautorin aus dem Ausland hat. Wichtiger noch ist der Austausch von Forschenden über die Grenzen hinweg. Viele Absolventen Schweizer Hochschulen forschen zumindest eine Zeit lang im Ausland und bringen von dort neue Ideen und neue Kenntnisse zurück. Ferner besitzt der Schweizer Forschungsplatz für Forschende aus dem Ausland, seien es Doktoranden, Postdoktoranden oder Professoren, eine grosse Attraktivität. Ohne diesen Zustrom würde in gewissen Gebieten Nachwuchs fehlen. Nimmt man das Ziel der Forschungspolitik ernst, wonach die Besten zu fördern sind, darf sich eine erfolgreiche Forschung nicht an der Nationalität der Forschenden ausrichten. Umgekehrt ist es aber – wie beim Sport – essenziell, dass sich unter diesen Besten immer auch eine gute Zahl von Schweizern findet. Sonst verliert der Forschungsplatz Schweiz seine Wurzeln.

Herausforderungen

Spitzenplätze taugen nicht zum Ausruhen; denn in einer globalisierten Welt kennt die Konkurrenz keine Grenzen. Die kleine Schweiz wird sich als Forschungsnation nur behaupten können, wenn sie weiterhin bereit ist, ihre besten Talente für eine Forscherkarriere zu gewinnen und sie mit genügend Mitteln auszustatten. Das Abenteuer Forschung muss in der Gesellschaft ebenso gegenwärtig sein wie etwa das Abenteuer Fussball. Leider wird die Forschung oft als Bedrohung und nicht als Chance gesehen – eine Chance, welche uns in der Vergangenheit die Grundlage für eine beispiellose Verbesserung unserer Lebensqualität geliefert hat. Die Forschenden müssen deshalb auch selber den Dialog mit der Öffentlichkeit suchen und aufzeigen, dass hinter erfolgreicher Forschung Menschen stehen, welche mit grossem Einsatz und Hartnäckigkeit, aber auch mit Herzblut den Dingen auf den Grund gehen und so die Basis schaffen für die Lösung der grossen Herausforderungen, vor denen die Menschheit steht.

Mauro Dell'Ambrogio
Staatssekretär für Bildung und Forschung

Dieter Imboden
Präsident des Forschungsrates des Schweizerischen Nationalfonds (SNF)

LA SUISSE – UN PETIT PAYS OÙ LA RECHERCHE VOIT GRAND

En Suisse, des générations durant, on a inculqué aux jeunes qu'un petit pays sans ressources naturelles dans son sol ne pouvait survivre qu'en faisant preuve de beaucoup d'inventivité, d'efficacité et d'assiduité. A l'ère de la mondialisation, cette vérité vaut plus que jamais – même pour les pays qui disposent de plus de ressources naturelles. La compétence qu'on appelait autrefois « inventivité » peut être traduite aujourd'hui par les termes « recherche et innovation ».

En un peu plus d'un siècle, la Suisse, ancien pays agraire, est devenue une nation de premier plan en matière de savoirs. La comparaison internationale entre les hautes écoles – les fameux « ranking » – est à la mode. Or quel que soit celui qu'on consulte, les hautes écoles helvétiques figurent très souvent parmi les cent, voire les cinquante meilleures. En comparaison européenne, seule l'Angleterre fait aussi bien avec quelques-unes de ses institutions de pointe. Et si l'on mesure le succès de la recherche menée en Suisse à l'aune d'indicateurs tels que le nombre de publications scientifiques, de brevets déposés ou de prix Nobel par habitant, la Suisse figure toujours dans le peloton de tête, souvent même au premier rang. Elle est donc devenue un partenaire attrayant sur le plan international.

Retard à rattraper dans le financement public de la recherche

De tels succès ne tombent pas du ciel. Ils sont le fruit d'une politique de recherche bien pensée sur le long terme. Ensemble, les pouvoirs publics et l'économie privée investissent 2,9 % du produit intérieur brut dans la recherche, soit à peine moins que l'objectif de 3 % que l'Union européenne (UE) s'est fixé pour 2010. Un seuil que ne dépassent que la Suède, la Finlande, le Japon, la Corée du Sud et l'Islande. La Suède figure d'ailleurs au premier rang de cette liste, avec 4 %. Et ce n'est certainement pas un hasard si y figurent essentiellement des petits pays.

Concernant la Suisse, le chiffre de 2,9 % souffre toutefois d'une petite imperfection: les investissements dans la recherche consentis par l'économie privée sont trois fois plus élevés que ceux des pouvoirs publics (2,2 contre 0,7 %). Et il ne s'agit là que des investissements que nos entreprises effectuent en Suisse; les firmes helvétiques dépensent en effet un montant analogue dans la recherche à l'étranger. Autrement dit: alors que l'économie privée a plus que rempli sa part, l'Etat se situe nettement en dessous avec son 0,7 %. En décidant l'année dernière d'augmenter le budget de 6 % par an dans le domaine de la formation, de la recherche et de l'innovation pour la période 2008–2011, le Parlement suisse a envoyé un signal fort.

Concurrence et coopération

L'argent est important mais il ne garantit pas à lui seul le succès de la recherche. Pour atteindre les objectifs fixés, certaines conditions institutionnelles et organisationnelles sont requises. La recherche financée par les pouvoirs publics se fait principalement dans le cadre des deux Ecoles polytechniques fédérales (EPF) et des dix Hautes écoles cantonales. La Confédération et les cantons financent par ailleurs des institutions de recherche extra-universitaires (comme l'Institut Paul Scherrer et trois autres établissements de recherche appartenant au domaine des EPF), ainsi que sept Hautes écoles spécialisées; là aussi, la recherche s'appuie sur des fonds publics. Tout en préservant l'autonomie des institutions, le Secrétariat d'Etat à l'éducation et à la recherche vise à renforcer la collaboration interuniversitaire, par une attribution compétitive des fonds, ainsi que par l'identification de pôles stratégiques, à rendre notre place scientifique encore plus concurrentielle sur le plan international.

Encourager la créativité et l'excellence

Pour être motivés, les scientifiques ont autant besoin de conditions stables que d'être incités à faire preuve de compétitivité. Cette dualité se concrétise d'un côté par un financement de base accordé aux institutions, de l'autre par une mise en concurrence pour des fonds supplémentaires destinés aux meilleurs chercheurs. Outre les programmes cadre pour la recherche et le développement technologique de l'UE, le Fonds national suisse et l'Agence pour la promotion de l'innovation (CTI) sont les principaux instruments d'encouragement helvétiques. Avec le FNS notamment, la Suisse suit une voie propre qui est partie intégrante du succès de sa recherche: 84% des moyens financiers dont dispose le FNS sont alloués à la recherche dite «libre». Cela signifie que les scientifiques, par le biais des requêtes qu'ils déposent au FNS, décident eux-mêmes pour quelle recherche ces fonds seront utilisés. Les projets sont évalués par des experts internationaux et seuls les meilleurs sont financés par le FNS. En recherche dite «orientée» (16% du budget FNS), les projets sont aussi mis en concurrence. C'est ainsi le cas pour les vingt Pôles de recherche nationaux en cours.

La recherche doit bien sûr rapporter des bénéfices à la société. Mais il serait fatal d'en conclure qu'elle doit se limiter à des projets d'application débouchant directement sur l'innovation. L'expérience nous apprend qu'il n'existe pas de différence de principe entre recherche fondamentale et recherche appliquée. Souvent, des résultats de recherche a priori inutiles trouvent par la suite une application inattendue. Tout comme l'économie planifiée, les tentatives de diriger la recherche depuis le haut vers des domaines apparemment prometteurs de succès économique, en faisant fi de l'avis des chercheurs, portent en germe le risque d'investissements humains et financiers inefficaces. Cela ne signifie pas pour autant que les instruments d'encouragement de la recherche soient inutiles. Ils ont au contraire toute leur raison d'être, mais doivent porter en premier lieu sur le montant et le mode d'encouragement et non sur le choix des thèmes scientifiques.

Relève et ouverture sur le monde

Sans une relève de talent, une recherche de pointe est impossible. Le soutien aux jeunes scientifiques durant la période de transition entre le doctorat et un poste académique permanent représente donc un autre élément de l'encouragement à la recherche mené par les pouvoirs publics. A ce niveau, le FNS joue un rôle essentiel, avec plusieurs instruments. Ceux-ci permettent par exemple aux jeunes scientifiques de vivre une première expérience à l'étranger, ou de mener avec leur propre équipe des projets de recherche.

La collaboration internationale constitue le troisième pilier de la politique suisse de la recherche. Elle est même au cœur de son succès. Les équipes de recherche helvétiques collaborent très souvent avec des partenaires étrangers, à tel point que plus de la moitié des publications en Suisse sont cosignées par au moins un auteur étranger. Plus important encore: l'échange entre scientifiques au niveau international. De nombreux diplômés des Hautes écoles de Suisse font un séjour de recherche à l'étranger, dont ils ramènent nouvelles idées et connaissances. Par ailleurs, la place scientifique suisse revêt un grand attrait à l'étranger aux yeux des doctorants, post-doctorants et professeurs. Sans ceux-ci, la relève viendrait à manquer dans certains domaines. Si l'on prend au sérieux l'objectif d'une politique qui entend encourager les meilleurs, une recherche vouée au succès ne doit pas s'orienter en fonction de la nationalité des scientifiques. A l'inverse – comme en sport – il est essentiel qu'un nombre important de Suisses figurent parmi les meilleurs. Sans quoi la place scientifique suisse risque de perdre ses racines.

Défis

Les places en tête de peloton n'autorisent aucune paresse car, dans un monde globalisé, la concurrence ne connaît pas de frontières. La petite Suisse ne pourra s'affirmer comme nation scientifique que si elle reste prête à convaincre les meilleurs talents de faire carrière dans la recherche, et cela en les dotant de moyens suffisants. L'aventure de la recherche devrait jouir de la même présence dans la société que le football. Malheureusement, la recherche est souvent perçue comme une menace et non comme une chance. Chance qui, par le passé, nous a fourni les bases d'une amélioration sans précédent de notre qualité de vie. Les scientifiques doivent donc s'efforcer de dialoguer avec le public. Et montrer que derrière des travaux de recherche couronnés de succès, il y a des personnes qui, avec beaucoup d'engagement, de ténacité et de cœur à l'ouvrage, vont au fond des choses. Des personnes qui posent des bases pour résoudre les grands défis que l'humanité doit relever.

Mauro Dell'Ambrogio
Secrétaire d'Etat à l'éducation et à la recherche

Dieter Imboden
Président du Conseil de la recherche du Fonds national suisse (FNS)

LA SVIZZERA, UN PICCOLO PAESE CON UNA GRANDE RICERCA

A intere generazioni di giovani svizzeri è stata inculcata l'idea che un piccolo Paese povero di risorse naturali può sopravvivere soltanto grazie all'ingegno e alla perseveranza. Questo assunto vale più che mai nell'era della globalizzazione, anche per quei Paesi che rispetto alla Svizzera dispongono di maggiori risorse naturali. Ciò che una volta era chiamato «ingegno», lo si potrebbe oggi indicare con i termini «ricerca e innovazione».

Grazie alla sua lunga e consolidata tradizione di ricerca, la Svizzera è oggi perfettamente attrezzata per fronteggiare la concorrenza internazionale. Nel giro di un secolo ha saputo trasformarsi da piccolo Stato agricolo in nazione guida nel campo scientifico. A parte l'Inghilterra, che può contare su alcuni istituti di punta, la Svizzera è l'unico Paese europeo le cui università figurano tra le prime cinquanta al mondo. Se si misura il successo nella ricerca con indicatori quali il numero di pubblicazioni scientifiche, le domande di brevetto o i vincitori di premi Nobel, la Svizzera risulta generalmente nel gruppo di testa e spesso addirittura al primo posto. Per questo la Svizzera è un Paese particolarmente sollecitato nell'ambito di partenariati internazionali di ricerca.

Recuperare il terreno perso nel finanziamento pubblico della ricerca

Questi successi non piovono dal cielo, ma sono il frutto di una politica della ricerca accorta e lungimirante. In questo settore gli investimenti pubblici e privati raggiungono il 2,9 per cento del prodotto interno lordo, situandosi dunque appena al di sotto del 3 per cento, che è l'obiettivo fissato dall'Unione Europea per il 2010. Un valore per ora superato soltanto da Svezia (prima in classifica con un investimento pari al 4 per cento), Finlandia, Giappone, Corea del Sud e Islanda. La notevole presenza, nel gruppo di testa, di Paesi di piccole dimensioni non è certamente casuale.

Dietro il 2,9 per cento della Svizzera si cela però una singolarità: gli investimenti privati nella ricerca scientifica rappresentano il triplo di quelli pubblici (il 2,2 rispetto allo 0,7 per cento). Il dato tiene conto soltanto degli investimenti interni, senza considerare che le imprese svizzere investono altrettanto anche nella ricerca svolta all'estero. In altre parole: mentre il settore privato ha fatto più del dovuto, quello pubblico langue, e rimane a quota 0,7 per cento. La decisione presa lo scorso anno dal Parlamento svizzero, volta ad aumentare annualmente del 6 per cento i fondi per l'educazione, la ricerca e l'innovazione nel periodo 2008–2011, è dunque un ottimo segnale.

Concorrenza e cooperazione

Il denaro è necessario, ma da solo, senza adeguate condizioni organizzative e istituzionali, non basta a garantire il successo della ricerca. La ricerca finanziata con i soldi pubblici è prevalentemente concentrata nei due politecnici federali (PF) e nelle dieci università cantonali. Confederazione e Cantoni gestiscono inoltre diversi istituti di ricerca extrauniversitari (per esempio l'Istituto Paul Scherrer e altri tre istituti di ricerca del settore dei PF) e sette scuole universitarie professionali, anch'esse finanziate con denaro pubblico. La Segreteria di Stato per l'educazione e la ricerca vuole potenziare la collaborazione tra queste istituzioni e gli studiosi che operano in Svizzera mediante una ripartizione su base competitiva delle risorse, nel rispetto dell'autonomia delle istituzioni appena menzionate, attive nella ricerca pubblica. La piazza scientifica deve inoltre diventare ancora più concorrenziale sul piano internazionale tramite l'istituzione di poli strategici.

Promuovere la creatività e l'eccellenza

La motivazione dei ricercatori va sostenuta con condizioni stabili e con incentivi alla competizione. Di questa doppia esigenza si tiene conto, da un lato, con i sussidi di base accordati alle istituzioni e, dall'altro, con la competizione per i finanziamenti aggiuntivi destinati ai ricercatori d'eccellenza. Accanto ai programmi quadro per la ricerca e lo sviluppo tecnologico dell'Unione europea, i più importanti strumenti di sostegno su base competitiva a disposizione della Confederazione Svizzera sono il Fondo nazionale svizzero per la ricerca scientifica (FNS) e l'Agenzia per la promozione dell'innovazione (CTI). La Svizzera, soprattutto tramite il FNS, segue una via particolare, che ha contribuito in modo significativo al successo della ricerca: l'84 per cento delle risorse a disposizione del FNS è destinato alla ricerca libera. Ciò significa che sono i ricercatori stessi, sulla base dei progetti presentati al FNS, a definire l'impiego finale dei fondi. I progetti sono valutati da esperti internazionali e soltanto i migliori beneficiano di un finanziamento. Anche il rimanente 16 per cento delle risorse distribuite dal FNS, destinato alla cosiddetta ricerca orientata, è stato assegnato in base a una libera competizione tra le reti di ricerca di tutte le discipline, che ha portato alla costituzione degli attuali 20 Poli di ricerca nazionali (PRN).

La ricerca deve ovviamente portare benefici alla società. Tuttavia sarebbe assolutamente sbagliato limitare il sostegno ai progetti di ricerca applicata con ricadute immediate sull'innovazione. L'esperienza insegna che non esiste alcuna differenza di principio tra la ricerca applicata e quella di base. Spesso accade che alcuni risultati apparentemente privi di utilità consentano in un secondo momento applicazioni inaspettate. Come nell'economia pianificata, i tentativi di orientare la ricerca dall'alto verso il basso, in campi che privilegiano unicamente successi economici, conducono spesso a un uso inefficiente delle risorse economiche e umane. Questo non significa che gli strumenti politici di promozione della ricerca siano inutili. Al contrario: sono assolutamente necessari, ma limitatamente alla definizione dell'importo e delle modalità della promozione scientifica, senza interferenze sulla scelta dei temi da studiare.

Le nuove leve e l'apertura sul mondo

Una ricerca scientifica di punta è impensabile senza un ricambio generazionale. Per questo motivo l'aiuto fornito ai giovani nella transizione dal dottorato a un impiego accademico permanente rappresenta un ulteriore fattore determinante di sostegno alla ricerca condotta con fondi pubblici. Il ruolo svolto dal FNS, attraverso i vari strumenti di incentivazione a sua disposizione, è estremamente importante. Permette ad esempio ai giovani ricercatori di creare un proprio gruppo di ricerca indipendente o di accumulare le prime esperienze all'estero.

Il terzo cardine – e senza ombra di dubbio l'elemento chiave del successo della politica scientifica svizzera – è rappresentato dalla cooperazione internazionale. I gruppi di ricerca svizzeri collaborano spesso con partner internazionali. Oltre la metà delle pubblicazioni scientifiche prodotte in Svizzera sono infatti firmate anche da un'autrice o da un autore estero. Ancora più determinante è la mobilità internazionale: è in continuo aumento il numero di ricercatori di scuole universitarie svizzere che trascorrono almeno un periodo di studio all'estero facendo tesoro di nuove idee e conoscenze. La piazza della ricerca scientifica svizzera rappresenta inoltre un polo di grande attrazione per gli scienziati stranieri, siano essi dottorandi, postdottorandi o professori. Senza questa importazione di cervelli ci sarebbe una penuria di giovani leve in alcune discipline. Se si vuole perseguire con serietà l'obiettivo politico di incoraggiare i migliori, si deve fare in modo che la ricerca non sia legata alla nazionalità dei ricercatori. Viceversa, è importante che un buon numero di svizzeri figuri sempre tra i migliori, come nello sport, altrimenti l'agora scientifica svizzera rischia di perdere le sue radici.

Le sfide

Non è ammesso riposare sugli allori, poiché in un mondo globalizzato la concorrenza non conosce frontiere. La piccola Svizzera potrà affermarsi come nazione scientifica soltanto se sarà disposta a convincere i migliori talenti a intraprendere una carriera scientifica e a fornire loro i mezzi adeguati. L'avventura della ricerca deve essere vissuta dalla società con lo stesso entusiasmo di quella calcistica. Purtroppo la scienza è spesso percepita più come una minaccia che come un'opportunità. Un'opportunità che nel passato ha permesso di gettare le basi per un miglioramento senza eguali della qualità della nostra vita. Per questo motivo anche gli studiosi devono cercare il dialogo con il pubblico e mostrare come dietro ai successi della ricerca ci sono persone che con molto impegno e ostinazione – ma anche con molta passione – vanno al fondo delle cose e creano le basi per affrontare le grandi sfide che attendono l'umanità.

Mauro Dell'Ambrogio
Segretario di Stato per l'educazione e la ricerca

Dieter Imboden
Presidente del Consiglio della ricerca del Fondo nazionale svizzero (FNS)

SWITZERLAND: A SMALL COUNTRY, BUT BIG ON RESEARCH

For generations now, young people in Switzerland have been taught that a small country lacking in natural resources can only survive if it relies on "inventive genius, virtue and diligence". In the age of globalisation, this is truer than ever and, indeed, also applies to countries with more abundant natural resources than Switzerland. And what was once called "inventive genius" now goes under the name of "research and innovation".

In just over a century, Switzerland has transformed itself from a country based on agriculture into one powered by brain-work. No matter which rankings one consults, Switzerland's universities are very often ranked among the world's top 100, if not among the top 50. Today the only other European country in a comparable position is the United Kingdom with some of its leading institutions. If the success of Swiss research is measured by such criteria as number of scientific publications, registered patents or number of Nobel Prize winners per capita, then Switzerland is always among the leaders, and often occupies the first place. Therefore Switzerland has become a much wanted partner of international research projects.

Public research grants are lagging behind

Success didn't come overnight. Rather, it is the result of a prudent long-term research policy. Jointly, the state and the private sector invest 2.9 per cent of the country's gross domestic product in research – only slightly less than the target of 3 per cent that the European Union has set itself for 2010. This figure is bettered only by Sweden, Finland, Japan, South Korea and Iceland, with Sweden's 4 per cent occupying first place. It is surely no accident that most of these frontrunners are "small" countries.

In the case of Switzerland, the above-mentioned figure of 2.9 per cent does, however, conceal a slight problem: private-sector investment in research is three times higher than that of the public sector (2.2 compared to 0.7 per cent). Moreover, these figures refer only to the companies' domestic investments; Swiss firms invest a similar amount in research abroad. In other words, whereas the private sector has made a more than adequate contribution, the state is lagging way behind with its 0.7 per cent. So when the Swiss parliament decided to increase the budget for education, research and development at a rate of 6 per cent per annum for the period 2008–2011, it was sending an important signal.

Competition and cooperation

Although money is essential, it does not guarantee good research. Research is successful only when the appropriate institutional and organisational prerequisites are in place. Research funded by the Swiss public sector is performed mainly at the two federal and ten cantonal universities. The state and the cantons also run research institutions associated with universities – such as the Paul Scherrer Institut and three other research institutes of the ETH do-main – as well as seven universities of applied sciences, whose research is also funded with public money. The research policy of the State Secretary for Education and Research endeavours to strengthen cooperation between these institutions and researchers in Switzerland by distributing funds on a competi-tive basis while at the same time preserving the autonomy of the institutions. Furthermore, Swiss research is to be given a more international character and made more competitive by identifying areas of strategic importance.

Fostering creativity and excellence

In order to spur on researchers, stable conditions (financial backing for insti-tutions) and incentives encouraging competitive behaviour (such as grant awards to excellent researchers) are needed. In addition to the EU Framework Programme for Research and Technical Development, the Swiss National Science Foundation (SNSF) and the Innovation Promotion Agency (KTI) are the most important sources of government financial support in Switzerland. With the SNSF, Switzerland has adopted an unusual approach, which partly accounts for the country's success: of the money disbursed by the SNSF, 84 per cent flows back into independent basic research. This means that, when scientists apply for funds, they themselves determine precisely which research projects will receive grants. Projects are evaluated by international experts, and only the best are funded. Even among the remaining 16 per cent of the budget, the so-called oriented research, most of the projects are created by a bottom-up competition. This is particularly true for the presently supported twenty National Centres of Competence in Research (NCCR).

Obviously, research should be useful to society. However, it would be a serious mistake to conclude that research funds must be restricted solely to applied projects that produce innovative results. Experience shows that there is no fundamental difference between basic and applied research. Seemingly useless research results often later find an unanticipated use. And, as with state-planned economies, attempts to channel research from above (over the heads of the researchers) into areas that seem to promise financial rewards run the risk of deploying personnel and funds inefficiently. This does not mean that research policy instruments are generally unnecessary – they def-initely are important, but should address the creation and choice of research funding schemes – and not the choice of scientific topics.

A new generation and a cosmopolitan approach

Top-level research is inconceivable without a new generation of talented re-search scientists. Supporting young doctoral students on their way to tenured positions is therefore another key element in the public funding of research. The SNSF, with its diverse funding instruments, plays an important role here because it can enable young researchers, for example, to get their first experi-ence abroad or to establish their own independent research group.

International cooperation is the third element in Swiss research policy and indeed the very core of its success. Swiss research groups frequently work with scientists from other countries, so that more than half of all Swiss scien-tific publications have at least one foreign co-author. Even more important, however, are exchanges between researchers. Many graduates from Swiss universities have spent at least some time abroad and return home with new ideas. Furthermore, Switzerland is extremely attractive as a research location for researchers from other countries, be they PhD students, postdocs or professors. Without such an influx, young scientists would be in short supply in many places. If policy aims are to be taken seriously, if the intention is

truly to attract and support the best and the brightest, the nationality of researchers cannot be allowed to dictate choices. At the same time, of course,
as in the case of sport, there must be a good proportion of Swiss nationals
among the newcomers, otherwise Switzerland as a centre of research would
find itself cut off from its roots.

Challenges

The top ranks are no place for resting on one's laurels, because competitors
know no boundaries in a globalised world. A small country like Switzerland
can only succeed as a research nation if it continues not only to persuade its
best talents to choose a career in research but also to supply them with
adequate funds. Unfortunately, however, research is often viewed as an
unnecessary risk and not as an opportunity, despite the fact that seizing this
very same opportunity once created the foundations for an unprecedented
rise in our standard of living. Researchers must therefore engage in public
dialogue and effectively demonstrate that behind good research are humans
willing to tackle the most intractable problems, displaying great commitment
and perseverance and putting their hearts into their work, thus laying the
groundwork for solutions to the greatest challenges facing humanity.

Mauro Dell'Ambrogio
State Secretary for Education and Research

Dieter Imboden
President of the Research Council of the Swiss National Science Foundation (SNSF)

DER PIONIERGEIST: VOM TRAUM ZUR VISION

Bertrand Piccard

Angesichts der Probleme unserer globalisierten Welt leuchtet schnell ein, dass es für diese Herausforderungen einen enormen Erfindergeist braucht. Die Forscher müssen dafür ihre ganze Kreativität einsetzen, in so unterschiedlichen Gebieten wie etwa dem Kampf gegen unheilbare Krankheiten, der Bekämpfung der Armut, der Versorgung mit Energie und natürlichen Ressourcen sowie der Bewältigung des Klimawandels.

Zur Lösung dieser Probleme brauchen wir keine neuen Ideen. Davon haben wir mehr als genug, ja wir ertrinken förmlich in Ideen. Was jedoch fehlt, ist die Fähigkeit, diese in die Praxis umzusetzen – vom Traum zur Vision zu gelangen. In einem Traum endet alles, sobald wir aufwachen. Eine Vision hingegen beginnt erst im Moment des Erwachens. Entscheidend ist, dass wir aus den Gewissheiten und Gewohnheiten ausbrechen, welche uns in einer bequemen, aber illusorischen Sicherheit verharren lassen.

Die gesamte Menschheitsgeschichte handelt von absoluten Gewissheiten, welche durch die Methoden der jeweiligen Zeit bewiesen schienen – bis sie eines Tages gründlichst widerlegt wurden durch neue Erkenntnisse. Galileo wäre auf dem Scheiterhaufen gelandet, hätte er seine Kosmologie nicht verleugnet. Zahlreiche Wissenschaftler wurden verurteilt und erst posthum rehabilitiert. Einst galt als bewiesen, dass man die Geschwindigkeit eines galoppierenden Pferdes nicht übertreffen könne, dass die Körper von Bahnreisenden bei einer Tunneldurchfahrt explodieren würden, dass der Mensch nur im Traum auf dem Mond gehen kann. Jules Verne war zu seiner Zeit ein angesehener Science-Fiction-Autor; heute lesen sich seine Romane wie eine weitsichtige Vorwegnahme der Realität. Ich erinnere mich sehr gut an einen Wissenschaftler von Rang und Namen, der bewiesen hatte, dass ein Flugzeug niemals mit Muskelkraft fliegen kann – kurz bevor der mit Pedalen angetriebene Gossamer Albatros von Paul MacCready den Ärmelkanal überquerte.

Als mein Grossvater 1931 in die Stratosphäre aufstieg, war man überzeugt, dass in dieser Höhe wegen des mangelnden Sauerstoffs und des tiefen Luftdrucks niemand überleben könne. Der Luftverkehr wurde deshalb unter 5000 Meter abgewickelt. Damit waren die Flugzeuge ausgerechnet in jenen Zonen unterwegs, die am häufigsten von schlechtem Wetter betroffen sind. Mit der Erfindung der Druckkabine hat Auguste Piccard der modernen Aviatik die Luftstrassen über der Wolkengrenze geöffnet. Seinen Aufstieg in die Stratosphäre musste er wagen, ohne dass auch nur eine Versicherungsgesellschaft seine Pioniertat gedeckt hätte. Diese waren davon überzeugt, dass die Mannschaft nicht lebend zurückkehren würde. Heute lacht man über die Zeit, als der Luftverkehr durch Schlechtwettervorhersagen behindert wurde.

Was ich in meiner Kindheit erfahren habe, von meinem Grossvater, meinem Vater, von all den anderen Astronauten und Forschern, die in unserem Haus verkehrten, hat mich eines gelehrt: Grundlagenforschung ist nötig; aber die Wissenschaft muss auch aus den Laboratorien herauskommen und die

Konfrontation mit den menschlichen Realitäten suchen, um nützlich zu sein und zu einer besseren Lebensqualität beizutragen.

Die Situation für Forscher, Pioniere und Entdecker ist dieselbe geblieben: Man misstraut ihnen. Denn sie bedrohen uns in unseren momentanen Gewissheiten, sie stellen unsere Gewohnheiten und Überzeugungen infrage. Erst nachträglich, wenn sie den Nachweis erbracht haben, werden sie bewundert.

Sei es in einem Forschungslabor, sei es bei der Erforschung der Welt oder in unserem Alltag: Wir können uns nur dann eine bessere Zukunft schaffen, wenn wir unsere Paradigmen und Weltbilder schonungslos analysieren – um sie so schnell wie möglich wieder umzustossen. Das ist der wahre Pioniergeist: sich angewöhnen, das Gegenteil von dem zu denken, was man immer gelernt hat. Ich will damit nicht behaupten, dass die gegenteilige Position immer die bessere ist als die herkömmliche. Was ich vielmehr sagen möchte: Kreativität besteht darin, eine Sache und ihr Gegenteil gleichzeitig zu denken, und zwar so, dass alle dazwischen liegenden Varianten offenstehen. Die Zukunft darf man nicht als eine eindimensionale Verlängerung der Gegenwart betrachten, sondern als dreidimensionale Summe aller möglichen Optionen, aller denkbaren Richtungen. Und dies auf alle verschiedenen Denk- und Handlungsweisen. Der Pioniergeist erforscht demzufolge alle Wege vorurteilsfrei, bis wir denjenigen gefunden haben, der uns in die gesuchte Richtung führt.

Diese Philosophie ist öfter die Triebfeder der Grundlagenforschung; in politischen und religiösen Kreisen, in der Welt der Wirtschaft und Finanzen ist dies zu selten der Fall. Dies erklärt die Diskrepanz zwischen der hoch entwickelten Wissenschaft und der Stagnation, in welcher unsere Gesellschaft verharrt – eine Gesellschaft, die immerzu von nachhaltiger Entwicklung spricht, ohne jedoch die Mittel für diese hehren Ziele bereitzustellen. Es geht nicht mehr darum, neue Territorien zu entdecken und zu erobern. Die wahren Herausforderungen des 21. Jahrhunderts bedeuten, die Lebensqualität der gegenwärtigen und der kommenden Generationen zu verbessern. Die Erde ist von den Polen bis zum Everest, von den tiefsten Meerestiefen bis zur Stratosphäre, von den Quarks bis zu den Schwarzen Löchern erforscht. Dennoch vegetiert die Hälfte der Menschheit immer noch unter unhaltbaren Lebensbedingungen, führt unsere selbstzerstörerische Abhängigkeit von fossilen Energieträgern unser System mit Riesenschritten in den Ruin.

Bestimmt wird man in Zukunft lachen, wenn man an jene Epoche zurückdenkt, in der unsere gesamte Wirtschaft von einer vergänglichen und umweltschädigenden Energiequelle abhängig war, deren Übernutzung zwangsläufig zu Preiserhöhungen führte. Man wird sich über diejenigen mokieren, welche die natürlichen Ressourcen verschwendeten und nicht begriffen hatten, dass erneuerbare Energien auch viel preiswerter wären. Man wird über jene den Kopf schütteln, welche nicht verstehen wollten, dass eine innovative Energiewirtschaft die industrielle Forschung dynamisieren würde. Man wird sich über sie alle lustig machen – wie über jene, die einst glaubten, die Erde sei eine Scheibe.

Auch in diesem Zusammenhang müssen Forschungsresultate in Anwendungen münden. Die Technologien sind bekannt, wie man in einem Land wie dem unsrigen 30 Prozent der Energie einsparen könnte. Nur will niemand den Einsatz dieser Technologien durchsetzen. Die Schweiz ist für die Qualität ihrer Forschung und für ihre Innovationen bekannt, aber auch dafür, dass sie die industrielle Umsetzung häufig verpasst. Damit überlässt sie die Früchte der Forschung, kurz bevor sie gepflückt werden könnten, dem Ausland. Wie viele Schweizer Erfindungen haben zu Reichtum und Ansehen anderer geführt?

Der Staat subventioniert Bildung und Forschung. Im Namen des sakrosankten Prinzips des Wirtschaftsliberalismus wagt er es nicht, einzugreifen, um die Umsetzung der Forschungsresultate tatkräftig zu fördern. Gerade mit einer solchen Unterstützung würde der Staat die Privatwirtschaft ankurbeln – auch wenn es paradox klingt. Deutschland hat dies begriffen: Der Staat kauft den Produzenten den Strom aus Solar- und Windkraft wieder ab. So rückte dieses Land innert fünf Jahren weltweit auf Platz zwei der Hersteller von Photovoltaikzellen vor. Dies alles geht auf eine Idee zurück, die in der Schweiz entwickelt wurde, genauso wie ein grosser Teil der verwendeten Technologien. Nur kam es bei uns nicht zur Umsetzung.

Wir könnten auch die Umweltkosten eines jeden Produkts in dessen Verkaufspreis mit einschliessen. Oder drakonische Energiesparmassnahmen und äusserst strenge ökologische Normen vorschreiben. Dies würde unsere Industrie dazu zwingen, die Forschungsergebnisse endlich anzuwenden und sich so zu modernisieren – bevor es zu spät ist. Wir wären bereit für den Tag, an dem der hohe Energiepreis und die europäischen Gesetze dies ohnehin verlangen. Gar nicht zu reden von den neuen Produkten, den neuen Märkten und anderen lukrativen Absatzmöglichkeiten, welche diese Vision nach sich ziehen würde.

Die Schweiz verdankt ihren Platz in der Welt ihrer Kapazität, spezifische Nischen erfolgreich zu besetzen: humanitäre Organisationen, die guten politischen Dienste, die Banken, die Versicherungen. Heute bieten zahlreiche Länder dieselben Leistungen an. Wenn wir unseren Lebensstandard beibehalten wollen, müssen wir neue Wege beschreiten. Ich sehe nichts, was so vielversprechend, nützlich und rentabel wäre wie die Technologien für eine nachhaltige Entwicklung.

Als John Fitzgerald Kennedy sein Ziel verkündete, innert zehn Jahren einen Menschen auf den Mond zu schicken, weckte er den Enthusiasmus einer ganzen Nation. Wagen wir also heute eine ambitionierte Politik: nicht um einen anderen Planeten zu erobern, sondern um auf unserer Erde besser leben zu können.

Bertrand Piccard
Psychiater und Ballonpilot. Präsident von Solar Impulse.

Mit dem Projekt Solar Impulse soll erstmals ein ausschliesslich durch Sonnenenergie angetriebenes Luftfahrzeug einen Flug durchführen, der einem vollständigen Tag-Nacht-Tag-Zyklus entspricht. Eine Weltumrundung in Etappen ist für das Jahr 2011 vorgesehen.

L'ESPRIT DE PIONNIER, DU RÊVE À LA VISION

Bertrand Piccard

Lorsqu'on observe notre monde globalisé, les longs discours sont inutiles pour expliquer que les solutions aux défis qui nous attendent dans tous les domaines requièrent une formidable capacité inventive. Le besoin de nouvelles réponses à des problèmes nouveaux doit stimuler la recherche et la créativité dans des champs aussi variés que le combat médical contre des maladies incurables, la lutte contre la pauvreté, l'approvisionnement en énergie et en ressources naturelles ainsi que les changements climatiques, pour n'en citer que quelques-uns.

Pourtant, contrairement à ce que l'on entend souvent, la recherche de nouvelles solutions ne passe pas par la recherche de nouvelles idées. Il s'agit d'autre chose, car nous avons bien assez d'idées, nous foisonnons d'idées. Ce qui manque, c'est la capacité à les mettre en pratique, à passer du rêve à la vision. Dans un rêve, tout s'arrête quand on se réveille, alors que dans une vision, tout commence quand on se réveille. Ce qui est fondamental, c'est d'apprendre à se réveiller des certitudes et des habitudes qui nous maintiennent prisonniers de notre zone de confort et de sécurité illusoire.

L'Histoire entière est faite de ces certitudes absolues, prouvées par les méthodes du moment, qui se sont révélées par la suite complètement fausses. Galilée n'a évité le bûcher qu'en reniant sa cosmologie, et de nombreux autres scientifiques ont été condamnés avant d'être réhabilités à titre posthume. Il a jadis été prouvé qu'on ne dépasserait jamais la vitesse du cheval au galop, que l'organisme des passagers d'un train exploserait lors de la traversée d'un tunnel, et que l'Homme ne marcherait sur la Lune que dans son imaginaire. Jules Verne n'était-il pas autrefois un simple auteur de science-fiction, alors que l'on considère aujourd'hui ses livres comme des romans d'anticipation? Je me souviens très bien d'un scientifique de renom qui m'a démontré un jour pourquoi un avion ne pourrait jamais voler à l'énergie musculaire… juste avant que le *Gossamer Albatros* à pédales de Paul MacCready ne traverse la Manche.

Quand mon grand-père est monté dans la stratosphère en 1931, on était certain que personne ne pouvait survivre au-dessus de 5 000 mètres à cause du manque d'oxygène et de pression. Le résultat était que le trafic aérien restait limité à cette altitude, c'est à dire exactement au niveau des couches les plus fréquentes de mauvais temps. En inventant la capsule pressurisée, Auguste Piccard a ouvert la voie à l'aviation moderne qui s'est mise à voler plus haut que les nuages. Mais il a été contraint de le faire sans qu'une seule compagnie d'assurances n'accepte de couvrir son ascension, convaincues qu'elles étaient toutes que l'équipage ne reviendrait pas vivant. Maintenant, la plupart des avions volent dans la stratosphère, et l'on rit du moment où ils étaient gênés par une mauvaise météorologie.

Les exemples que j'ai compris ou vécus dans mon enfance, au contact de mon grand-père, de mon père et de tous les astronautes et explorateurs que j'ai eu la chance de côtoyer, m'ont appris une chose : la recherche fondamentale est une nécessité, mais la science doit aussi sortir des laboratoires pour se confronter aux réalités humaines, pour être directement utile et servir à améliorer la qualité de vie.

Dans la pratique, pourtant, la condition des chercheurs, des pionniers et des explorateurs reste la même : on s'en méfie, car ils menacent nos certitudes du moment, remettent en question nos habitudes et nos convictions. Ce n'est qu'après coup qu'on les admirera, une fois qu'ils auront démontré l'évidence.

Que ce soit dans un laboratoire de recherche fondamentale, dans un élan d'exploration du monde ou dans notre vie quotidienne, nous n'améliorerons notre existence et n'inventerons un futur meilleur qu'en identifiant avec précision nos paradigmes et axiomes de base… pour les détruire le plus vite possible ! C'est ça, l'esprit de pionnier : apprendre à penser et à agir à l'inverse de ce que l'on a toujours appris. Je ne veux bien sûr pas prétendre que la position inverse a plus de chance d'être correcte. Ce que je veux dire, c'est que la liberté créatrice consiste à penser simultanément une chose et son contraire, de manière à avoir toutes les variantes intermédiaires à sa disposition ; à ne pas voir l'avenir comme le prolongement unidimensionnel du présent, mais comme la somme tridimensionnelle de toutes les options possibles, de toutes les directions envisageables, de toutes les façons différentes de penser et d'agir. L'esprit de pionnier consiste donc à explorer toutes les voies, sans préjugé, jusqu'à ce que nous trouvions celle qui nous mène dans la direction que nous cherchons.

Si la recherche fondamentale est le plus souvent nourrie de cette philosophie, les mondes politique, religieux, industriel et financier ne le sont, eux, que trop rarement. Cela explique les discordances auxquelles on assiste entre des avancées scientifiques très pointues et l'état de stagnation de notre société, qui parle toujours de développement durable, mais sans se donner les moyens de ses ambitions. Car c'est bien là que se situent les défis du XXIe siècle. Il ne s'agit plus, comme par le passé, de conquérir de nouveaux territoires, mais plutôt d'améliorer la qualité de vie à laquelle les générations présentes et futures ont droit. La Terre a été explorée des pôles à l'Everest, des abysses à la stratosphère, des quarks aux trous noirs, mais la moitié de l'humanité croupit encore dans des conditions de vie inacceptables, et notre dépendance suicidaire aux énergies fossiles entraîne à grands pas notre système vers sa ruine.

On rira à coup sûr dans l'avenir en repensant à l'époque où toute notre économie était dépendante d'une source d'énergie périssable, polluante et inexorablement condamnée à augmenter de prix. On se moquera de ceux qui gaspillaient copieusement les ressources naturelles, qui n'avaient pas compris que les énergies renouvelables ne peuvent que baisser de prix, que les économies d'énergie servent à dynamiser la recherche industrielle ; on s'en moquera comme de ceux qui croyaient que la Terre était plate.

C'est à ce niveau que le lien entre recherche et applications doit être développé. Cela ne sert à rien de savoir que les technologies existent déjà pour économiser 30 % de l'énergie d'un pays comme le nôtre, si personne n'impose leur utilisation. La Suisse est reconnue pour la qualité de sa recherche, de son innovation, mais aussi pour sa tendance à manquer le passage à la phase industrielle, à laisser partir le résultat vers l'étranger juste avant qu'il ne porte ses fruits. Combien d'inventions suisses ont fait la fortune ou la renommée des autres ?

L'Etat subventionne l'éducation et la recherche mais, au nom du sacro-saint principe du libéralisme économique, il n'ose pas intervenir pour favoriser l'utilisation de ses résultats. Et pourtant, paradoxalement, c'est en le faisant qu'il stimulerait le plus le secteur privé. L'Allemagne l'a compris. En rachetant à ses producteurs le courant électrique d'origine solaire et éolienne, elle s'est propulsée en cinq ans au second rang mondial des fabricants de cellules photovoltaïques. L'origine de l'idée était pourtant suisse, comme une bonne partie des technologies utilisées, mais elle n'a pas été mise en œuvre chez nous… Nous pourrions aussi décider d'inclure le coût environnemental de chaque produit dans son prix de vente, d'imposer des économies d'énergies draconiennes et des normes écologiques des plus sévères. Cela obligerait notre industrie à utiliser les fruits de la recherche et à se moderniser, afin d'être prête avant qu'il ne soit trop tard, pour le jour où le prix de l'énergie et les lois européennes l'exigeront. Sans compter les nouveaux produits, les nouveaux marchés et autres débouchés lucratifs que permettra cette vision.

La Suisse doit sa place dans le monde à sa capacité d'autrefois d'exploiter des niches spécifiques : l'humanitaire, les bons offices politiques, les banques, les assurances. Aujourd'hui, de nombreux pays offrent les mêmes prestations. Si nous voulons conserver notre niveau de vie, nous devons explorer de nouveaux chemins. Je n'en vois personnellement pas d'autre, aussi prometteur, utile et rentable, que celui des technologies utiles au développement durable.

Lorsque John Fitzgerald Kennedy a annoncé son but d'envoyer dans les dix ans un homme sur la Lune, il a soulevé l'enthousiasme de toute une nation. Osons aujourd'hui une politique ambitieuse, non pas pour conquérir une autre planète, mais pour vivre mieux sur la nôtre. Et par là même utiliser plus efficacement les fruits de la recherche et de la capacité innovatrice pour lesquelles la Suisse est reconnue.

Bertrand Piccard
Psychiatre et aérostier. Président de Solar Impulse.

Le projet Solar Impulse vise à faire voler, pour la première fois durant au moins un cycle complet jour-nuit-jour, un aéroplane propulsé uniquement grâce à l'énergie solaire. Un tour du monde par étapes est prévu en 2011.

LO SPIRITO PIONIERISTICO: DAL SOGNO ALLA VISIONE

Bertrand Piccard

Quando si osserva il nostro mondo globalizzato, non servono grandi discorsi per capire che le soluzioni alle importanti sfide che ci attendono in tutti gli ambiti richiedono una grande inventiva. La necessità di nuove risposte a nuovi problemi deve stimolare la ricerca e la creatività in ambiti diversificati: la sfida contro le malattie incurabili, la lotta alla povertà, le riserve di energia e risorse naturali, i cambiamenti climatici, per citarne solo alcuni.

Contrariamente a quanto si crede, la ricerca di nuove soluzioni non passa attraverso la ricerca di nuove idee. Si tratta di altro. Abbiamo abbastanza idee, le idee pullulano. Quel che manca è la capacità di realizzarle, il passare dal sogno alla visione. In un sogno tutto si ferma al risveglio, mentre in una visione al risveglio tutto incomincia. È fondamentale imparare a oltrepassare le certezze e le abitudini che ci mantengono prigionieri delle nostre comodità e dell'illusoria sicurezza.

La storia intera è costruita con certezze assolute dimostrate dai metodi del momento che con il tempo si sono rivelate assolutamente errate. Galileo ha evitato il rogo rinnegando la sua cosmologia e molti altri scienziati sono stati condannati, prima di venir riabilitati a titolo postumo. E' stato dimostrato che non avremmo mai oltrepassato la velocità del cavallo al galoppo, che il corpo dei passeggeri di un treno sarebbe esploso attraversando una galleria e che l'Uomo avrebbe camminato sulla Luna solo nella fantasia. I libri di Giulio Verne erano letti semplicemente come testi di fantascienza mentre oggi i suoi libri sono considerati romanzi avveniristici. Ricordo molto bene uno scienziato famoso che un giorno mi ha dimostrato per quale ragione un aereo non avrebbe mai potuto volare unicamente con l'energia muscolare… appena prima che il Gossamer Albatros a pedali di Paul MacCready attraversasse la Manica.

Quando mio nonno raggiunse la stratosfera nel 1931, si era certi che nessuno potesse sopravvivere oltre i 5000 metri a causa della carenza di ossigeno e di pressione. Il traffico aereo era quindi limitato a questa altitudine e non era funzionale, perché proprio lì si ha la maggiore frequenza di cattivo tempo. Inventando la capsula pressurizzata Auguste Piccard ha aperto la via all'aviazione moderna, che in questo modo poteva volare oltre le nuvole. Nessuna compagnia assicurativa ha coperto la sua ascensione, tutte erano convinte che l'equipaggio non ne sarebbe uscito vivo. Ora la maggior parte degli aerei vola nella stratosfera e sorridiamo pensando a quando gli aerei erano costantemente disturbati dal cattivo tempo.

Ho avuto la fortuna di frequentare durante la mia infanzia mio nonno, mio padre e tanti astronauti ed esploratori. Ho incontrato e vissuto molte situazioni che mi hanno insegnato una cosa: la ricerca fondamentale è una necessità, ma la scienza deve uscire dai laboratori per confrontarsi con la realtà, per essere utile e migliorare la qualità della vita.

I ricercatori, i pionieri e gli esploratori si ritrovano nella stessa condizione: minacciano le nostre certezze del momento, rimettono in questione le abitudini e le convinzioni. Per questo sono visti con diffidenza, ma verranno ammirati dopo, quando avranno dimostrato le evidenze.

Sia che avvenga in un laboratorio di ricerca fondamentale, o nell'esplorazione del mondo ma anche nella nostra vita quotidiana, noi non possiamo migliorare la nostra esistenza o inventare un futuro migliore se non identificando con precisione i nostri paradigmi e assiomi di base... per poi distruggerli il più rapidamente possibile! È questo lo spirito pionieristico: imparare a pensare e ad agire al contrario di quel che si è imparato. Non sostengo che la posizione contraria abbia più possibilità di essere corretta. Quel che voglio dire è che la creatività consiste nel pensare a una cosa e simultaneamente al suo contrario, in modo di avere a disposizione tutte le varianti intermediarie così da non guardare all'avvenire come prolungamento unidimensionale del presente, ma come somma tridimensionale di tutte le opzioni possibili, di tutte le direzioni immaginabili, di tutti i modi differenti di pensare e di agire. Lo spirito pionieristico consiste dunque nell'esplorare tutte le vie, senza pregiudizi di sorta, fino a quando si trova quella che ci porta nella direzione desiderata.

La ricerca fondamentale è spesso alimentata da questa filosofia, ma il mondo politico, religioso, industriale e finanziario, lo sono raramente. Questo spiega la discrepanza tra i progressi scientifici di punta e lo stato stagnante della nostra società che disquisisce di sviluppo duraturo senza dotarsi dei mezzi per ottenerlo. È proprio questa la sfida del XXI secolo. Non si tratta, come in passato, di conquistare nuovi territori, quanto piuttosto di migliorare la qualità della vita alla quale hanno diritto le generazioni presenti e future. La Terra è stata esplorata dai poli all'Everest, dagli abissi alla stratosfera, dai quark ai buchi neri, ma la metà dell'umanità vive in condizioni inaccettabili e la nostra dipendenza dalle energie fossili trascina rapidamente il nostro sistema alla rovina.

In futuro rideremo di quando l'intera nostra economia dipendeva da una fonte di energia deperibile, inquinante e condannata inesorabilmente al rincaro. Rideremo di quelli che sprecano copiosamente le risorse naturali, che non hanno capito che il costo delle energie rinnovabili non può che diminuire, che il risparmio di energia serve a rendere dinamica la ricerca industriale; rideremo, come oggi ridiamo di coloro che credevano che la Terra fosse piatta.

Deve essere sviluppato il nesso tra la ricerca e le applicazioni, non serve a niente sapere che esistono le tecnologie per risparmiare il 30 per cento dell'energia di un paese come il nostro se nessuno ne impone l'utilizzo. La Svizzera è riconosciuta per la qualità della sua ricerca, della sua innovatività, ma anche per la sua tendenza ad avere difficoltà a passare alla fase industriale, a lasciar fuggire all'estero i risultati prima che portino i frutti. Quante invenzioni svizzere hanno dato fortuna o fama ad altri?

Lo stato sovvenziona l'educazione e la ricerca ma in nome del sacrosanto principio del liberismo economico, non osa intervenire per favorire l'uso dei risultati ottenuti. Paradossalmente è proprio facendolo che egli stimolerebbe il settore privato, la Germania l'ha capito. Comperando ai produttori l'elettricità solare o eolica, in cinque anni è salita al secondo posto mondiale dei fabbricanti di celle fotovoltaiche. All'origine, questa idea era svizzera come buona parte delle tecnologie usate, ma non è stata messa in pratica da noi... Potremmo anche decidere di includere il costo ambientale di ogni prodotto nel suo prezzo di vendita, imporre drastici risparmi energetici e norme ecologiche più severe. Questo costringerebbe le nostre industrie a utilizzare il frutto della ricerca e a modernizzarsi, per essere pronte prima che sia troppo tardi, come succederà il giorno in cui il prezzo dell'energia e le leggi europee lo imporranno. Senza contare i nuovi prodotti, i nuovi mercati e altri sbocchi remunerativi permessi da questo tipo di visione.

La Svizzera deve il suo posto nel mondo alla sua antica capacità di sfruttare nicchie specifiche: l'ambito umanitario, le buone funzioni politiche, le banche, le assicurazioni. Oggi molti paesi offrono le stesse prestazioni. Se vogliamo conservare il nostro livello di vita, dobbiamo esplorare nuove vie. Personalmente non ne vedo altre, altrettanto promettenti, utili e redditizie quanto quelle delle tecnologie utili allo sviluppo duraturo.

Quando John Fitzgerald Kennedy ha annunciato di volere inviare l'uomo sulla Luna in un decennio ha risollevato l'entusiasmo di tutta una nazione. Osiamo una politica ambiziosa, non per conquistare un altro pianeta, ma per vivere meglio sul nostro e, in questo modo, usare più efficacemente i frutti della ricerca e della capacità innovatrice che caratterizzano la Svizzera.

Bertrand Piccard
Psichiatra e aerostiere. Presidente di Solar impulse.

Il progetto Solar impulse ha come obiettivo quello di fare volare un aeroplano per la prima volta durante almeno un ciclo completo giorno-notte-giorno, unicamente con l'energia solare. È previsto un giro del mondo a tappe per il 2011.

THE PIONEER SPIRIT: FROM DREAMS TO VISIONS
Bertrand Piccard

To contemplate our globalised world is to realise that solutions to the challenges on all fronts call for massive inventiveness on our part. New responses to new problems naturally stimulate research and creativity in areas as varied as the fight against incurable diseases, the struggle against poverty, the adjustment to climate change and so on.

Contrary to what we often hear, however, the quest for new solutions does not depend solely on new ideas. Something else is needed. After all, we have no shortage of ideas; indeed we are bursting with ideas. What we need is the capacity to put those into practice: to move from dreams to visions. In the case of a dream, everything ends when we awake; in the case of a vision, the waking moment is precisely when everything begins. The most important thing is to learn how to shake off certainties and habits that hold us captive within our zones of comfort and illusory security.

History is rife with "absolute certainties" proved by the methods of the time but later shown to be utterly wrong. Galileo cheated the stake only by renouncing his own cosmology. Numerous scientists received convictions and were only rehabilitated posthumously. It was once a proven fact that nothing could ever travel faster than a galloping horse, that the bodies of train passengers would explode if the train went through a tunnel, and that humans would never walk on the moon except in their imagination. Was not Jules Verne formerly considered a mere practitioner of science fiction, whereas his books are now viewed as prophetic? I remember an eminent scientist "proving" to me that an aircraft could never fly on muscle power alone – just before Paul MacCready's pedal-driven Gossamer Albatross flew across the English Channel.

When my grandfather Auguste Piccard ascended into the stratosphere in 1931, it was deemed certain that no one could survive above the 5,000-metre mark because of the lack of oxygen and low atmospheric pressure. Consequently air traffic remained just below that altitude – in other words, exactly at the height where bad weather was most likely to be encountered. Auguste Piccard's invention of the pressurised cabin opened the way for modern aviation and for flight high above the clouds. But he had to conduct his experimental flights without the backing of a single insurance company, for no insurer believed that his crew would ever return alive. Today most airplanes fly in the stratosphere, and we scoff at the time when they were affected by bad weather.

On the basis of all I learnt and experienced as a child, exposed as I was to my grandfather, to my father and to all the astronauts and explorers that I was lucky enough to know, I am convinced of one thing: as indispensable as basic research is, science must leave the laboratory and confront human reality if it is ever to be truly useful and improve our quality of life.

All the same, we adopt the same attitude to researchers, pioneers and explorers alike: we distrust all of them because they challenge our conventional wisdom, our cherished habits and beliefs. Only after they have incontrovertibly proved their claims do we admire them.

Neither basic research, nor enthusiastic efforts to explore the world, nor the lessons of everyday life can ever help us improve our existence and invent a better future unless we identify our fundamental paradigms and assumptions – and are prepared to destroy them as soon as possible! Such is the true pioneering spirit: learning to think and act in ways contrary to everything one has learnt hitherto. Of course I am not saying that the contrary position is always more likely to be correct, merely that creative freedom presumes one has the ability to hold a thought and its opposite in one's mind simultaneously, so as to have all intermediate variations available; and to envisage the future not as a one-dimensional extension of the present but instead as the three-dimensional resolution of all possible alternatives, all imaginable orientations, all the different ways of thinking and acting. The real pioneer spirit thus means exploring all paths without preconceptions until we find the one that leads us in the direction we seek.

Although basic research is for the most part informed by this philosophy, such thinking only rarely influences the worlds of politics, religion, industry or finance. This explains the striking discordances we now see between what ought to be trailblazing scientific advances and the stagnant condition of our society, where people talk continuously of sustainable development but take no action to meet the requirements needed for such an ambition. This is where the challenges of the twenty-first century lie: it is no longer a matter, as in the past, of conquering new lands, but rather of improving the quality of life to which present and future generations should be entitled. The earth has been thoroughly explored from the Poles to Mount Everest, from the deepest gorges to the stratosphere; we know about quarks and black holes but half of humanity still suffers under quite unacceptable living conditions and our suicidal dependence on fossil fuels is quickly dragging our system towards catastrophe.

One day we may look back in amusement to a time when our economy depended on an energy source that was exhaustible, polluting and doomed to become more expensive. In the eyes of posterity we shall be as ridiculous as flat-earthers for our reckless squandering of natural resources and failure to understand that renewable energy will lower prices, and that energy-saving measures stimulate industrial research and development.

This is the framework within which the relationship between research and applications should be thought out. It serves no purpose to know that we already possess the technological means to reduce the energy consumption of a country such as Switzerland by 30 per cent if no one mandates those measures. Switzerland is renowned for the high quality of its research and innovation, but it is also notorious for failing to make the transition to the industrial phase, for allowing good solutions to migrate to foreign countries just before they begin to be profitable. How many Swiss inventions have made others rich and famous?

The state subsidises education and research. In the sacred name of economic liberalism, however, it does little to support the exploitation of their results. It is a paradoxical fact that providing such support would be the best way to stimulate the private sector. Germany has understood this: by buying sun- and wind turbine-generated electricity from the producers, the country has hoisted itself, in the space of a mere five years, to second place in the world as a manufacturer of photovoltaic cells. This idea originated in Switzerland, as did much of the technology it is based on, but it was never put into practice in this country. We might consider including the environmental cost of each product in its sale price, enforcing draconian energy-saving measures and ensuring that the strictest environmental standards are respected. This would oblige Swiss industry to make proper use of research findings, to modernise before it is too late, to be ready ahead of the day when the cost of energy or European legislation leaves it no other choice. Not to mention the new products, the new markets and the other lucrative opportunities to which this vision can open the door.

Switzerland owes its present position in the world to its former ability to exploit such "niche markets" as humanitarianism, international political mediation, banking and insurance, and so on. Today many other countries offer the same services. If we want to maintain our standard of living we must be ready to explore new avenues. For my part I can see none better, more promising, more useful and more profitable than the harnessing of technology for sustainable development.

When John Fitzgerald Kennedy announced that he aimed to have a man walk on the moon within ten years he galvanised a whole nation. Today let us undertake an equally ambitious campaign not to conquer some other planet but create a better life for ourselves on this one. And to make effective use of the fruits of research and of the innovative capacity for which Switzerland is so well known.

Bertrand Piccard
Psychiatrist and balloonist. President of Solar Impulse.

The aim of the Solar Impulse project is to have an aeroplane take off and fly autonomously for at least one complete day-night-day cycle, propelled exclusively by solar energy. A round-the-world flight in several stages is planned for the year 2011.

Susan Gasser
Gottfried Boehm
Alumit Ishai
Michel Mayor, Didier Queloz
Ernst Fehr
Manuel Eisner
Bernard Hirschel
Denis Duboule
Klaus Scherer
Carlo Catapano
Antonio Lanzavecchia
Martin Schwab
Ulrike Lohmann

SUSAN GASSER

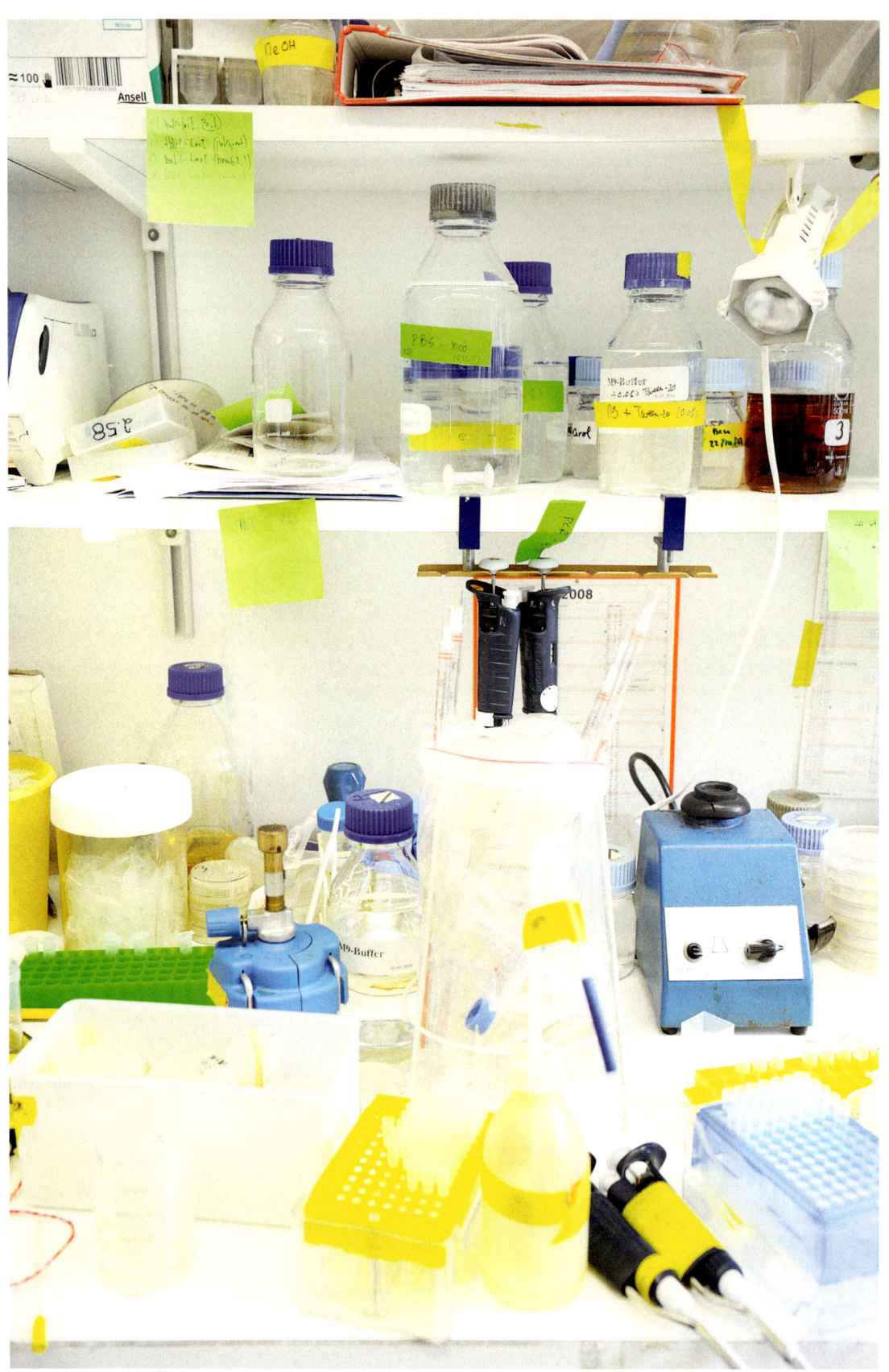

Susan Gasser

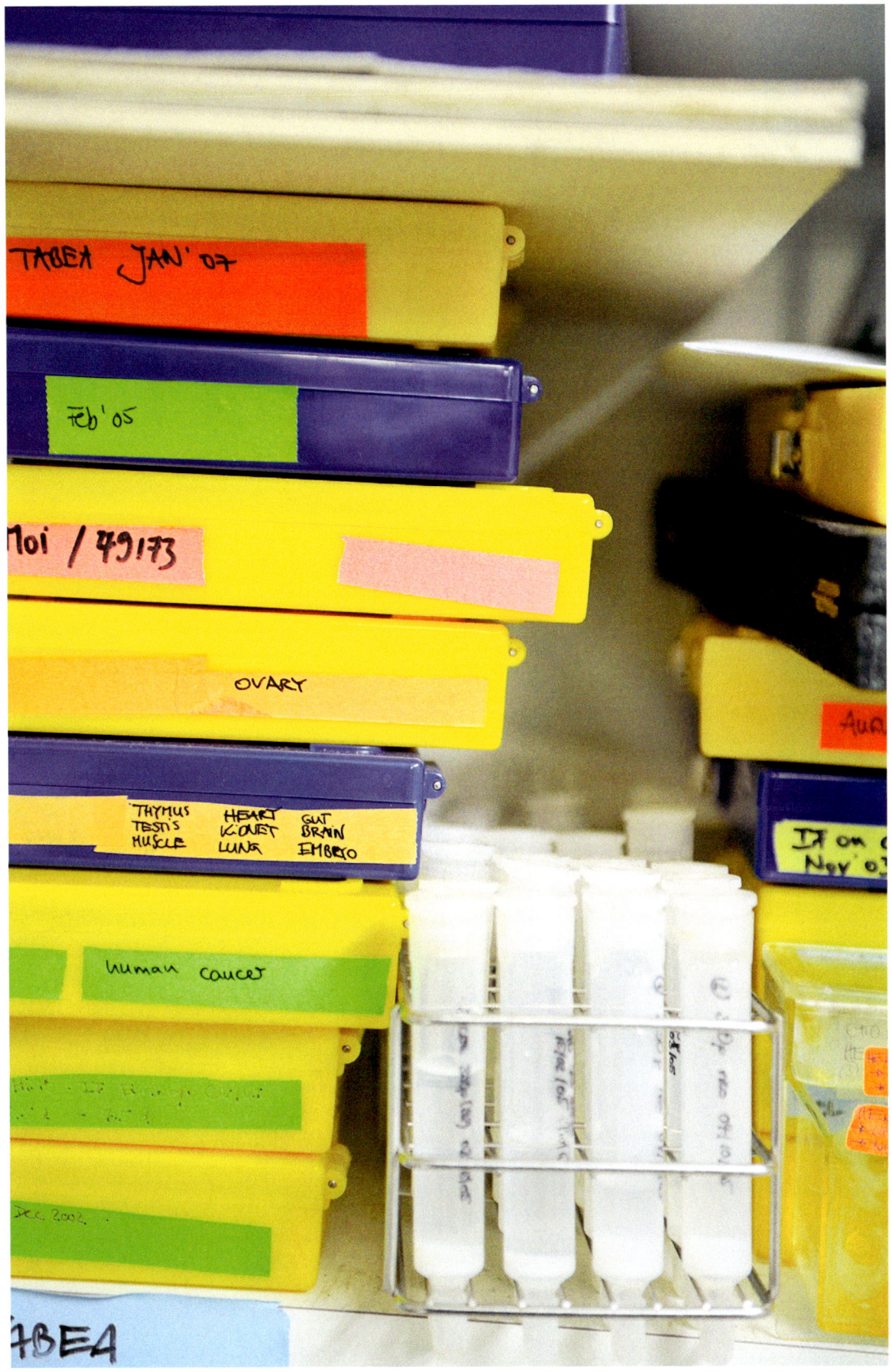

AM SCHALTER DER GENE
Susan Gasser
Genetikerin

Als Kind wollte sie Diplomatin werden; heute ist Susan Gasser Direktorin einer der renommiertesten Forschungsstätten der Schweiz, des Friedrich-Miescher-Instituts in Basel. Doch Brücken schlagen zwischen unterschiedlichen Kulturen muss sie auch hier: zwischen der Grundlagenforschung, die frei von Zwängen nach neuen Erkenntnissen sucht, und dem Interesse der pharmazeutischen Industrie, Medikamente gegen Krankheiten zu entwickeln. Denn das Friedrich-Miescher-Institut mit seinen rund 280 Wissenschaftlerinnen und Wissenschaftlern wird von der Novartis-Forschungsstiftung finanziert; im Gegenzug konzentriert sich die Grundlagenforschung am Institut auf Bereiche, die dereinst für Novartis bedeutsam werden könnten. Dazu gehören etwa die Krebsforschung, die Neurobiologie – und die sogenannte Epigenetik, ein noch verhältnismässig junger Forschungszweig, dem Susan Gasser früh ihren Stempel aufdrückte. «Deshalb hat sich mit dieser Aufgabe nicht viel geändert an der Art, wie ich forsche», versichert Gasser, die mit ihrer Arbeit lange Jahre gänzlich der eigenen Neugier folgte. «Jetzt habe ich einfach die Frage im Hinterkopf, wie dieses Wissen mit menschlichen Krankheiten zusammenhängt.»

Die Epigenetik hat sich innert weniger Jahre vom Beschäftigungsfeld einzelner weniger Forschergruppen zu einem heissen Forschungsgebiet der Biologie gewandelt, das heute von der EU mit Förderbeträgen in Millionenhöhe angekurbelt wird. Kein Zufall auch, dass Novartis mit Susan Gasser 2004 eine Wegbereiterin der Epigenetik als Direktorin nach Basel holte. Das gewaltige Interesse am Thema gründet in der Entzifferung des menschlichen Erbguts; denn bald wurde klar, dass die Buchstabenfolge des genetischen Codes allein nicht ausreicht, um die Entwicklung von Organismen zu verstehen. «Ebenso wichtig nämlich ist eine Prägung, die festlegt, ob ein bestimmtes Gen aktiviert wird oder nicht», sagt Susan Gasser. Eine Prägung notabene, die sich im Verlaufe des Lebens ändern kann. Das zeigt sich zum Beispiel darin, dass sämtliche Körperzellen des Menschen zwar das genau gleiche Erbgut besitzen, aber die Unterschiede zwischen einer Hautzelle und einer Leberzelle enorm sind. «Eine Zelle muss wissen, woher sie stammt und wo innerhalb eines Organismus ihr Platz ist», erklärt Susan Gasser.

Noch in ihrer Zeit am Schweizerischen Institut für experimentelle Krebsforschung in Epalinges ob Lausanne, wo sie 15 Jahre lang eine Forschergruppe leitete, hat Susan Gasser mit speziellen Mikroskopen in lebende Hefezellen hineingeschaut und die Bewegungen der Erbsubstanz DNA im Zellkern gefilmt. Dabei hatte sie gesehen, dass die DNA alles andere als ein statisches Molekül ist, wie man lange meinte, sondern regelrechte Tänze vollführt. Gasser beobachtete, was passiert, wenn Gene abgeschaltet werden: Sie werden zum Ende des Chromosoms hinbewegt, das aus einer kurzen Sequenz besteht, die sich viele Male wiederholt. «Sollen die Gene wieder aktiviert werden, werden sie wieder aus dem Einflussbereich dieses sonderbaren DNA-Abschnitts herausgezogen», erläutert die Forscherin. Je nachdem also, wie die Erbsubstanz DNA, dieser zwei Meter lange, wenige Tausendstel Mikrometer dünne Molekülfaden im Zellkern gewickelt ist, können die Geninformationen abgelesen werden oder nicht. Neben dieser räumlichen Anordnung spielen aber auch biochemische Markierungen eine Rolle: Kleine Moleküle heften sich wie Schutzhüllen an bestimmte Gene und nehmen sie so aus dem Spiel.

Epigenetik ist eine komplexe Materie, und man merkt Susan Gasser an, dass sie ihre Arbeit oft erklären muss. Doch sie tut dies mit viel Geduld und Nachdruck zugleich. Immerhin stellen die bisherigen Erkenntnisse ein grundlegendes Dogma der Biologie infrage: Jahrzehntelang waren die Biologen überzeugt, dass nur Informationen vererbt werden, die in den Genen festgeschrieben sind. Inzwischen mehren sich die Hinweise, dass nicht nur der eigene Lebensstil die Gesundheit beeinflusst, sondern auch die Lebensumstände der Eltern und Grosseltern. Schwangere Frauen zum Beispiel, die während des Zweiten Weltkriegs Hunger litten, brachten kleinere Kinder zur Welt. Und es zeigte sich: Auch deren Kinder waren klein, obwohl es längst wieder genug zu essen gab. Noch seien viele Fragen offen, räumt Gasser ein – zum Beispiel wie sich Umwelteinflüsse im Detail auf die molekulare Prägung auswirken und wie diese Prägung von einer Generation an die nächste weitergegeben wird. Am Friedrich-Miescher-Institut soll nun geklärt werden, warum die epigenetische Regulierung gestört wird – und zu Krankheiten wie Krebs führen kann.

Auf ihr eigenes Leben hatte vor allem ein Mann grossen Einfluss: Charles Darwin. Als 21-jährige Philosophiestudentin erhielt Susan Gasser das Werk des Evolutionstheoretikers in die Hand gedrückt. Als sie gleichzeitig im Zoologieunterricht einen evolutionsgeschichtlich interessanten Fisch mit Lungen und Kiemen zerlegen durfte, habe ihr letztes Stündchen als angehende Philosophin geschlagen: «Da habe ich gemerkt, dass die Naturwissenschaften die perfekte Kombination sind aus der Realität und der Welt der Ideen.» Sie wechselte kurzentschlossen das Studium und bereute diesen Schritt nie. «Noch immer liebe ich es, im Labor zu stehen, aus biologischen Phänomenen Thesen zu entwickeln und diese an der Realität zu messen», bekennt Susan Gasser. Für sie gelte, was sie auch den vielen jungen Forscherinnen und Forschern an ihrem Institut immer wieder predige: Man müsse sich in eine wissenschaftliche Fragestellung verlieben – und Tag und Nacht darüber nachdenken und Ideen wälzen. Mark Livingston

---

Susan Gasser
– Geboren 1955 in Oregon, USA
– Studium der Biophysik an der Universität Chicago
– Doktorat in Biochemie an der Universität Basel
– Direktorin des Friedrich-Miescher-Instituts, Professorin
  für Molekularbiologie an der Universität Basel (seit 2004)
– Mitglied der französischen Akademie der Wissenschaften (seit 2005)
– Nationaler Latsis-Preis (1991)
– Otto-Naegeli-Preis (2006)

UNE EMPREINTE DANS LES GÈNES

Susan Gasser
Généticienne

Enfant, Susan Gasser voulait devenir diplomate. Aujourd'hui, elle dirige l'Institut Friedrich Miescher à Bâle, l'une des plus prestigieuses institutions de recherche de Suisse. Mais, comme dans la diplomatie, son travail y consiste à jeter des ponts entre deux cultures très différentes: d'un côté celle de la recherche fondamentale, qui s'efforce de générer de nouvelles connaissances sans subir de pressions, de l'autre celle d'une industrie pharmaceutique à la recherche de nouveaux médicaments.

Avec ses quelque 280 scientifiques, l'Institut Friedrich Miescher est financé par la Fondation Novartis pour la recherche. En contrepartie, la recherche fondamentale qui s'y fait se concentre sur les domaines qui pourraient revêtir de l'importance pour l'entreprise pharmaceutique, comme la recherche sur le cancer, la neurobiologie, ainsi qu'une spécialité nommée épigénétique. Il s'agit là d'un domaine de recherche encore relativement jeune, dans lequel Susan Gasser s'est impliquée très tôt. «Mon poste actuel n'a donc pas changé grand-chose à ma manière de faire de la recherche, assure la scientifique. J'ai tout au plus une autre question en tête aujourd'hui: comment mettre en relation certaines maladies avec toutes les connaissances acquises.»

En quelques années, l'épigénétique a cessé d'être un champ d'activité limité à quelques groupes de scientifiques: c'est aujourd'hui l'un des domaines les plus prisés de la recherche en biologie. Et l'Union Européenne (UE) le soutient en lui allouant des millions. Ce n'est donc pas un hasard si, en 2004, Novartis a approché la pionnière qu'est Susan Gasser pour lui offrir ce poste de directrice à Bâle. L'intérêt colossal dont jouit ce domaine de recherche est lié au décryptage du génome humain; les scientifiques se sont vite rendu compte qu'il ne suffisait pas de connaître l'enchaînement des lettres du code génétique pour comprendre le développement des organismes. «Il existe une empreinte dans le génome, aussi importante que ses composants eux-mêmes, qui détermine si tel ou tel gène sera activé ou non», explique Susan Gasser. De plus, cette empreinte est susceptible de se modifier au cours de l'existence. Pour preuve, les cellules qui constituent le corps humain sont toutes dotées de la même hérédité ou information génétique. Mais cela n'empêche pas celles de la peau et celles du foie de présenter d'énormes différences. «Une cellule a besoin de savoir d'où elle vient, mais aussi, où est sa place au sein de l'organisme», résume la scientifique.

Par le passé, Susan Gasser a travaillé à l'Institut suisse de recherche expérimentale sur le cancer (ISREC) à Epalinges, sur les hauts de Lausanne. Elle y a officié durant quinze ans comme directrice d'un groupe de recherche. A l'époque, elle s'était déjà plongée, par microscopes interposés, dans des cellules de levures vivantes pour filmer les mouvements de l'ADN dans le noyau cellulaire. Et de constater que contrairement aux idées reçues, l'ADN est tout sauf une molécule statique: elle exécute même des «chorégraphies». Susan Gasser a par exemple observé ce qui se produit lorsque des gènes sont désactivés: ils migrent vers une partie bien déterminée du noyau, où d'autres séquences répétitives inactives sont rassemblées. «Or au moment où ils sont réactivés, ces gènes migrent à nouveau hors de la sphère d'influence de cette drôle de partie de l'ADN », poursuit la chercheuse. Ainsi, les informations génétiques peuvent être lues ou non suivant la façon dont l'ADN, cette molécule épaisse d'à peine quelques millionièmes de millimètres mais longue de 2 mètres, est enroulé à l'intérieur du noyau cellulaire. Hormis cette disposition spatiale, des marqueurs chimiques jouent également un rôle : il s'agit de petites molécules qui s'accolent à certains gènes comme des housses protectrices afin de les mettre hors jeu.

L'épigénétique est une matière complexe. C'est pourquoi Susan Gasser consacre souvent du temps à expliquer en quoi consiste son travail. Ce qui ne l'empêche pas d'y mettre à chaque fois beaucoup de patience et de vigueur. Et pour cause: les connaissances mises à jour ne remettent-elles pas en question l'un des dogmes fondamentaux de la biologie vieux de plusieurs décennies? A savoir que seules les informations inscrites dans les gènes pouvaient être héréditaires? Depuis, de nombreux indices donnent à penser qu'il n'y a pas que notre mode de vie qui influence notre santé, mais aussi les conditions dans lesquelles ont vécu nos parents et nos grands-parents. Pendant la Seconde Guerre mondiale, par exemple, les femmes qui avaient souffert de la faim pendant leur grossesse mettaient au monde des enfants plus petits. Or on sait aujourd'hui que ces derniers ont à leur tour eu des enfants petits, alors que la nourriture était à nouveau abondante.

De nombreuses questions restent ouvertes, admet Susan Gasser. L'environnement exerce-t-il par exemple une influence sur l'empreinte moléculaire? Et de quelle façon cette même empreinte se transmet-elle d'une génération à l'autre? A l'Institut Friedrich Miescher, les chercheurs s'efforcent désormais de comprendre pourquoi la régulation épigénétique est susceptible d'être perturbée et de déboucher sur des affections comme le cancer.

Susan Gasser avoue avoir été beaucoup influencée dans le choix de ses études par sa lecture de Charles Darwin. La scientifique est tombée sur l'œuvre de ce grand théoricien de l'évolution à l'âge de 21 ans, alors qu'elle était étudiante en philosophie. Sa vocation pour cette branche a pris fin peu après, pendant un cours de zoologie qu'elle suivait en parallèle et lors duquel elle a dû disséquer un poisson doté de poumons et de branchies – un cas d'école de l'évolution. «J'ai remarqué à ce moment-là que les sciences naturelles représentaient une combinaison parfaite entre la réalité et le monde des idées», se souvient-elle. Susan Gasser a alors profondément changé d'orientation. Sans aucun regret. «Aujourd'hui encore, j'adore travailler en laboratoire et développer des théories à partir de phénomènes biologiques, pour les vérifier ensuite dans la réalité.» La directrice affirme obéir à un principe majeur, principe qu'elle ne cesse d'ailleurs de transmettre aux collabora-teurs de son institut: le succès dans la recherche exige qu'on tombe amoureux d'un questionnement scientifique. Et qu'on y pense jour et nuit en tournant et retournant sans cesse les idées dans sa tête. Mark Livingston

---

Susan Gasser
– Née en 1955 dans l'Oregon, Etats-Unis
– Etudes de biophysique à l'Université de Chicago
– Doctorat en biochimie à l'Université de Bâle
– Directrice de l'Institut Friedrich Miescher, professeure de biologie
  moléculaire à l'Université de Bâle (depuis 2004)
– Membre de l'Académie française des sciences (depuis 2005)
– Prix Latsis National (1991)
– Prix Otto Naegeli (2006)

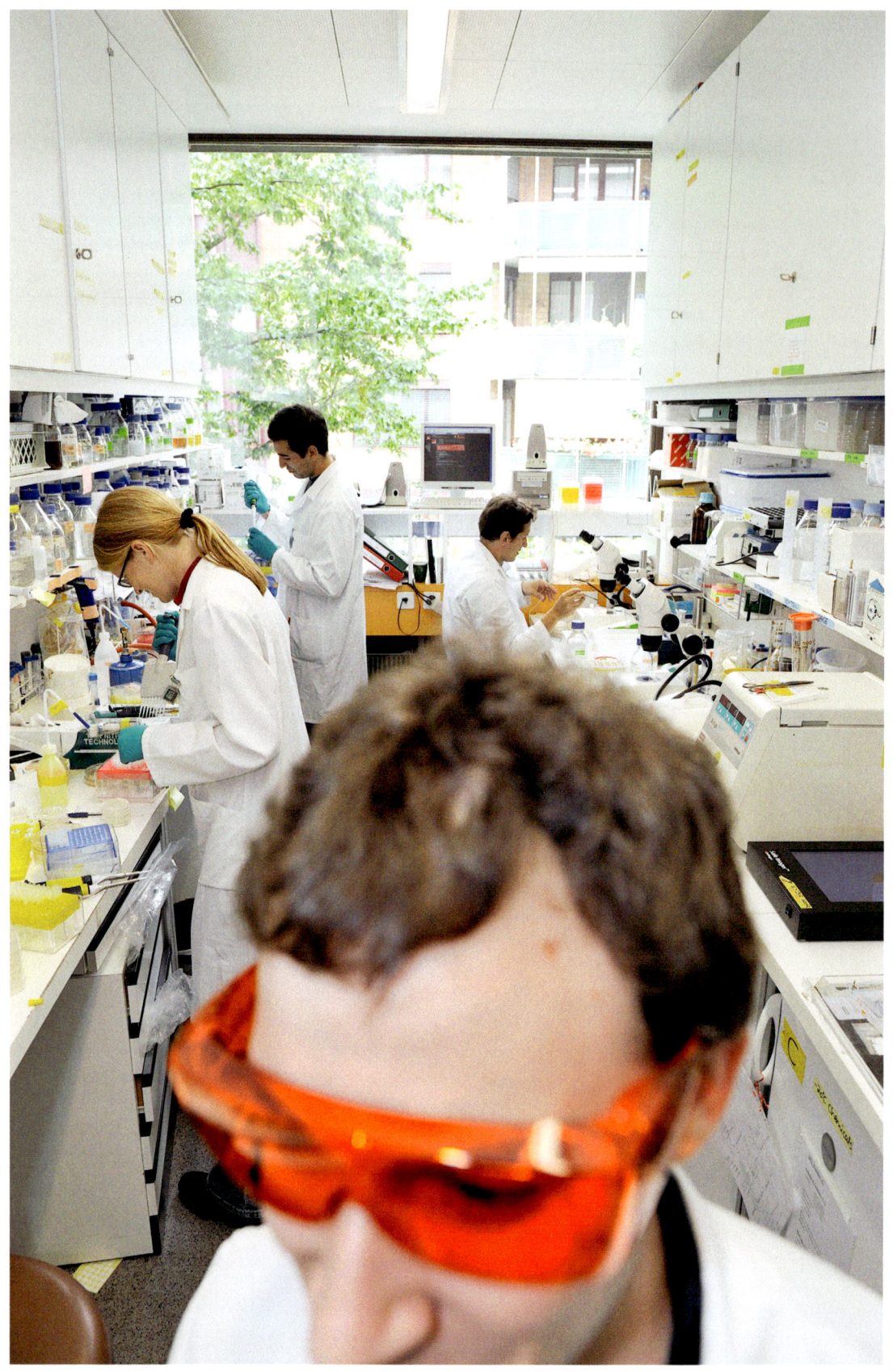

Susan Gasser

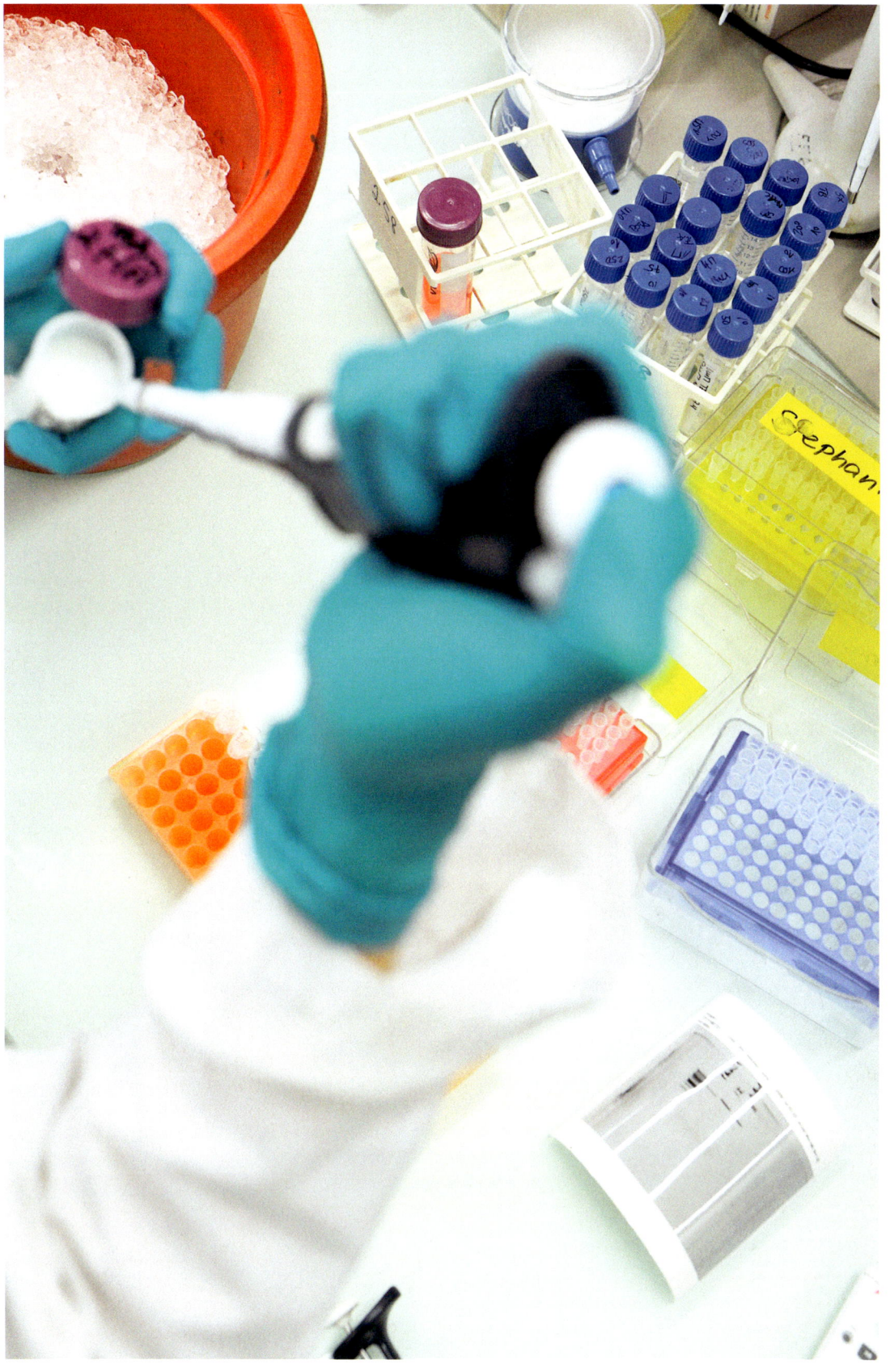

Susan Gasser

IMPRONTE NEI GENI
Susan Gasser
Genetista

Da bambina voleva diventare diplomatico; oggi Susan Gasser dirige uno dei
più rinomati centri di ricerca della Svizzera, il Friedrich Miescher Institut di Basilea.
Anche in questo caso si tratta di gettare un ponte tra culture profondamente
diverse: tra la ricerca di base che, libera da ogni vincolo si cimenta nella scoperta
di nuovi saperi, e gli obiettivi dell'industria farmaceutica interessata a sviluppare nuovi
farmaci contro le malattie. Poiché il Friedrich Miescher Institut, con i suoi 280
studiosi tra ricercatrici e ricercatori, è finanziato dalla Novartis Forschungsstiftung,
la ricerca di base svolta nell'istituto è orientata verso ambiti che promettono
sviluppi significativi per la Novartis, come la ricerca sul cancro, la neurobiologia
e l'epigenetica, un ramo ancora relativamente nuovo della ricerca scientifica
alla quale Susan Gasser ha impresso un suo marchio particolare. «Per questo nuovo
incarico non ho cambiato di molto il mio modo di fare ricerca», assicura. «Ho
piuttosto sviluppato un obiettivo chiaro: come mettere in relazione certe malattie
specifiche con le conoscenze già acquisite».

Da nuovo ambito di ricerca riservato a pochi e sporadici gruppi di studiosi,
l'epigenetica si è trasformata nel giro di pochi anni in uno dei settori più caldi della
biologia moderna, un campo di ricerca sostenuto dall'Unione Europea con
importanti finanziamenti di milioni di euro. Non è quindi un caso se nel 2004 la Novartis
decise di nominare Susan Gasser direttore del centro di Basilea, un pioniere
dell'epigenetica. L'enorme interesse per l'epigenetica è esploso in seguito alla deci-
frazione del patrimonio ereditario umano poiché apparve subito evidente che
la sequenza del codice genetico non sarebbe stata sufficiente per comprendere lo
sviluppo degli organismi. «Infatti – come dice Susan Gasser – bisogna attribuire
altrettanta importanza anche a ciò che attiva o meno un determinato gene». Una caratteristica che nel corso della vita può anche modificarsi. Lo dimostra, per esempio,
il fatto che tutte le cellule del corpo umano possiedono lo stesso patrimonio ereditario,
eppure le differenze tra una cellula dell'epidermide e una del fegato sono enormi.
«Una cellula deve conoscere la propria origine e posizione all'interno dell'organismo»,
chiarisce.

Susan Gasser ha scrutato, con l'aiuto di speciali microscopi, l'interno delle cellule
del lievito e ha osservato e filmato i movimenti del DNA nel loro nucleo. Lo
faceva già all'epoca della sua permanenza presso l'Istituto svizzero per la ricerca
sperimentale sui tumori, a Epalinges presso Losanna, dove ha diretto un gruppo
di ricercatori per 15 anni. In quell'occasione poté constatare che il DNA non è una
molecola statica, come si credeva, ma compie delle vere e proprie «danze».
Gasser aveva osservato i fenomeni collegati alla disattivazione di geni. Quando questo
accade, i geni vengono ravvicinati verso la fine del cromosoma, dove il filamento
del DNA è costituito da una sequenza breve ripetuta più volte. «Se i geni dovessero
nuovamente essere attivati, verrebbero nuovamente sottratti al campo d'influenza
di questa insolita sezione del DNA», spiega la scienziata. Quindi, le informazioni
genetiche possono essere lette o no, a seconda di come il DNA – questa catena di
molecole lunga 2 metri e sottile appena pochi millesimi di micron – si avvolge

all'interno del nucleo cellulare. Ma, accanto a questa disposizione nello spazio, un ruolo importante è svolto anche dalle marcature di natura biochimica, poiché alcune piccole molecole si fissano come involucri protettivi intorno a determinati geni, coinvolgendoli nel fenomeno.

L'epigenetica è una materia complessa e Susan Gasser è spesso costretta a spiegarla con grande pazienza e fervore. Le conoscenze raccolte fino a oggi tendono a mettere in dubbio uno dei dogmi di base della biologia: per decenni gli scienziati sono stati convinti che si potessero ereditare solo le informazioni rigidamente fissate all'interno dei geni. Nel frattempo, sono diventati sempre più numerosi gli indizi che lasciano supporre che la salute non sia solo influenzata dallo stile di vita personale, ma anche dalle condizioni di vita dei genitori e dei nonni. Per esempio, le donne che patirono la fame durante la Seconda Guerra Mondiale hanno dato alla luce figli più piccoli nonostante l'abbondante disponibilità di cibo del Dopoguerra; e anche i figli dei figli, a loro volta sono nati più piccoli. Rimangono ancora molte domande senza risposte ammette la professoressa Gasser, per esempio su come l'ambiente influisca nel dettaglio sulle caratteristiche molecolari e come questa caratterizzazione si trasmetta da una generazione all'altra. La ricerca in atto presso il Friedrich Miescher Institut dovrebbe chiarire perché un disturbo della regolazione epigenetica possa condurre, per esempio, a malattie come il cancro.

La vita della professoressa Gasser è stata fortemente influenzata da un uomo: Charles Darwin. Un giorno qualcuno allungò alla ventunenne studentessa di filosofia l'opera del grande teorico dell'evoluzione. Quando, nello stesso periodo, durante una lezione di zoologia, dovette sezionare un pesce dotato di polmoni e branchie e quindi particolarmente interessante dal punto di vista storico-evolutivo, per lei suonò l'ultima ora di lezione da aspirante filosofa: «In quel momento compresi che le scienze naturali sono una combinazione perfetta di realtà e mondo delle idee». Cambiò senza esitazione l'indirizzo degli studi e non si pentì mai di quella decisione. «Amo ancora molto stare in laboratorio e sviluppare tesi da confrontare e da misurare poi con la realtà», riconosce la studiosa. Per lei valgono le stesse regole che predica continuamente ai numerosi giovani dell'Istituto, ricercatrici e ricercatori: bisogna innamorarsi di un problema scientifico – passare giorno e notte a rifletterci e a sfornare idee. Mark Livingston

---

Susan Gasser
- Nata nel 1955 nell'Oregon, Stati Uniti
- Studi di biofisica presso l'Università di Chicago e dottorato in biochimica presso l'Università di Basilea
- Direttrice dell'Istituto Friedrich Miescher Institut, professoressa di biologia molecolare presso l'Università di Basilea (dal 2004)
- Membro dell'Accademia Francese delle Scienze (dal 2005)
- Premio nationale Latsis (1991)
- Premio Otto-Naegeli (2006)

Susan Gasser

GENE MANAGER
Susan Gasser
Geneticist

As a child Susan Gasser wanted to be a diplomat. Today she directs one of Switzerland's most renowned research centres, the Friedrich Miescher Institute (FMI) in Basle. This means that she must straddle two different worlds: that of basic research, which strives to attain new knowledge for its own sake, and that of the pharmaceutical industry, always eager to develop new drugs. The fact is that the Friedrich Miescher Institute, with over 280 research scientists, is funded by the Novartis Research Foundation. In return, the Institute conducts its basic research in areas that might one day be important for Novartis. These areas include cancer research, neurobiology, and so-called epigenetics, a relatively young branch of research on which Gasser made her mark quite early on. "My research methods have not changed much since joining the FMI," says Gasser, whose guiding force has been her own curiosity ever since she started working in science. "But now I have an additional question on my mind: How is this knowledge related to human disease?"

Within a few years, epigenetics has been transformed from a field involving a few research groups into a booming research area in biology subsidised by the European Union to the tune of millions of euros. It is no accident that in 2004 Novartis brought Gasser, one of the pioneers of epigenetics, to Basle as director of the FMI. The incredible interest in this sphere stems from the successful deciphering of the human genome; for it rapidly became clear that knowing the sequence of the chemical base pairs does not suffice in itself to explain how organisms develop. "Imprinting is just as important, for it determines whether a particular gene is activated or not," says Gasser. And imprinting, it must be noted, can itself change in the course of a lifetime. This can be seen, for instance, in the fact that although all the cells in a human being's body have exactly the same genetic make-up, the differences between a skin cell and a liver cell are enormous. "A cell has to 'know' where it comes from and where it belongs within an organism," Gasser explains.

While still working at the Swiss Institute for Experimental Cancer Research in Épalinges, near Lausanne, where she directed a research group for fifteen years, Gasser examined living yeast cells through special microscopes and filmed the movement of genes and other parts of chromosomes within the cell nucleus. She observed that DNA is anything but a static molecule, as some had claimed for many years, but that it was highly mobile. Gasser noted what happens when genes are switched off: they shift their position to be near repetitive parts of the genome, which are always silent. Once silenced, the genes also become less mobile. "When genes were reactivated, they had to be removed from the sphere of influence of the repetitive DNA", she explains. Whether a gene is activated thus depends on how the genome – a thread-like molecule some two metres in length and only thousandths of a micrometre wide – is coiled in the cell nucleus. Apart from this spatial arrangement, biochemical markings also play a role: small molecules attach themselves like protective sheaths to certain genes, thus rendering them inactive.

There is nothing simple about epigenetics. Listening to Gasser, one quickly realises that she often has to explain her work. And she does so patiently and emphatically.

The knowledge gained so far has cast doubt upon a fundamental tenet of biology. For many decades, biologists were convinced that the only information inherited is that which is coded in the genes. But it is becoming increasingly apparent not only that one's own lifestyle affects one's health, but also that the living conditions and circumstances of one's parents and grandparents do, too. For example, women who suffered from starvation during the Second World War tended to give birth to small children. Evidence shows that those children's own children were small too – even though their mothers were well nourished. Many questions remain to be answered, admits Gasser, such as how environmental influences affect molecular characteristics and how those characteristics are passed on from one generation to the next. Research is now under way at the FMI to ascertain how epigenetic regulation becomes altered, leading to the misregulation of genes and to diseases such as cancer.

The notion of genetic inheritance has long had a major influence on Gasser, initially through the work of Charles Darwin. When Gasser was a twenty-one-year-old philosophy student, she was given *On the Origin of Species,* his great work on evolution. Then, in a zoology lesson, she had the chance to dissect a fish that had both gills and lungs – evidence of vestigial organs which provide compelling arguments for evolution. That spelled the end of her studies as a philosopher-in-the-making. "I realised that the natural sciences were the perfect meeting place for reality and the world of ideas." Without giving it much further thought, she changed her course of study – and has never regretted it since. "I still love working in the lab, developing hypotheses from biological phenomena and testing them against reality," she says. The words Gasser repeats time and again to the many young researchers at her institute also apply to her: you have to fall in love with a scientific problem – and turn it over in your head night and day. Mark Livingston

---

Susan Gasser
- Born 1955 in Oregon, US
- Studied biophysics at the University of Chicago;
  doctorate in biochemistry at the University of Basle
- Director of the Friedrich Miescher Institute and Professor
  of Molecular Biology at the University of Basle (since 2004)
- Member of the French Academy of Sciences (since 2005)
- National Latsis Prize (1991)
- Otto Naegeli Preis (2006)

GOTTFRIED BOEHM

Gottfried Boehm

DIE KUNST DES SEHENS
Gottfried Boehm
Kunsthistoriker, Philosoph

Soweit Gottfried Boehm sich erinnern kann, trieb ihn die «Neugier des Auges» an, wie er es formuliert. Die folgenreichste Station für den damals Siebzehnjährigen war 1959 die Kunstausstellung Documenta II in Kassel: «Auf dem Moped brach ich zusammen mit einem Schulfreund von unserem pfälzischen Bauerndorf auf in die Stadt, um die skandalträchtigen, geheimnisumwitterten Bilder selber zu sehen.» Vor allem das Werk von Willi Baumeister beeindruckte ihn nachhaltig: «Es erschien mir als eine Hieroglyphensprache voller Rätsel, deren verborgenen Sinn ich zu entschlüsseln suchte.» Nach Kassel wusste Gottfried Boehm, was er studieren wollte: Kunstgeschichte. Seine Neigung zur Theorie kultivierte er in einem gleichzeitigen Philosophiestudium – eine Kombination, die in den 1960er-Jahren wenig Ansehen genoss, wie er sich erinnert. Dank der Unterstützung seines Lehrers, des Philosophen Hans-Georg Gadamer, gelang es Gottfried Boehm aber, die beiden scheinbar disparaten Forschungsrichtungen erfolgreich zu verbinden. Er erklärte seinen Drang, die Macht der Bilder zu verstehen, und seine Lust am Sehen zum Forschungsgebiet, das ihn fortan ein Leben lang faszinierte.

Er betrat damit Neuland: Bis zum Ende des 20. Jahrhunderts gab es keine der Sprachforschung vergleichbare Bildforschung. Vielmehr glaubte man, «dass sich die Wahrheit ausschliesslich in Sprache manifestierte», wie es der Bildtheoretiker Boehm formuliert. «Das Credo, dass die Welt das ist, was sich sagen lässt, prägte unsere Kulturgeschichte.» Bilder dagegen erschliessen – ähnlich wie die Musik – eine Welt, die sich nicht mit Sprache ausdrücken lässt. Bilder vermitteln Bedeutungen, Erkenntnisse und Sinn mit anderen Mitteln. Und sie vermögen komplexe Sachverhalte unmittelbar darzustellen. Gottfried Boehms Vision ist es, «das Wissen, das in den Bildern gespeichert worden ist, zu erwerben und nutzbar zu machen, und ihre Grammatik und Syntax aufzuklären». Dazu trägt er selber seit den späten 1970er-Jahren mit seiner wissenschaftlichen Bildkritik bei.

Das Thema ist aktueller denn je. Bilder sind, wie nie zuvor in der Kulturgeschichte, zu Kommunikationsmitteln geworden. Die blitzschnelle, flüssige Eins-zu-eins-Kommunikation, zum Beispiel mit den überall gegenwärtigen Handy-Kameras, prägt heute unsere Gesellschaft. «Bilder nehmen uns in Beschlag», stellt Gottfried Boehm fest, «insbesondere seitdem sie den öffentlichen Raum erobert haben und beweglich geworden sind.» Wichtig sei, so fordert der Analytiker Boehm heute, sich endlich von der Vorstellung zu lösen, dass ein Bild die Realität nachbilde. Vielmehr seien Bilder Artefakte, «künstlich hergestellte, materielle Manifestationen, die etwas Immaterielles zeigen». Mehr noch: Seit sich Bilder komplett digital konstruieren lassen, ist ihre Künstlichkeit noch deutlicher geworden. Das kann so weit gehen, dass der Inhalt einer Fotografie gar nichts mehr mit der scheinbar realen Situation zu tun hat, die sie darstellt, wie etwa in den «Fictitious Portraits» (1992) des kalifornischen Künstlers Keith Cottingham: Er hat Porträts von Jungen hergestellt, die er mittels anatomischer Zeichnungen, Wachsmasken, digitaler Malerei und Montage geschaffen hat, ohne dass je ein lebender Mensch Modell gestanden wäre.

Jeder meine zu wissen, was ein Bild sei, kritisiert Gottfried Boehm: «Dass man lernen muss, Tennis oder Violine zu spielen, ist allen klar. Was das Sehen anbelangt, erkennt niemand Lernbedarf.» Der Basler Bilderforscher fordert mehr Respekt für die Kunst des Sehens. «Nur wer die Kunst des Sehens beherrscht, kann der Macht der Bilder auf die Spur kommen.» Dies sei gerade in einer demokratischen Gesellschaft dringend geboten.

«Am Anfang war das Bild», mahnt Gottfried Boehm. Die Zeit, in der erste bildliche Darstellungen auftauchen, reicht Hunderttausende Jahre zurück, weit vor die Erfindung der Sprache oder der Schrift. Dieses Primat der Bilder gilt auch für die Biografie jedes einzelnen Menschen: Ein Kind entdeckt die Welt im Gesicht der Mutter, lernt aus der Imitation von Mimik und Gesten. Damit bedient sich jedes Kleinkind des Mediums Bild, lange bevor es zu sprechen beginnt. Daraus erwächst die Fantasie, ohne die weder Kunst noch Wissenschaft möglich wären. «Alles, was neu in die Welt kommt, entsteht aus dem Bilderschatz in uns selbst», sagt Gottfried Boehm.

An dem von ihm geleiteten Nationalen Forschungsschwerpunkt (NFS) «Bildkritik – Macht und Bedeutung der Bilder» – auch «eikones» genannt – ist diesem umfassenden Anspruch entsprechend ein gutes Dutzend Disziplinen beteiligt. Die Schwerpunkte der dreissig Projekte reichen von der Macht und Wirkung der Bilder bis zu Visualisierungen im Wissenschaftskontext. Zum Letzteren gehört auch das Projekt einer Kooperation mit dem Basler Gesichts- und Kieferchirurgen Hans Florian Zeilhofer zur Gesichtsrekonstruktion. Ausgangspunkt dieses Projekts ist die These, dass der visuelle Eindruck des Gesichts die eigene Identitätserfahrung primär prägt. Auch da bestimmt die Macht des Bildes über uns. In Gottfried Boehms Worten: «Es ist das Bild, das wir sind.» Anna Schindler

---

Gottfried Boehm
- Geboren 1942 in Braunau, Böhmen
- Studium der Kunstgeschichte, Philosophie und Germanistik in Köln, Wien und Heidelberg
- Professor für Neuere Kunstgeschichte an der Universität Basel (seit 1986)
- Fellow am Wissenschaftskolleg zu Berlin, Institute for Advanced Study (2001–2002)
- Leiter des NFS «Bildkritik – Macht und Bedeutung der Bilder» (seit 2005)

L'ART DE VOIR
Gottfried Boehm
Historien de l'art, philosophe

Aussi loin qu'il s'en souvienne, Gottfried Boehm a toujours été porté par ce qu'il nomme la «curiosité de l'œil». Le tournant de son existence, il l'a vécu en parcourant l'exposition «Documenta II» de Kassel, en Allemagne. C'était en 1959 et il avait 17 ans. «Mon ami et moi avions quitté à motocyclette notre village de la Pfalz pour la ville, se souvient-il. Je voulais voir de mes propres yeux ces images auréolées de mystère et de scandale.» De toutes les œuvres exposées, c'est celle de Willi Baumeister qui l'a le plus impressionné: «Elle m'est apparue comme une langue pleine de hiéroglyphes énigmatiques, dont je cherchais à décrypter le sens caché.» De retour de Kassel, Gottfried Boehm en est convaincu: il veut étudier l'histoire de l'art. Le jeune homme nourrit alors son inclination pour les aspects théoriques tout en menant en parallèle des études de philosophie – une combinaison qui jouissait d'un faible prestige dans les années 1960, se rappelle-t-il. Mais grâce au soutien d'un maître de conférence, le philosophe Hans-Georg Gadamer, Gottfried Boehm réussit à combiner ces deux orientations apparemment disparates. Et à faire évoluer en domaine de recherche son besoin de comprendre la puissance des images et son «envie de voir». Une démarche qui n'a jamais cessé de le fasciner depuis.

En choisissant cette voie, Gottfried Boehm s'aventure aussi sur une terra incognita. Jusqu'à la fin du XXe siècle en effet, il n'existait pas de recherche sur l'image comparable à celle menée sur le langage. Il était jadis admis que «la vérité se manifeste exclusivement dans le langage, résume Gottfried Boehm. Le credo selon lequel le monde n'est que ce qu'on peut en dire a profondément marqué l'histoire de notre culture.» Les images en revanche – comme la musique – révèlent un monde qui ne peut pas être exprimé par des mots. Elles utilisent d'autres canaux pour transmettre des valeurs, des connaissances et du sens. Elles parviennent par ailleurs à représenter des faits complexes de manière immédiate. Selon la vision de Gottfried Boehm, il s'agit donc de «s'approprier le savoir contenu dans les images pour le rendre utilisable. Et expliciter leur grammaire, leur syntaxe.» Depuis la fin des années 1970, le chercheur nourrit ainsi cette idée avec sa propre critique scientifique de l'image.

La thématique est d'une actualité brûlante. Plus que jamais dans l'histoire culturelle, les images sont devenues des moyens de communication. La société actuelle est empreinte d'une communication immédiate, fluide et ultrarapide, rendue possible par l'omniprésence des téléphones portables équipés d'un appareil photo. «Les images nous accaparent, constate Gottfried Boehm. Notamment depuis qu'elles ont conquis l'espace public et qu'elles se sont mises à bouger.» D'où l'importance, souligne-t-il, de cesser enfin de croire que l'image reflète la réalité. Les images sont des artefacts, «des manifestations matérielles de facture artificielle, qui montrent quelque chose d'immatériel». Depuis que la technologie numérique permet de les fabriquer de toutes pièces, cette artificialité est même devenue plus criante encore. A tel point qu'aujourd'hui le contenu d'une photographie peut n'être plus relié en rien avec l'apparence de réalité qu'elle représente. Preuve en sont les «Fictitious Portraits» (1992) de Keith Cottingham: cet artiste californien a fabriqué des images de jeunes gens en recourant à des dessins anatomiques, des masques de cire, des teintes et montages numériques, mais sans qu'aucun être humain vivant n'ait jamais posé pour lui!

Chacun pense savoir ce qu'est une image, critique Gottfried Boehm. «Tout le monde admet que jouer au tennis ou du violon, cela s'apprend. En revanche, personne ne réalise que regarder passe aussi par un temps d'apprentissage.» Gottfried Boehm, en théorie de l'image, se bat donc en faveur d'un plus grand respect pour l'art de voir. «Maîtriser l'art du regard est indispensable pour comprendre la puissance des images.» Une compétence qui s'avère d'autant plus nécessaire dans les sociétés démocratiques.

«Au commencement était l'image», se plaît-il à rappeler. Les premières représentations visuelles, qui remontent à plusieurs centaines de milliers d'années, sont largement antérieures à l'invention du langage ou à celle de l'écriture. Ce primat du visuel vaut également pour le développement personnel de chaque être humain: l'enfant découvre le monde dans le visage de sa mère et apprend en imitant mimiques et gestes. Les bambins exploitent donc le média «image» bien avant de commencer à parler. Et c'est là que l'imaginaire prend sa source. Sans lui, ni l'art ni la science ne seraient possibles. «Tout concept visuel qui vient au monde émerge du trésor d'images que nous portons en nous», affirme Gottfried Boehm.

Le Pôle de recherche national (PRN) qu'il dirige, baptisé «eikones» (aussi nommé «Critique de l'image – Puissance et signification des images»), regroupe une dizaine de disciplines et vise à exploiter ce champ de réflexions sur l'imagerie. Parmi les trente projets qu'il chapeaute, les points forts portent aussi bien sur l'impact des images que sur la visualisation dans un contexte scientifique. A cet égard, un projet mené en collaboration avec Hans Florian Zeilhofer, chirurgien maxillo-facial à Bâle, se concentre sur la reconstruction faciale. Ces travaux s'appuient sur une assomption: l'impression visuelle du visage est ce qui forge en premier l'expérience personnelle de l'identité. De quoi voir là une nouvelle preuve de la puissance de l'image exercée sur chacun d'entre nous. Autrement dit, avec les mots de Gottfried Boehm: «Notre identité, c'est l'image que nous sommes.» Anna Schindler

---

Gottfried Boehm
- Né en 1942 à Braunau, Bohême
- Etudes d'histoire de l'art, de philosophie et de lettres allemandes
  à Cologne, Vienne et Heidelberg
- Professeur d'histoire de l'art moderne
  à l'Université de Bâle (depuis 1986)
- Fellow au Wissenschaftskolleg zu Berlin,
  Institute for Advanced Study (2001–2002)
- Directeur du PRN «Critique de l'image – Puissance
  et signification des images» (depuis 2005)

Gottfried Boehm

L'ARTE DEL VEDERE
Gottfried Boehm
Storico dell'arte, filosofo

Per quanto la memoria glielo consenta, Gottfried Boehm ricorda di essere sempre stato animato da quella che ama definire la «curiosità dell'occhio». L'esposizione d'arte Documenta II di Kassel del 1959 rappresentò per il giovane diciassettenne un avvenimento decisivo: «Inforcai un motorino insieme a un amico e, dal nostro villaggio di contadini nel Palatinato, mi avviai alla volta della città per vedere con i miei occhi quelle immagini scandalose e avvolte nel mistero». Tra tutte, in particolare, l'opera di Willi Baumeister lo colpì in modo duraturo: «Mi apparve come un linguaggio geroglifico intriso di enigmi, di cui tentai di decifrare il senso nascosto». Dopo Kassel, Gottfried Boehm seppe con precisione cosa studiare: storia dell'arte. Contemporaneamente coltivò la propria passione per la teoria approfondendo gli studi di filosofia. Una combinazione, come egli stesso ricorda, che negli anni sessanta godeva di poca considerazione. Grazie all'incoraggiamento del suo maestro, il filosofo Hans-Georg Gadamer, Boehm riuscì tuttavia a conciliare con successo quelle due discipline apparentemente così diverse. Egli elesse a campo di ricerca – che da quel giorno in poi lo avrebbe affascinato per tutta la vita – la propensione personale a conoscere il potere delle immagini e il desiderio di vedere.

Fu così che si inoltrò in un campo inesplorato: fino alla fine del XX secolo, la ricerca figurativa non aveva mai assunto una forma paragonabile a quella della ricerca linguistica. Era anzi diffusa la convinzione che «la verità si manifestasse esclusivamente attraverso la parola», come ha modo di definire il Boehm teorico dell'immagine. «La storia della nostra cultura è stata influenzata dalla convinzione che il mondo corrisponda a ciò che può essere comunicato con la parola». Le immagini al contrario offrono l'accesso – come la musica – a un mondo che la parola non è in grado di descrivere. Le immagini comunicano i significati, le cognizioni e il senso delle cose con mezzi diversi. Inoltre sono in grado di raffigurare con immediatezza le circostanze complesse. L'obiettivo di Gottfried Boehm è «acquisire e rendere fruibile il sapere memorizzato nelle immagini, chiarendone la grammatica e la sintassi». Un traguardo cui contribuisce egli stesso dalla seconda metà degli anni settanta con la sua critica dell'immagine.

L'argomento è molto attuale. Mai come oggi nella storia della cultura l'immagine ha assunto le caratteristiche di un mezzo di comunicazione. La nostra società è attualmente influenzata da una comunicazione veloce, scorrevole, quasi a «tu per tu» per esempio con cellulari e mini-telecamere portatili. «Le immagini ci hanno preso in ostaggio», precisa Gottfried Boehm, «soprattutto da quando hanno conquistato lo spazio pubblico e sono diventate mobili». L'importante – come esige oggi il Boehm analista – è liberarsi finalmente dall'idea che l'immagine possa riprodurre la realtà. Le immagini sarebbero invece manufatti «realizzati artificialmente, manifestazioni materiche, che mostrano qualcosa di immateriale». Ancora: da quando le immagini si lasciano completamente realizzare per via digitale, la loro artificialità è diventata ancora più palese. A un punto tale che il contenuto di una fotografia non ha più nulla in comune con l'apparente situazione reale rappresentata, più o meno come nei «Fictitious Portraits» (1992) del californiano Keith Cottingham. L'artista ha realizzato i ritratti di alcuni giovani utilizzando disegni anatomici, maschere di cera, pittura e montaggio digitale, senza aver mai utilizzato un modello vivente.

Ognuno crede di sapere cosa sia un'immagine, critica Gottfried Boehm: «È chiaro a tutti che bisogna studiare per giocare a tennis o suonare il violino. Per quanto concerne la comprensione visiva, nessuno riconosce che sia necessaria una preparazione». Lo studioso dell'immagine di Basilea esige maggiore rispetto per l'arte del vedere. «Solo chi è padrone dell'arte del vedere può seguire le tracce del potere delle immagini». Una cosa piuttosto urgente per una società democratica.

«All'inizio era l'immagine», rammenta Gottfried Boehm. Il momento in cui compaiono le prime rappresentazioni figurate risale a centinaia di migliaia di anni fa, ben prima dall'invenzione del linguaggio o della scrittura. Il primato dell'immagine assume grande valore anche nella biografia di ogni essere umano: il bambino scopre il mondo nel volto della madre e impara imitando la mimica e i gesti. In questo modo ogni fanciullo, molto prima di cominciare a parlare, si serve dell'immagine come strumento di comunicazione. Da qui si sviluppa la fantasia, senza la quale non esisterebbero né l'arte, né la scienza. «Tutto ciò che di nuovo viene al mondo deriva da quel tesoro di immagini che è dentro di noi», dice Gottfried Boehm.

Egli dirige il Polo di ricerca nazionale (PRN) «Iconic criticism – Potere e significato delle immagini» – denominato anche «eikones» – che coinvolge, in sintonia con la complessità della ricerca, una buona dozzina di discipline. La ricerca svolta nell'ambito di trenta progetti spazia dal potere e dall'effetto delle immagini alla visualizzazione in un contesto scientifico. Tra i più recenti annoveriamo anche quello che si occupa della ricostruzione del volto umano, sviluppato in collaborazione con Hans Florian Zeilhofer, specialista di chirurgia maxillo-facciale e del viso a Basilea. Il progetto è basato su una tesi che sancisce l'importanza dell'impressione visiva nell'esperienza identitaria di ogni individuo. Anche in questo caso la forza dell'immagine decide per noi. Con le parole di Gottfried Boehm: «Noi, siamo la nostra immagine». Anna Schindler

---

Gottfried Boehm
- Nato nel 1942 a Braunau, Boemia
- Studi di storia dell'arte, filosofia e germanistica a Colonia, Vienna e Heidelberg
- Professore di storia dell'arte moderna presso l'Università di Basilea (dal 1986)
- Fellow presso il Wissenschaftkolleg di Berlino, Institute for Advanced Study (2001–2002)
- Direttore del PRN «Critica dell'immagine – Potenza e importanza delle immagini» (dal 2005)

THE ART OF SEEING
Gottfried Boehm
Art historian, philosopher

As far back as he can remember, Boehm was driven by "the curiosity of his eye", as he puts it. At the age of seventeen, he experienced the most momentous event in his life when he attended the Documenta II art exhibition in Kassel. "A schoolmate and I set off on my moped from our small farm village in the Palatinate to the town of Kassel to see the strange, scandalous pictures on display there." It was the work of Willi Baumeister, above all else, that made a lasting impression on him: "To me, it was like a mysterious hieroglyphic language waiting to be deciphered." When he returned from that trip, Boehm knew that he wanted to study art history. He developed a taste for theory in a parallel course in philosophy – hardly a respectable combination of subjects in the 1960s, as he recalls. With the support of his tutor, the philosopher Hans-Georg Gadamer, Boehm managed to combine the two seemingly unrelated subjects. He turned his desire to understand the power of images into a field of study that has continued to fascinate him ever since.

In doing so, Boehm entered new territory. Up to the end of the twentieth century, there was no such thing as image research, certainly not in any way comparable to linguistics. Rather, it was commonly believed, as Boehm puts it, "that the truth manifested itself solely in language. Our cultural history is shaped by the belief that the world is that which can be expressed in words." Images, on the other hand – like music too – open up a world that cannot be captured in language. Pictures transport meanings and discoveries in a very different way. Images can also convey complex information directly. Boehm has a vision. He wants to "understand the knowledge images store, and to explain their grammar and syntax." Since the late 1970s he has been pursuing this goal with his "scientific iconic criticism".

This field is more relevant than ever. Images have become a means of communication to an extent unprecedented in cultural history. Instantaneous one-to-one communication via the ubiquitous mobile phone camera, for instance, has already had an immense impact on social life. "Images dominate our lives", notes Boehm, "now that they have conquered public space and become mobile." Boehm recommends that we abandon the idea that a picture replicates reality: in his view pictures are artefacts, "Artificially made, material manifestations representing something immaterial." Furthermore, ever since it has become possible to construct entire images digitally their artificial nature has become even more evident. This approach can be taken to the point where the content of a photograph has absolutely nothing to do with the "real" situation that it ostensibly depicts, as, for instance, in the "fictitious portraits" made in 1992 by Californian artist Keith Cottingham. Cottingham composed his portraits of boys with the aid of anatomical drawings, wax masks, digital painting and montage, without ever using a model.

Everyone thinks they know what a picture is, says Boehm critically. "Everyone knows that you have to learn to play tennis or the violin. But when it comes to seeing, nobody feels there is any need to learn anything." Boehm calls for greater respect for the art of seeing. "Only those who master the art of seeing are able to discover the power of images." In Boehm's view, this is essential, especially in a democratic society.

"In the beginning, there was the picture," Boehm reminds us. The first pictorial representations appeared hundreds of thousands of years ago, and occurred well before language and writing were invented. The image is primordial, too, in the life story of every single person. The world is revealed to a child by his or her mother's face, and he or she learns by imitating facial expressions and gestures. In this way the child uses the medium of images long before starting to speak. The child then proceeds to develop an imagination, without which neither art nor science could ever have evolved. "Everything new in the world", says Boehm, "comes from a wealth of images within ourselves."

A dozen or so disciplines sharing this general standpoint play a part in about thirty projects underway at the National Centre of Competence in Research (NCCR) "Iconic Criticism – The Power and Meaning of Images" (or "Eikones"), run by Boehm. These projects cover a wide range of areas: from the power and impact of images to the scientific study of visualisations. In this last area, for instance, a project carried out in cooperation with the Basle surgeon Hans Florian Zeilhofer, a specialist in reconstructive surgery, explores the thesis that the visual impression left by a face is the primary influence shaping the viewer's experience of his own identity. Here too, the image's power over us is the determining factor. In Boehm's words: "We are the image." Anna Schindler

---

Gottfried Boehm
– Born 1942 in Braunau, Bohemia
– Studied art history, philosophy and German literature and culture in Cologne, Vienna and Heidelberg
– Professor of Modern Art History at the University of Basle (since 1986)
– Fellow at the Institute for Advanced Study in Berlin (2001–2002)
– Director of the NCCR "Iconic Criticism – The Power and Meaning of Images" (since 2005)

ALUMIT ISHAI

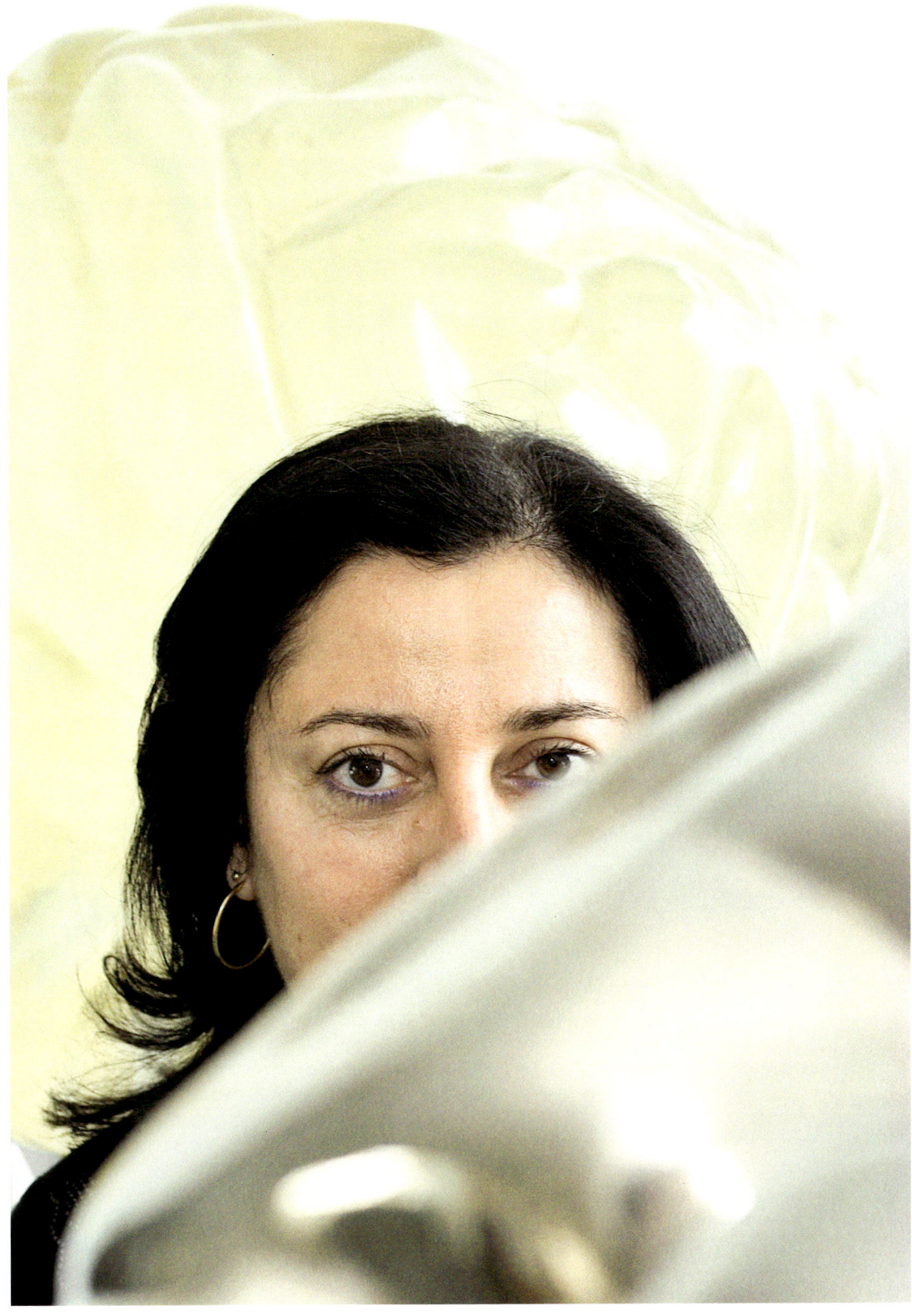

DER BLICK INS GEHIRN
Alumit Ishai
Hirnforscherin

Über Schönheit lässt sich streiten; was Bilder von Schönheiten im Gehirn auslösen, sei hingegen universell. Dies sagt Alumit Ishai, Assistenzprofessorin für kognitive Neurowissenschaften an der Universität Zürich. Die in Israel geborene Neurobiologin benutzt Bilder von Gesichtern, Gemälden und Alltagsgegenständen, um zu ergründen, wie das menschliche Gehirn visuelle Informationen verarbeitet und wie diese im Gedächtnis gespeichert und wieder abgerufen werden. Das ist eine gewaltige Aufgabe. Immerhin handelt es sich beim Gehirn um das komplizierteste und am wenigsten verstandene biologische System, das die Evolution zustande gebracht hat. Die rund 100 Milliarden grauen Zellen im Kopf faszinieren Laien und Fachleute gleichermassen. Fragen wie jene nach dem menschlichen Bewusstsein oder zur Willensfreiheit gehören zu den Grundfragen der Philosophie. Auf der praktischen Seite ist angesichts der steten Zunahme von psychischen und neurologischen Erkrankungen in modernen Gesellschaften der Wunsch nach einem besseren Verständnis mentaler Prozesse gross.

«Ich arbeite mit Gesichtern als Anschauungsmaterial, weil die Evolution uns die Fähigkeit verliehen hat, Gesichter innert Millisekunden zu erkennen und zu beurteilen», erklärt Alumit Ishai. In einer Studie aus dem Jahr 2006 liess sie 40 homo- und heterosexuelle Frauen und Männer die Attraktivität von männlichen und weiblichen Gesichtern beurteilen. «Für die Beurteilung, welche Gesichter attraktiv sind und welche unattraktiv, spielten weder Geschlecht noch sexuelle Orientierung eine Rolle», sagt Ishai. Allerdings zeigten heterosexuelle Frauen und homosexuelle Männer beim Anblick attraktiver Männergesichter eine stärkere Aktivität im orbitofrontalen Kortex, der ein Teil des Belohnungssystems ist. Heterosexuelle Männer und homosexuelle Frauen dagegen reagierten stärker auf schöne Frauengesichter. Diese Studie hat laut Alumit Ishai gezeigt, dass das menschliche Gehirn Gesichter nicht nur visuell analysiert, sondern ihnen automatisch noch einen Wert beimisst.

Alumit Ishai verwendet für ihre Untersuchungen die Methode der funktionellen Magnetresonanztomografie (fMRI) und hat dazu Zugang zu einem Tomografen am Universitätsspital Zürich. Während die Versuchspersonen – meist Studentinnen und Studenten – in der Röhre liegen und eine mentale Aufgabe lösen, messen die Geräte die Änderungen in der Sauerstoffsättigung des Blutes. Die Auflösung der Messungen betragen einige Kubikmillimeter und wenige Sekunden, und man nimmt an, dass Nervenzellen in Regionen, wo man Änderungen misst, stärker aktiv sind. «Mit dieser Methode ist es endlich möglich geworden, dem normalen und aktiven Gehirn bei der Arbeit zuzuschauen», umschreibt Alumit Ishai den Fortschritt gegenüber früher. Mehr als ein Jahrhundert waren Hirnforscher bei der Erforschung des Gehirns auf Menschen mit Hirnverletzungen (etwa durch Unfälle oder Kriegsverletzungen), mit seltenen Erkrankungen und auf Leichen angewiesen, wollten sie erfahren, was wo im Gehirn verarbeitet wird. Moderne Durchleuchtungsmaschinen erlauben es nun, wesentlich genauere Hirnkarten zu zeichnen. Sie lassen erkennen, welche Hirnareale für die Lösung bestimmter Aufgaben zusammenarbeiten. Und hier stösst Alumit Ishai immer wieder auf überraschende Erkenntnisse.

Lange Zeit waren Wissenschaftler überzeugt, dass spezifische Areale im Gehirn für bestimmte Aufgaben zuständig sind. Jetzt zeigt sich immer mehr, dass dieses Kästchendenken falsch ist. So geschieht die Gesichtserkennung nicht an einem genau definierten Ort in der Grosshirnrinde; vielmehr arbeiten mehrere Hirnareale zusammen. Erscheint beispielsweise ein Bild eines Filmstars, den die Versuchsperson mag, schaltet sich das Belohnungszentrum zu und liefert ebenfalls einen Wohlfühlbeitrag. «Das erklärt, warum Paparazzi immer Arbeit haben werden», schmunzelt Alumit Ishai. Sie bedienen mit ihren Bildern die Lust der Betrachterinnen und Betrachter, sich durch die Anteilnahme am Leben der Berühmten selber zu belohnen.

Geht es um praktische Anwendungen ihrer Forschung, nimmt Alumit Ishai eine abwehrende Haltung ein. Ja, es sei im Prinzip denkbar, in der Praxis aber sehr schwierig zu bewerkstelligen, sagt die Forscherin. Näheres wolle sie aber nicht dazu sagen. «Ich bin Grundlagenforscherin. Ich will herausfinden, wie das Gehirn funktioniert», erklärt Ishai kategorisch. «Was dann mit diesen Erkenntnissen passiert, ist eine ganz andere Sache.»

Als Nächstes hat sich Alumit Ishai ein ambitiöses Projekt vorgenommen: den natürlichen Alterungsprozess des gesunden menschlichen Gehirns aufzuzeigen. Dazu will sie die Gedächtnisleistungen einiger Hundert Menschen verschiedenen Alters untersuchen. Dabei geht es ihr nicht nur um die Aktivierung bestimmter Gehirnareale durch bestimmte Aufgaben; sie will auch herausfinden, wie sich das menschliche Gehirn über die Jahrzehnte hinweg anatomisch verändert. Die fundamentale Frage für sie lautet, ob dieser Prozess sprunghaft oder kontinuierlich abläuft. «Auf diese einfache Frage weiss niemand eine Antwort», sagt Alumit Ishai. «Ich will sie finden.» Thomas Müller

---

Alumit Ishai
– Geboren 1965 in Jerusalem, Israel
– Studium der Biologie, der Biochemie und der Philosophie
  an der Hebräischen Universität Jerusalem
– Doktorat in Neurobiologie am Weizmann-Institut in Rehovot
– Assistenzprofessorin für kognitive Neurowissenschaften an der
  Universität Zürich (seit 2004)
– Young Investigator Award of the Swiss Society
  of Biological Psychiatry (2005)
– Young Investigator Award of the Cognitive Neuroscience Society (2006)

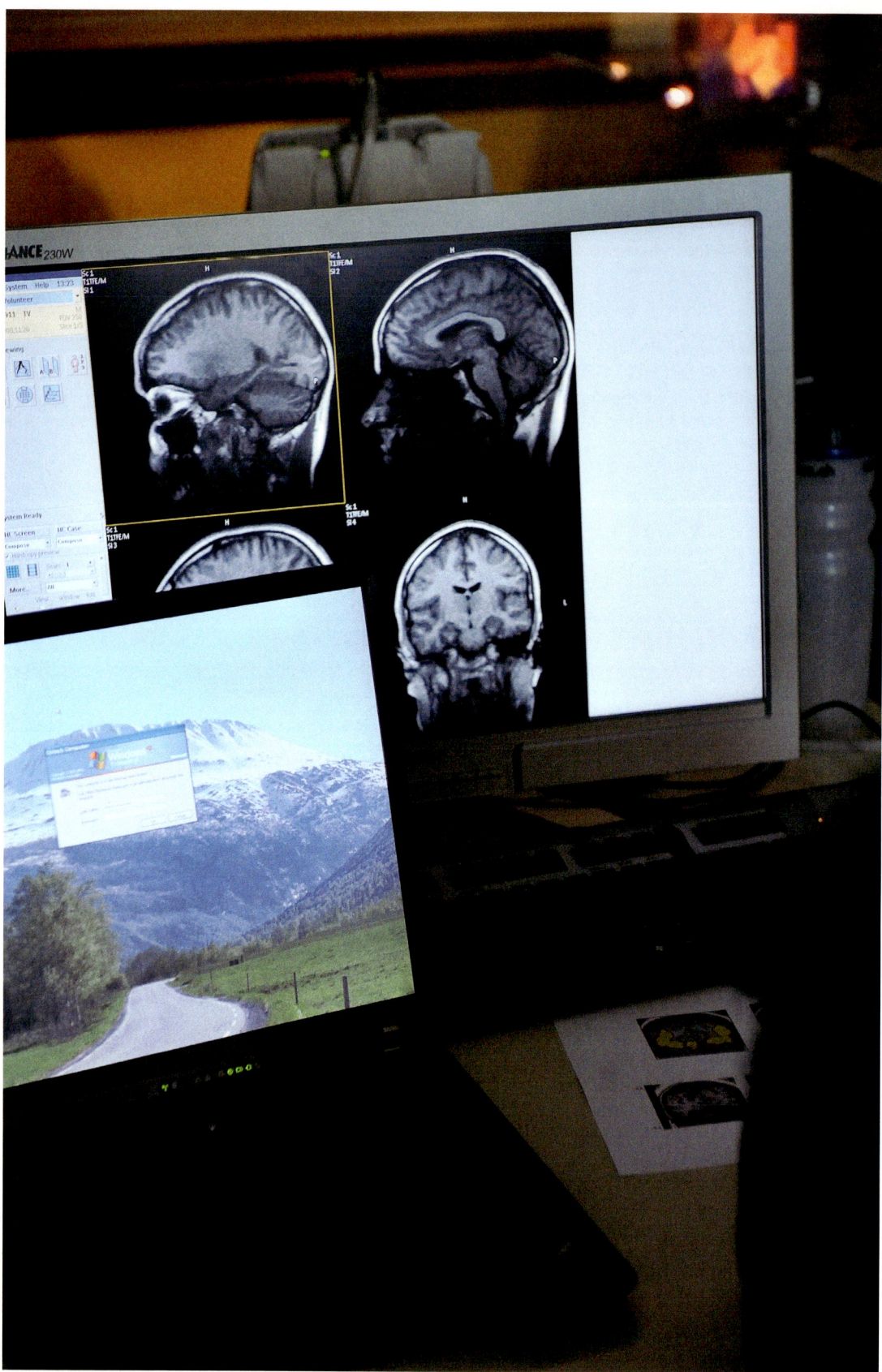

Alumit Ishai

VOIR DANS LES TÊTES
Alumit Ishai
Neuroscientifique

Chacun a sa propre conception de la beauté. Face à des images de visages agréables, les réactions du cerveau sont pourtant universelles. C'est ce qu'affirme Alumit Ishai, professeure assistante en neurosciences cognitives à l'Université de Zurich. Cette neurobiologiste, née en Israël, utilise des clichés de visages, de tableaux et d'objets du quotidien pour comprendre comment le cerveau humain traite les informations visuelles, avant de les enregistrer dans la mémoire pour ensuite pouvoir les raviver à l'envi. Une tâche titanesque. Le cerveau est en effet le système biologique le plus complexe et le moins bien compris que l'évolution ait jamais induit. Les quelque 100 milliards de cellules nerveuses que renferme le crâne humain fascinent profanes et experts, tant la conscience ou le libre arbitre posent encore des interrogations philosophiques fondamentales. Par ailleurs, l'augmentation constante des affections psychologiques et neurologiques dans nos sociétés modernes a suscité un urgent besoin de mieux comprendre les processus mentaux.

« L'évolution nous a donné la capacité de reconnaître et de jauger les visages en quelques millisecondes, explique Alumit Ishai. C'est pour cela que je les utilise comme matériel illustratif. » Dans le cadre d'une étude menée en 2006, la chercheuse a demandé à quarante sujets (femmes et hommes, homo- et hétérosexuels) d'évaluer l'attrait d'une série de visages féminins et masculins. « Lorsqu'il leur fallait dire si tel visage était attirant ou non, leur sexe et leur orientation sexuelle ne jouaient aucun rôle », résume-t-elle. Toutefois, face à des visages masculins séduisants, les hommes homosexuels et les femmes hétérosexuelles présentaient une activité plus élevée dans le cortex orbitofrontal – l'une des aires impliquées dans le système de la récompense. Les hommes hétérosexuels et les femmes homosexuelles réagissaient en revanche plus fortement aux visages féminins attrayants. Cette étude a montré que le cerveau humain ne fait pas que procéder à une analyse visuelle des visages: il leur attribue aussi automatiquement une valeur.

Pour ses recherches, Alumit Ishai recourt à la méthode dite d'imagerie par résonance magnétique fonctionnelle (IRMf). Elle travaille à cet effet avec un scanner IRM de l'Hôpital universitaire de Zurich, dans lequel s'allongent les sujets (le plus souvent des étudiants des deux sexes) amenés à effectuer une tâche mentale précise. Le temps qu'ils la réalisent, les appareils mesurent les variations de la saturation sanguine en oxygène dans leur cerveau, l'idée étant que ce paramètre augmente dans les aires neuronales les plus fortement activées. Ces variations sont de l'ordre de quelques millimètres cubes et de quelques secondes. « Grâce à cette méthode, il est enfin possible de regarder travailler un cerveau normal et actif », souligne Alumit Ishai. Un énorme progrès par rapport aux méthodes utilisées par le passé. Depuis plus d'un siècle, les scientifiques qui s'efforçaient de comprendre les modes de traitement du cerveau devaient se contenter de sujets souffrant de lésions cérébrales (consécutives à des accidents ou à des blessures de guerre) et de maladies rares, ou encore de cadavres. Les nouvelles technologies d'imagerie permettent aujourd'hui de dresser des cartes du cerveau nettement plus précises, grâce auxquelles il est possible d'identifier les zones qui collaborent pour résoudre une tâche donnée. Et sur ce plan, Alumit Ishai fait régulièrement de surprenantes découvertes.

Pendant longtemps, les scientifiques pensaient que certaines zones du cerveau étaient spécifiquement dédiées à l'accomplissement de tâches précises. Aujourd'hui, on se rend de plus en plus compte que cette image de «boîte à tiroirs» était erronée. La reconnaissance des visages, par exemple, ne se fait pas dans une zone définie du cortex cérébral, mais résulte de la collaboration entre différentes aires du cerveau communiquant dans le cadre d'un réseau cortical. Lorsqu'on montre à un sujet la photo d'une célébrité du cinéma qu'il apprécie, son système de la récompense est activé et provoque chez lui une sensation de bien-être. «C'est pour cette raison que les paparazzi auront toujours du travail», sourit Alumit Ishai. Car avec leurs images, ces photographes exploitent le désir du spectateur de s'autosatisfaire en s'immisçant dans la vie des célébrités.

Interrogée sur les possibles applications de ses résultats de recherche, Alumit Ishai adopte une attitude prudente. Bien que certaines soient en principe imaginables, la chercheuse se demande néanmoins comment, aujourd'hui, la résonance magnétique fonctionnelle pourrait être exploitée pratiquement dans le domaine qui est le sien. «Je fais de la recherche fondamentale, rappelle-t-elle, catégorique. Je veux découvrir comment fonctionne le cerveau. Ce qu'il adviendra de ces connaissances est un tout autre problème.»

Le prochain projet d'Alumit Ishai est pour le moins ambitieux. Son objectif: étudier le processus naturel du vieillissement du cerveau humain sain. La neuroscientifique examinera à cet effet les performances mnémoniques de plusieurs centaines de personnes d'âges différents. Il ne s'agira plus alors de se pencher uniquement sur l'activation de certaines régions du cerveau lors de la résolution de tâches demandées, mais de tenter de déterminer les modifications anatomiques que le cerveau subit au fil des décennies. Ce processus se fait-il par bonds ou de manière continue? «C'est une question simple mais fondamentale à laquelle personne n'a de réponse, explique Alumit Ishai. Je veux la découvrir!» Thomas Müller

---

Alumit Ishai
- Née en 1965 à Jérusalem, Israël
- Etudes de biologie et de philosophie à l'Université hébraïque de Jérusalem
- Doctorat en neurobiologie à l'Institut Weizmann de Rehovot
- Professeure assistante en neurosciences cognitives à l'Université de Zurich (depuis 2004)
- Young Investigator Award de la Société suisse de psychiatrie biologique (2005)
- Young Investigator Award de la Société des neurosciences cognitives (2006)

Alumit Ishai

VISTA NEL CERVELLO
Alumit Ishai
Neuroscienziata

Sulla bellezza si può discutere, ma le risposte del cervello alle immagini di persone belle sono universali. Così afferma Alumit Ishai, viceprofessoressa di neuroscienze cognitive presso l'università di Zurigo. La neurobiologa, nata in Israele, utilizza immagini di volti, dipinti e oggetti d'uso quotidiano per rilevare in che modo il cervello elabori le informazioni visive e in che modo tali informazioni vengano memorizzate e richiamate dalla memoria. È un compito enorme. Il cervello è il più complesso, ma anche il più sconosciuto di tutti i sistemi biologici che l'evoluzione sia riuscita a creare. I circa 100 miliardi di neuroni affascinano allo stesso modo gli esperti e i profani. Inoltre, le questioni sulla coscienza umana o sul libero arbitrio sono considerate parti fondamentali della filosofia. Infine dal punto di vista pratico, visto il costante aumento delle malattie psichiche e neurologiche nella società moderna, vi è una grande necessità di comprendere il modo in cui agiscono i processi mentali.

«Utilizzo i volti come materiale visivo poiché l'evoluzione ci ha sviluppato l'abilità di riconoscere e giudicare i volti in pochi millisecondi», afferma Ishai. Nell'ambito di uno studio condotto nel 2006, ha invitato 40 uomini e donne omo – ed eterosessuali a giudicare l'attrattiva di alcuni volti femminili e maschili. «Nel giudicare quali volti fossero attraenti e quali meno, il sesso e l'orientamento sessuale del soggetto non giocava alcun ruolo», afferma Ishai. Tuttavia, le donne eterosessuali e gli uomini omosessuali hanno dimostrato una maggiore reazione della corteccia orbito-frontale, una parte del sistema limbico, alla vista di volti maschili attraenti. Mentre gli uomini eterosessuali e le donne omosessuali hanno risposto maggiormente alla viste di volti femminili attraenti. Questo studio ha dimostrato che, oltre all'analisi visiva del volto, il cervello gli assegna automaticamente anche un valore.

Per esempio, per la sua ricerca, Alumit Ishai ha utilizzato il metodo della risonanza magnetica funzionale (fMRI), servendosi di un apparecchio di fMRI presso l'ospedale dell'università di Zurigo. Il metodo permette di misurare le variazioni di saturazione dell'emoglobina del sangue, mentre le persone sottoposte al test – normalmente studenti e studentesse – svolgono un compito all'interno dell'apparecchio. La misurazione si effettua con una risoluzione spaziale di pochi centimetri cubi e temporale di qualche secondo. Le regioni più attive del cervello – cioè quelle che sono utilizzate per svolgere il test – vengono così evidenziate. «Grazie a questo metodo, è finalmente possibile studiare un cervello normale e attivo «al lavoro»», afferma Alumit Ishai, parlando del recente progresso negli strumenti di ricerca. Da oltre un secolo, gli studiosi del cervello che cercavano di comprendere i processi neuronali in una determinata zona del cervello, erano obbligati a studiare persone con lesioni cerebrali (dovute a incidenti o ferite di guerra) o persone con malattie rare o, in alternativa, il cervello di persone decedute. Le moderne apparecchiature di visualizzazione dell'attività cerebrale consentono ora di tracciare mappe più accurate, che mostrano quali zone del cervello si attivano quando si svolgono determinati compiti. Ed è proprio in questo settore che Alumit Ishai ha spesso fatto delle notevoli scoperte.

Gli scienziati sono stati per molto tempo convinti che zone specifiche del cervello fossero responsabili di determinate funzioni. Questa convinzione, con gli anni, ha però dovuto essere rivista. Il processo di riconoscimento di un volto non ha luogo unicamente in una zona dedicata all'analisi visiva, ma coinvolge diverse zone del cervello. Se, per esempio, mostriamo l'immagine di una «star del cinema» gradita dalla persona sottoposta al test, oltre alla corteccia visiva, anche il centro limbico si attiva creando una sensazione di piacere. «Per questo motivo, i paparazzi non resteranno mai senza lavoro», afferma Ishai con un sorriso. Con le loro immagini, soddisfano il desiderio del pubblico di gratificarsi con la vita delle celebrità.

Alumit Ishai è prudente quando si tratta di applicare i risultati della sua ricerca. «Sì, nonostante molti risultati siano in linea di principio applicabili, in pratica è molto difficile farlo» afferma la ricercatrice. Non desidera comunque approfondire l'argomento. «Effettuo ricerche di base. Desidero comprendere il funzionamento del cervello», dichiara categoricamente Ishai. «Ciò che deriva da questa conoscenza, è tutta un'altra faccenda».

Il prossimo progetto di Alumit Ishai è molto ambizioso: pensa di effettuare delle ricerche sul naturale processo d'invecchiamento di un cervello umano sano. A questo scopo, intende analizzare il comportamento della memoria di diverse centinaia di persone di età diversa. Non solo desidera stimolare alcune zone del cervello chiedendo ai volontari di eseguire determinati compiti, ma anche stabilire in che modo l'anatomia del cervello umano si modifica con il passare dei decenni. Il problema di base che vorrebbe affrontare è capire se questo processo è costante o se si sviluppa improvvisamente a una certa età. «Nessuno può rispondere a questa semplice domanda», afferma Alumit Ishai. «Ma desidero scoprirlo». Thomas Müller

Alumit Ishai
- Nata nel 1965 a Gerusalemme, Israele
- Studi di biologia e filosofia presso l'Università ebraica di Gerusalemme
- Dottorato in neurobiologia presso l'Istituto Weizmann di Rehovot
- Viceprofessoressa di neuroscienze cognitive presso l'Università di Zurigo (dal 2004)
- Young Investigator Award della Società svizzera di psichiatria biologica (2005)
- Young Investigator Award della Società di neuroscienze cognitive (2006)

LOOKING INTO THE BRAIN
Alumit Ishai
Neuroscientist

Beauty is in the mind of the beholder. But the brain's responses to images of beautiful people are universal, according to Alumit Ishai, an assistant professor of cognitive neuroscience at the University of Zurich. Ishai, a neurobiologist born in Israel, uses pictures of faces as well as paintings and everyday objects to find out how the human brain processes visual information, and how this information is stored and retrieved from memory. It is a mammoth task. After all, the brain is the most complex and least understood of all biological systems created by evolution. Experts and laypeople alike are fascinated by the approximately 100 billion neurons inside the human skull. What is more, questions about human consciousness and free will are considered fundamental by philosophers. Given the steady increase in psychological and neurological illnesses in modern society, there is a great need, for very practical reasons, to understand how mental processes work.

"I use faces as illustrative material, because evolution has given us the ability to recognise and judge faces within milliseconds," Alumit Ishai explains. In a study conducted in 2006, she invited people to judge the attractiveness of male and female faces. "When it came to judging which faces were attractive and which ones were unattractive, neither gender nor sexual orientation played a role," she declares. Nevertheless, heterosexual women and homosexual men showed stronger activation in the orbitofrontal cortex, which is part of the reward circuitry, in response to attractive male faces, whereas heterosexual men and homosexual women responded more strongly to attractive women's faces. This study has shown that in addition to the visual analysis of faces, the human brain automatically assigns value to faces.

In her research Alumit Ishai applies the technique of functional Magnetic Resonance Imaging (fMRI), using an MRI scanner at the University Hospital of Zurich. While the test subjects – usually students of both genders – are lying in the tube solving a mental task, the equipment measures changes in blood oxygenation. It is assumed that the nerve cells are more active in these regions, which can be localised with a high spatial and temporal resolution. "This method finally allows us to study the normal, active brain at work," says Alumit Ishai, describing the progress made recently in research tools. For over a century, brain researchers who tried to understand neuronal processes in a specific part of the brain were compelled to study either humans with brain injuries (caused by accidents or war wounds, for example) or people with rare illnesses; or alternatively to examine the brains of cadavers. Thanks to modern functional brain imaging equipment, it is now possible to draw far more accurate brain maps, showing which regions of the brain work together to solve certain tasks. And it is here that Alumit Ishai frequently makes remarkable discoveries.

Scientists long believed that specific regions of the brain were responsible for certain tasks. It is becoming increasingly evident, however, that this assumption is false. For example, the process of recognising a face does not occur at a precisely defined place in the visual cortex, but involves the cooperation of various regions of the brain, namely a cortical network. If, for example, a picture appears of a film star whom the test subject likes, the reward centre is activated and triggers a pleasurable sensation. "That's why there will always be work for the paparazzi," says Alumit Ishai with a smile. With their pictures, they exploit their audience's desire to partake in the lives of celebrities.

Alumit Ishai is rather cautious when it comes to applying the results of her research. Although practical applications are conceivable in principle, she finds it difficult to imagine how functional magnetic resonance imaging could one day be used. "I do basic research. I want to understand how the brain works," she states categorically. "What happens to this knowledge is a completely different matter."

Alumit Ishai's next project is very ambitious. She plans to investigate the natural ageing process of the healthy human brain. To this end, she will analyse memory performance in several hundred people of varying ages. She wants not only to activate certain regions of the brain by asking volunteers to perform specific tasks, but also to establish how the anatomy of the human brain changes as decades pass. For Alumit Ishai, the fundamental question is whether this process is continuous or occurs abruptly at a certain age. "Nobody knows the answer to this simple question," she says, and adds: "But I want to find it." Thomas Müller

---

Alumit Ishai
- Born 1965 in Jerusalem, Israel
- Studied biology and philosophy at the Hebrew University
  of Jerusalem
- Doctorate in neurobiology at the Weizmann Institute
  of Science in Rehovot
- Assistant Professor of Cognitive Neuroscience at the University
  of Zurich (since 2004)
- Young Investigator Award of the Swiss Society
  of Biological Psychiatry (2005)
- Young Investigator Award of the Cognitive Neuroscience
  Society (2006)

MICHEL MAYOR
DIDIER QUELOZ

Michel Mayor

Didier Queloz

JAGD NACH ANDEREN WELTEN
Michel Mayor und Didier Queloz
Astrophysiker

Das Fax wurde in einer Nacht im Januar 1995 abgeschickt, voller Zahlen und technischer Akronyme. Didier Queloz erinnert sich: «Ich führte Messungen mit dem Teleskop des Observatoire de Haute-Provence aus, das auf 142 Sterne ausgerichtet war. Und ich stellte ungewöhnliche Ergebnisse fest ...» – Stress. Der 28-jährige Astrophysiker beschliesst, seinen Professor Michel Mayor, der sich gerade an der Universität von Hawaii aufhält, davon in Kenntnis zu setzen.

Innerhalb weniger Wochen gelangen die zwei Forscher des Observatoriums der Universität Genf zur Gewissheit: Das vom 51. Stern der Pegasus-Konstellation ausgesendete Licht, der 42 Lichtjahre von der Erde entfernt ist, verrät einen planetarischen Begleiter! Einen Gasriesen, dem Jupiter ähnlich. Er wird auf 51Peg b getauft. «Bevor wir das bekannt gaben, haben wir unsere Messungen gründlich überprüft, denn sie standen im Gegensatz zu den damals geläufigen Theorien», berichtet Didier Queloz.

Die Bekanntgabe findet am 6. Oktober 1995 anlässlich einer Fachtagung in Florenz statt, am 23. November gefolgt von einem Artikel in der Wissenschaftszeitschrift *Nature.* Die Meldung schlägt wie eine Bombe ein! Weltweit spricht die Presse vom ersten Planeten, der eine andere Sonne als die unsere umkreist: von einem Exoplaneten. Da die beiden Kollegen bestens zusammenarbeiten, erhebt weder Queloz noch Mayor für sich den Anspruch, der alleinige Urheber dieser Entdeckung zu sein. Diese Meisterleistung schlägt das dritte grosse Kapitel der Geschichte der zeitgenössischen Astronomie auf – nach Einsteins Relativitätstheorie und dem Verständnis des Sternenlichts. Eine sagenhafte Suche beginnt: jene nach anderen Welten, auf denen möglicherweise sogar Leben existiert.

Als Kind «mit künstlerischer Ader» lag Didier Queloz mit seinem griechischen Grossvater unter der Milchstrasse und machte sich mit den Sternen vertraut. «Als ich später Physik studierte, war ich keineswegs ein leidenschaftlicher Amateurastronom. Ich überlegte vielmehr, ob ich eine Doktorarbeit in Nuklearphysik machen sollte.» Eine Begegnung, ein von Michel Mayor gehaltener Einführungskurs in Astrophysik, katapultierte den angehenden Doktoranden in die Laufbahn, auf der er sich heute noch bewegt: «Das Ambiente gefiel mir bestens», erzählt Didier Queloz. «Beim Beobachten des nächtlichen Himmels fühlte ich mich wie ein Wachoffizier auf einem Tanker.»

Michel Mayor seinerseits, damals ein Mittfünfziger mit schalkhaftem Lächeln unter dem grau melierten Bart, hatte seine Karriere längst lanciert, als die beiden Astronomen 51Peg b entdeckten. Er hatte Physik in Lausanne studiert, daselbst über die Struktur der Galaxien doktoriert und sich dann auf die Ochsentour zahlreicher junger Forscher begeben, die vor allem eine Reihe von Verträgen mit befristeter Dauer bedeutet. Schliesslich wurde Michel Mayor 1984 an das Observatorium Genf berufen. Was bedeutete ihm die Entdeckung von 51Peg b, die ihn von einem Tag auf den anderen berühmt werden liess? «Im Alter von 53 Jahren ist dies kein Ereignis, das einen bereits gefestigten Charakter verändert.» Er beliebt Epikur zu zitieren, für den es schon im 4. Jahrhundert vor Christi Geburt nichts gab, «was der Unendlichkeit der Welten im Wege stehen könnte». Michel Mayor relativiert: «Man wusste, dass diese Exoplaneten existieren mussten. Aber die Wissenschaftler hatten noch nicht mit der hierfür passendsten Methode gesucht.»

Eigensinnig setzte das Genfer Duo alles auf die Methode der Radialgeschwindigkeitsmessung, wofür Michel Mayor seit 1971 geeignete Spektrografen konstruierte. Die Idee ist folgende: Der Einfluss der Schwerkraft des Exoplaneten auf seinen Mutterstern lenkt dessen kreisförmige Bewegung leicht ab. Der Spektrograf misst die vom Mutterstern ausgesandten Lichtwellen, die wegen der sich veränderten Geschwindigkeit dem Dopplereffekt ausgesetzt sind: Die Wellenlänge des gemessenen Sternenlichts verändert sich in dem Masse, in dem sich der Stern relativ zum Beobachter auf der Erde hin- bzw. von ihm wegbewegt, etwa so wie sich die Tonhöhe der Sirene verändert, wenn eine Ambulanz näher kommt und sich wieder entfernt. Aus der Geschwindigkeit und Amplitude dieser Bewegung können die Astrophysiker die Masse des assoziierten Planeten berechnen.

Nach dem Spektrografen ELODIE, mit dem Mayor und Queloz 51Peg b entdeckten, konstruierte das Genfer Team weitere solche Apparate, ein jeder leistungsstärker als der vorangehende. Der neuste Spektrograf, HARPS, wurde 2003 auf dem 3,6-Meter-Teleskop in der europäischen Südsternwarte in La Silla in Chile installiert. «In 30 Jahren haben wir die Präzision unserer Messungen um den Faktor 1000 vergrössern können», betont Michel Mayor. Nun soll eine Kopie von HARPS auch in einem Observatorium der nördlichen Hemisphäre installiert werden. «Es ist eine wahre Kriegsmaschine!» Denn auf diesem Gebiet herrscht ein grosser Wettkampf um die besten Entdeckungen, vor allem mit den Amerikanern. «Der Run auf Exoplaneten, der in den Medien zwar häufig übertrieben dargestellt wird, ist stimulierend», meint Michel Mayor. Von den bis heute ungefähr 300 Entdeckungen geht ein gutes Drittel auf das Konto der «Mayor-Mafia», wie das Schweizer Team scherzhaft genannt wird.

Im April 2007 war es an der Entdeckung von Gliese 581 c mitbeteiligt, dem ersten Exoplaneten, dessen Merkmale mit denen der Erde vergleichbar sind. Noch ist es unmöglich zu sagen, ob darauf auch Leben existiert. Das festzustellen wird nun eine der künftigen Aufgaben der modernen Instrumente sein. Denn laut Michel Mayor könnte «das Leben, wenn alle Bedingungen erfüllt sind, ein unvermeidbares Nebenprodukt der Evolution sein. Wir verfügen nun über eine Methode, um die Spuren des Lebens in der Atmosphäre der Exoplaneten aus der Ferne zu verfolgen. Also suchen wir!» Der Professor wird sich an dieser Suche nicht mehr so engagiert beteiligen wie bisher; denn 2007 ist Michel Mayor in den Ruhestand getreten. «Ich habe immer auf Didiers Unabhängigkeit hingewirkt. Es freut mich, dass er heute dieses fantastische Abenteuer eigenständig weiterverfolgen kann.» Olivier Dessibourg

Michel Mayor
- Geboren 1942 in Lausanne
- Studium der Physik an der Universität Lausanne, Doktorat in Astrophysik
- Professor für Astrophysik am Observatorium Genf (seit 1984), Direktor (1998–2004)
- Mitglied der Französischen Akademie der Wissenschaften
- Marcel-Benoist-Preis (1998)
- Balzan-Preis (2000)
- Albert-Einstein-Medaille (2004)

Didier Queloz
- Geboren 1966 in Genf
- Studium der Physik, Doktorat in Astrophysik an der Universität Genf
- Professor für Astrophysik am Observatorium der Universität Genf (seit 2008)
- Balzers-Preis der Schweizerischen Physikalischen Gesellschaft (1996)
- Vacheron-Constantin-Preis (1996)
- Medaille der Kommission für «Bioastronomie» der Internationalen astronomischen Union, zusammen mit Michel Mayor (1996)

Michel Mayor, Didier Queloz

À LA CHASSE D'AUTRES MONDES

Michel Mayor et Didier Queloz
Astrophysiciens

Le fax part une nuit de janvier 1995. Rempli de chiffres et d'acronymes techniques. Didier Queloz se souvient: «J'effectuais des mesures sur le télescope de l'Observatoire de Haute-Provence, focalisé sur 142 étoiles. Et j'ai observé des résultats inhabituels…» Coup de stress. Agé de 28 ans, le doctorant en astrophysique décide d'en faire part à son professeur, Michel Mayor, en séjour à l'Université d'Hawaii.

En quelques semaines, les deux chercheurs de l'Observatoire de l'Université de Genève en acquièrent la certitude: la lumière émise par la 51e étoile de la constellation de Pégase, à 42 années-lumière de la Terre, trahit la présence d'un compagnon planétaire! Une géante gazeuse semblable à Jupiter, baptisée 51Peg b. «Avant d'en parler, nous avons vérifié nos mesures, car elles allaient à l'encontre des théories en vogue à l'époque», relève Didier Queloz.

L'annonce est faite lors d'une conférence à Florence le 6 octobre 1995, puis le 23 novembre dans la revue *Nature.* C'est l'explosion médiatique! La presse mondiale présente la première planète tournant autour d'un soleil autre que le nôtre, ou exoplanète. Travaillant de concert, aucun des deux collègues ne prétend seul à la paternité de la découverte. Ce coup de maître ouvre le troisième grand chapitre de l'histoire de l'astronomie contemporaine – après la théorie de la relativité d'Einstein et la compréhension de l'éclat des étoiles – et lance une quête fabuleuse: celle d'autres mondes. Avec, qui sait, sur l'un d'eux, une possible forme de vie.

«Nous partions de presque rien, avec le goût pour l'aventure», raconte Didier Queloz. Lui encore plus que son professeur. Enfant «aux côtés un peu artiste», il apprivoise les étoiles avec son grand-père grec, couché sous la Voie lactée. «Mais plus tard, bien qu'intéressé par les sciences – j'ai étudié la physique à Genève –, je n'étais pas un fervent astronome amateur. J'hésitais à faire un doctorat en physique nucléaire.» Le hasard des rencontres, d'un cours d'introduction à l'astrophysique donné par Michel Mayor, place le thésard en orbite autour de lui: «L'ambiance m'a plu. J'avais l'impression, en observant le ciel nocturne, d'être un officier de quart sur un pétrolier.»

De son côté, le savant quinquagénaire au sourire malicieux sous sa barbe poivre et sel a sa carrière déjà lancée. Etudes de physique à Lausanne, thèse sur la structure des galaxies, puis la galère de nombreux jeunes chercheurs: une suite de contrats à durée déterminée. Enfin, Michel Mayor est nommé à l'Observatoire de Genève en 1984. Devenir célèbre du jour au lendemain, grâce à la découverte de 51Peg b? «A 53 ans, ce n'est pas un événement de ce genre qui vous change le caractère, déjà bien ancré.» Aimant citer Epicure, pour qui au IVe siècle av. J.-C. déjà «il n'est rien qui fasse obstacle à l'infinité des mondes», Michel Mayor relativise: «On savait que ces exoplanètes devaient exister. Mais les scientifiques ne cherchaient pas avec la méthode la plus appropriée.»

Avec opiniâtreté, le duo genevois, lui, mise tout sur la technique des vitesses radiales, car Michel Mayor construisait depuis 1971 les instruments idoines, des spectrographes. L'idée est la suivante: par gravitation, l'exoplanète imprime un léger remuement circulaire à son étoile. L'onde lumineuse émise par cette dernière, et recueillie par le spectrographe, subit alors l'effet Doppler: elle varie cycliquement au fur et à mesure que l'astre bouge en direction de l'observateur situé sur Terre ou s'en écarte, comme le son de la sirène change lorsqu'une ambulance s'approche puis s'éloigne. En étudiant la vitesse et l'amplitude de cette variation, les astrophysiciens déterminent la masse de la planète associée.

Après le spectrographe ELODIE, qui a donc permis de découvrir 51 Peg b, le groupe genevois en a construit d'autres, à chaque fois plus perçants. Le dernier, HARPS, a été fixé en 2003 sur un télescope installé à La Silla, au Chili. «En trente ans, on a gagné un facteur 1000 dans la précision de nos mesures», souligne Michel Mayor. Cet instrument est d'ailleurs si efficace qu'une copie va être construite dans l'hémisphère Nord. «C'est une vraie machine de guerre!» Car une compétition, certes polie, existe avec d'autres astronomes, américains surtout. «Cette course aux exoplanètes, souvent exagérée dans les médias, est stimulante», modère le professeur. Sur les quelque 300 découvertes à ce jour, un gros tiers sont le fruit de la «mafia Mayor», comme d'aucuns aiment à plaisanter.

En avril 2007, l'équipe suisse codécouvre Gliese 581 c, première exoplanète aux caractéristiques semblables à celles de la Terre. Impossible toutefois de dire s'il y existe une forme de vie. Ce sera l'un des rôles des instruments à venir. Car, selon Michel Mayor, «si toutes les conditions sont réunies, la vie peut être un sous-produit inéluctable de l'évolution de l'univers. Or nous disposons d'une méthode pour traquer à distance ses traces dans l'atmosphère des exoplanètes. Alors cherchons!» Mais à cette quête, le professeur participera moins hardiment; il a pris sa retraite en 2007. «J'ai toujours promu l'indépendance de Didier. Je suis donc content que lui puisse aujourd'hui poursuivre souverainement cette fantastique aventure.» Olivier Dessibourg

---

Michel Mayor
- Né en 1942 à Lausanne
- Etudes de physique, doctorat en astrophysique
  à l'Université de Lausanne
- Professeur d'astrophysique à l'Observatoire de Genève (depuis 1984),
  et directeur (1998–2004)
- Membre de l'Académie française des sciences
- Prix Marcel Benoist (1998)
- Prix Balzan (2000)
- Médaille Albert Einstein (2004)

Didier Queloz
- Né en 1966 à Genève
- Etudes de physique, doctorat en astrophysique
  à l'Université de Genève
- Professeur d'astronomie à l'Observatoire de l'Université
  de Genève (depuis 2008)
- Prix Balzers de la Société suisse de physique (1996)
- Prix Vacheron Constantin (1996)
- Médaille de la commission «Bioastronomie» de l'Union
  astronomique internationale, avec Michel Mayor (1996)

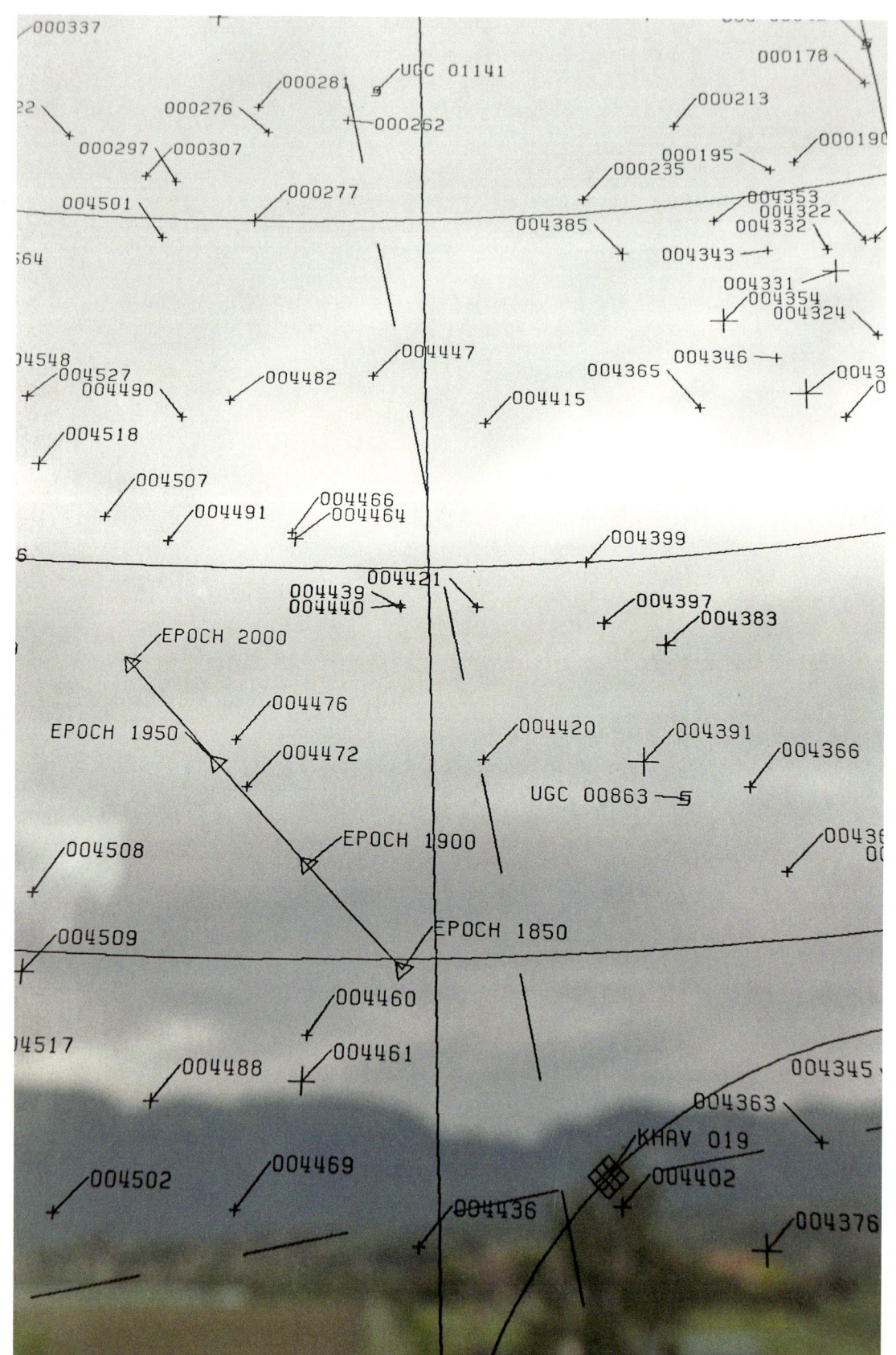

Michel Mayor, Didier Queloz

ALLA CACCIA DI ALTRI MONDI
Michel Mayor e Didier Queloz
Astrofisici

Il fax partì una notte d'inverno del 1995, pieno di cifre e acronimi tecnici. Didier Queloz ricorda: «Eseguivo delle misurazioni con il telescopio dell'Osservatorio della Haute-Provence focalizzato su 142 stelle, quando osservai dei risultati insoliti…».
Fu un momento di agitazione. Il ventottenne dottorando in astrofisica decide di informare il suo professore Michel Mayor che si trovava in quel momento all'Università di Hawaii.

Dopo qualche settimana, i due ricercatori dell'Osservatorio dell'Università di Ginevra ne hanno la certezza: la luce emessa dalla 51esima stella della costellazione di Pegaso, a 42 anni luce dalla Terra, tradisce la presenza di un compagno planetario! Un pianeta gigante gassoso simile a Giove, battezzato 51 Peg b. «Prima di divulgare la notizia abbiamo verificato le nostre misure, perché andavano contro le teorie in voga all'epoca», afferma Didier Queloz.

L'annuncio ufficiale è dato durante una conferenza a Firenze il 6 ottobre 1995 e poi il 23 novembre sulla rivista *Nature*. Un'esplosione mediatica! La stampa mondiale presenta il primo pianeta che gira attorno a un sole diverso dal nostro, un esopianeta. Lavorando all'unisono nessuno dei due colleghi si attribuisce la paternità della scoperta. Questo colpo da maestro apre il terzo grande capitolo della storia dell'astronomia contemporanea – dopo la teoria della relatività di Einstein e della comprensione della luce emessa dalle stelle – e lancia la ricerca fantastica di altri mondi con possibili nuove forme di vita. «Partivamo quasi dal nulla, con il gusto dell'avventura», racconta Didier Queloz. Lui ancor più del suo professore. Un bambino «con una vena artistica» che addomesticava le stelle, sdraiato sotto la Via Lattea con suo nonno greco. «Ma più tardi, anche se interessato alle scienze – ho studiato fisica a Ginevra – non ero un astronomo appassionato».

«Fui in dubbio se scegliere un dottorato in fisica nucleare». Il caso volle che incontrasse Michel Mayor durante un corso d'introduzione all'astrofisica, «l'ambiente mi piacque. Osservando il cielo notturno, avevo l'impressione di essere un ufficiale di quarto su una petroliera».

Dal canto suo l'allora sapiente cinquantenne dal sorriso malizioso e dalla barba brizzolata aveva una carriera già lanciata. Studi in fisica a Losanna, tesi sulla struttura delle galassie, poi il percorso in salita comune a numerosi giovani ricercatori; una sfilza di contratti a durata determinata. Infine, nel 1984, Michel Mayor è nominato presso l'Osservatorio di Ginevra. Diventare celebre dall'oggi al domani grazie alla scoperta del 51 Peg b? «A 53 anni, non è un evento di questo tipo che cambia il carattere, già ben forgiato». Ama citare Epicuro, che nel IV secolo a.C. sosteneva che «non c'è nulla che ostacoli l'infinità dei mondi». Michel Mayor relativizza: «Si sapeva che questi planeti dovessero esistere, ma gli scienziati non li cercavano con i mezzi adeguati».

Con tenacia il duo ginevrino punta tutto sulla tecnica della velocità radiale, dal 1971 Michel Mayor ha costruito gli strumenti più idonei, gli spettrografi. L'idea è la seguente: a causa della gravitazione l'esopianeta imprime un leggero movimento circolare alla sua stella. L'onda luminosa emessa da quest'ultima e raccolta dallo spettrografo subisce l'effetto Doppler; essa varia ciclicamente man mano che la stella si avvicina o si allontana dall'osservatore situato sulla Terra, come il suono della sirena che cambia quando l'ambulanza si distanzia o si avvicina. Studiando la velocità e l'ampiezza di questa variazione, gli astrofisici determinano la massa del pianeta associato.

Dopo lo spettrografo ELODIE che ha permesso di scoprire 51Peg b, il gruppo ginevrino ne ha ideati altri più potenti. L'ultimo, HARPS, è stato installato sul telescopio di 3.6m della ESO (European Southern Observatory) situato presso l'Osservatorio di la Silla, in Cile. «In 30 anni, la precisione delle nostre misurazione è migliorata di un fattore 1000», rileva Michel Mayor. Questo strumento è così efficace che una sua copia sarà costruita nell'emisfero nord. «Una vera macchina da guerra!» Esiste infatti una competizione, anche se cordiale, con altri astronomi, soprattutto americani. «La corsa agli esopianeti, spesso esagerata dai media, è stimolante», afferma il professore. Sui circa 300 scoperti attualmente, un terzo è frutto della «mafia Mayor», scherzano alcuni.

Nell'aprile del 2007, il gruppo svizzero scopre Gliese 581 c, il primo esopianeta con caratteristiche simili a quelle della Terra. Impossibile affermare se vi siano forme di vita. Sarà compito delle future apparecchiature. Secondo Michel Mayor, «se tutte le condizioni fossero riunite, la vita potrebbe essere un sottoprodotto ineluttabile dell'evoluzione dell'Universo. Ora disponiamo di un metodo per scoprire a distanza le tracce di vita nell'atmosfera dell'esopianeta. Allora cerchiamole!» A questa ricerca il professore parteciperà con meno assiduità, è in pensione dal 2007. «Ho sempre stimolato l'indipendenza di Didier. Sono contento che oggi egli possa proseguire autonomamente questa fantastica avventura». Olivier Dessibourg

---

Michel Mayor
— Nato nel 1942 a Losanna
— Studi in fisica e dottorato in astrofisica presso l'Università di Losanna
— Professore di astrofisica all'Osservatorio di Ginevra (dal 1984) e direttore (1998–2004)
— Membro dell'Accademia francese delle scienze
— Premio Marcel-Benoist (1998)
— Premio Balzan (2000)
— Medaglia Albert Einstein (2004)

Didier Queloz
— Nato nel 1966 a Ginevra
— Studi di fisica poi dottorato in astrofisica all'Università di Ginevra
— Professore di astrofisica all'Osservatorio dell'Università di Ginevra (dal 2008)
— Premio Balzers della Società svizzera di fisica (1996)
— Premio Vacheron Constantin (1996)
— Medaglia della commissione «Bioastronomia» con Michel Mayor dell'Unione astronomica internazionale (1996)

Michel Mayor, Didier Queloz

THE QUEST FOR OTHER WORLDS

Michel Mayor and Didier Queloz
Astrophysicists

The fax was sent on a January night in 1995. It was full of figures and technical acronyms. "I was taking measurements with the telescope at the Observatory of Haute-Provence and focussed on 142 stars, when I got some extraordinary results," Didier Queloz recalls. After a few anxious moments, the twenty-eight-year-old doctoral student in astrophysics decided to inform his professor, Michel Mayor, then visiting the University of Hawaii.

Within a few weeks these two researchers from the Observatory of Geneva were quite certain: the light emitted by the fifty-first star of the constellation Pegasus, 42 light-years from Earth, revealed the presence of a planetary companion: a gaseous giant resembling Jupiter and soon baptised 51Peg b. "Before making any announcement," says Queloz, "we checked our measurements, because they ran counter to all the theories then in vogue."

The discovery was eventually made public at a conference in Florence on 6 October 1995 and published in *Nature* on 23 November. The media exploded at the news. The world press went into raptures over this first planet ever to be found circling a sun other than our own (an "extrasolar planet" or "exoplanet"). Since they were working together, neither of the two scientists claimed sole credit for the discovery. Their dramatic revelation opened a third great new chapter (after Einstein's theory of relativity and a full understanding of the brightness of stars) and launched a fabulous quest: the search for other worlds comparable to Earth. Worlds that just might host some form of life.

"We started from scratch," says Queloz. "Just with a taste for adventure." This was perhaps truer of him than of his professor. A "rather artistic" child, Queloz was acquainted with the stars by his Greek grandfather, with whom he would gaze up at the Milky Way. "But later on," he continues, "though I was always interested in science and studied physics in Geneva, I was not an enthusiastic amateur astronomer. I almost undertook a doctorate in nuclear physics." It was chance encounters, along with an introductory astrophysics course given by his future mentor that brought Queloz into the ambit of Michel Mayor. "I liked the atmosphere," he recalls. "When I observed the night sky I felt like the officer of the watch on an oil tanker."

Mayor, with his salt-and-pepper beard and mischievous smile, was well into his career at the time of the breakthrough. After studying physics in Lausanne and defending a thesis on the structure of galaxies, he had survived the curse of so many young researchers, namely a long string of short-term contracts. Eventually, in 1984, he obtained a tenured position at the Observatory of Geneva (University of Geneva Department of Astronomy). Of his overnight fame, garnered thanks to the discovery of 51Peg b, he has this to say: "When you are fifty-three, an event such as this is unlikely to alter your personality, which by then is rock solid." Mayor likes to quote Epicurus, who in the fourth century BC argued that nothing existed capable of "hindering an infinity of worlds", and he tends to see the Pegasus discovery in perspective: "We knew that exoplanets must exist. It was just that scientists were not looking for them with the right methods."

Mayor began work on the appropriate method in 1971, by developing spectrographs, and in their obstinate quest he and Queloz relied entirely on the radial velocity technique. The idea here is that by virtue of gravity an exoplanet must leave a signature in the form of a slight circular disturbance around its star. The light wave emitted by the star, as registered by the spectrograph, will then show signs of the Doppler effect: it will vary cyclically as the star moves closer or farther away relative to the observer on Earth, just like the sound of a siren intensifies and fades as an ambulance approaches and then heads off. By studying the velocity and amplitude of this variation, astrophysicists can ascertain the mass of a companion planet.

After the ELODIE spectrograph, which made the discovery of 51Peg b possible, the Geneva group developed more such instruments, each more sensitive than the last. The latest, HARPS, was attached in 2003 to a telescope installed at La Silla in Chile. "In the last thirty years," Mayor points out, "we have increased the precision of our measurements by a factor of 1,000." So effective is this instrument that a duplicate will be made for the Northern hemisphere. "A true engine of war!" boasts Mayor. It is true that other astronomers are looking for exoplanets as well; the competition, however, remains well-mannered. "The scramble to find exoplanets is often blown out of proportion by the press," the professor says, "but it is stimulating." Of the 300 or so exoplanets discovered to date, more than a third have been found by what some jokingly call "the Mayor mafia".

In April 2007, the Swiss team were co-discoverers of Gliese581 c, the first exoplanet with characteristics comparable to those of Earth. It is impossible at present to tell whether any sign of life will be found there. That will be a task for future research. But according to Mayor, "where all the preconditions are present, life may be an inevitable product of the evolution of the Universe. The fact is that we already possess the means to trace evidence of it from a distance in the atmosphere of exoplanets. So let's get on with it!" Professor Mayor will be less deeply involved in this particular search, however, for he retired in 2007. "I have always encouraged Didier's independence," he says, "so I am only too happy that he will now be able to proceed with complete autonomy on this amazing adventure." Olivier Dessibourg

---

Michel Mayor
– Born 1942 in Lausanne
– Studied physics at the University of Lausanne;
  doctorate in astrophysics at the University of Geneva
– Professor of Astrophysics at the Observatory of Geneva,
  University Department of Astronomy (since 1984), Director (1998–2004)
– Member of the French Academy of Sciences
– Marcel Benoist Prize (1998)
– Balzan Prize (2000)
– Albert Einstein Medal (2004)

Didier Queloz
– Born 1966 in Geneva
– Studied physics, doctorate in astrophysics
  at the University of Geneva
– Professor of Astrophysics at the Observatory of Geneva,
  University Department of Astronomy (since 2008)
– Balzers Prize of the Swiss Physical Society (1996)
– Vacheron Constantin Prize (1996)
– Medal of the Bioastronomy Commission of the International
  Astronomical Union, with Michel Mayor (1996)

ERNST FEHR

ÖKONOMIE DER FAIRNESS
Ernst Fehr
Wirtschaftswissenschaftler

Von der Blümlisalp ist der *Homo oeconomicus* längst vertrieben worden. Zumindest von der gleichnamigen Strasse, hoch oben am Zürichberg, dem Sitz des Instituts für Empirische Wirtschaftsforschung der Universität Zürich. Dafür gesorgt hat der Vorarlberger Ernst Fehr, der von hier aus seit Jahren daran arbeitet, ein neues ökonomisches Menschenbild zu zeichnen. Fehr gehört zu einer Handvoll Verhaltens- ökonomen, die anhand empirischer Studien bereits unzählige Belege dafür geliefert haben, dass der Mensch auch in seinem wirtschaftlichen Dasein gelegentlich selbstlos handelt. Und nicht nur aus Eigennutz, wie dies die klassische Wirtschaftslehre seit Jahrzehnten verkündet.

Das mag für den ökonomischen Laien eine banale Erkenntnis sein. Nicht so für die Fachwelt. Und schon gar nicht für Ernst Fehr, der nicht nur zu den originellsten Köpfen unter den Wirtschaftswissenschaftlern zählt, sondern auch zu den meistzitierten. Mit seiner Arbeit hat er wesentlich dazu beigetragen, in der Wirtschafts- lehre eine psychologische Wende herbeizuführen.

Erstmals international aufgefallen ist Ernst Fehr 1993 mit einem Aufsatz über die Rolle von Fairnessmotiven auf Wettbewerbsmärkten. Er untersuchte, wie sich solche Motive auf dem Arbeitsmarkt auswirken. Das verblüffende Ergebnis: Die in den Versuchen als Arbeitgeber auftretenden Teilnehmer zahlten Löhne, die über dem Markt- niveau lagen. Ihre Argumente: Zu tiefe Löhne würden als ungerecht empfunden und die Arbeitsmoral werde durch den Lohndruck zerstört. Gestützt wurden diese Ergebnisse durch Interviews mit Personalmanagern. Fehr widerlegte damit das traditionelle Modell, das voraussagt, dass Löhne, die über dem Wettbewerbsniveau liegen, den Gewinn senken. Mit Beispielen wie diesem sorgen die Verhaltensökonomen dafür, das Bild des *Homo oeconomicus* mit seinem typischerweise rein rationalen und eigennützigen Verhalten zu unterminieren.

Fairness ist dabei nur eine der Ausprägungen des ökonomischen Verhaltens, die Fehr mit seiner Forschung zu belegen versucht. Dazu gehören auch Selbstlosigkeit oder Vertrauen. In der Wirtschaft heisst das konkret: Menschen halten sich auch an informelle Versprechen, die nicht vertraglich festgelegt wurden. Eine wesentliche Rolle spielt auch die Solidarität, die Menschen zu Ausgaben bewegt, von denen sie selber nie profitieren werden. «Nehmen sie die Millionen amerikanischer Bürger, die einige Dollars in die Wahlkampfkassen Barack Obamas einzahlen, obwohl ihnen diese Spende ökonomisch nie etwas bringen wird», sagt Fehr. So plausibel seine Beispiele sind, hinter ihnen steckt viel Arbeit. Denn seine Erkenntnisse fussen nicht auf ideologischen Überzeugungen oder trivialen Beobachtungen, sondern auf umfang- reichen empirischen Studien, psychologischen Experimenten und seit einigen Jahren auch auf Ergebnissen der Hirnforschung.

Aufsehen erregt hat Ernst Fehr 2005 mit seinen Arbeiten über die Auswirkungen des Hormons Oxytocin. Das ist ein körpereigenes Hormon, das etwa während des Stillens oder eines Orgasmus ausgeschüttet wird. In Zusammenarbeit mit dem Zürcher Psychologen und Hormonforscher Markus Heinrichs gelang es Ernst Fehr, nachzuweisen, dass durch die Verabreichung dieses Hormons die Bereitschaft gesteigert wird, anderen Menschen zu vertrauen, also soziale Risiken einzugehen. Fehr und Heinrichs lieferten damit einen wichtigen Beleg dafür, dass auch biologische Faktoren das Wirtschaftsverhalten beeinflussen können. Dennoch tun sich manche Ökonomen mit der experimentellen Wirtschaftsforschung Fehrs schwer. «Präzise empirische Befunde sind der Feind von Konvention und Ideologie», bringt es der Wirtschaftswissenschaftler auf den Punkt. «Sie zerlegen und hinterfragen manches, was der Ökonomie bisher heilig war.»

Dass Ernst Fehr dennoch von links bis rechts ernst genommen wird, hängt nicht zuletzt damit zusammen, dass er sich vor allem als Grundlagenforscher einen Namen gemacht und sich dem Drang vieler Ökonomen entzogen hat, sich politisch zu profilieren. Obwohl er schon in jungen Jahren politisch aktiv war, habe er sich für die Forschung entschieden, sagt Fehr: «Ich hoffe schon, dass meine Arbeit Auswirkungen auf das politische Geschehen haben wird. Wir zeigen auf, dass der Mensch vielschichtiger ist, als dies die Anhänger des rein liberalen Freiheitsbegriffes verkünden. Freiheit ist nicht ohne ein gewisses Mass an Gleichheit und Brüderlichkeit zu haben.»

Politisch engagiert hat sich Fehr als Student der Wirtschaftswissenschaften an der Universität Wien in der Basisgruppe «Roter Börsenkrach». Schon damals befasste er sich mit den Grenzen der konventionellen Ökonomik. Nach dem Studium, der Dissertation und der Habilitation kam Ernst Fehr 38-jährig an die Universität Zürich, der er bis heute treu geblieben ist. Und dies, obwohl ihn die renommiertesten Universitäten Deutschlands, Englands und vor allem der USA seit Jahren zu ködern versuchen. «Zürich hat mir zu einer Zeit ausgezeichnete Bedingungen geboten, als noch wenige Universitäten auf die Verhaltensökonomie gesetzt haben», sagt Ernst Fehr. Erleichtert haben mag ihm diesen Entscheid sein internationaler Erfolg, vor allem in den führenden Fachpublikationen wie *Science* oder *Nature:* Er gehört zu den wenigen Ökonomen deutschsprachiger Universitäten, die in diesen angesehenen Zeitschriften nicht nur regelmässig publizieren, sondern ebenso häufig Aufsehen erregen. 2007 berief ihn die renommierte American Academy of Arts & Science zum Ehrenmitglied – eine Ehre, welche zum ersten Mal einem an einer Schweizer Universität lehrenden Wirtschaftswissenschaftler zukam. Dominik Flammer

---

Ernst Fehr
– Geboren 1956 in Hard, Österreich
– Studium der Wirtschaftswissenschaften an der Universität Wien
– Professor (seit 1994) und Direktor (seit 2000) des Instituts
  für Empirische Wirtschaftsforschung an der Universität Zürich
– Ehrendoktor an den Universitäten St. Gallen und München
– Ehrenmitglied der American Academy of Arts and Sciences

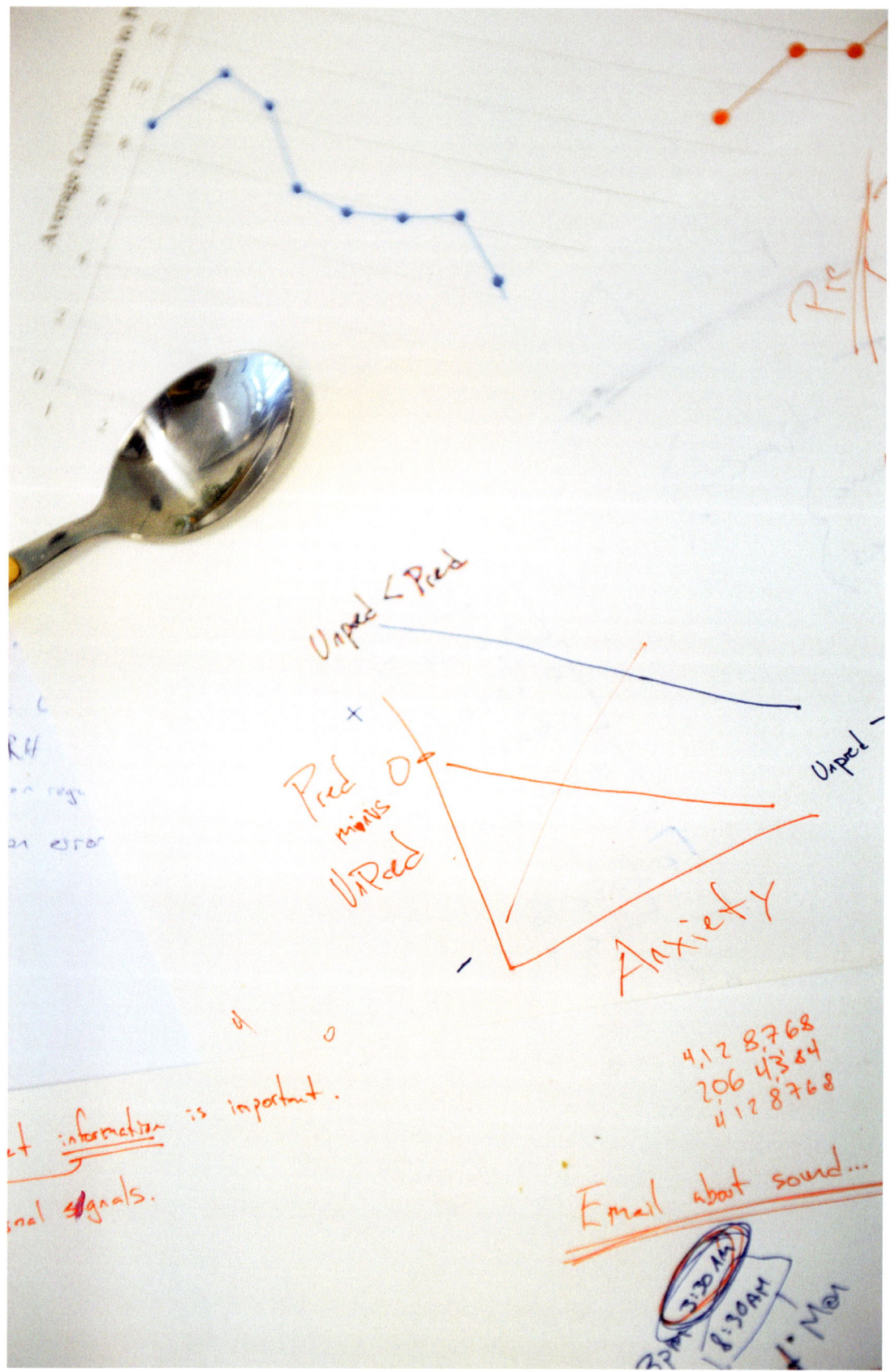

Ernst Fehr

L'ÉCONOMIE DU FAIR-PLAY

Ernst Fehr
Economiste

Voilà longtemps que l'*Homo œconomicus* n'a plus droit de cité à l'Alpe fleurie.
Plus exactement à la rue du même nom, la Blümlisalpstrasse, qui court sur les hauteurs
du Zurichberg. C'est là que se trouve l'Institut de recherche empirique en économie
de l'Université de Zurich. Son directeur, l'Autrichien Ernst Fehr, est l'un des
scientifiques ayant le plus contribué à esquisser une nouvelle vision économique de
l'être humain. Il fait partie de la poignée de chercheurs en économie comportementale
dont les études empiriques ont maintes fois prouvé que l'Homme, considéré
dans sa dimension économique, est parfois capable d'agir de manière désintéressée,
et pas seulement au service de son propre profit, contrairement à ce que proclame
l'économie classique depuis des décennies.

Aux yeux du profane, ce constat peut sembler banal. Pour les experts, c'est
loin d'être le cas. Dans le domaine des sciences économiques, Ernst Fehr est l'un des
chercheurs les plus originaux, mais aussi les plus cités. Son travail a contribué
de manière déterminante à imprimer un tournant psychologique dans les sciences
économiques.

Sur le plan international, il a frappé les esprits pour la première fois en 1993,
avec un essai sur le rôle du fair-play dans les marchés concurrentiels, et notamment
dans celui du travail. En effet, dans cette étude, les participants qui jouaient le
rôle des employeurs payaient des salaires nettement supérieurs au niveau du marché,
en argumentant que des salaires trop bas étaient injustes et que la pression
salariale minait la conscience professionnelle des employés. L'ensemble des recherches
était étayé par des entretiens menés avec des responsables des ressources
humaines. Ernst Fehr a ainsi réfuté le modèle traditionnel prédisant que des salaires
supérieurs à ceux de la concurrence entraînent forcément une baisse des bénéfices. C'est avec ce genre d'exemples que les chercheurs en économie comportementale
mettent à mal la vision d'un *Homo œconomicus* au comportement type purement
rationnel et intéressé.

Le fair-play n'est pas le seul aspect du comportement économique qu'Ernst Fehr
s'efforce de mettre en avant dans ses recherches. D'autres caractéristiques
comportementales, comme l'abnégation et la confiance sont également importantes.
Dans le monde des affaires cela signifie que les êtres humains tiennent aussi
des promesses informelles, même si ces dernières ne sont pas fixées dans un contrat.
La solidarité qui pousse certaines personnes à effectuer des dépenses dont
elles ne retireront aucun profit direct joue aussi un rôle important. «Prenez les millions
de citoyens américains qui versent quelques dollars dans les caisses électorales
de Barack Obama, le candidat à la présidence du pays en 2008, tout en sachant que
ces dons ne leur rapporteront peut-être jamais rien sur le plan économique»,
explique Ernst Fehr. Mais attention, même si ses conclusions semblent intuitives,
les démontrer n'est pas une mince affaire, car les chercheurs savent que les
intuitions sont parfois trompeuses. Ainsi ses déductions ne se basent ni sur des
convictions idéologiques ni sur des observations triviales, mais sur des études

empiriques de grande envergure, des expériences psychologiques et, depuis quelques années, sur les fruits de la recherche sur le cerveau.

Ernst Fehr s'est à nouveau rendu célèbre en 2005 avec ses travaux sur les effets de l'ocytocine, une hormone que fabrique et libère l'organisme pendant l'allaitement ou l'orgasme par exemple. En collaboration avec Markus Heinrichs, psychologue et spécialiste de la recherche sur les hormones à l'Université de Zurich, il a démontré que l'administration d'ocytocine augmente la propension à faire confiance aux autres, et donc à prendre des risques sur le plan social. Avec leurs travaux, Ernst Fehr et Markus Heinrichs ont fourni une preuve importante de l'influence des facteurs biologiques sur le comportement économique. Pourtant, certains économistes ont encore du mal à accepter ce type de recherche expérimentale. «Les résultats précis et empiriques sont l'ennemi de la convention et de l'idéologie, rétorque Ernst Fehr. Ils démontent et remettent en question bien des choses qui, en économie, étaient jusque-là sacrées.»

Si l'homme est aujourd'hui pris au sérieux à gauche comme à droite de l'échiquier politique, c'est parce qu'il s'est fait un nom en recherche fondamentale et a su résister à l'envie qu'éprouvent de nombreux économistes de gagner un profil politique. En dépit de son activisme de jeunesse, il dit avoir finalement choisi la recherche: «J'espère évidemment que mon travail aura des répercussions sur les événements politiques, admet-il. Car nous montrons que l'être humain est plus complexe que ce que postulent les adeptes des théories libérales. Or la liberté ne peut être obtenue que moyennant une certaine dose d'égalité et de fraternité.» Ernst Fehr était politiquement engagé dans le groupe militant «Roter Börsenkrach» lorsqu'il était étudiant en économie à l'Université de Vienne.

A l'époque déjà, il se penchait sur les limites de l'enseignement économique conventionnel. Après ses études, sa thèse de doctorat et sa thèse d'habilitation, Ernst Fehr est arrivé à l'Université de Zurich à l'âge de 38 ans. Il y est resté fidèle jusqu'à aujourd'hui, malgré les appels du pied réguliers des universités les plus renommées d'Allemagne, d'Angleterre et surtout des Etats-Unis. «Zurich m'a offert d'excellentes conditions à une époque où peu d'universités misaient sur l'économie comportementale», justifie-t-il. Sa décision a peut-être été facilitée par son succès international. Ernst Fehr est en effet l'un des rares économistes germanophones à non seulement publier régulièrement dans des revues scientifiques de renom comme *Science* ou *Nature* mais à y faire presque aussi souvent sensation. En 2007, la prestigieuse Académie américaine des arts et des sciences l'a nommé membre d'honneur, attribuant pour la première fois cette distinction à un scientifique en poste dans une université suisse. Dominik Flammer

---

Ernst Fehr
- Né en 1956 à Hard, Autriche
- Etudes en sciences économiques à l'Université de Vienne
- Professeur (depuis 1994) et directeur (depuis 2000) de l'Institut de recherche empirique en économie de l'Université de Zurich
- Docteur honoris causa des Universités de Saint-Gall et Munich
- Membre d'honneur de l'Académie américaine des arts et des sciences

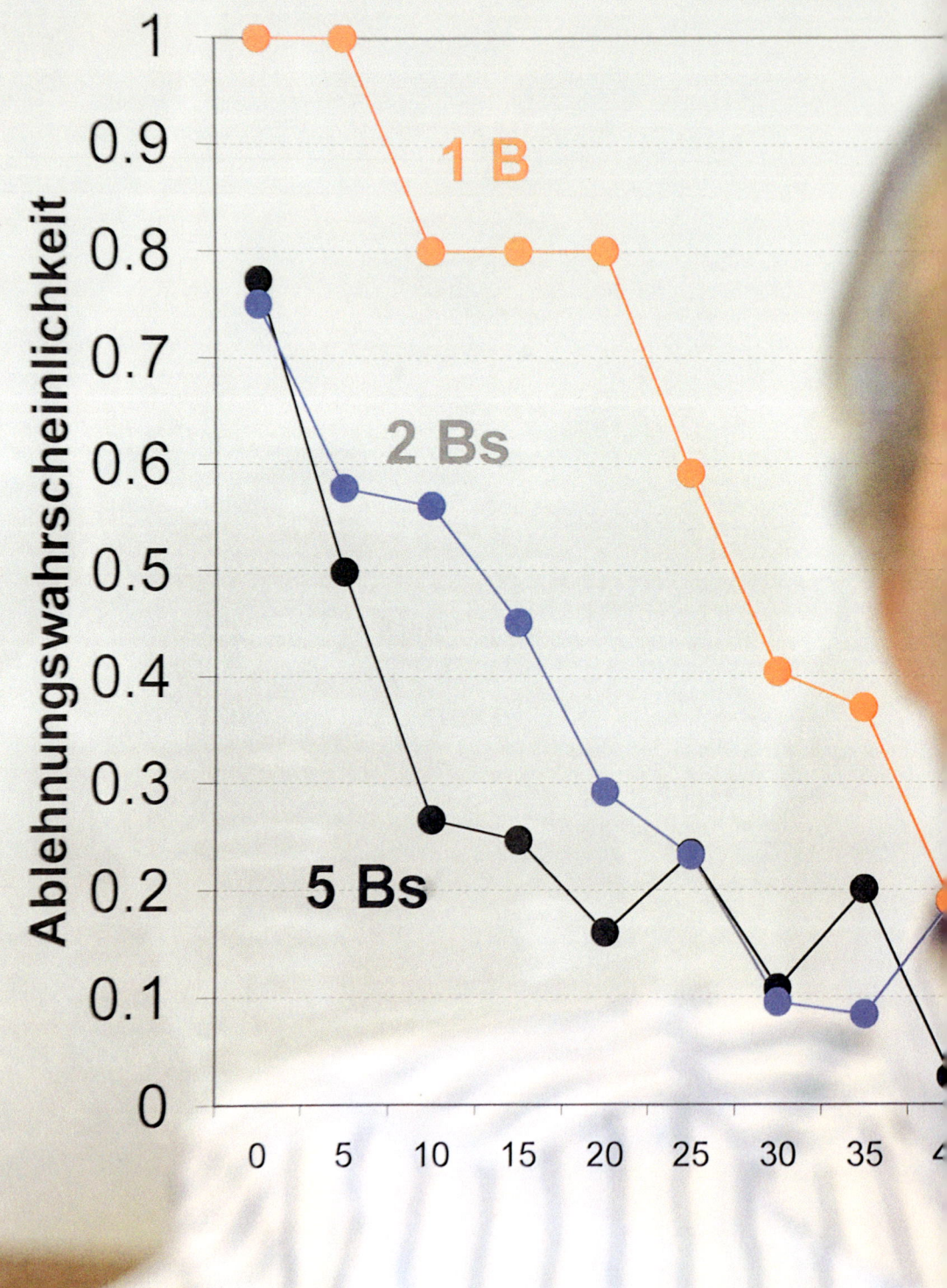

5   50   55   60   65   70   75   80   85   90   95   10

ngebote

ECONOMIA DELLA LEALTÀ

Ernst Fehr
Economista

L'Homo oeconomicus è stato scacciato ormai da tempo dalle pendici della Blümlisalp.
O perlomeno dalla strada che porta lo stesso nome, quassù nella parte alta
dello Zürichberg, dove ha sede l'Istituto per la ricerca economica empirica dell'Università
di Zurigo. A farlo ci ha pensato Ernst Fehr, originario del Vorarlberg, che da anni
ha posto qui la sua base nel tentativo di definire una nuova immagine economica
dell'essere umano. Fehr fa parte di quel gruppo di ricercatori dell'Economia
comportamentale le cui ricerche basate sullo studio empirico del comportamento
umano, portano un'ingente quantità di prove a supporto della teoria che sottolinea
la componente disinteressata nelle azioni dell'uomo. Un comportamento che talvolta
influenza persino la sfera economica; dimostrando così che, contrariamente
a quanto enunciato da decenni dalla dottrina economica classica, l'uomo non è solo
mosso dalla ricerca del proprio interesse personale.

Un'evidenza che può apparire banale a chiunque sia profano di economia, ma non
agli specialisti. L'idea non appare certamente banale a Ernst Fehr, che oltre a
essere uno dei pensatori più originali nel campo delle scienze economiche, ne è anche
uno dei più apprezzati. Con la sua opera ha contribuito in modo determinante
a una svolta psicologica nel campo delle scienze economiche.

Nel 1993 ha raggiunto per la prima volta la notorietà internazionale con un saggio
sul ruolo della lealtà nel mercato governato dalla libera concorrenza. Egli aveva
analizzato a fondo le ripercussioni della lealtà sul mercato del lavoro. Il risultato fu
sorprendente: i datori di lavoro che avevano partecipato all'indagine rivelavano
di pagare salari più alti della media di mercato. La motivazione portata dagli intervistati
era che i salari troppo bassi fossero percepiti come iniqui, con un conseguente
logoramento dell'etica del lavoro dovuto alla pressione salariale. I risultati della ricerca
furono convalidati da una serie di interviste a vari direttori del personale. In
questo modo Fehr fu in grado di confutare il modello teorico tradizionale secondo
il quale i salari più alti rispetto alla media incidono negativamente sugli utili
dell'impresa. Questo e altri esempi simili rappresentano le prove con cui gli studiosi
dell'Economia comportamentale inficiano l'immagine tradizionale dell'Homo
oeconomicus, caratterizzata da un comportamento tipicamente utilitaristico e interessato.

La lealtà è solo una delle espressioni del comportamento economico di cui Fehr
tenta, con le sue ricerche, di dimostrare l'importanza. Tra le altre ricordiamo
l'altruismo e la fiducia. Il concetto, tradotto in termini economici concreti, dimostra che
l'uomo ha rispetto anche per le promesse informali, non definite contrattualmente.
Un ruolo determinante è svolto dalla solidarietà, che spinge gli esseri umani a compiere
azioni da cui non potranno mai trarre alcuna forma di profitto personale. «Prenda
quei milioni di cittadini americani che contribuiscono con qualche dollaro alle casse
elettorali di Barack Obama. Lo fanno anche se per loro quell'offerta non potrà mai
trasformarsi in un vantaggio economico» dice Fehr. Le sue tesi, straordinariamente
plausibili, nascondono una grande mole di lavoro. Le sue conoscenze non sono infatti
sostenute da convinzioni di natura ideologica o considerazioni ovvie, bensì da

una vasta mole di studi empirici, esperimenti di psicologia e, da qualche anno, anche da scoperte nel campo della ricerca neurofisiologica.

Nel 2005 Ernst Fehr ha destato molta sensazione con le sue ricerche sugli effetti dell'ossitocina, un ormone endogeno prodotto in grandi quantità dal corpo umano nel corso dell'allattamento e durante l'orgasmo. Lo studioso, in collaborazione con lo psicologo e ricercatore in campo ormonale Markus Heinrichs di Zurigo, è riuscito a dimostrare che la somministrazione di quest'ormone aumenta la predisposizione interiore a concedere fiducia al prossimo e quindi a correre rischi in un contesto sociale. Fehr e Heinrichs hanno fornito in questo modo una prova importante della fondatezza della teoria che prevede l'influenza di alcuni fattori biologici sul comportamento economico. Alcuni economisti capiscono con difficoltà la ricerca sperimentale di Fehr. «L'esattezza del risultato empirico è nemica delle convenzioni e delle ideologie, – precisa lo scienziato – smontano e pongono in discussione alcuni concetti che l'economia fino a oggi ha considerato inviolabili».

Gli studi di Ernst Fehr sono, comunque, tenuti in grande considerazione sia a sinistra che a destra, e questo dipende in gran parte dalla reputazione di autorevole ricercatore di base di cui gode, capace di sottrarsi alla tentazione, che coglie molti economisti, di schierarsi politicamente. A un certo punto, dopo l'attività politica svolta in gioventù, egli decise di dedicarsi esclusivamente alla ricerca. Dice: «Spero comunque che il mio lavoro possa influenzare le dinamiche della politica. È nostra intenzione dimostrare che l'uomo è molto più complesso di quanto dichiarino i sostenitori della libertà, nella sua accezione puramente liberale. La libertà non è fruibile se non si accompagna all'eguaglianza e alla fratellanza».

Il coinvolgimento politico di Fehr risale agli anni dell'accademia durante i quali, studente di Scienze economiche presso l'Università di Vienna, militava nel gruppo di base «Roter Börsenkrach». Già allora, i suoi interessi erano completamente rivolti alla scoperta dei limiti dell'economia convenzionale. All'età di 38 anni, laurea, dottorato e abilitazione già conseguiti, entrò a far parte del corpo docente dell'Università di Zurigo. Nonostante le numerose proposte di lavoro offerte dalle più rinomate università tedesche, inglesi e soprattutto americane, Fehr è rimasto fedele all'Università di Zurigo. «Zurigo mi ha offerto condizioni molto favorevoli, quando nel mondo erano ancora pochissime le università che guardavano con interesse all'Economia comportamentale», dice Ernst Fehr. La decisione di rimanere è stata, probabilmente, facilitata dai riconoscimenti internazionali ottenuti soprattutto sulle maggiori riviste scientifiche come *Science* e *Nature.* Egli appartiene all'esigua schiera di economisti del mondo accademico di lingua tedesca che pubblica regolarmente i propri articoli sulle riviste più prestigiose e che, allo stesso tempo, è capace di suscitare accanite discussioni. Nel 2007 è stato eletto membro onorario della rinomata American Academy of Arts & Science . È la prima volta per un docente di Economia di un'università svizzera. Dominik Flammer

---

Ernst Fehr
– Nato nel 1956 a Hard, Austria
– Studi di scienze economiche presso l'Università di Vienna
– Dal 1994 professore e dal 2000 direttore dell'Istituto per la ricerca
  economica empirica dell'Università di Zurigo
– Laurea honoris causa presso le Università di San Gallo
  e Monaco di Baviera
– Membro onorario dell'Accademia americana delle arti e delle scienze

THE ECONOMICS OF FAIRNESS

Ernst Fehr
Economist

Homo oeconomicus has long since been driven from Blümlisalp, or at least from the eponymous road in the quiet Zurich neighbourhood where the Institute for Empirical Research in Economics is located. Ernst Fehr, who was born in Voralberg, Austria, has made sure of that. Fehr is one of a handful of behavioural economists who have performed empirical studies showing that human beings, even in their economic life, occasionally act altruistically, and not only out of self-interest, as classical economic theory has been proclaiming for years.

This may seem a banal discovery to a layman in economics, but it is not banal to specialists. And certainly not to Ernst Fehr, who is not only one of the most innovative minds in the field of economic research, but also one of the most cited. His work has made a substantial contribution to a new psychological shift in economics.

Ernst Fehr first drew international attention to himself in 1993 with an essay on the role of the fairness motive in competitive markets, examining the impact of these motives on the labour market. The astonishing result was that the participants in the tests who acted as employers paid wages well above the competitive level. They argued that excessively low wages were unjust, and that pressure on wages was bad for work morale. Interviews with personnel managers also confirmed these results. Fehr was thus able to refute the argument that wages above the competitive level lower profits. With such arguments, behavioural economists effectively challenge the conventional image of *homo oeconomicus* – an individual who typically behaves in a purely rational and selfish manner – and show that the deviations from *homo oeconomicus* can have a decisive impact on social outcomes.

Fairness is, however, only one of the aspects of economic behaviour that Fehr has tried to substantiate with his research. Others include selflessness and trust. In the business world, this means that people often keep informal promises that are not sealed by contract. Solidarity, which motivates people to spend money on things from which they themselves will never profit, also plays a vital role. Fehr says: "Take the millions of Americans who donate a few dollars to Barack Obama's election campaign fund even though they will never benefit economically from this donation." Even though his conclusions seem intuitive, he put a considerable amount of work into developing and proving them because intuitions can be misleading. Fehr's insights are not based on ideological convictions or trivial observations, but on extensive empirical studies, psychological experiments and, more recently, brain research.

Ernst Fehr caused quite a stir in 2005 with his work on the effects of oxytocin. This is a natural hormone the body produces during breast feeding and orgasms, for example. In cooperation with Markus Heinrichs, a psychologist at the University of Zurich, Ernst Fehr showed that administering this hormone increased people's willingness to trust others – in other words, to take social risks. Fehr and Heinrichs thus provided important evidence showing that biological factors may also influence economic behaviour. Even so, some economists have trouble with Fehr's experimental

economic research. "Precise empirical findings are the enemy of convention and ideology," responds Fehr, putting the problem in a nutshell. "They question things that have been sacrosanct to economists."

However, the fact that people on both the left and the right take Ernst Fehr seriously is primarily due to the fact that he has made a name for himself in basic research and withstood the pressure, to which many economists have succumbed, to make a mark for themselves in politics. Although he was politically active as a young man, he decided to go into research. "I hope that my work will influence political developments," he says. "Our research shows that human beings are more complex than the adherents of the purely liberal concept of freedom would have it. Freedom is impossible without a measure of equality and fraternity."

Fehr became involved in politics in the student group "Roter Börsenkrach" (red stock-exchange crash) while studying economics at the University of Vienna. Even then, he was interested in the limits of conventional economics. After completing his studies, his dissertation and his post-doctoral thesis, the thirty-eight-year-old Fehr obtained a position at the University of Zurich, an institution to which he has remained loyal to this day – despite the fact that he has received offers from the most renowned universities in Germany, England and the US. "Zurich offered me excellent conditions at a time when very few universities were interested in behavioural economics," says Fehr. His international success, as reflected by his publications in leading journals such as *Science* and *Nature,* may well have made this decision easier. He is one of the few economists at any German-language university who not only publishes regularly in these highly regarded journals but also – almost as often – causes controversy. In 2007, the renowned American Academy of Arts and Sciences made him an honorary member. This was the first time that an economist teaching at a Swiss university had received such an honour. Dominik Flammer

---

Ernst Fehr
- Born 1956 in Hard, Austria
- Studied economics at the University of Vienna
- Professor (since 1994) and Director (since 2000) of the Institute
  for Empirical Research in Economics at the University of Zurich
- Honorary doctorate from the Universities of St Gallen and Munich
- Honorary member of the American Academy of Arts and Sciences

MANUEL EISNER

DIE WURZELN DER GEWALT
Manuel Eisner
Kriminologe

Schlägereien unter Jugendlichen, Aggressionen zwischen Kindern, Handgreif-
lichkeiten in Familien und auf Pausenplätzen: In Manuel Eisners Forschungsarbeit
dreht sich alles um Gewalt. Der Zürcher Historiker und Soziologe lebt in zwei Welten
zugleich: Er lehrt soziologische Kriminologie an der englischen Universität von
Cambridge und betreut parallel dazu eine Entwicklungsstudie zu den Gewalterfahrungen
von Kindern und Jugendlichen in der Schweiz. Manuel Eisner gilt europaweit
als Fachmann für Gewaltprävention. «Ich therapiere aber keine gewalttätigen Jugendlichen», relativiert er seine Tätigkeit sofort. Nicht brennende Autos, sondern
unspektakuläre Fragebogen, Zahlenreihen und Gesprächstranskripte bilden seinen
Arbeitsalltag. Aufsehen erregen die aussagekräftigen Statistiken dennoch, die
Eisner und sein Team vom Pädagogischen Institut der Universität Zürich aufstellen.
Sie bilden erste zuverlässige Grundlagen zur wissenschaftlichen Untersuchung
eines Themas, das zwar grosses Medieninteresse geniesst und von Politikern ebenso
wie von Schulen und Sozialbehörden als brisant eingestuft wird, in der Schweiz
aber noch kaum erforscht ist.

Deshalb hat die Stadt Zürich in Zusammenarbeit mit Eisners beiden Wirkungsstät-
ten, den Universitäten Zürich und Cambridge, 2003 das «Zürcher Projekt zur
Sozialen Entwicklung» (z-proso) ins Leben gerufen. In dieser Langzeitstudie begleiten
Eisner und seine Mitarbeiter 1300 Primarschüler über rund ein Jahrzehnt hinweg –
vielleicht auch länger. «Die interessanten Jahre aus kriminologischer Sicht beginnen
erst jetzt», sagt Manuel Eisner, selber Vater zweier Teenager, im Vorfeld der
vierten Befragungsrunde. «Die Kinder, die wir beobachten, sind nun elf Jahre alt.
Bis sie achtzehn sind, werden im Schnitt etwa zehn Prozent davon straffällig, bis ins
Alter von zwanzig laut Statistik rund ein Viertel.»

In der nächsten Interviewrunde interessieren deshalb die Entscheidungsprozesse
bei den Elfjährigen. Wie gross sind die Einflüsse der Eltern oder der Geschwister,
etwa bei der Entscheidung, zuzuschlagen, statt einen Konflikt verbal zu lösen? Wie
stark hängen solche Handlungen vom Beifall der Kollegen ab oder können sie
anderseits von Autoritätspersonen verhindert werden? Wie nehmen die Kinder Sank-
tionen wahr, innere «Bremsen» wie Schuld- oder Schamgefühle, aber auch ablehnende
Reaktionen von Freunden oder Strafen der Eltern und Lehrer? Zentral sind bei der
Bildung dieser sozialen Kompetenzen aber auch die Männlichkeitsvorstellungen der
Knaben. «Der Glaube, dass ein Mann sich verteidigen solle, wenn er angegriffen werde,
ist auf dem Schulhof stark», sagt Manuel Eisner. Ebenso wenig dürfe die Frage
nach dem Lustfaktor und dem Nutzen von Gewalt vergessen werden: «Gewalttätige
Jugendliche haben die Vorstellung, dass ihre Handlung Spass mache, ihnen
Bewunderung einbringe und zum Ziel führe.»

Diesen Ideen, die Gewalt und Kriminalität begünstigen, gilt es erzieherisch etwas
entgegenzusetzen – laut Manuel Eisner kein Ding der Unmöglichkeit. Prävention
beginne bereits im Kleinkindalter oder noch vorher, im Bauch der Mutter, sagt der
Sozialwissenschaftler. Mit solchen Thesen, die in der Entwicklungspsychologie
wurzeln, entfernt er sich jedoch weit von einer klassischen Auslegung der Soziologie.

«Ich bewege mich erfolgreich in einer bipolaren Wissenswelt», sagt Manuel Eisner. Auf der einen Seite stehen die Theorien zur Gesellschafts- und Zivilisationsentwicklung etwa eines Norbert Elias, der stark die Einflüsse der Gesellschaft auf das Individuum betonte. Auf der anderen Seite steht die individuelle Entwicklungspsychologie, wie sie der amerikanische Kinder- und Präventivmediziner David Olds betrieben hat. Olds' «Nurse Home Visiting Program» aus den späten 1970er-Jahren hat sich über die Jahre zu einem wissenschaftlich anerkannten Modell entwickelt: Es besagt, dass sich ein Zusammenhang herstellen lasse zwischen neurobiologischen Schädigungen beim Säugling und späterem aggressivem Verhalten beim Jugendlichen. So hat David Olds Mütter aus sozial benachteiligten Milieus während der Schwangerschaft und nach der Geburt in ernährungsphysiologischen Fragen beraten sowie finanziell und sozial unterstützt, bis die Babys ein Jahr alt waren. Die Ergebnisse waren verblüffend: Die Kinder aus dem «Olds-Programm» waren signifikant weniger verhaltensauffällig, schlossen höhere Schulen ab und erhielten bessere Jobs als die Nachbarskinder aus demselben Block, die ohne Betreuung aufgewachsen waren.

Ein solcher Realitätsbezug und die Möglichkeit, auf drängende Probleme konkrete Antworten zu geben, schätzt Manuel Eisner insbesondere in seinem z-proso-Projekt. Fragen der Entwicklung und der Erziehung müssen für ihn zwingend mit handlungstheoretischen Ansätzen angegangen werden. Entsprechend hat sich sein Forschungsgebiet weg von der Soziologie stärker hin zur Entwicklungspsychologie verlagert. Dass er dabei dem Thema der Gewalt nie entkommen ist, begründet er mit der hohen Nachfrage und dem öffentlichen Interesse an solchen Untersuchungen. Seit seiner Lizentiatsarbeit zu kriminalgeschichtlichen Zusammenhängen im Kanton Zürich während des letzten Jahrhunderts ist Manuel Eisner zudem als passionierter Kriminalhistoriker bekannt geworden. Für diese Leidenschaft bleibt ihm allerdings beim Pendeln zwischen Cambridge, wo er mittlerweile zum stellvertretenden Institutsleiter aufgestiegen ist, und Zürich, wo er als Präventionsexperte gefragt ist, wenig Zeit. Ebenso kommt die angewandte Forschung in England im Augenblick zu kurz. Das reut ihn ein wenig – schliesslich wäre das nahe London «ein ideales Forschungsfeld in Sachen interkultureller Delinquenzforschung». Anna Schindler

---

Manuel Eisner
– Geboren 1959 in Bern
– Studium der Geschichte, Soziologie und Sozialpsychologie
  an der Universität Zürich
– Privatdozent an der Universität Zürich (seit 1997)
– Assistenzprofessor für Soziologie an der ETH Zürich (1996–2002)
– Dozent für Soziologische Kriminologie und Vizedirektor
  am Kriminologischen Institut der Universität Cambridge (seit 2000)

AUX RACINES DE LA VIOLENCE

Manuel Eisner
Criminologue

Des jeunes qui se passent à tabac, des enfants qui en agressent d'autres, des familles et des préaux en proie à la brutalité. Tout, dans le travail de recherche de Manuel Eisner, tourne autour de la violence. Historien et sociologue de formation, ce Zurichois travaille simultanément dans deux pays: il enseigne la criminologie sociologique à l'Université de Cambridge, en Angleterre, tout en gérant des études à long terme sur la violence telle qu'elle est vécue par les enfants et les jeunes en Suisse. Au niveau européen, Manuel Eisner est considéré comme un expert dans le domaine de la prévention. «Mais je ne suis pas thérapeute pour jeunes délinquants», s'empresse-t-il de relativiser. Son quotidien n'est donc pas fait de voitures incendiées, mais de questionnaires peu spectaculaires et de protocoles d'entretiens. Pourtant, les statistiques que produisent Manuel Eisner et son équipe de l'Institut pédagogique de l'Université de Zurich font sensation. Elles constituent les premières bases scientifiques fiables permettant d'aborder cette thématique. Car en dépit de la grande attention médiatique dont celle-ci jouit, en dépit du statut de «sujet chaud» que lui reconnaissent les politiciens, les écoles et les autorités, la violence en Suisse est encore à peine étudiée.

C'est la raison pour laquelle la Ville de Zurich a mis en place en 2003 le «Zürcher Projekt zur sozialen Entwicklung» (Projet zurichois pour le développement social – z-proso), en collaboration avec les deux institutions académiques pour lesquelles travaille Manuel Eisner. Dans le cadre de cette étude, le sociologue et ses collaborateurs suivent 1300 élèves du niveau primaire sur une dizaine d'années – une période qui sera peut-être prolongée. «Les années intéressantes du point de vue criminologique ne commencent que maintenant», analyse le chercheur, lui-même père de deux adolescents. Son équipe prépare en effet la quatrième série d'entretiens: «Les enfants que nous observons ont environ 11 ans aujourd'hui, poursuit-il. D'ici leur dix-huitième anniversaire, près de 10 % d'entre eux seront tombés dans la délinquance, et les statistiques prédisent que, lorsqu'ils auront 20 ans, ce taux aura grimpé à 20 %.»

La prochaine phase d'entretiens va cibler les raisons qui poussent ces jeunes à prendre certaines décisions. Quelle est l'influence de leurs parents, de leurs frères et sœurs, lorsqu'ils décident d'en venir aux mains au lieu de résoudre un conflit par la discussion? A quel point de telles réactions dépendent-elles des encouragements de leurs copains? L'intervention d'une personne représentant l'autorité les empêcherait-elle d'en arriver là? Quelle perception ont-ils des sanctions, de leurs «freins intérieurs» comme le sentiment de culpabilité ou de honte, mais aussi des réactions de rejet de leurs amis, ou encore des punitions infligées par les parents et le corps enseignant? Selon Manuel Eisner, lors de la formation des compétences sociales chez les garçons, les représentations viriles jouent un rôle important: «La croyance selon laquelle un homme doit pouvoir se défendre si on l'attaque est fortement ancrée dans les préaux.» La question du plaisir et des avantages liés à la violence ne doit pas être oubliée non plus: «Les jeunes qui se montrent violents estiment que leurs actes leur procurent du plaisir, suscitent l'admiration et leur permettent d'atteindre leur objectif.»

Ces idées qui favorisent la criminalité peuvent très bien être combattues au niveau éducatif, selon Manuel Eisner. Mais la prévention devrait déjà commencer chez les enfants en bas âge, voire avant, dans le ventre de leur mère, affirme ce spécialiste. En s'appuyant sur ces thèses venues de la psychologie du développement, Manuel Eisner s'éloigne d'une interprétation classique de la sociologie. «J'évolue dans un monde scientifique bipolaire, se justifie-t-il. Et ça fonctionne.» Le chercheur se base d'un côté sur des théories concernant le développement de la société et des civilisations comme celles de Norbert Elias, qui soulignent les influences de la société sur l'individu, et de l'autre sur la psychologie individuelle du développement, telle que la pratiquait David Olds, un pédiatre américain spécialisé dans la médecine préventive. Son «Nurse Home Visiting Program» mis en place à la fin des années 1970 est devenu, au fil du temps, un modèle scientifiquement reconnu. Ce dernier postule qu'il existe un rapport de cause à effet entre des dommages neurobiologiques subis pendant la petite enfance et un comportement agressif à l'adolescence. David Olds avait conseillé des femmes issues de milieux défavorisés durant leur grossesse et après l'accouchement sur des questions de physiologie nutritionnelle, tout en leur apportant un soutien financier et social jusqu'à ce que les bébés aient atteint l'âge d'un an. Les résultats furent épatants: les enfants du «programme Olds» présentaient significativement moins de troubles du comportement, réussissaient mieux leur scolarité et obtenaient de meilleurs emplois que les enfants des voisins qui avaient grandi sans suivi.

C'est cette relation directe à la réalité et la possibilité d'offrir des réponses concrètes aux problèmes urgents que Manuel Eisner apprécie tout particulièrement dans le projet z-proso. A ses yeux, les questions de développement et d'éducation doivent absolument être abordées dans la perspective d'une théorie de l'action. C'est pour cette raison que sa recherche s'est de plus en plus éloignée de la sociologie pure pour se rapprocher de la psychologie du développement. Le fait qu'il n'ait jamais échappé à la violence comme sujet de recherche vient selon lui de l'importance de la demande et de l'intérêt public que suscite ce genre d'enquêtes. Depuis son mémoire de licence sur la criminalité dans le canton de Zurich au siècle dernier, Manuel Eisner est aussi un passionné d'histoire criminelle. Un thème auquel il n'a toutefois guère de temps à consacrer depuis qu'il navigue entre Cambridge, où il officie comme vice-directeur de son Institut, et Zurich, où on le sollicite régulièrement en tant qu'expert en matière de prévention. Il en va de même pour sa recherche appliquée en Angleterre, qui reste portion congrue. Il le regrette d'ailleurs un peu. Car Londres constituerait un «champ de recherche idéal en matière de recherche interculturelle sur la délinquance». Anna Schindler

---

Manuel Eisner
– Né en 1959 à Berne
– Etudes d'histoire, de sociologie et de psychologie sociale
  à l'Université de Zurich
– Privatdocent à l'Université de Zurich (depuis 1997)
– Professeur assistant en sociologie à l'EPF de Zurich (1996-2002)
– Chargé de cours en criminologie à l'Institut
  de criminologie de l'Université de Cambridge (depuis 2000)

Manuel Eisner

ALLE RADICI DELLA VIOLENZA

Manuel Eisner
Criminologo

Risse tra adolescenti, aggressioni tra bambini, zuffe in famiglia e sui campi da gioco:
nell'opera di Manuel Eisner ogni cosa ruota intorno alla violenza. Lo storico e
sociologo di Zurigo vive in due mondi paralleli: insegna Criminologia sociologica presso
l'Università inglese di Cambridge e segue contemporaneamente in Svizzera
alcuni studi a lunga durata che analizzano le esperienze violente dei bambini e dei
giovani. Eisner è conosciuto in tutta Europa come uno dei massimi esperti nel campo
della prevenzione della violenza. «Tuttavia non mi occupo di terapia dei giovani
violenti», dice subito per definire meglio la sua attività. Il suo è un lavoro quotidiano,
lontano dalle auto in fiamme e pieno di questionari anonimi, file di cifre e montagne
di interviste trascritte. A destare sensazione sono i risultati significativi delle statistiche
elaborate da Eisner e dal suo team dell'Istituto di Pedagogia dell'Università di
Zurigo. Rappresentano i primi dati attendibili di un'indagine scientifica che approfondisce
un tema appena sfiorato dalla ricerca svizzera, nonostante goda del grande interesse
dei media e sia considerato di scottante attualità dalla classe politica, dalle
autorità scolastiche e dai responsabili delle attività sociali.

Per questo motivo, la città di Zurigo, in collaborazione con entrambe le sedi in cui
opera Eisner – l'Università di Zurigo e quella di Cambridge – ha avviato nel 2003
il «Progetto zurighese sullo sviluppo sociale dei bambini» (z-proso). Questa indagine
a lungo termine prevede che Eisner e i suoi collaboratori seguano 1300 alunni
della scuola primaria per un decennio – e forse anche più a lungo. «È proprio in questo
periodo che cominciano gli anni più interessanti dal punto di vista criminologico»,
afferma Eisner, egli stesso padre di due adolescenti, al momento in cui sta per iniziare
il quarto giro di interviste. «I bambini sotto osservazione hanno oggi undici anni.
In media, fino al raggiungimento del diciottesimo anno, il dieci percento di loro incorrerà
in una pena; sempre secondo le statistiche, un quarto di costoro lo sarà entro il
ventesimo anno di età».

La prossima tornata di interviste riguarderà perciò il processo decisionale degli
undicenni. Quanto influiscono i genitori o i fratelli nella scelta di venire alle
mani piuttosto che trovare una soluzione verbale a un conflitto? Quanto, queste azioni
dipendano dal plauso dei compagni o quanto, viceversa, potrebbero essere
evitate da una figura esterna dotata di autorità? In che modo i bambini percepiscono
le sanzioni, i «freni interni» – rappresentati da sensazioni di colpa o vergogna –,
ma anche la reazione di rifiuto degli amici o le punizioni dei genitori e degli insegnanti?
Un ruolo fondamentale nella formazione di queste competenze sociali è svolto
anche dall'idea di virilità che ogni ragazzo porta in sè. «Nel cortile della scuola è molto
forte la convinzione che un uomo, quando è aggredito, si debba difendere», dice
Manuel Eisner. Allo stesso modo non è possibile ignorare la questione connessa al
piacere e ai vantaggi della violenza: «Gli adolescenti violenti pensano che il loro
comportamento li renda divertenti, dei soggetti da ammirare e vincenti. L'azione
educativa di contrasto alle idee che favoriscono la violenza e il comportamento
criminale non rappresenta, secondo Manuel Eisner, una sfida impossibile. La
prevenzione, dice, dovrebbe cominciare già in età prescolare, se non addirittura prima,

nel grembo materno. Con queste tesi, che affondano le radici nella psicologia dello sviluppo, egli si discosta molto dall'interpretazione classica fornita dalla sociologia. «Mi muovo con successo in un mondo di conoscenze bipolari», afferma lo studioso. Da una parte troviamo le teorie sullo sviluppo della società e della civiltà – come quelle per esempio di Norbert Elias – che pongono con forza l'accento sull'influenza della società sull'individuo. Dall'altra, troviamo la psicologia dello sviluppo individuale, come è stata elaborata dall'americano David Olds, pediatra e specialista di medicina preventiva. Con il tempo, il «Nurse Home Visiting Program» sperimentato da Olds nella seconda metà degli anni settanta si è evoluto, dando origine a un modello scientificamente riconosciuto che individua una relazione tra i danni neurobiologici del lattante e il successivo comportamento aggressivo dell'adolescente. David Olds aveva offerto i suoi consigli nel campo della fisiologia della nutrizione e ha sostenuto dal punto di vista sociale ed economico alcune madri durante la gravidanza e dopo il parto. Il suo sostegno, indirizzato a madri provenienti da un ambiente sociale sfavorevole, si protraeva finché il bambino non compiva un anno di età. I risultati furono sbalorditivi. I bambini dell'«Olds-Programm» erano significativamente meno disadattati, avevano portato a termine le scuole superiori e si erano aggiudicati impieghi migliori rispetto ai bambini del vicinato, cresciuti nello stesso isolato ma senza assistenza.

Manuel Eisner valuta questa complessa realtà e cerca di dare risposte ai problemi concreti urgenti con l'aiuto del suo progetto z-proso. Secondo lo studioso, le problematiche dello sviluppo e dell'educazione andrebbero affrontate con approcci teorici d'azione. Di conseguenza il suo campo d'indagine si è distanziato dalla sociologia dirigendosi verso la psicologia dello sviluppo. Il fatto che la sua carriera non si sia più discostata dalla tematica della violenza è dovuto alla grande richiesta e all'interesse per questo tipo di ricerche, egli spiega. Dal giorno della sua tesi sul contesto storico-criminologico del Cantone di Zurigo nell'ultimo secolo, Manuel Eisner è noto anche per essere un appassionato storico del crimine. Tuttavia, facendo il pendolare tra Cambridge, dove nel frattempo è stato promosso vice direttore del suo istituto, e Zurigo, dove presta la sua consulenza come esperto della prevenzione, non gli rimane molto tempo per coltivare quella passione. Anche in Inghilterra la ricerca applicata raccoglie meno sostegni, e questo gli dispiace. In fondo la vicina Londra sarebbe «un campo d'indagine ideale in materia di ricerca interculturale sulla delinquenza». Anna Schindler

---

Manuel Eisner
- Nato nel 1959 a Berna
- Studi di storia, sociologia e psicosociologia presso l'Università di Zurigo
- Libero docente presso l'Università di Zurigo (dal 1997)
- Professore assistente in sociologia presso l'ETH di Zurigo (1996–2002)
- Docente di criminologia sociologica presso l'Istituto di criminologia dell'Università di Cambridge (dal 2000)

THE ROOTS OF VIOLENCE
Manuel Eisner
Criminologist

The subject of Manuel Eisner's research is violence: fights between youths, aggressive behaviour among children, scuffles in families and in the schoolyard. The Zurich historian and sociologist moves between two worlds: he teaches criminology at the University of Cambridge in England and, at the same time, supervises a developmental study on children's and adolescents' experiences with violence in Switzerland. Throughout Europe Eisner is considered a leading expert on the prevention of violence. "I don't do therapy with violent juveniles," he says, putting his work in perspective. In fact, his day is filled with unspectacular questionnaires, rows of figures and interview transcripts. Nevertheless, the convincing statistics Eisner and his team have compiled at the Institute of Education at the University of Zurich are causing quite a stir. They provide the first reliable basis for scientific research into a subject of great potential interest to the media and likely to be deemed explosive by schools and the social services, but one which has so far been largely ignored in Switzerland.

For this reason, in 2003, the City of Zurich, in cooperation with the Universities of Cambridge and Zurich, set up the Zurich Project on the Social Development of Children (z-proso). In this long-term study, Eisner and his colleagues are following the development of 1,300 primary school children for about ten years. "For criminologists, this is when the interesting years begin," says Eisner (himself the father of two teenagers), speaking during the run-up to the study's fourth round of questionnaires. "The children we are currently observing are eleven years old. By the time they are eighteen, around 10 per cent of them will have committed at least one criminal offence. And by the age of twenty around a quarter of them will have done so."

Accordingly, the upcoming round of interviews will focus on decision-making processes among eleven-year-olds. How much influence do parents and siblings have on decisions such as whether to solve conflicts verbally or by recourse to physical violence? To what extent are those who commit violent acts dependent on their friends' approval? Can they be prevented from engaging in violent behaviour by good role models? How do children perceive sanctions, internal controls such as guilt and a sense of shame, negative responses from friends or punishments meted out by teachers or parents? Conceptions of masculinity are also an issue in the formation of social competence among boys. "The belief that a male has to defend himself when he is attacked is prevalent in the schoolyard," says Eisner. Of equal importance is the pleasure factor and the benefits derived from using violence: "Violent youths think that it is fun to behave in this way, and that it earns them the admiration of others and helps them to achieve their goals."

Eisner believes that one can counter these ideas by taking appropriate educational measures. Prevention begins with infants or even, he maintains, in the mother's womb. His theses, which are rooted in developmental psychology, are far removed from the classical sociological approach. "I am moving successfully in a bipolar academic world," he says. On the one hand there are the sociological theories of the development of civilised behaviour advanced, for example, by Norbert Elias who stresses society's influence on the individual. On the other hand, there are those of individual developmental psychology, as advanced, say, by David Olds, the American expert in child health and preventive medicine. Over the years, Olds' "Nurse Home Visiting Program", which dates from the late 1970s, has developed into a scientifically accepted model. It proceeds from the assumption that there is a relationship between neurobiological damage in infants and subsequent aggressive behaviour among youths. David Olds counselled pregnant mothers from socially disadvantaged milieux on nutrition and he supported them financially and socially until their babies were one year old. The results were astonishing: the children in Olds' programme were significantly less prone to psychological disorders, completed their education at higher level schools and found better jobs than other children from the same block who had grown up without counselling.

It is this connection to reality and the possibility of responding to pressing problems with concrete answers that Eisner values so highly in his z-proso project. He feels that questions of development and education need to be approached on the basis of action theory. Consequently, he has shifted the focus of his research from sociology to developmental psychology. He attributes the fact that he has remained loyal to research on violence to the strong public interest in these kinds of studies. Ever since he did his MA dissertation on the history of crime in the Canton of Zurich during the last century, Eisner has become well known as a passionate historian of crime. He has very little time for this passion, however, as he commutes between Cambridge (where he has been promoted to the position of Deputy Director of the Institute of Criminology) and Zurich (where he is a highly sought after expert on prevention). He also lacks the time to devote himself to applied research in England. He rather regrets this; after all, nearby London is "an ideal field for researching delinquency in a multicultural setting." Anna Schindler

---

Manuel Eisner
- Born 1959 in Berne
- Studied history, sociology and social psychology
  at the University of Zurich
- Private docent at the University of Zurich (since 1997)
- Assistent Professor of Sociology at the ETH Zurich (1996-2002)
- Currently Reader in Sociological Criminology and Deputy Director
  at the Institute of Criminology of the University of Cambridge
  (since 2000)

BERNARD HIRSCHEL

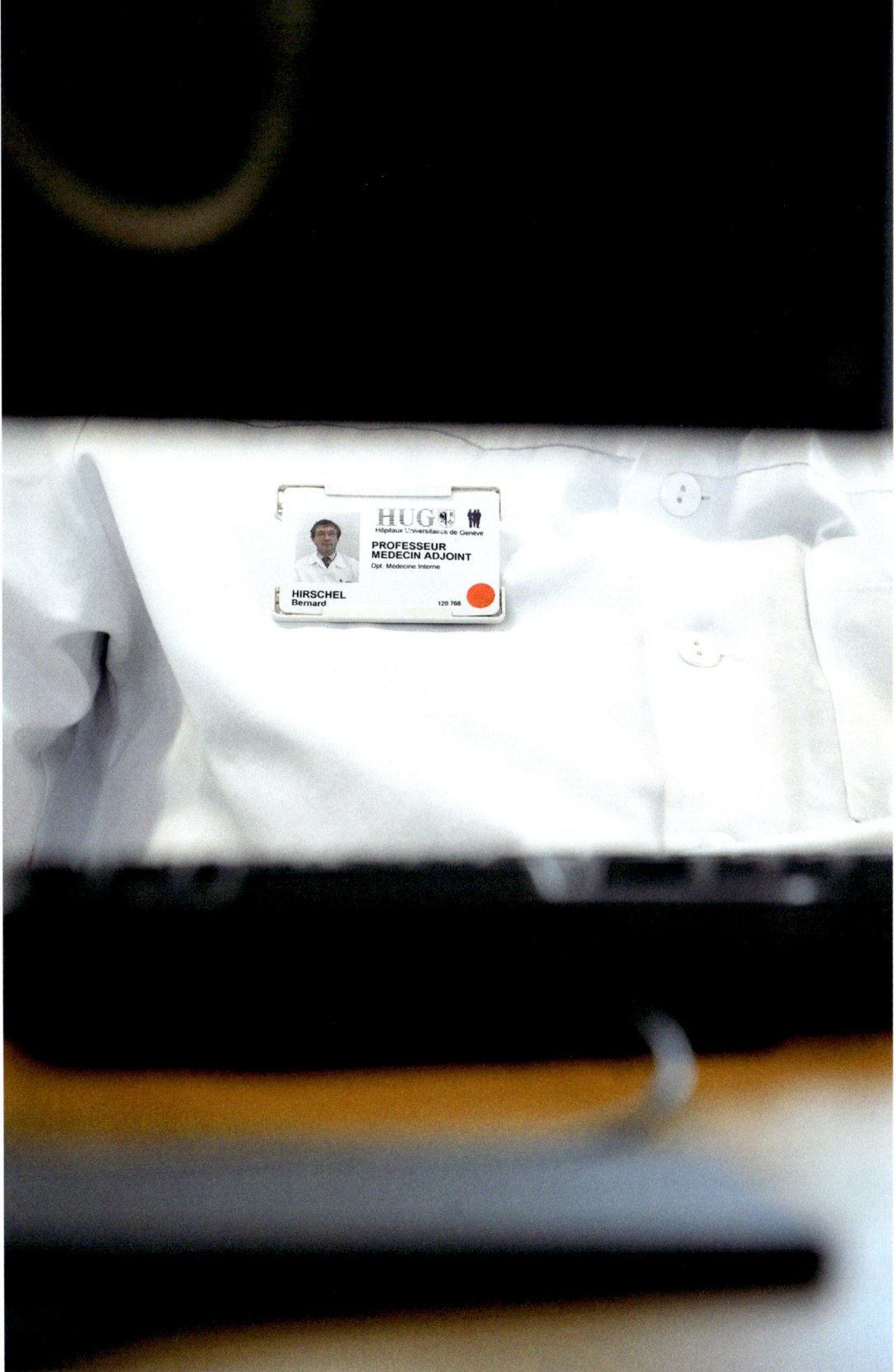

Bernard Hirschel

MIT AIDS LEBEN
Bernard Hirschel
Mediziner

«Personen, die mit dem Aidsvirus infiziert sind und sechs Monate lang mit einer wirksamen antiretroviralen Therapie behandelt worden sind, übertragen das Virus beim Geschlechtsverkehr nur selten oder gar nicht.» Als Bernard Hirschel Anfang 2008 dies öffentlich vertritt, sind viele seiner Berufskollegen und vor allem die Gesundheitsbehörden in aller Welt erst mal schockiert. Und die Folgerung, die der Leiter der HIV/Aids-Abteilung des Universitätsspitals Genf (HUG) folgen lässt, besänftigt die Gemüter keineswegs: «Dies bedeutet, dass ein Paar, bei dem einer der beiden Partner infiziert ist, beim Geschlechtsverkehr unter Umständen auf weitere Schutzmassnahmen verzichten kann.» Sex ohne Kondom also!

Damit widersprach Bernard Hirschel allen Präventionskampagnen, die seit mehr als zwanzig Jahren fast gebetsmühlenartig verkündeten: Nie ohne Präservativ! Kein Wunder also, dass viel Kritik auf den Genfer Mediziner einhagelte. Er wurde heftigst beschuldigt, jahrzehntelange Bemühungen für eine Verhaltensänderung beim Sex untergraben zu haben. Dabei hatte Bernard Hirschel bei seinen Aussagen nur eine Empfehlung der Eidgenössischen Kommission für Aids-Fragen vorweggenommen, der er selbst gar nicht angehört. Weil er deren Empfehlungen vor den Medien vertreten hatte, musste er persönlich dafür geradestehen.

Für Bernard Hirschel war diese Haltung nur logisch, abgestützt auf Fakten: Bei HIV-Infizierten, die erfolgreich medikamentös behandelt werden, lassen sich praktisch keine Viren mehr im Blut nachweisen. Keine Studie kann nachweisen, dass diese HIV-Infizierten noch ansteckend sind. Die Auswertung der statistischen Daten zeigt: Das Risiko von behandelten HIV-Infizierten, beim Geschlechtsverkehr einen Partner anzustecken, ist selbst ohne Kondom kleiner als das Risiko, das ein nicht behandelter Patient seinem Partner auflastet, auch wenn er ein Präservativ benutzt. Daraus folgerten die Fachleute, dass es nicht mehr gerechtfertigt sei, HIV-Infizierten eine Verhaltensweise vorzuschreiben, die letztlich zur Diskriminierung führt. «Dass ausnahmslos alle Präservative benutzen sollen, genügt nicht mehr. Man wird damit Patienten, die sich Kinder wünschen, nicht gerecht», erklärt Bernard Hirschel. «Heute weiss man, dass bei bestimmten ansteckenden Krankheiten, wie zum Beispiel bei der Tuberkulose, die Behandlung die beste Prävention ist.»

Bernard Hirschel ist sich seiner Sache sicher. Es gelingt ihm immer mehr, seine Kollegen zu überzeugen. Die Diskussionen sind differenzierter geworden, mehr und mehr Fachleute schliessen sich seinen Empfehlungen an. Als langjähriger Kämpfer gegen Aids geniesst er bei seinen Kollegen grosses Ansehen. 1946 in Thun geboren – in seinem Französisch ist ein sympathischer Akzent hörbar –, studierte er Medizin, erst in Bern und Anfang der 1970er-Jahre in Genf. Danach kehrte er der Rhone-Stadt den Rücken und liess einen dreijährigen Aufenthalt in St. Louis in den USA folgen. 1980 kehrte er nach Genf zurück, um Oberarzt der Abteilung für Infektionskrankheiten am Universitätsspital zu werden.

«1982 wurde ich zum ersten Mal mit Aids konfrontiert. Das war genau ein Jahr nach der ersten Publikation, welche dieses neuartige Syndrom beschrieben hatte», erinnert sich Bernard Hirschel. Er übernahm den ersten, von Daniel Lew diagnostizierten

Genfer Patienten, eine Frau. «Damals konnten wir nur die schrecklichen Folgen der Krankheit lindern. Und trotz unserer Anstrengungen verloren wir alle Patienten. Es war nicht gerade ermutigend», beschreibt er die damalige Situation. 1987 wurde in Genf der hundertste Fall diagnostiziert. Man bat Bernard Hirschel, einen Aktionsplan zu erstellen, der 1989 zur Errichtung der HIV/Aids-Abteilung führte. Erste Fortschritte bei der Behandlung folgten, wirksame Medikamente kamen auf den Markt. Seit Ende der 1990er-Jahre bedeutet eine Aidsansteckung nicht mehr das sichere Todesurteil. «Heute können wir die Krankheit sogar ambulant behandeln», freut sich Bernard Hirschel. «Ich habe Patienten, die meine Freunde geworden sind.» Bernard Hirschel, der sich selbst als eher konventionell einschätzt, lernte dank seiner Arbeit das Milieu der Homosexuellen besser kennen und damit dessen kreative und erfinderische Seite schätzen. Er engagiert sich stark für die Wiedereingliederung seiner Patienten und nimmt sich auch Zeit, deren Arbeitgeber und Versicherer zu überzeugen, dass sich die Dinge verändert haben, dass HIV-Infizierte heute ein normales Leben führen können, dass man sie wieder einstellen und versichern kann – ein wichtiger Punkt für die Betroffenen.

«Mein wichtigster Beitrag für den Kampf gegen Aids ist die Reorganisation der schweizerischen HIV-Kohortenstudie», sagt Bernard Hirschel. Dieses Beobachtungsprogramm von Patienten umfasst mehr als 14 000 Dossiers, die als Datenfundus für wissenschaftliche Forschungen dienen. «Anfangs war die Kohortenstudie nicht sehr leistungsstark, trotz der hohen Geldsummen, die zur Verfügung standen», räumt er ein. «1995 wurde ich zusammen mit einigen Kollegen damit beauftragt, dieses schlingernde Boot wieder auf Kurs zu bringen.» Mit Erfolg: Diese Datenbank ist heute weltweit anerkannt für die hohe Qualität der Informationen, die sie über die Evaluation der Behandlungen und der Epidemiologie der Krankheit liefern konnte – Resultate, die im Januar 2008 auch zur Empfehlung der Eidgenössischen Kommission für Aids-Fragen geführt haben, wonach richtig behandelte Patienten beim Sex aufs Kondom verzichten können. Anton Vos

---

Bernard Hirschel
- Geboren 1946 in Thun
- Studium der Medizin in Bern und Genf
- Professor an der medizinischen Fakultät der Universität Genf (seit 1995)
- Preis der Stadt Genf (1999)
- Mitglied der International Aids Society und des Wissenschaftlichen Beirats der nationalen Agentur für Aidsforschung in Frankreich (ANRS)

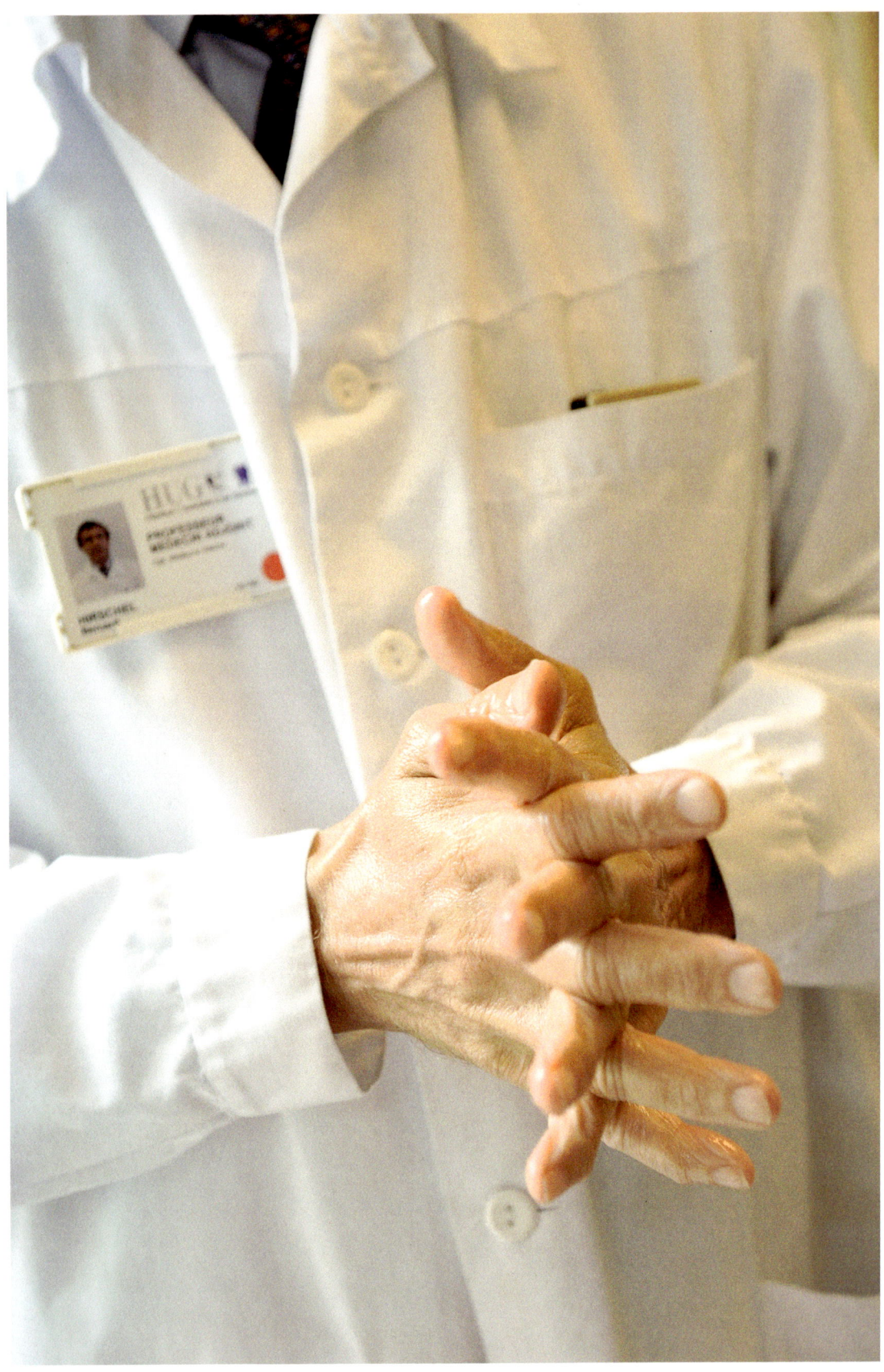

Bernard Hirschel

SIDA: DE LA MORT À LA VIE
Bernard Hirschel
Médecin

«Les personnes infectées par le virus du sida bénéficiant d'une thérapie antirétrovirale efficace depuis au moins six mois ne transmettent le virus que très rarement, voir pas du tout.» Quand Bernard Hirschel, médecin-adjoint responsable de l'Unité VIH/sida aux Hôpitaux universitaires de Genève (HUG), ose soutenir publiquement cette idée, début 2008, c'est peu dire qu'il provoque des réactions affolées de la part de certains de ses collègues et d'autorités sanitaires de par le monde. Et le corollaire de cette première affirmation n'a pas vocation à calmer les esprits: «Cela signifie qu'un couple, au sein duquel un des deux partenaires est infecté, peut décider, lors de rapports sexuels, de renoncer aux autres mesures de protection.» C'est-à-dire au préservatif.

Voilà qui va à l'encontre des campagnes de prévention du monde entier, basées depuis plus de vingt ans sur un message simple: utilisez toujours le préservatif. Pas étonnant, dès lors, qu'une pluie de critiques s'abatte sur ce médecin genevois jugé coupable de miner des décennies d'efforts consentis dans le but de changer les mentalités. Pour être exact, Bernard Hirschel anticipe les termes de la recommandation publiée le 30 janvier 2008 par la Commission fédérale pour les problèmes liés au sida, dont il ne fait pas partie. Il a néanmoins encouragé cette prise de position et, le communiqué le citant comme référence, il s'est retrouvé en première ligne pour en défendre le contenu dans les médias.

Pour Bernard Hirschel, c'est la suite logique des événements: depuis quelques années, les séropositifs traités voient le taux du virus dans leur sang diminuer au point de devenir indétectable. Et aucune étude n'a pu montrer qu'ils sont infectieux. Pour être précis, en extrapolant à partir des statistiques chiffrées, le risque que ces personnes contaminent un partenaire est plus faible que celui pris par un patient non traité utilisant un préservatif. Il faut dès lors cesser de leur imposer des comportements qui ont, en fin de compte, des résultats discriminatoires. «Le discours consistant à dire que tout le monde doit porter le préservatif n'est plus suffisant, s'emporte Bernard Hirschel. Il ne l'est plus pour les patients qui voudraient avoir des enfants. Par ailleurs la meilleure prévention contre certaines maladies infectieuses, par exemple la tuberculose, demeure le traitement.» Sûr de lui, le médecin genevois commence à convaincre. Les avis se nuancent et les soutiens à sa cause se multiplient.

Il faut dire que ce spécialiste des maladies infectieuses, originaire du canton de Berne, sait de quoi il parle. Vétéran de la lutte contre le sida, il jouit d'une grande notoriété auprès de ses pairs. Né en 1946 à Thoune – une origine conservée dans un léger accent suisse allemand –, il suit des études de médecine à Berne puis, au début des années 1970, à Genève. Il ne quittera cette ville que pour un bref retour à Thoune et un passage de trois ans à Saint Louis, aux Etats-Unis. En 1980, il est engagé aux HUG comme chef de clinique à la Division des maladies infectieuses.

«J'ai été confronté pour la première fois au sida en 1982, soit juste une année après la publication originale décrivant le syndrome d'immunodéficience acquise», se rappelle-t-il. Il prend alors en charge le premier patient genevois (diagnostiqué par le professeur Daniel Lew), qui est en fait une patiente. «A cette époque, on en était réduit à soigner les complications de la maladie. Et, malgré nos efforts, on finissait toujours par perdre le malade. Ce n'était pas très encourageant.» A Genève, le centième cas est diagnostiqué en 1987. Bernard Hirschel est prié de dresser un plan d'action qui aboutit à la création de l'Unité VIH/sida en 1989. Par la suite, les traitements s'améliorent, les trithérapies apparaissent. Et la mort s'éloigne peu à peu, surtout depuis la fin des années 1990. A la satisfaction du médecin, bien sûr. «La maladie est aujourd'hui traitée en ambulatoire, se réjouit-il. J'ai des patients qui sont devenus des amis. Ces contacts sont très enrichissants pour moi.» Bernard Hirschel, qui s'avoue plutôt conventionnel, apprend ainsi à mieux connaître le milieu homosexuel et à apprécier son côté créatif et inventif. Très impliqué dans la réinsertion de ses patients, il passe aussi du temps à convaincre les employeurs et les assureurs que les choses ont changé. Que les séropositifs peuvent désormais vivre une vie «normale». Que l'on peut les réengager et les réassurer.

«Mais ce que j'estime être ma meilleure contribution à la lutte contre le sida est la réorganisation de l'Etude suisse de cohorte VIH», note encore Bernard Hirschel. Ce programme de suivi des patients compte plus de 14 000 dossiers, servant de matériel de base à des recherches scientifiques. «Au début pourtant, l'Etude de cohorte n'était pas très performante, malgré les fonds importants dont elle bénéficiait, admet-il. En 1995, avec quelques collègues, j'ai été chargé de redresser ce navire à la dérive.» Avec succès puisque cette base de données est désormais mondialement reconnue pour les informations de haute qualité qu'elle a pu fournir sur l'évaluation des traitements et de l'épidémiologie de la maladie. Des résultats qui ont justement contribué à la genèse de la recommandation de la Commission fédérale pour les problèmes liés au sida. Anton Vos

---

Bernard Hirschel
– Né en 1946 à Thoune
– Etudes de médecine aux Universités de Berne et Genève
– Professeur à la Faculté de médecine de l'Université
  de Genève (depuis 1995)
– Prix de la Ville de Genève (1999)
– Membre de l'International Aids Society et du Conseil scientifique
  de l'Agence nationale française de recherche sur le sida (ANRS)

Bernard Hirschel

AIDS: DALLA MORTE ALLA VITA
Bernard Hirschel
Medico

«Le persone contagiate dal virus dell'Aids sottoposte a una terapia antiretrovirale efficace, dopo una cura di almeno sei mesi non trasmettono più, o molto raramente, la malattia durante i rapporti sessuali». Quando, nel 2008, Bernard Hirschel, medico aggiunto responsabile dell'unità HIV/sida presso l'Ospedale universitario di Ginevra (HUG), osa affermare pubblicamente quest'idea, provoca delle reazioni spaventate da parte di molti suoi colleghi e delle autorità sanitarie mondiali.
Il corollario alla sua prima affermazione non calma di certo gli animi. «Questo significa che una coppia, nella quale uno dei due partner è contagiato, può decidere se rinunciare alle misure protettive durante i rapporti sessuali», cioè rinunciare al preservativo.

Le sue affermazioni vanno decisamente contro le campagne preventive del mondo intero basate, da oltre vent'anni, su un messaggio semplice: usate sempre il preservativo. Non stupisce quindi la pioggia di critiche che sommerge il medico ginevrino giudicato colpevole di minare decenni di sforzi per cambiare le mentalità. Bernard Hirschel non esprime una sua idea, ma riprende le raccomandazioni pubblicate il 30 gennaio 2008 dalla Commissione federale per i problemi legati all'Aids di cui non fa parte. Tuttavia, il comunicato lo cita come referenza. Si ritrova quindi in prima linea per difenderne il contenuto nei media.

Per Bernard Hirschel è la conseguenza logica degli eventi. Da alcuni anni il tasso di virus nel sangue delle persone sieropositive curate è così basso da non potere essere misurato. Nessuno studio ha potuto dimostrare che siano contagiose. Il rischio, estrapolato da statistiche, che queste persone contaminino il partner è più basso rispetto al rischio assunto da un paziente non curato che usa un preservativo. Occorre dunque smettere di imporre un comportamento che, in ultima analisi, risulta discriminatorio. «Non è più sufficiente affermare che tutti devono usare il preservativo. Non lo è per i pazienti che vorrebbero avere un bambino, né per le persone che con il trascorrere degli anni si discriminano da sole, avendo paura di contaminare le persone che li circondano anche solo toccandole. Ciò per la semplice ragione che la migliore prevenzione contro alcune malattie infettive, come per esempio la tubercolosi, resta il trattamento». Sicuro di sè stesso, il medico ginevrino comincia a convincere, le opinioni cambiano e le persone che lo sostengono si moltiplicano.

Lo specialista delle malattie infettive, originario del Cantone Berna, sa quel che dice. Veterano nella lotta contro l'Aids, gode di grande stima da parte dei colleghi. Nato nel 1946 a Thun, un'origine rivelata dal suo leggero accento svizzero tedesco, segue gli studi di medicina prima a Berna e poi, all'inizio degli anni '70, a Ginevra. Lascerà la città di Calvino solo per un breve periodo a Thun e per trascorrere tre anni a San Louis negli Stati Uniti. Nel 1980, lavora come capoclinica della Divisione delle malattie infettive all'HUG. «Sono stato confrontato con l'Aids per la prima volta nel 1982, solo un anno dopo la pubblicazione che descriveva la sindrome da immunodeficienza acquisita», ricorda. Si occupa del primo paziente ginevrino, una paziente per la precisione, la cui diagnosi è stata posta dal professor Daniel Lew. «In quel periodo potevamo solo curare le complicazioni della malattia. Malgrado

i nostri sforzi si finiva sempre per perdere il malato, non era molto incoraggiante».
A Ginevra il centesimo caso fu diagnosticato nel 1987. Bernard Hirschel è incaricato
di mettere a punto un piano d'azione che nel 1989 sfocerà nella creazione
dell'Unità VIH/sida. Nel frattempo i trattamenti migliorano, con l'apparizione della
triterapia, la morte si allontana poco a poco, soprattutto dopo la fine degli anni '90.
«Oggi la malattia è trattata ambulatorialmente». – afferma felice. «Alcuni miei
pazienti sono diventati degli amici, queste relazioni sono molto arricchenti». Bernard
Hirschel che si considera una persona piuttosto tradizionalista, ha imparato
a conoscere meglio l'ambiente omosessuale e ad apprezzarne il lato creativo e inventivo.
S'impegna molto nel reinserimento dei suoi pazienti, trascorre il suo tempo a
convincere datori di lavoro e assicuratori che le cose sono cambiate, che i sieropositivi
vivono ormai una vita «normale» e quindi possono essere assunti e godere di una
copertura assicurativa.

«Il mio contributo migliore alla lotta contro l'Aids è la riorganizzazione dello Studio
svizzero della coorte HIV», afferma ancora Bernard Hirschel. Il programma di
controllo dei pazienti oggi conta oltre 14 000 incartamenti, che costituiscono il materiale
di base per le ricerche scientifiche. «All'inizio lo studio della coorte non rendeva
molto malgrado i fondi importanti di cui beneficiava» ammette . Nel 1995 sono stato
incaricato con alcuni colleghi di rimettere sulla buona rotta la nave alla deriva».
Ora, questa banca dati è mondialmente riconosciuta per le informazioni di alta qualità
che ha fornito sulla valutazione dei trattamenti e sull'epidemiologia della malattia.
Proprio questi risultati hanno contribuito all'elaborazione delle raccomandazioni della
Commissione federale per i problemi inerenti l'Aids. Anton Vos

---

Bernard Hirschel
– Nato nel 1946 a Thun
– Studi di medicina presso l'Università di Berna e Ginevra
– Professore alla Facoltà di medicina dell'Università di Ginevra
  (dal 1995)
– Premio della Città di Ginevra (1999)
– Membro dell'International Aids Society e del consiglio scientifico
  dell'Agence nationale française de recherche sur le sida (ANRS)

AIDS: FROM DEATH TO LIFE
Bernard Hirschel
Physician

"Individuals infected by the Aids virus who have been receiving effective anti-retroviral treatment for at least six months rarely or never transmit the virus." It would be putting it mildly to say that when Bernard Hirschel, who is in charge of the HIV/Aids Unit of the University Hospitals of Geneva (HUG), dared publicly to defend this idea in November 2007, he garnered panic-stricken reactions from some of his colleagues and from health authorities around the world. And Hirschel's clarification of this claim did little to calm the critics down: "This means", he announced, "that any couple in which one partner is infected may decide, provided that the above condition has been met, to dispense with further protective measures." Dispense, in short, with condoms.

For over twenty years preventive campaigns all over the world had promoted one simple message: always use a condom. No wonder then that a firestorm of criticism descended upon this doctor from Geneva, who was accused of undermining decades of universally approved efforts designed to change attitudes. In point of fact, however, Hirschel was merely anticipating the recommendation issued on 30 January 2008 by the Swiss Federal Commission on Aids-related problems, a commission to which Hirschel did not belong. But having argued in favour of this policy, the commission cited him as an authority. He thus found himself under fire und stood up to defend himself.

In Hirschel's view, dispensing with the condom rule was a rather logical development; for several years seropositive patients under treatment had been watching the level of the virus in their blood diminish to undetectable levels, and no study had found them to be infectious. Extrapolation from statistical data suggested that the risk of such individuals infecting a partner was lower than that run by an untreated patient using a condom. It was thus no longer necessary to oblige them to behave in ways that in the end had discriminatory effects. "To maintain that all HIV-positive persons ought to always use condoms is no longer appropriate," Hirschel argues. "It is no longer appropriate for patients who would like to have children. The plain fact is that the best prophylaxis against the spread of some infectious diseases, like tuberculosis, is treatment." The Geneva doctor is beginning to convince others. Opinions are becoming more nuanced, and the supporters of his cause are on the increase. These most prominently include HIV-positive persons, who for years have been discriminating against themselves, so to speak, for fear of contaminating the people around them merely by touching them.

It must be said that this specialist in infectious diseases, who comes from the canton of Berne, knows what he is talking about. For he is a true veteran of the fight against Aids, and as such commands immense respect from his colleagues. Born in 1946 in Thun – his speech still bears traces of a Swiss-German accent – Hirschel began his medical studies in Berne before moving on to Geneva at the beginning of the 1970s. Since then he has left Geneva only for a brief return to Thun and a three-year spell in St Louis in the United States. In 1980 he joined the infectious diseases division at the University Hospitals of Geneva (HUG).

"I encountered Aids in 1982," recalls Hirschel, "just a year after acquired immuno-deficiency syndrome was first described." The first Aids patient in Geneva, a woman diagnosed by Professor Daniel Lew, was placed under his care. "At that time all we could do was treat the complications of the illness," says Hirschel, "and despite our best efforts we invariably lost the patient in the end. It was not very encouraging." The hundredth Aids case in Geneva was diagnosed in 1987. Hirschel was asked to develop a plan of action, which led in 1989 to the creation of the HIV/Aids Unit at HUG. As time passed, treatment methods improved, highly active anti-retroviral therapies (HAART) were introduced and, little by little, especially from the late 1990s on, the threat of death retreated. To Hirschel's great satisfaction, naturally: "The illness can now be treated on an outpatient basis. I have patients who have become good friends." Being by his own admission rather conventional, Hirschel has thereby become better acquainted with the gay community and its creative side. He is very much involved in the social reintegration of his patients and spends a good deal of time convincing employers and insurers that things have changed dramatically with respect to Aids, that HIV-positive people can live normal lives, and that they should be hired and insured just as others are.

"But", Hirschel notes, "I feel that my greatest contribution to the fight against Aids has been the reorganisation of the Swiss HIV Cohort Study." He is referring to the systematic follow-up of more than 14,000 patients, which has created a vast reservoir of data for scientific study. "At the beginning, unfortunately, the methodology for the study of this cohort was not well designed, despite generous financial support. In 1995, with a few colleagues, I was assigned the task of getting the drifting boat back on course." A task successfully carried out, for this data base is now acclaimed worldwide for the high-quality information it can supply for assessing HIV/Aids treatments and studying the epidemiology. These data were the basis, too, for the aforementioned recommendations of the Swiss Federal Commission on Aids-related problems. Anton Vos

---

Bernard Hirschel
– Born 1946 in Thun
– Studied medicine in Berne and Geneva
– Professor in the Faculty of Medicine, University of Geneva (since 1995)
– Member of the International AIDS Society, and of the Scientific
  Council of the French Agency for AIDS Research (ANRS)
– Prize of the City of Geneva (1999)

DENIS DUBOULE

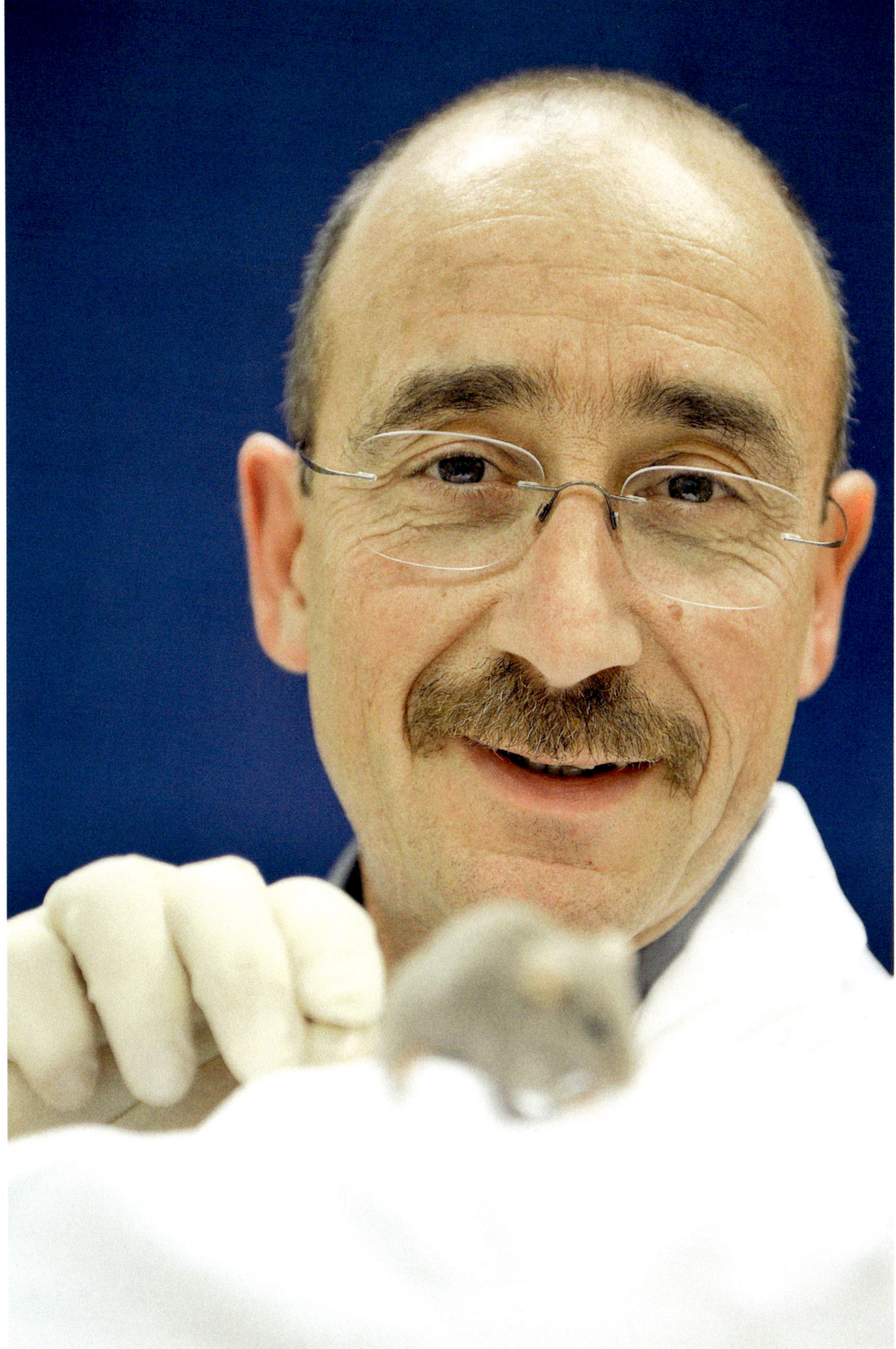

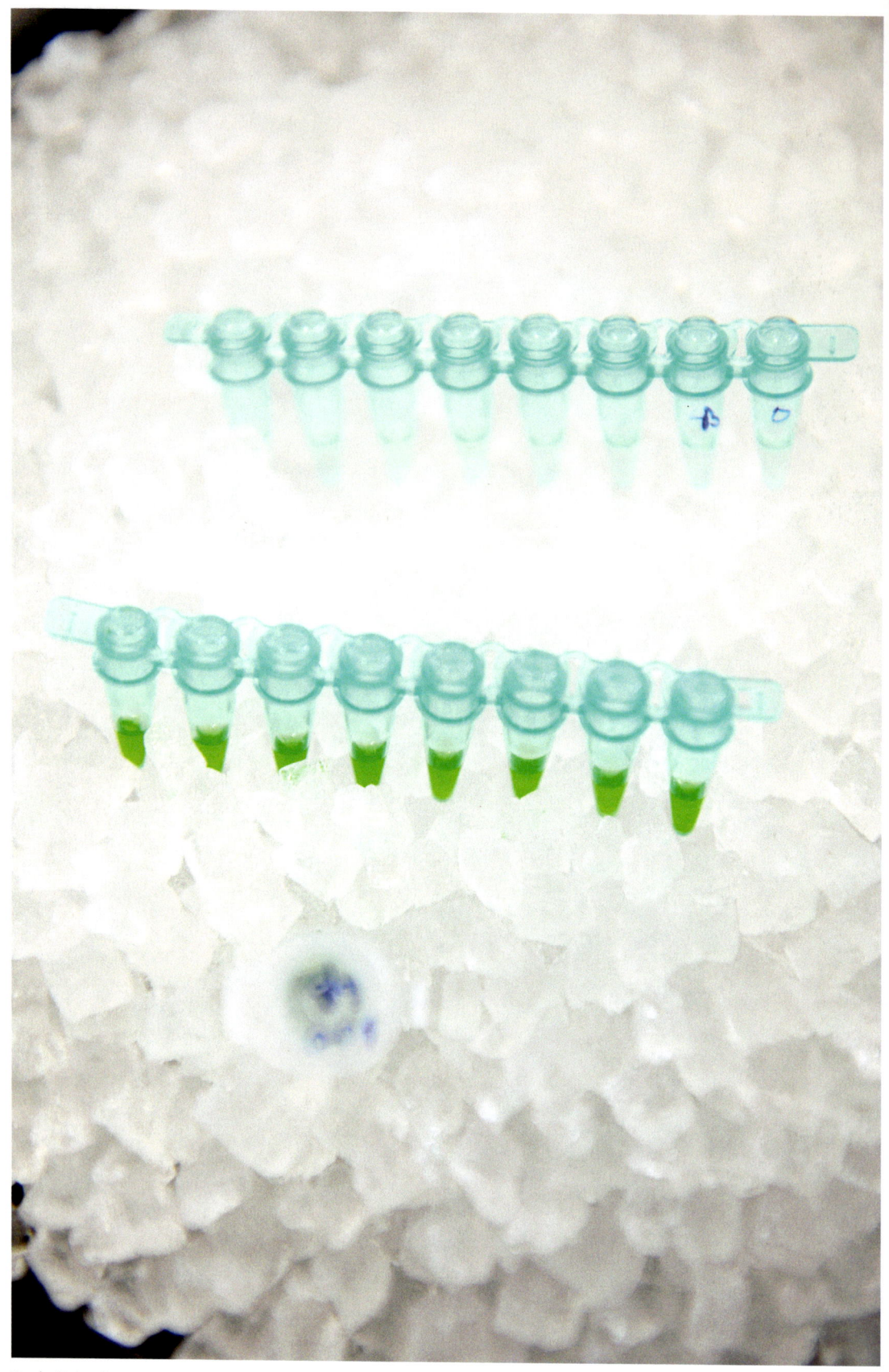

Denis Duboule

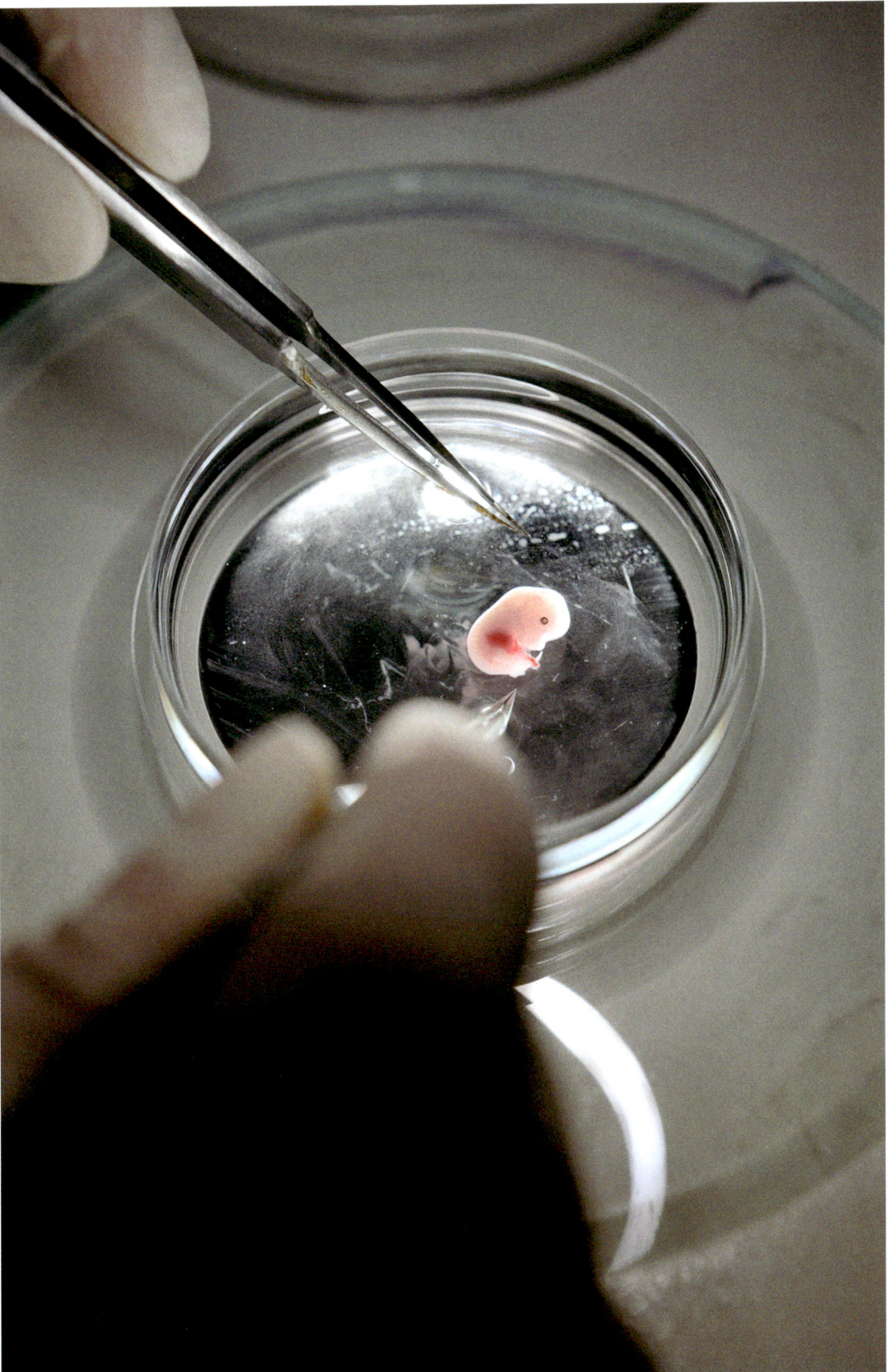

MENSCHEN UND MÄUSE
Denis Duboule
Entwicklungsbiologe

Heute ist er ein weltweit anerkannter Biologe, arbeitet an der Universität Genf und an der ETH Lausanne. Von Genf aus leitet er den Nationalen Forschungsschwerpunkt (NFS) «Frontiers in Genetics». Es hätte aber nicht viel gefehlt, und der temperamentvolle Mittfünfziger Denis Duboule, der mit Preisen geradezu überhäuft wurde, wäre gar nicht Wissenschaftler geworden. «Wenn ich in jenem Slalom nicht gestürzt wäre …», erinnert er sich mit einem Lächeln. Nach dem Gymnasium wollte der junge Denis nämlich Sportlehrer werden. Am Ende des Vorbereitungsjahrs musste er einen Test im Skifahren ablegen. Er blieb am zweiten Slalomtor hängen, stürzte, schlug hart auf dem Schnee auf und schlitterte unkontrolliert bis zur Ziellinie. Er nahm es als Zeichen, doch eine andere Berufsrichtung zu erwägen.

Parallel zum Sport belegte er an der Universität Genf Kurse in Biologie. «Im ersten Jahr graute mir besonders vor der Embryologie. Ich verstand überhaupt nichts.» Was für eine Ironie! Dreissig Jahre später ist er dank seinen Forschungen über die Architekten-Gene (Hox-Gene) weltbekannt geworden – jene Schlüsselgene also, die bei der Entwicklung des Embryos, des Fötus und schliesslich des Neugeborenen den korrekten Körperbau steuern. Heute gilt Denis Duboule als einer der besten Spezialisten für die genetischen Mechanismen im Zusammenhang mit der embryonalen Entwicklung von Säugetieren.

Sport gehört zwar noch immer zu seinem Leben. Wenn sich die Gelegenheit bietet, schwingt sich Denis Duboule auf sein Rennvelo und nimmt Passstrassen in Angriff, die selbst Fahrer der Tour de France nicht auf die leichte Schulter nehmen würden. Bis an seine äussersten Grenzen gehen, aus Neugierde, aus Lust und auch aus ästhetischen Gründen: So sieht sich der Walliser selbst. Er ist umgänglich, diplomatisch, kann aber auch mit seltener Entschlossenheit für seine Überzeugungen eintreten. Der Beweis: Er war noch Doktorand, als er sich dazu entschloss, seinen Doktorvater und damaligen Freund anzuzeigen: Denis Duboule war zur Überzeugung gelangt, dass dieser die wissenschaftliche Ethik mit gefälschten Resultaten verletzt hatte. Sein Mut kostete ihn zehn Jahre Exil. Einen Professor zu beschuldigen, selbst wenn dies zu Recht geschah, wurde damals besonders schlecht akzeptiert. «Mein Labor klonte Mäuse und Stammzellen – bereits damals ein heisses Thema. Nach dieser Affäre habe ich Genf verlassen, um in Strassburg dem Team von Professor Pierre Chambon beizutreten – ein ehrlicher, charakterfester Mann und ein grosser Wissenschaftler. Ihm verdanke ich viel.» In Strassburg hat er auch seine Frau Brigitte kennengelernt, Forscherin der Biologie und Medizin.

Zu Beginn der 1980er-Jahre machten dann die Architekten-Gene von sich reden. Der Amerikaner Ed Lewis beschrieb einen Komplex von Genen im Erbgut, der die korrekte Gliederung des aus drei Segmenten bestehenden Bruststückes der Fruchtfliege Drosophila in ihrer embryonalen Entwicklung kontrolliert. Dem Schweizer Walter Gehring gelang es, diese Homeobox- oder eben Hox-Gene zu isolieren und zu klonen. Pierre Chambon, der um die Erfahrung von Denis Duboule mit Mäusen wusste, schlug ihm vor, eine eigene Forschergruppe aufzustellen, um die Rolle dieser Architekten-Gene bei Säugetieren zu erforschen. «Von seiner Seite war dies ein Zeichen äusserst grossen Vertrauens, für mich jedoch eine enorme Heraus-forderung. Ich wusste nicht viel über die Molekularbiologie», erinnert sich Denis Duboule. «Ich musste alles neu lernen: die Methoden, die Werkzeuge. Aber das war der Zeitpunkt, an dem ich wirklich Forscher wurde.» Die Genetik der Säugetiere verlangt im Vergleich zu Forschungen mit Insekten mehr Knochenarbeit im Labor, und die Arbeit mit Mäusen zieht die Experimente erst noch beträchtlich in die Länge: Während der Lebenszyklus von Fruchtfliegen nur wenige Tage dauert, muss man für denjenigen von Mäusen Monate veranschlagen. Um aussagekräftige Mutanten zu erhalten, braucht es also unendlich viel Geduld.

Nach fünf Jahren in Strassburg wechselte Denis Duboule ans Europäische Labor für Molekularbiologie (EMBL) in Heidelberg. Hier setzte er seine Arbeiten fort, und sein Name wurde in der Welt der Wissenschaft immer bekannter. Weitere fünf Jahre später offenbarte sich wiederum die Ironie des Schicksals: Die Universität Genf bot ihm die Stelle seines ehemaligen Mentors an. «Ich habe ohne zu zögern angenommen. Ich wusste, dass ich Zugang zu einer grossen Versuchstierzucht haben würde», sagt Denis Duboule. «Eine solche erlaubt es mir, die zahlreichen Zuchtlinien von Nagern zu entwickeln, die ich für ein ambitiöses Forschungsprojekt benötige.» Heute zählt die Versuchstierzucht des ehrgeizigen Forschers nicht weniger als 15 000 Mäuse. «Ich möchte bei dieser Gelegenheit feststellen, dass die Schweiz eine der weltweit strengsten Regelungen für Tierversuche hat, die den Respekt für die Nager und die Bedürfnisse für den wissenschaftlichen und medizi-nischen Fortschritt aufs Beste miteinander in Einklang bringt», erklärt Denis Duboule. Kürzlich entdeckte er unter anderem dank Versuchen mit Mäusen, dass dieselben Schlüsselgene wie bei den Insekten auch bei den Säugetieren für die korrekte Gliederung der Körperteile verantwortlich sind, nur dass ihre Aktivitäten über andere Wege reguliert werden. Worin besteht nun aber der Nutzen solcher Forschungen? «Im Wissen. Es handelt sich um Grundlagengenetik. Als solche ist sie für die Gesellschaft nicht von direktem Nutzen», erklärt Denis Duboule. «Trotzdem muss daran erinnert werden, dass die Medizin ohne Grundlagenforschung keine Fortschritte verzeichnen könnte.»

Denis Duboule würde am meisten profitieren, wenn er das Gen fände, das ihn überall gleichzeitig sein liesse. Seit einem Jahr teilt er nämlich seine Zeit zwischen seinem Labor an der Universität Genf und seinem neuen Labor an der ETH Lausanne auf. Theoretisch sind es zwei Teilzeitstellen zu je 50 Prozent; in der Praxis kommt Denis Duboule aber gut und gerne auf 150 Prozent. Was dem passionierten Gitarristen kaum mehr Zeit lässt, auf seiner wunderbaren Gibson 355 Gitarre zu spielen. Pierre-Yves Frei

---

Denis Duboule
- Geboren 1955 in Genf
- Studium der Biologie an der Universität Genf
- Professor für Entwicklungsbiologie an der Universität Genf (seit 1992)
- Direktor des NFS «Frontiers in Genetics – Gene, Chromosomen und Entwicklung» (seit 2001)
- Professor für Entwicklungsgenomik an der ETH Lausanne (seit 2007)
- Medizinpreis Louis Jeantet (1998)
- Marcel-Benoist-Preis (2003)
- Mitglied der Französischen Akademie der Wissenschaften

DES SOURIS ET UN HOMME
Denis Duboule
Biologiste du développement

Aujourd'hui biologiste reconnu mondialement, Denis Duboule dirige le Pôle de recherche national «Frontiers in Genetics». Et pourtant ce fringant quinquagénaire, lauréat de nombreuses récompenses dont le Prix Marcel Benoist ou encore le prix Louis Jeantet, a bien failli ne jamais devenir scientifique. «Si je n'étais pas tombé à ce slalom…», lâche-t-il avec un sourire. Au sortir de ses études secondaires, le jeune Denis souhaite devenir maître de sport. A la fin de l'année préparatoire, il lui faut passer un test de ski, mais il enfourche la deuxième porte, heurte la neige avant d'entamer une glissade incontrôlée jusqu'à la ligne d'arrivée. Il juge alors qu'il serait peut-être opportun de choisir une autre voie.

Parallèlement au sport, il a suivi des cours de biologie à l'Université de Genève. «En première année, j'avais particulièrement horreur de l'embryologie. Je n'y comprenais rien.» Quelle ironie! Trente ans plus tard, il est connu comme l'un des plus grands spécialistes des mécanismes génétiques liés au développement embryologique des mammifères, grâce à ses travaux sur les gènes architectes Hox qui veillent au respect du plan corporel de l'embryon, du fœtus et finalement de l'être né.

Le sport n'a pas disparu de sa vie. Chaque fois qu'il en a l'occasion, Denis Duboule monte sur son vélo de course et attaque des cols que ne renieraient pas les coureurs du Tour de France. Aller au bout de soi-même, par curiosité, par plaisir, par esthétique aussi, voilà qui définit volontiers ce Valaisan de souche. Il est affable, diplomate, mais sait défendre ses convictions avec une rare détermination. La preuve: alors qu'il n'était que doctorant, il s'est résolu à dénoncer son maître de thèse, et ami à l'époque, après avoir acquis la conviction que ce dernier avait manqué à l'éthique scientifique en manipulant des résultats. Son courage lui vaudra dix ans d'exil. Accuser un professeur, même à raison, était particulièrement mal accepté à l'époque. «Mon laboratoire travaillait sur le clonage des souris et les cellules souches, un sujet déjà brûlant à l'époque. Après cette affaire, j'ai quitté l'Université de Genève pour rejoindre l'équipe du professeur Pierre Chambon, à Strasbourg, un homme honnête, entier et un grand scientifique. Je lui dois beaucoup.» C'est d'ailleurs là-bas qu'il rencontrera son épouse Brigitte, également chercheuse en biologie, et médecin.

Au début des années 1980, les gènes architectes commencent à faire parler d'eux. L'Américain Ed Lewis a mis en évidence l'existence d'un complexe génétique qui contrôle la segmentation du thorax de la mouche drosophile pendant son développement embryonnaire. Quant au Suisse Walter Gehring, il a réussi à isoler et cloner ces gènes à «homéobox». Pierre Chambon, qui connaît l'expérience de Denis Duboule dans le domaine de la souris, lui propose de monter son propre groupe afin de cerner le rôle des gènes architectes chez les mammifères. «C'était une fantastique marque de confiance de sa part, mais un énorme défi pour moi. Je ne connaissais pas grand-chose en biologie moléculaire. Il a fallu tout apprendre, la méthode, les outils. C'est là que je suis devenu un chercheur.» Non seulement la génétique des mammifères est significativement plus artisanale que celle des insectes, mais l'utilisation des souris allonge sensiblement les expériences. Quand le cycle des mouches drosophiles se compte en jours, celui des rongeurs se compte en mois. Pour obtenir les bons mutants, il faut donc une patience infinie.

Après cinq ans passés à Strasbourg, Denis Duboule part pour le laboratoire européen de biologie moléculaire (EMBL) à Heidelberg, où il poursuit ses travaux pendant que son aura scientifique grandit. Cinq ans plus tard, nouvelle ironie de l'histoire, il se voit proposer, par l'Université de Genève, le poste de son ex-mentor. «J'ai accepté sans hésitation. Je savais que j'aurais accès à une grande animalerie qui permettrait de développer les nombreuses lignées de rongeurs dont j'avais besoin pour construire un projet de recherche ambitieux.» En effet, ce ne sont pas moins de 15 000 souris qui occupent aujourd'hui l'animalerie du professeur genevois. «Je précise que la Suisse a l'une des réglementations sur l'expérimentation animale les plus rigoureuses au monde qui concilie au mieux le respect des rongeurs et le besoin de progrès scientifiques et médicaux.» C'est notamment grâce à ces outils qu'il a récemment réussi à démontrer comment les mêmes gènes architectes, stimulés par des voies de régulation différentes, réussissent à construire différentes parties du corps des mammifères. Mais à quoi peuvent servir de telles recherches? «A la connaissance. C'est de la génétique fondamentale. En cela, elle n'est pas directement utile à la société. Néanmoins, il faut rappeler que, sans la recherche de base, la médecine ne pourrait pas progresser.»

L'idéal aujourd'hui pour Denis Duboule serait de trouver rapidement le gène de l'ubiquité. Depuis un an, il se partage en effet entre son laboratoire de l'université de Genève, et son nouveau laboratoire de l'Ecole polytechnique fédérale de Lausanne. Théoriquement, deux temps partiels à 50 %, mais qui, mis ensemble, comptent volontiers pour 150 %. Ce qui ne laisse plus guère le temps à ce guitariste amateur de jouer sur sa magnifique Gibson 355 de collection. Pierre-Yves Frei

---

Denis Duboule
- Né en 1955 à Genève
- Etudes de biologie à l'Université de Genève
- Professeur de biologie du développement à l'Université de Genève (depuis 1992)
- Directeur du PRN «Frontiers in Genetics» (depuis 2001)
- Professeur de génomique du développement à l'EPF de Lausanne (depuis 2007)
- Prix Louis Jeantet de médecine (1998)
- Prix Marcel Benoist (2003)
- Elu à l'Académie des sciences en France (2005)

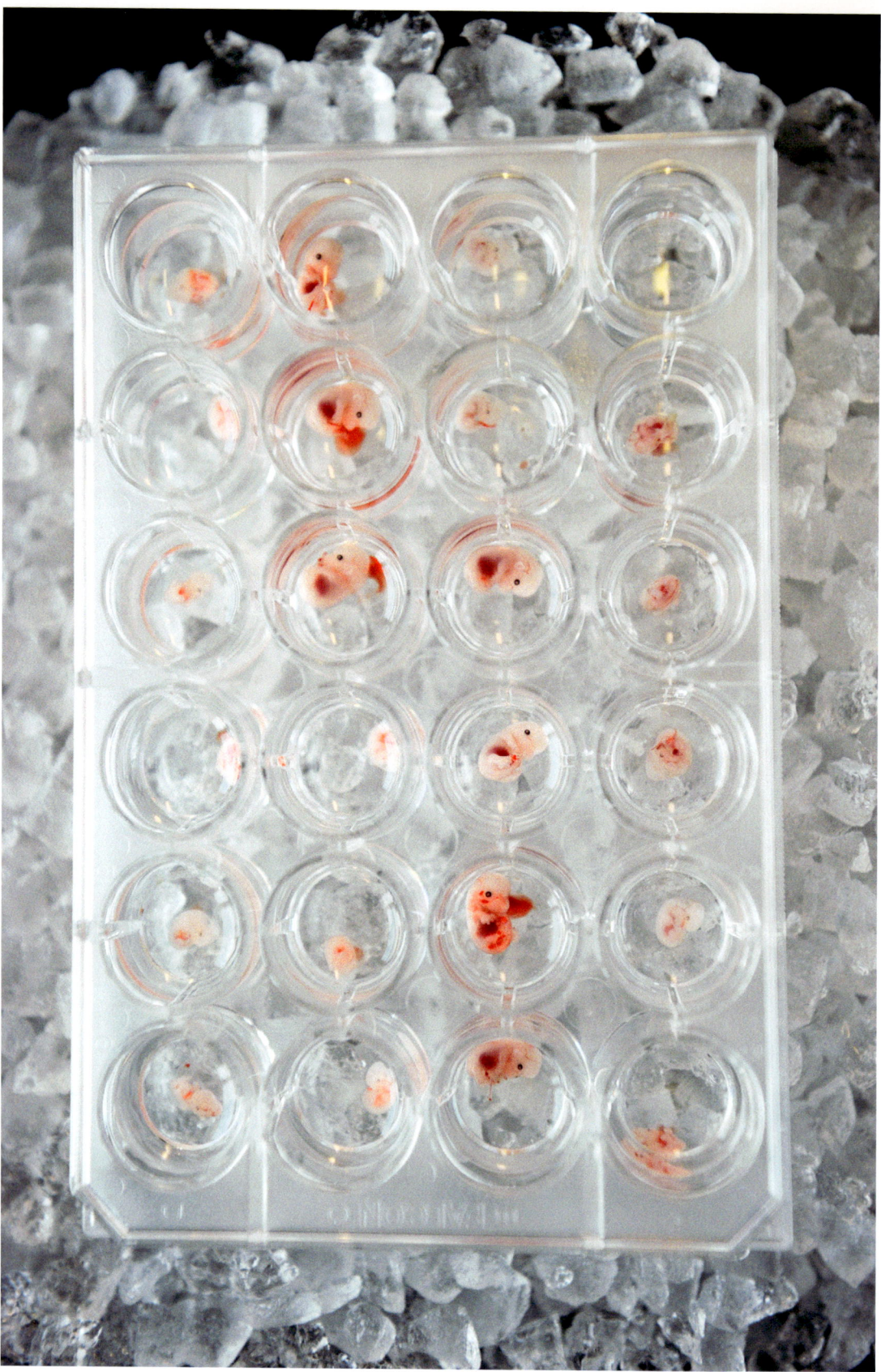

Denis Duboule

L'UOMO E I TOPI

Denis Duboule
Biologo dello sviluppo

È diventato un biologo riconosciuto mondialmente e dirige il Polo di ricerca nazionale «Frontiers in Genetics», ma il frizzante cinquantenne, insignito di numerosi riconoscimenti tra i quali il premio Marcel Benoist e il premio Louis-Jeantet, ha rischiato di non diventare uno scienziato. «Se non fossi caduto durante quello slalom…», dice con un sorriso. Dopo gli studi secondari, il giovane Denis ambiva a diventare maestro di sport. Alla fine dell'anno preparatorio, deve superare una prova di sci ma cade alla seconda porta e scivola rovinosamente fino alla linea di arrivo. A quel punto decide che per lui è meglio imboccare un'altra strada. Parallelamente allo sport aveva frequentato un corso di biologia all'Università di Ginevra. «Al primo anno, detestavo l'embriologia, non capivo niente». Che ironia! Trent'anni più tardi è noto come uno dei più eminenti specialisti dei meccanismi genetici connessi allo sviluppo embrionale dei mammiferi, grazie ai suoi studi sui geni-architetto (Hox) che controllano lo sviluppo corporeo dell'embrione, del feto e dell'individuo in crescita.

Lo sport non è scomparso dalla sua vita. Ogni volta che ne ha l'occasione, Denis Duboule inforca la sua bici da corsa e affronta passi alpini che impressionerebbero anche i ciclisti del Giro di Francia. Arrivare al limite di sé stesso, per curiosità, per piacere, anche per l'estetica, ecco quel che definisce questo vallesano di nascita. È affabile e diplomatico, ma difende le sue convinzioni con rara determinazione. La prova? Quando era solo un dottorando ha denunciato il suo responsabile di tesi e amico all'epoca, perché aveva appurato che egli alterava i risultati delle ricerche, calpestando l'etica scientifica. Il suo coraggio gli valse dieci anni di esilio. Accusare un professore, anche con ragione, in quel periodo era particolarmente mal recepito. «Il mio laboratorio lavorava sulla clonazione dei topi e sulle cellule staminali, un soggetto già scottante all'epoca. Dopo questo episodio, ho lasciato l'Università di Ginevra per raggiungere il gruppo del professor Pierre Chambon a Strasburgo, un uomo onesto, integro e un grande scienziato. Gli devo molto». A Strasburgo ha incontrato sua moglie Brigitte, ricercatrice in biologia e medico.

All'inizio degli anni '80, i geni-architetto cominciano a far parlare di sé. L'americano Ed Lewins scopre l'esistenza di un complesso genetico che controlla la segmentazione del torace nel corso dello sviluppo embrionale del moscerino della frutta, la drosofila. Lo svizzero Walter Gehring, isola e clona questi geni «homeobox». Pierre Chambon che conosceva l'esperienza di Denis Duboule con i topi, gli propone di costituire un suo gruppo di ricerca per studiare il ruolo dei geni-architetto nei mammiferi. «Era un importante segno di fiducia nei miei confronti e una grande sfida per me. Non conoscevo molto della biologia molecolare. Ho dovuto imparare tutto, i metodi, gli strumenti, in quel momento sono diventato un ricercatore». La genetica dei mammiferi era ancora molto più artigianale di quella degli insetti e inoltre l'utilizzo del topo allungava in modo significativo le esperienze. Il ciclo delle drosofile dura giorni, quello dei roditori in mesi, per ottenere dei buoni mutanti occorre quindi una pazienza infinita.

Dopo cinque anni trascorsi a Strasburgo, Denis Duboule passa al laboratorio europeo di biologia molecolare (EMBL) a Heidelberg, dove prosegue il suo lavoro

mentre la sua fama di scienziato cresce. Per ironia della sorte, cinque anni
dopo l'Università di Ginevra gli propone il posto del suo ex-mentore. «Ho accettato
senza esitazione, avrei avuto accesso a un vasto numero di animali e avrei
potuto sviluppare numerose linee genetiche di roditori per costruire un ambizioso
progetto di ricerca». Oggi l'animaleria del professor ginevrino conta oltre
15 000 topi. «La Svizzera, egli precisa, è sottoposta a una tra le ordinanze sugli animali
più rigorose al mondo, essa concilia al meglio il rispetto dei roditori con la necessità
dei progressi scientifici e medici». Recentemente, grazie a questi strumenti,
ha dimostrato come gli stessi geni-architetto stimolati attraverso vie di regolazioni
diverse, riescono a costruire differenti parti del corpo dei mammiferi. Qual è
l'utilità di queste ricerche? «La conoscenza. Si tratta di genetica fondamentale, l'utilità
non è immediata, ma non bisogna dimenticare che senza ricerca di base, la medicina
non progredisce».

Per Denis Duboule, l'ideale sarebbe trovare rapidamente il gene dell'ubiquità.
Da un anno, ha assunto un nuovo posto di professore presso l'EPFL e suddivide il suo
tempo tra i suoi due laborarori all'Università di Ginevra e al Politecnico federale
di Losanna. Sono due tempi parziali al 50 per cento ma la loro somma equivale a un
150 per cento. Chitarrista dilettante, ha decisamente poco tempo per suonare
la sua magnifica Gibson 355 da collezione. Pierre-Yves Frei

Denis Duboule
– Nato nel 1955 a Ginevra
– Studi in biologia presso l'Università di Ginevra
– Professore di biologia dello sviluppo all'Università di Ginevra (dal 1992)
– Direttore del PRN «Frontiers in Genetics» (dal 2001)
– Professore di genomica dello sviluppo presso l'EPF di Losanna
  (dal 2007)
– Premio Louis-Jeantet di medicina (1998)
– Premio Marcel Benoist (2003)
– Membro dell'Accademia delle scienze in Francia (2005)

Denis Duboule

MICE AND MEN
Denis Duboule
Developmental biologist

Today Denis Duboule is a world-renowned biologist and directs the Swiss National Centre of Competence in Research (NCCR) "Frontiers in Genetics" from the University of Geneva. Now in his fifties, this recipient of a host of honours, among them the Marcel Benoist Prize and the Louis Jeantet Prize for Medicine, nearly did not become a scientist. "If I hadn't fallen during that slalom…", he muses with a smile. The fact is that on completing his secondary education the young Duboule embarked on advanced training as a sports teacher. At the end of a preparatory year, however, during a skiing test, he straddled the second gate and bounced off the snow into an uncontrolled skid to the finish line. Only then did he realise that he ought perhaps to choose a different path in life.

Concurrently with his sports training, Duboule had taken biology courses at the University of Geneva. "In my first year", he recalls, "I hated embryology. I didn't understand a word of it!" Thirty years later, by a twist of fate, he is known as one of the world's authorities on the genetic mechanisms involved in the embryological development of mammals. This reputation is founded on his study of the Hox genes that orchestrate the body plan in the embryo, the foetus and the newborn.

Sport has not disappeared from Duboule's life, however. Whenever he can, he gets on his racing bike and tackles mountain passes that even Tour de France veterans would steer clear of. The drive to push oneself to the limit, whether out of curiosity, for the sheer pleasure of it or even for aesthetic reasons, is a fundamental trait of this native of the Valais. Duboule is affable and diplomatic, but he will defend his convictions with remarkable determination. If proof of this were needed, one need only consider the fact that while still a doctoral student he did not hesitate to report his thesis supervisor (and friend at the time) after discovering that the man had flouted scientific ethics by manipulating his findings. This courageous gesture earned him a ten-year exile from Switzerland. To make accusations against one's professor, especially in those days, was viewed as unacceptable behaviour. "My laboratory was working on the cloning of mice and on stem cells, already a burning issue at the time," recalls Duboule. "In the wake of the scandal, I left the University of Geneva and joined the team of Professor Pierre Chambon at the University of Strasbourg; he was a man of honesty and integrity and a great scientist. I owe a great deal to him." It was in Strasbourg that Duboule was to meet his future wife Brigitte, also a research scientist, and a physician.

Architect genes first began to attract attention in the early 1980s. The American Ed Lewis revealed the existence of a genetic complex controlling the segmentation of the thorax of the *Drosophila* fruit fly during its embryonic development. The Swiss Walter Gehring, for his part, succeeded in cloning "homeobox" genes. Chambon, who was familiar with Duboule's experiments with mice, suggested that he set up his own research group to investigate the role of architect genes in mammals. "This was a fantastic expression of confidence in me," says Duboule, "but an enormous challenge from my point of view. I did not know much at all about molecular biology. I had to learn everything, methods, tools, everything. That is when I really learned to do research." Not only were mammalian genetics less well understood than insect genetics, the use of mice also meant that experimental studies took much longer. Whereas the life cycle of *Drosophila* is a matter of days, rodents live for months if not years. Obtaining mutations therefore calls in their case for almost unlimited patience.

After five years in Strasbourg, Duboule left for the European Molecular Biology Laboratory (EMBL) in Heidelberg, where he continued with his research. Another five years later, by another quirk of fate, he was offered the post of his former supervisor at the University of Geneva. "I accepted without hesitation," he says. "I knew that in Geneva I would have access to a large animal technical platform which would allow me to develop the numerous rodent strains that I needed for our ambitious research project." Indeed, no less than 15,000 mice now inhabit Duboule's animal house. "I want to stress", he says, "that Switzerland has some of the strictest regulations in the world concerning animal experimentation, the intention being to reconcile – as far as possible – respect for the rodents with the requirements of scientific and medical progress." It is largely thanks to his facilities at Geneva that Duboule has recently been able to demonstrate how identical architect genes, when stimulated by different regulatory pathways, help construct different parts of the bodies of mammals. But what is the purpose of such research? "Knowledge", is Duboule's answer. "This is fundamental genetics. As such it is of no immediate use to society. All the same, it must be remembered that without basic research medicine could never make progress."

The gene whose discovery Duboule would probably most appreciate these days is a gene for ubiquity. For the past two years now, he has been dividing his time between his two laboratories at the University of Geneva and the École Polytechnique Fédérale de Lausanne (EPFL) . Theoretically, two half-time jobs; in practice, much more like three. Which certainly leaves very little time for this amateur guitarist to play his magnificent collector's Gibson 355 guitar. Pierre-Yves Frei

---

Denis Duboule
– Born 1955 in Geneva
– Studied biology at the University of Geneva
– Professor of Developmental Biology at the University in Geneva
  (since 1992)
– Director of the NCCR "Frontiers in Genetics" (since 2001)
– Professor of Developmental Genomics at the EPF Lausanne
  (since 2007)
– Louis Jeantet Prize for Medicine (1998)
– Marcel Benoist Prize (2003)
– Member of the French Academy of Sciences

KLAUS SCHERER

Klaus Scherer

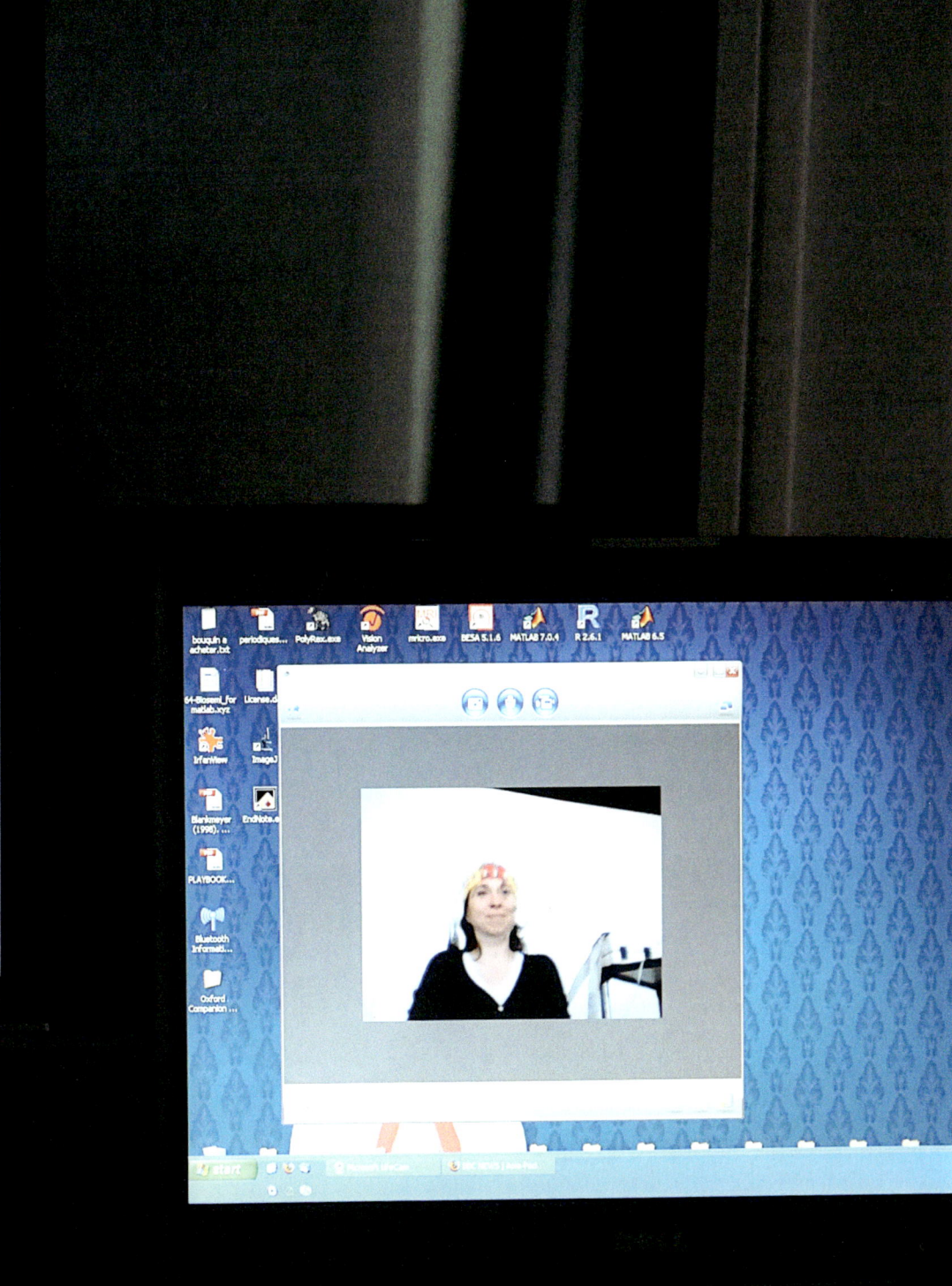

MEISTER DER GEFÜHLE
Klaus Scherer
Psychologe

Nach der Weihe der Vernunft im Zeitalter der Aufklärung folgte die Rückkehr
der Emotionen in der Romantik. Und heute? Die postindustriellen Gesellschaften leben
wahrscheinlich in einer prekären Koexistenz beider. Laut Klaus Scherer nehmen
die Emotionen jedoch eine Sonderstellung ein. Der gebürtige Deutsche untersucht sie
innerhalb des Nationalen Forschungsschwerpunkts (NFS) «Affektive Wissenschaften:
Emotionen im individuellen Verhalten und in sozialen Prozessen», den er von der
Universität Genf aus leitet. Der studierte Psychologe bricht gerne die Grenzen zwischen
den einzelnen Disziplinen auf: In seinem Forschungsschwerpunkt arbeiten Neu-
rologen, Philosophen, Ökonomen, Juristen, Historiker, Anthropologen sowie Spezialisten
für Literatur und Psychologie eng zusammen. «Dieser multidisziplinäre Ansatz ist
Voraussetzung zum Verständnis der Emotionen und ihrer Funktion. Diese beeinflussen
zentrale Entscheidungen einzelner Personen, Gruppen oder auch Gesellschaften»,
erklärt Klaus Scherer. «Schauen Sie die Werbung an! Sie appelliert viel stärker an die
Gefühle als an die Vernunft – dies selbst in der politischen Werbung.»

Klaus Scherer wird 1943 in Leverkusen geboren. Sein Studium beginnt er mit dem
Ziel, Journalist zu werden. Deshalb wendet er sich der Ökonomie und den Rechts-
wissenschaften zu. «Ich besuchte auch eine Soziologievorlesung, für die ich mich sehr
schnell begeisterte.» Bis zu dem Tag, an welchem ihn sein Studiengang dazu bringt,
eine Lehrveranstaltung in Sozialpsychologie zu belegen. «Es war weniger abstrakt
als die Soziologie, und es war faszinierend, zu verstehen, warum eine bestimmte
Person genau das tut, was sie tut», erinnert sich Klaus Scherer. «In diesem Moment
hat sich für mich die Zukunft entschieden.»

Nach seiner Dissertation an der Universität Harvard lehrt er für einige Zeit
Sozialpsychologie an der Universität von Pennsylvania in Philadelphia. Anschliessend
kehrt er nach Deutschland zurück, an die Universität Giessen, wo er zwölf Jahre
lang als Professor lehrt und forscht. Im Laufe seiner Forschungen über die Stimme
und über Formen der nonverbalen Kommunikation (also alles, was ohne Worte
ausgedrückt werden kann) interessiert er sich immer mehr für die Emotionen. Dabei
gewinnt Klaus Scherer den Eindruck, dass dieses Untersuchungsgebiet einen
neuen theoretischen Rahmen braucht. Während eines Sommeraufenthalts im Wallis
arbeitet er intensiv daran und stellt schliesslich die Ergebnisse seiner Überlegungen
auf einer Tagung in Zürich vor. «Mein Referat fand grossen Anklang. Von da an
war mir klar, dass ich meine Forschung tatsächlich auf diesen Bereich ausrichten
wollte.» Die Gelegenheit hierzu kommt, als ihm 1985 die Universität Genf einen
Lehrstuhl für Emotionspsychologie anbietet. Er sagt zu, obwohl die Arbeitsbedingungen
im Vergleich zu seinem Giessener Institut viel zu wünschen übrig liessen. «Die
Lust, über Emotionen zu arbeiten, war wichtiger als alles andere.»

Mit dem NFS «Affektive Wissenschaften» hat er nun die Möglichkeit, seine
wissenschaftlichen Zielsetzungen in grossem Umfang zu realisieren. Sein Ansatz bleibt
der gleiche: multidisziplinär und multimodal (Untersuchung sowohl der Stimme
als auch der sie begleitenden Gesten und Gesichtsausdrücke). Die Grundlagenforschung
spielt dabei natürlich eine zentrale Rolle, etwa wenn es um den Versuch geht, den

Ablauf von Emotionsprozessen im Gehirn mit modernen bildgebenden Verfahren sichtbar zu machen. Klaus Scherer will die Ergebnisse der Grundlagenforschung aber auch angewandt sehen: Er legt grossen Wert darauf, dass die Forschungsergebnisse des Schwerpunkts der Gesellschaft zugutekommen und Probleme lösen können: «Wenn man versteht, warum und wie Emotionen entstehen, kann man Menschen, die Probleme mit ihren Emotionen haben, helfen, besser mit diesen umzugehen.»

Im Arbeitsprogramm des Forschungsschwerpunkts nehmen Projekte über Emotionen am Arbeitsplatz eine Sonderstellung ein. Gefühle an Arbeitsstätten zu untersuchen, ist ein schwieriges Unterfangen. Da sie meist negativ sind – Stress, Wut, Ärger oder Enttäuschung –, versucht man sie möglichst zu verbergen, oft mit negativen Folgen. «Unsere Studien über Emotionen in der Arbeitswelt haben nicht nur das Ziel, besser zu verstehen, wann und warum dort bestimmte Emotionen ausgelöst werden. Wir möchten auch einen Beitrag für Bildungs- und Beratungs-angebote liefern, welche den Betroffenen helfen, negative Emotionen besser zu bewältigen oder zu vermeiden, zum Beispiel durch eine Verminderung des Konflikt-potenzials innerhalb des Unternehmens.» Ein Ziel, das Angestellten und Arbeit-gebern gleichermassen nützen dürfte.

Klaus Scherer und sein Team arbeiten zudem mit der Forschungsabteilung des Genfer Parfüm- und Duftstoffhersteller Firmenich zusammen. Dabei möchten die Forscher den engen Zusammenhang zwischen Emotionen und Geruchssinn besser verstehen. Duftstoffe werden direkt von tieferen, entwicklungsgeschichtlich älteren Teilen des Gehirns und erst in einem zweiten Schritt vom Grosshirn verarbeitet. Ihre Wirkungen auf die Gefühle können durch Messungen von Herzrhythmus, Muskeltonus und elektrischer Hirnaktivität analysiert werden. «Wir haben noch viel über die physiologischen Auswirkungen verschiedenartiger Düfte bei einzelnen Personen zu lernen. Hieran arbeiten wir mit unseren Partnern, die weltweit führende Spezialisten auf dem Gebiet des Geruchs sind.»

Hat Klaus Scherer seine eigenen, spontanen Emotionen bewahren können, nach all seinen Forschungen und Einsichten? «Glauben Sie mir, über Ungerechtigkeit kann ich mich masslos aufregen.» Pierre-Yves Frei

---

Klaus Scherer
- Geboren 1943 in Leverkusen, Deutschland
- Studium der Sozialwissenschaften in Köln und London, Doktorat in Psychologie an der Universität Harvard
- Assistenzprofessor für Sozialpsychologie an der Universität von Pennsylvania
- Ordinarius für Sozialpsychologie an der Universität Giessen, Deutschland (1973–1985)
- Professor für Psychologie der Emotionen an der Universität Genf (seit 1985)
- Leiter des NFS «Affektive Wissenschaften» (seit 2005)
- Mitglied der amerikanischen Akademie der Künste und der Wissenschaften sowie der interdisziplinären europäischen Akademie der Wissenschaften
- Lifetime Achievement Award der Deutschen Gesellschaft für Psychologie (2008)

LE MAÎTRE DES ÉMOTIONS

Klaus Scherer
Psychologue

Il y eut le Siècle des Lumières et la consécration de la raison. Bientôt suivi par le romantisme et le retour des émotions. Et aujourd'hui? Les sociétés postindustrielles vivent sans doute un mélange des deux. Mais les émotions y occupent une place particulière de l'avis de Klaus Scherer. Cet Allemand d'origine les étudie aujourd'hui au sein du Pôle de recherche national (PRN) «Sciences affectives», qu'il dirige depuis l'Université de Genève. Psychologue de formation, il aime briser les barrières qui cloisonnent les disciplines. Dont acte. Au sein de son pôle, neurologues, philosophes, économistes, juristes, historiens, anthropologues, spécialistes en littérature et psychologues, bien sûr, se côtoient et collaborent. «Cette approche multidisciplinaire est essentielle pour cerner ce que sont les émotions. Elles influencent les prises de décision des individus, des groupes et même des sociétés. Regardez la publicité. Elle fait beaucoup plus appel à l'émotion qu'à la raison.»

Né en 1943, à Leverkusen, Klaus Scherer entame ses études avec l'idée de devenir journaliste. Il se dirige alors vers l'économie et le droit. «Nous avions aussi un cours de sociologie qui m'a très vite intéressé.» Jusqu'au jour où son cursus l'amène à suivre un enseignement de psychologie. «C'était moins abstrait que la sociologie. C'est fascinant d'essayer de comprendre pourquoi les gens font ce qu'ils font. Tout s'est décidé à ce moment-là.»

Après une thèse à l'Université de Harvard, il enseigne la psychologie sociale quelque temps à celle de Pennsylvanie. Puis il revient en Allemagne, à l'Université de Giessen, où il passera douze ans comme professeur. En travaillant principalement sur la voix et sur les modes de communication non verbaux – tout ce qui s'exprime sans les mots – il s'intéresse de plus en plus aux émotions. Klaus Scherer en conclut que ce domaine d'étude a besoin d'un nouveau cadre théorique. Pendant tout un été, en Valais, il y travaille d'arrache-pied et présente finalement le fruit de sa réflexion lors d'un congrès à Zurich. «Mon exposé a été très bien accueilli. Dès lors, je voulais vraiment orienter mes recherches dans ce domaine.» Il en a l'occasion quand, en 1985, l'Université de Genève lui propose une chaire de psychologie de la socio-affectivité. Il l'accepte même si celle-ci est moins bien dotée que son poste en Allemagne. «L'envie de travailler sur les émotions l'emportait sur tout le reste.»

Aujourd'hui, au sein du PRN «Sciences affectives», il a enfin les coudées franches pour donner à sa philosophie scientifique la mesure qu'elle mérite. Son approche reste la même: multimodale (étude de la voix en parallèle à celle des gestes et des expressions qui l'accompagnent) et multidisciplinaire. La recherche fondamentale y occupe bien évidemment une place centrale, quand il s'agit par exemple de mettre en évidence l'expression neuronale des émotions grâce à l'imagerie médicale. Mais Klaus Scherer ajoute à l'ambition de l'étude celle de l'application. En clair: il tient absolument à ce que ses recherches et celles de ses collègues servent à la société. «Si l'on comprend mieux pourquoi et comment surgissent les émotions, on peut ensuite aider ceux qui en souffrent à divers degrés à mieux les contrôler.»

Parmi les voies de recherche suivies dans son pôle, celle sur les émotions sur le lieu de travail occupe une place de choix. Le défi n'est pas simple. Etudier les émotions sur un lieu de travail représente une gageure. Quand elles sont négatives – stress, colère ou déception –, ceux qui les vivent tendent à les cacher. «Grâce à ces études que nous menons dans le monde du travail, nous avons non seulement l'ambition de mieux comprendre quelles émotions y naissent, mais également celle de contribuer à des formations et à des conseils qui participeront à diminuer les sources de conflits au sein de l'entreprise.» Un objectif qui devrait bénéficier aussi bien aux employés qu'à leurs employeurs.

Toujours sur le terrain des entreprises, Klaus Scherer et son équipe sont engagés dans une collaboration avec le groupe genevois Firmenich, spécialiste des parfums et arômes. Leur but: mieux comprendre les rapports étroits qui existent entre les émotions et les odeurs. Ces dernières sont en effet directement traitées par des parties profondes du cerveau et, dans un premier temps, ne passent pas par le cortex. Leurs effets émotionnels sont dépistés par des mesures du rythme cardiaque, de la tension musculaire et même de l'activité électrique cérébrale. «Il nous reste beaucoup à apprendre sur les effets que tel ou tel type d'odeurs provoque physiologiquement chez les individus. C'est à cela que nous travaillons avec nos partenaires qui sont de grands spécialistes de l'odorat.» Mais au fait, à tant observer les gens et leurs émotions, Klaus Scherer a-t-il gardé les siennes? «Croyez-moi, je me mets en colère comme n'importe qui face à l'injustice.» Pierre-Yves Frei

---

Klaus Scherer
- Né en 1943 à Leverkusen, Allemagne
- Etudes en sciences sociales à Cologne et Londres, doctorat en psychologie à l'Université de Harvard
- Professeur assistant de psychologie sociale à l'Université de Pennsylvanie
- Professeur de psychologie sociale à l'Université de Giessen, Allemagne (1973–1985)
- Professeur de psychologie des émotions à l'Université de Genève (depuis 1985)
- Directeur du PRN «Sciences affectives» (depuis 2005)
- Membre de l'Académie américaine des arts et des sciences et de l'Académie européenne interdisciplinaire des sciences
- Lifetime Achievement Award de la Société allemande de psychologie (2008)

Klaus Scherer

Klaus Scherer

IL MAESTRO DELLE EMOZIONI
Klaus Scherer
Psicologo

C'è stato il secolo dei lumi con la consacrazione della ragione, presto seguito
dal romanticismo con il ritorno alle emozioni. Oggi nelle società postindustriali in cui
viviamo, ragione ed emozioni rivestono uguale importanza. Secondo Klaus Scherer,
pero', le emozioni occupano un posto molto speciale nella nostra vita. Originario
della Germania, Scherer è il direttore del Polo di Ricerca Nazionale (PRN), « Scienze
affettive », presso l'Università di Ginevra. Psicologo di formazione, è fermamente
convinto della necessità di abbattere le barriere che ancora separano le diverse discipline scientifiche. Ha cercato di mettere in pratica questo convincimento attraverso
il suo centro di ricerca, in cui neurologi, filosofi, economisti, esperti di scienze
giuridiche, storici, antropologi, specialisti in letteratura e naturalmente anche psicologi,
collaborano e lavorano fianco a fianco. « L'approccio multidisciplinare è fondamentale
per cogliere l'essenza delle emozioni. Esse influenzano non solo le decisioni degli
individui, ma anche quelle di gruppi di persone e persino di intere società. Osservate
la pubblicità, per esempio. Essa fa leva più sulle emozioni che sulla ragione ».

Nato nel 1943 a Leverkusen, Klaus Scherer comincia i suoi studi con l'idea
di diventare giornalista, salvo poi interessarsi di economia e di diritto. « Avevamo anche
un corso di sociologia che mi ha subito interessato », ricorda. Un interesse che è
durato fino a quando il suo percorso accademico lo portò a frequentare un corso di
psicologia. « Era meno astratta della sociologia. È affascinante cercare di capire perché
le persone agiscono in un certo modo. Tutto, per me, si decise in quel momento ».

Dopo un dottorato presso l'Università di Harvard, Scherer insegna psicologia
sociale all'Università della Pennsylvania per un breve periodo, prima di accettare una
cattedra come professore di psicologia sociale all'Università di Giessen in
Germania, dove trascorrerà dodici anni, rivestendovi anche il ruolo di preside di facoltà.
Lavorando soprattutto sulle diverse forme di comunicazione non verbale – tutto
ciò che si esprime col volto e con la voce senza il ricorso alle parole – egli gradualmente
arrivò a interessarsi alle emozioni, rendendosi conto di quanto questo ambito
di studio richiedesse un nuovo quadro teorico. Dopo un'intera estate trascorsa nelle
montagne svizzere lavorando intensamente su questo tema, presenta il frutto
delle sue riflessioni durante un congresso a Zurigo. « La mia presentazione fu molto
apprezzata. Da quel momento ho deciso di orientare le mie ricerche in questa
direzione ». L'occasione arriva nel 1985, quando l'Università di Ginevra gli propone la
cattedra di Psicologia delle Emozioni. Decide di accettare nonostante le risorse
destinate alla ricerca fossero minori di quelle a sua disposizione a Giessen. « Il desiderio
di lavorare sulle emozioni prevaleva su tutto il resto », spiega.

Oggi attraverso il PRN « Scienze affettive », Scherer ha finalmente l'opportunità
di dare all'oggetto della sua ricerca scientifica tutto lo spazio che merita. Il suo
approccio resta lo stesso: multimodale (studio della voce in parallelo a quello dei gesti
e delle espressioni che l'accompagnano) e multidisciplinare. Naturalmente,
la ricerca scientifica di base occupa un posto centrale. Come, per esempio, quando
l'obiettivo è studiare l'attività neuronale che sottende alle emozioni attraverso
l'utilizzo di tecniche di brain imaging (come elettroencefalografia e risonanza

magnetica). Ma Klaus Scherer associa all'ambizione dello studio quella dello sviluppo di applicazioni. Egli è fermamente convinto che le sue ricerche e quelle dei suoi colleghi debbano essere utili alla società. «Comprendere perché e come nascono le emozioni rende possibile aiutare le persone che soffrono di difficoltà emotive a gestirle meglio».

Tra le diverse linee di ricerca portate avanti presso il PRN di Scherer, lo studio delle emozioni sul posto di lavoro è uno dei casi di ricerca applicata. La sfida non è semplice; studiare queste emozioni rappresenta una scommessa. Le persone che provano intense emozioni negative – ad esempio, stress, collera o demoralizzazione – tendono a nasconderle o a mascherarle. «Studiando il mondo del lavoro» dice Scherer «non abbiamo solo l'ambizione di comprendere meglio le emozioni che in esso si manifestano, ma anche di contribuire a programmi di formazione che, da un lato, contribuiscano a ridurre le fonti di conflitto e di stress presenti in un'azienda e, dall'altro, favoriscano la presenza di emozioni positive, come l'orgoglio». Un obiettivo che dovrebbe portare un beneficio sia all'impiegato sia al datore di lavoro.

Attualmente, sempre in ambito di ricerca applicata, Klaus Scherer e il suo gruppo collaborano con la divisione ricerca della Firmenich, un'azienda ginevrina specializzata in essenze e aromi. Lo scopo è comprendere la relazione tra le emozioni e gli odori, che sono elaborati principalmente dalle parti profonde del cervello e non dalla corteccia cerebrale. I loro effetti emotivi sono evidenziati misurando il ritmo cardiaco, la tensione muscolare e persino l'attività elettrica cerebrale. «Sappiamo ancora poco sugli effetti fisiologici che gli odori provocano nelle persone. Per questo lavoriamo in collaborazione con i nostri partner, specialisti dell'olfatto».

Ma per finire, dopo aver osservato così tanto le persone e le loro emozioni, Scherer ha potuto conservare le sue? «Credetemi, davanti all'ingiustizia mi arrabbio come tutti gli altri». Pierre-Yves Frei

---

Klaus Scherer
- Nato nel 1943 a Leverkusen, Germania
- Studi in scienze sociali a Colonia, Londra e dottorato in psicologia presso l'Università di Harvard
- Professore assistente di psicologia sociale presso l'Università della Pennsylvania
- Professore di psicologia sociale presso l'Università di Giessen, Germania (1973-1985)
- Professore di psicologia delle emozioni presso l'Università di Ginevra (dal 1985)
- Direttore del PRN «Scienze affettive» (dal 2005)
- Membro dell'Accademia americana delle arti e delle scienze e dell'Accademia europea interdisciplinare delle scienze
- Lifetime Achievement Award della Società tedesca di psicologia (2008)

THE MASTER OF EMOTIONS
Klaus Scherer
Psychologist

In the eighteenth century the Enlightenment enshrined reason, but Sentimentalism and Romanticism quickly followed, giving emotions pride of place. Today, no doubt, our post-industrial societies give equal credence to both. For Klaus Scherer, however, emotions have a very special status. A native of Germany, Scherer now leads the National Centre of Competence in Research (NCCR) "Affective Sciences" at the University of Geneva. A psychologist by training, he believes that the barriers between academic disciplines should be broken down. And he has certainly done his part in this regard, for at his centre neurologists, philosophers, economists, lawyers, historians, anthropologists, literary specialists and of course psychologists rub shoulders and work together. "The multidisciplinary approach is essential in order to understand emotions," says Scherer. "Emotions influence the decisions of individuals, groups and even entire societies. Look at advertising, for instance. It appeals far more to the emotions than to reason."

Born in 1943 in Leverkusen, Scherer began studying with the intention of becoming a journalist. He then leant for a time towards economics and law. "We also had a sociology course that very quickly aroused my interest," he recalls. An interest that endured until the curriculum led him to psychology, which "was less abstract than sociology. It is fascinating to try to understand why people do what they do. That was the moment that decided everything for me."

After a doctoral thesis at Harvard University, Scherer taught social psychology at the University of Pennsylvania for a short time before accepting the Chair of Social Psychology at the University of Giessen in Germany, where he remained for twelve years. Focussing mainly on non-verbal forms of communication – everything that is expressed by the face and the voice without recourse to words – he gradually became interested in emotion. He came to the conclusion that this area of study called for a new theoretical approach. He spent an entire summer in the Swiss mountains working on this issue and presented the fruits of his labour at a congress in Zurich. "My talk was very well received," he says. "From that time on, I was determined to reorient my research in that direction." In 1985 the University of Geneva made this possible by appointing him to a Chair of Emotion Psychology. He accepted this offer even though his research resources were more modest than what Giessen offered. "My urge to work on emotions", he acknowledges, "simply trumped everything else."

Today, at the NCCR "Affective Sciences", Scherer is at last at liberty to give his scientific focus the place it deserves. His approach remains multi-modal (study of the spoken word in parallel with that of the gestures and expressions that accompany it) and multidisciplinary. Naturally, basic scientific research plays a central part in his work, as for instance when the aim is to study the neuronal activity underlying emotion by means of brain imaging procedures. But Scherer seeks to combine such aims with the development of applications. He is committed to the idea that his research and that of his colleagues should benefit society. "Understanding why and how emotions arise makes it possible for us to help those who suffer from emotional difficulties to manage their feelings better."

Among the various lines of research pursued at the NCCR, the study of emotions in the workplace is a case in point. The challenge here is not a simple one; indeed such investigation implies something of a gamble. Individuals experiencing intense negative emotions – such as stress, anger or demoralisation – tend to hide or mask them. "By studying the work world," says Scherer, "we strive not only to better understand how and when certain kinds of emotions emerge there, but also to assist in establishing programmes that can help reduce sources of conflict or stress within an organisation and encourage positive emotions such as pride." The pursuit of such goals is likely to benefit employees and employers alike.

At present, Scherer and his team are collaborating with the research division of Firmenich, a leading producer of fragrances and aromas in Geneva. The intention is to learn more about the close relationship between emotions and smells, which are in fact processed in deep areas of the brain rather than in the cortex. Their emotional effects may be traced by measuring cardiac rhythms, muscular tension and even electrical brain activity. "We still have a great deal to learn about the physiological impact particular odours have on people. That is why we are working with our partners who are great experts on the sense of smell."

When asked whether so much observation of other people's emotions might not have dulled his own, Scherer's reply is emphatic: "Believe me: I get as angry as anyone else when faced with injustice." Pierre-Yves Frei

---

Klaus Scherer
- Born 1943 in Leverkusen, Germany
- Studied social science in Cologne and London; doctorate in psychology at Harvard University
- Assistant Professor of Social Psychology at the University of Pennsylvania
- Chair of Social Psychology at the University of Giessen, Germany (1973–1985)
- Professor of Emotion Psychology at the University of Geneva (since 1985)
- Director of the NCCR "Affective Sciences" (since 2005)
- Member of the American Academy of Arts and Sciences; member of the interdisciplinary European Academy of Sciences
- Lifetime Achievement Award, German Psychological Society (2008)

CARLO CATAPANO

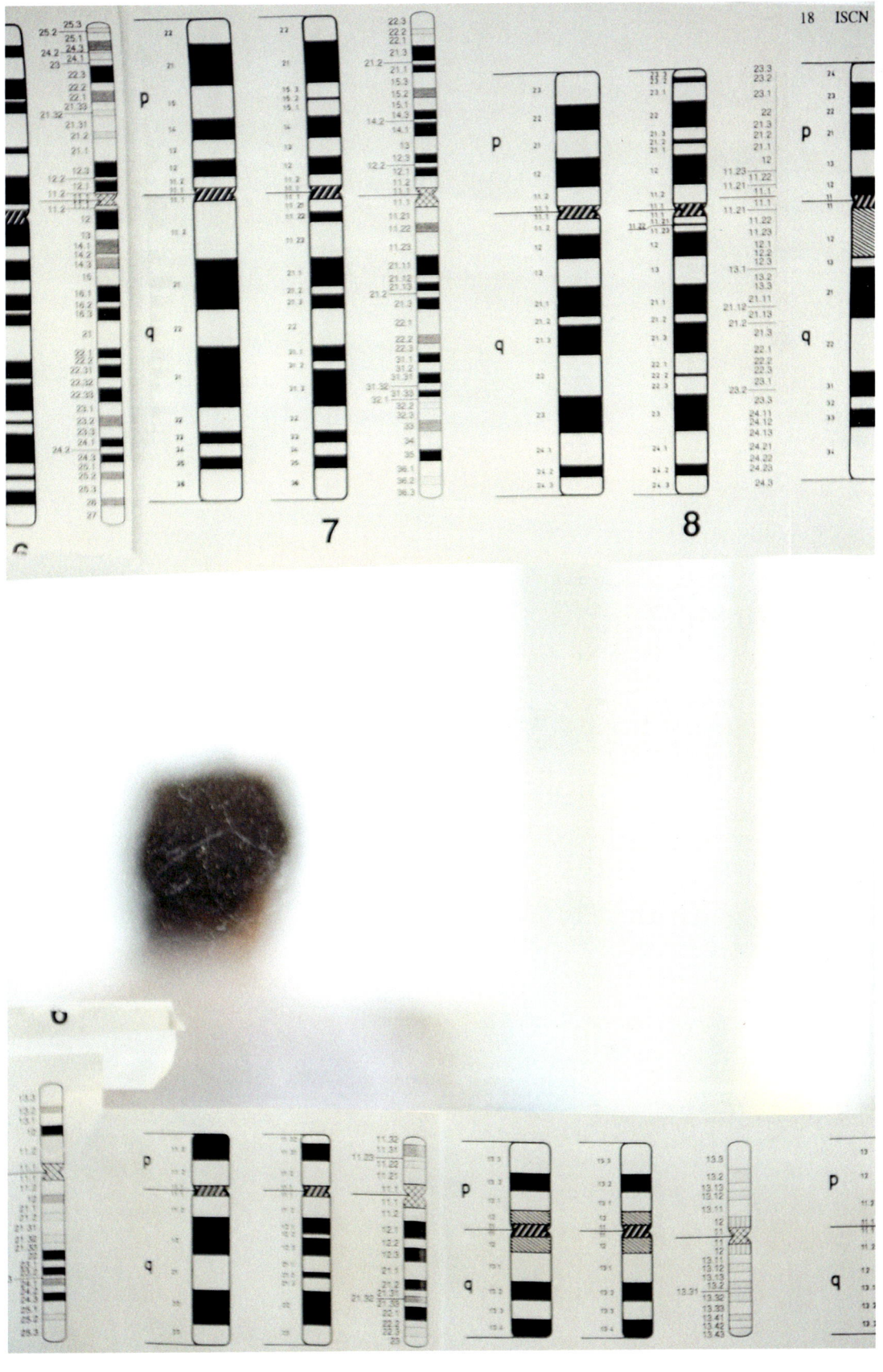

7

8

Carlo Catapano

DER ZELLENBÄNDIGER
Carlo Catapano
Krebsforscher

Carlo Catapano mag Geschichten, am liebsten solche mit Happy End. «Jede Krebszelle hat ihre eigene Geschichte», sagt Carlo Catapano. «Meine Aufgabe ist es, diese zu studieren und wenn möglich zu beenden.» Der gebürtige Italiener leitet heute das Laboratorium für experimentelle Krebsforschung am Onkologischen Institut der Italienischen Schweiz (IOSI) in Bellinzona. Hier hat er seit 2003 eine Forschergruppe mit 25 Wissenschaftlern aufgebaut, die der Frage nachgehen, wieso eine Krebszelle plötzlich zu wuchern beginnt und wie man sie möglicherweise davon abhalten kann.

Ins Tessin wurde Carlo Catapano kurz nach der Jahrtausendwende vom bekannten Krebsarzt und ehemaligen SP-Nationalrat Franco Cavalli gelotst. Cavalli, damals schon medizinischer Direktor des IOSI, wollte im Schosse der Kantonsspitäler ein auf Krebspatienten spezialisiertes Kompetenzzentrum nach amerikanischem Vorbild aufbauen. Ein Zentrum, wo am selben Ort Patienten geheilt, neue Medikamente getestet, Präventionsmassnahmen studiert und vor allem auch Grundlagenforschung betrieben wird. Catapano leitete ein biochemisches Forschungslabor eines ähnlichen Zentrums im US-Bundesstaat South Carolina, als er den Anruf von Franco Cavalli erhielt.

Carlo Catapano ist 1959 im italienischen San Giuseppe geboren und aufgewachsen, ein kleines Nest hinter dem mächtigen Vulkan Vesuv, der den Golf von Neapel beherrscht. An der Universität Neapel studierte er Medizin. «Mein vier Jahre älterer Bruder hatte bereits Medizin studiert, und als ich in seine Biologie- und Biochemie-Lehrbücher schielte, packte mich die Wissbegierde», erzählt Carlo Catapano. «Ich interessierte mich schon als Student für die Krebsforschung; denn das war damals ein aufregendes, neues Gebiet.» Es gab noch kaum Medikamente, und das Wissen über die Ursachen von Krebs war sehr beschränkt.

In der Forschung spaltete sich das Gebiet in der Folge auf: Die Vertreter der einen Richtung konzentrierten sich auf die Suche nach Wirkstoffen, die Krebszellen zerstören. Bei der zweiten – die auch Carlo Catapano eingeschlagen hatte – bemühten sich die Forscher, das Wesen der kranken Zellen kennenzulernen. Heute weiss man, dass der Krebs nur besiegt werden kann, wenn beide Richtungen wieder zusammenfinden, wenn die Pole zur Mitte zurückkehren, und diese Mitte findet sich – bildlich gesprochen – am Krankenbett beim Patienten. «Das war für mich schliesslich der Punkt, der den Ausschlag für Bellinzona gab», sagt Catapano. «Hier ist alles noch dynamischer, und ich kam noch näher an die klinische Forschung heran.»

In seiner Freizeit vertieft sich der Krebsforscher gerne in die belletristische Weltliteratur: «Ich lese die Romane in Wellen. Eine Zeit lang habe ich alle russischen und europäischen Klassiker gelesen, dann die Amerikaner. Jetzt bin ich bei den modernen Indern.» Im Labor dagegen studiert Catapano die Geschichten der Krebszellen verschiedener bösartiger Tumorarten. Die Krebszellen unterscheiden sich in wenigen, aber entscheidenden Punkten von einer normalen Zelle. «Die Frage ist eigentlich immer, wann welche Gene ein- oder ausgeschaltet sind», erklärt Carlo Catapano. Man denkt sofort an einen Lichtschalter; doch so trivial ist die Antwort nicht. Es sind fein abgestimmte biochemische Stoffwechselpfade, die das Schicksal einer Zelle bestimmen. Entlang dieser Pfade gibt es gewisse Schlüsselgene, die plötzlich umkippen können. Das heisst, sie werden aktiv und produzieren Stoffe, die der Zelle den Weg zur unkontrollierten Vermehrung ebnen. Diese Schaltergene versuchen die Forscher am IOSI zu identifizieren. «Das ist harte Knochenarbeit im Labor», sagt Carlo Catapano.

Aber sie ist bisweilen von Erfolg gekrönt. Catapano hat bereits mehrere Wirkstoffe entwickelt, die zumindest in den Zellkulturen das Wachstum von Krebszellen stoppen, indem sie solche Schaltergene ganz gezielt abschalten. Ein Teil dieser Wirkstoffe wird nun am IOSI in einer fortgeschrittenen präklinischen Phase mit Tierversuchen getestet. Sie könnten die Medikamente der Zukunft sein. Doch bis dahin gibt es noch einige Hürden zu überwinden. «Was mit einem Krebsmedikament im Patienten geschieht, ist eine ganz andere Geschichte als im Labor», konstatiert Carlo Catapano. Der Transport durch den Körper, die Frage der Dosis oder auch potenzielle Nebenwirkungen müssen immer wieder neu untersucht werden. Dank der Möglichkeiten im Zentrum für klinische Krebsforschung in Bellinzona können solche Fragen am IOSI jedoch schnell abgeklärt werden. Carlo Catapano arbeitet dazu eng mit den behandelnden Krebsärzten zusammen, welche die klinischen Studien durchführen. Mit Patienten selber hat er kaum noch Kontakt – und fühlt sich doch mit ihnen verbunden. «Man kann nicht gleichzeitig Grundlagenforschung im Labor machen und Krebspatienten betreuen, wenn man beides seriös machen will», erzählt Catapano aus seiner Erfahrung als Krebsarzt. «Gerade Krebspatienten brauchen enorm viel Pflege, Geduld und Empathie.»

Carlo Catapano, der mit seiner Frau und seinem Sohn hoch über dem Langensee wohnt, wird oft gefragt, wie er sich als Fast-Neapolitaner in der kleinen und schön geordneten Schweiz zurechtfindet. Ist es ihm nicht ein bisschen zu brav hier? «Nein, im Gegenteil», antwortet Catapano. «Es zog mich nie in die Grossstadt. Ich hasse die Wucherungen der Metropolen. Ich wollte in den USA zum Beispiel nie in Grossstädten wie New York leben. Hier im Tessin ist es perfekt.» Es gibt Geschichten, die nur das Leben schreibt. Matthias Meili

---

Carlo Catapano
- Geboren 1959 in San Giuseppe Vesuviano, Italien
- Studium der Medizin an der Universität Neapel,
  Studium der Pharmakologie und Experimentellen Onkologie
  am Institut Mario Negri in Mailand
- Doktorat in Biochemie an der Wake-Forest University
  in North Carolina, USA
- Professor für Experimentelle Krebsforschung, Medizin und
  Molekularbiologie an der Medical University of South Carolina und
  am Hollings Cancer Center in Charleston, USA
- Direktor des Laboratoriums für experimentelle Krebsforschung
  am Krebsforschungsinstitut der Italienischen Schweiz (IOSI)
  in Bellinzona (seit 2003)

LE DOMPTEUR DE CELLULES

Carlo Catapano
Oncologue

Ce scientifique aime les histoires. Surtout celles qui finissent bien. «Chaque cellule cancéreuse a aussi la sienne, explique-t-il. Mais là, ma tâche consiste à l'étudier et si possible à y mettre un terme.» Carlo Catapano dirige le Laboratoire d'oncologie expérimentale à l'Institut oncologique de la Suisse italienne (IOSI), à Bellinzone. En 2003, il a monté une équipe de vingt-cinq scientifiques afin de tenter de répondre à une double question: pourquoi une cellule cancéreuse se met-elle soudainement à proliférer et comment pourrait-on l'en empêcher?

C'est le célèbre oncologue Franco Cavalli, par ailleurs ancien conseiller national socialiste, qui a fait venir Carlo Catapano au Tessin. A l'époque, alors qu'il dirige l'IOSI, le politicien souhaite en effet mettre sur pied, dans le cadre des Hôpitaux cantonaux, un centre de compétence spécialisé en oncologie en se basant sur le modèle américain. Un site où l'on soignerait des patients cancéreux et où l'on testerait simultanément de nouveaux médicaments, tout en étudiant des mesures de prévention. Et surtout, un centre qui ferait la part belle aux recherches fondamentales. Or naguère, lorsqu'il reçut le coup de fil de Franco Cavalli, Carlo Catapano se trouvait justement à la tête, en Caroline du Sud (Etats-Unis), d'un laboratoire de recherche en biochimie qui fonctionne selon le même modèle.

Carlo Catapano est né en 1959 en Italie, à San Giuseppe Vesuviano, un petit village blotti derrière le Vésuve, le puissant volcan qui domine la baie de Naples. Il a étudié la médecine à l'université locale. «Mon frère, de quatre ans plus âgé que moi, suivait déjà la même voie, raconte-t-il. C'est en guignant sur ses manuels de biologie et de biochimie que j'ai eu faim de savoir. J'ai commencé à m'intéresser à la recherche sur le cancer alors que j'étais encore étudiant. A l'époque, c'était un domaine nouveau, excitant.» En effet, pratiquement aucun médicament n'existait, et l'on ne connaissait que peu de choses sur les causes du cancer.

La recherche était alors divisée en deux camps: d'un côté, des scientifiques sur la piste de substances actives capables de détruire les cellules cancéreuses. De l'autre, des chercheurs, parmi lesquels Carlo Catapano, qui tentaient de comprendre le fonctionnement des cellules malades. On sait aujourd'hui qu'une victoire sur le cancer passera par l'unification de ces deux directions de recherche, par un déplacement des pôles vers le centre, ce point de rencontre se trouvant en quelque sorte au chevet du patient. «Cette idée de fond a été déterminante dans ma décision: j'ai opté pour Bellinzone parce qu'ici, tout était encore plus dynamique et me permettait de me rapprocher de la recherche clinique», explique Carlo Catapano.

Pendant ses loisirs, l'oncologue se plonge volontiers dans une littérature provenant des quatre coins du monde: «Je lis des romans par vagues. Pendant une période, j'ai dévoré tous les classiques russes et européens, puis les américains. Aujourd'hui, j'en suis aux modernes indiens.» Dans son laboratoire en revanche, c'est sur l'histoire des cellules cancéreuses de différentes tumeurs malignes que se penche Carlo Catapano. Si ces dernières sont en effet peu dissemblables des cellules saines, leurs signes distinctifs sont manifestes. «L'intrigue est toujours la même, explique le scientifique: il s'agit de déterminer quels gènes ont été activés ou désactivés, et à quel moment.» De manière imagée, les oncologues tentent en fait de découvrir, dans une pièce sombre, l'interrupteur qui permet d'allumer et d'éteindre la lumière. Mais la solution est loin d'être simplement binaire, voire triviale.

Le destin d'une cellule suit en effet des sentiers métaboliques biochimiques finement réglés. Or ceux-ci sont «bordés» de gènes déterminants qui peuvent subitement tourner casaque, c'est-à-dire s'activer et produire des substances qui vont préparer le terrain pour une prolifération incontrôlée de la cellule. Ce sont précisément ces «gènes-interrupteurs» que les chercheurs de l'IOSI veulent identifier. «C'est un travail de forçat en laboratoire», résume Carlo Catapano. Mais un labeur qui, de temps à autre, débouche sur un succès.

Ainsi, Carlo Catapano a déjà mis au point plusieurs substances actives qui, *in vitro* pour le moins, stoppent la croissance des cellules cancéreuses en désactivant de manière ciblée certains gènes-interrupteurs. La phase d'essais précliniques est déjà bien avancée: une partie de ces substances actives est actuellement testée sur des animaux à l'IOSI. Les médicaments anticancer de ces prochaines années pourraient donc être à portée de main. Mais d'ici là, il reste encore nombre d'obstacles à franchir. «Pour passer des résultats obtenus en laboratoire à une efficacité sur le patient, il y a parfois loin de la coupe aux lèvres», constate Carlo Catapano. La diffusion de la substance à travers l'organisme, son dosage ou encore les effets secondaires potentiels doivent à chaque fois faire l'objet de nouveaux examens. Mais les possibilités offertes par le centre de Bellinzone permettent d'accélérer l'avancement des recherches. Car Carlo Catapano travaille en étroite collaboration avec les oncologues chargés de mener les études cliniques. En revanche, il n'a pratiquement plus de contacts avec les patients cancéreux, même s'il continue de se sentir étroitement lié à eux. «Si l'on veut faire les choses sérieusement, on ne peut pas s'occuper en même temps de recherche fondamentale en laboratoire et des patients, se justifie-t-il, fort de sa propre expérience. Car il s'agit justement là de personnes qui ont besoin d'énormément de soins, de patience et d'empathie.»

Carlo Catapano, qui vit avec sa femme et son fils sur les hauteurs du lac Majeur, se voit souvent poser cette question: en tant que Napolitain d'origine, trouve-t-il ses marques dans cette petite Suisse si joliment ordonnée et si aimable? «Au contraire, rétorque-t-il, je n'ai jamais été attiré par les grandes villes. Je déteste la prolifération des métropoles. Aux Etats-Unis, par exemple, je n'ai jamais eu envie d'habiter dans une mégalopole comme New York. Ici, au Tessin, c'est parfait.» Certaines histoires ont décidément leurs raisons que seules la vie sait débusquer. Matthias Meili

---

Carlo Catapano
– Né en 1959 à San Giuseppe Vesuviano, Italie
– Etudes de médecine à l'Université de Naples, et de pharmacologie
  et d'oncologie expérimentale à l'Institut Mario Negri à Milan
– Doctorat en biochimie à la Wake Forest University,
  Caroline du Nord, Etats-Unis
– Professeur d'oncologie expérimentale, de médecine
  et de biologie moléculaire à la Medical University of South Carolina
  et au Hollings Cancer Center à Charleston, Etats-Unis
– Directeur du Laboratoire d'oncologie expérimentale à l'Institut
  oncologique de la Suisse italienne (IOSI) à Bellinzone (depuis 2003)

IL DOMATORE DI CELLULE
Carlo Catapano
Oncologo

A Carlo Catapano piacciono le storie, soprattutto quelle a lieto fine. «Ogni cellula tumorale ha una storia tutta sua – dice – il mio compito è quello di studiarla e quando è possibile, porvi fine.». Dirige il Laboratorio di oncologia sperimentale dell'Istituto Oncologico della Svizzera Italiana (IOSI), a Bellinzona e dal 2003, guida un gruppo di 25 ricercatori impegnato a scoprire perché una cellula tumorale inizi improvvisamente a riprodursi e come fare per bloccarla.

Italiano di origine, Carlo Catapano fu chiamato, nel 2000, in Ticino dal noto oncologo Franco Cavalli, già consigliere nazionale socialista e direttore medico dello IOSI, che, ispirandosi al modello americano, voleva creare all'interno del complesso ospedaliero cantonale un centro di eccellenza specializzato nella cura delle patologie oncologiche nel quale, in uno stesso spazio, si concentrassero oltre alla cura dei pazienti, anche lo studio di nuovi farmaci, di misure di prevenzione e la ricerca di base. Catapano dirigeva un laboratorio di biochimica e farmacologia in un centro simile nel South Coroline negli USA quando Cavalli lo contattò.

Carlo Catapano, nato nel 1959, è cresciuto a San Giuseppe Vesuviano, un piccolo borgo alle pendici orientali del vulcano che domina il Golfo di Napoli. Ha studiato Medicina presso l'Università di Napoli. «Mio fratello, di quattro anni più grande, si era già iscritto a quella facoltà e non appena ebbi modo di sbirciare tra i suoi libri di biologia e biochimica, mi colse il desiderio di approfondire quegli argomenti». «Già da studente – dice – ero molto attratto dalla ricerca oncologica che all'epoca rappresentava un campo nuovo e ricco di sfide». Le cure erano molto limitate e si avevano ancora scarse conoscenze sulle cause primarie dei tumori.

In quegli anni, la ricerca imboccò due strade diverse: da una parte i propugnatori della sperimentazione volta a impedire lo sviluppo dei tumori, incentrata sulla scoperta dei principi attivi in grado di distruggere le cellule tumorali. Dall'altra – a cui aderì anche Carlo Catapano – il gruppo di chi si impegnò per approfondire la conoscenza delle cellule malate. Oggi sappiamo che il cancro può essere vinto solo se i due percorsi si riuniscono per ritornare all'obiettivo centrale, metaforicamente rappresentato dal letto del paziente.«Alla fine – dice Catapano – proprio questo mi ha fatto decidere per Bellinzona. Qui tutto è più dinamico e mi dava una grande opportunità per avvicinarmi ancora di più alla ricerca clinica».

Nel suo tempo libero l'oncologo diletta volentieri con la letteratura mondiale: «Leggo romanzi a ondate. Per un certo periodo ho letto tutti i classici russi ed europei, poi gli americani e adesso gli autori indiani moderni». In laboratorio, invece, Catapano studia la storia delle cellule tumorali, all'origine di varie patologie maligne. Le cellule tumorali si differenziano da quelle normali solo per pochi ma decisivi dettagli. «Si tratta sempre di capire quali siano i geni attivi e quali i disattivati» spiega . Si pensa subito al funzionamento di un interruttore elettrico ma, in realtà, la risposta non è così elementare. Il destino di una cellula è legato a delicati equilibri biochimici e metabolici. Di sicuro una serie di geni chiave possono improvvisamente trasformarsi, diventare attivi e produrre sostanze in grado di spianare la strada alla crescita incontrollata della cellula. I ricercatori dello IOSI vogliono identificare

i geni-interruttori. Per Carlo Catapano « Si tratta di un estenuante lavoro di laboratorio ».
Talvolta però, è coronato dal successo. Catapano ha già sperimentato alcuni
principi attivi in grado di interrompere la crescita in coltura delle cellule tumorali,
in quanto disattivano in modo estremamente mirato i geni responsabili del loro sviluppo.
All'interno dello IOSI, oggi, una parte di queste sostanze è in fase di sperimentazione
pre-clinica avanzata su modelli animali. Potrebbero diventare i farmaci del
futuro, tuttavia ci sono ancora molti ostacoli da superare. Come afferma Carlo Catapano
« l'effetto sul paziente del farmaco anticancro è spesso molto differente da
quello ottenuto in laboratorio ». La diffusione attraverso il corpo, il corretto dosaggio
e ogni possibile effetto collaterale devono essere tenuti costantemente sotto
controllo; problematiche che, grazie alla presenza a Bellinzona di un centro avanzato
per la ricerca clinica in oncologia, possono trovare rapida soluzione tra le mura
dello IOSI. Carlo Catapano lavora a stretto contatto con gli oncologi che si occupano
della cura dei pazienti e sono responsabili degli studi clinici. Nonostante i suoi
rapporti con i pazienti siano quasi inesistenti, egli sente con loro un legame molto
profondo. « Svolgere con serietà la ricerca di base e l'assistenza al malato
di cancro non è possibile; non si possono fare contemporaneamente, – spiega,
ricordando la sua esperienza di medico oncologo – i malati esigono un impegno
enorme di assistenza, pazienza ed empatia ».
Carlo Catapano, abita con la moglie e il figlio una casa che domina le sponde
del Lago Maggiore e si sente spesso chiedere come si trovi nella piccola e ordinata
Svizzera – lui che è mezzo napoletano. Per lui, non è tutto troppo tranquillo?
Risponde: « E' vero il contrario! Non sono mai stato attratto dalle grandi città, odio
il caos delle metropoli. Quando ero in America, per esempio, non volli mai
vivere in grandi citta' come New York. Il Ticino é perfetto ». Solo la vita può scrivere
certe storie? Matthias Meili

Carlo Catapano
– Nato nel 1959 a San Giuseppe Vesuviano, Italia
– Studi di medicina all'Università di Napoli, in farmacologia e oncologia
  sperimentale presso l'Istituto Mario Negri, Milano
– Dottorato in biochimica presso la Wake Forest University,
  North Carolina, Stati Uniti
– Professore di oncologia sperimentale, medicina, e biochimica
  e biologia molecolare presso la Medical University of South Carolina
  e del Cancer Genomics Center dell'Hollings Cancer Center di
  Charleston, South Carolina, Stati Uniti
– Direttore del Laboratorio di oncologia sperimentale dell'Istituto
  Oncologico della Svizzera Italiana (IOSI), Bellinzona (dal 2003)

THE CELL TAMER
Carlo Catapano
Oncologist

Carlo Catapano is fond of stories, especially if they have a happy ending: "Every cancer cell tells its own tale," he says. "It's my job to study that story and to end it if possible." Catapano, an oncologist from Italy, runs the Laboratory of Experimental Oncology at the Oncology Institute of Southern Switzerland (IOSI) in Bellinzona. In 2003 he began setting up a lab of research scientists, now twenty-five strong, to determine why cancer cells suddenly begin to proliferate and to find means of preventing their doing so.

The millennium had just turned when Catapano was persuaded to move to Ticino by the well-known oncologist and former National Counsellor Franco Cavalli. Cavalli, medical director of the IOSI, wanted to establish a specialised centre for cancer patients, based on the American model, within the hospital network of the Canton of Ticino. He envisioned a centre where patients would be cured, new medicines tested, preventive measures studied and, above all, where basic research could be conducted. Catapano was running a biochemical research laboratory at a similar centre in South Carolina when he received the phone call from Franco Cavalli.

Carlo Catapano was born in the little Italian town of San Giuseppe in 1959. He spent his childhood there at the foot of the mighty Vesuvius, which dominates the Gulf of Naples. He studied medicine at the University of Naples. "My brother, who was four years older than me, had studied medicine. And when I looked through his biology and biochemistry books, I suddenly developed this incredible thirst for knowledge," says Catapano. "I was interested in cancer research even as a student. It was an exciting new field in those days. There were not many treatments, and very little was known about the causes of cancer."

Cancer research was split into two camps. One group concentrated on searching for agents that would destroy cancer cells. The other, to which Catapano belonged, consisted of researchers who were trying to discover the nature of those malignant cells. We now know that cancer can only be defeated if these two groups come together, if they agree to meet each other half-way – to meet, as it were, at the cancer patient's bedside. "Ultimately, it was this realisation that prompted my decision to go to Bellinzona," Catapano says. "It's more dynamic here, and my work is tied more closely to clinical research."

In his spare time, Catapano enjoys reading world literature: "I have phases in which I read novels. For a time, I read the Russian and European classics, and then the American ones. Now I'm reading modern Indian classics." In the laboratory, however, Catapano studies the stories of cancer cells in malignant tumours. A cancer cell differs from a normal cell in a number of very decisive ways. "The question is always which genes are switched on or off, and when," Catapano explains. The image of a light switch immediately springs to mind, an analogy by no means as absurd as it sounds. Catapano is referring to the finely-tuned metabolic pathways that determine a cell's fate. Along these pathways you find certain key genes that can suddenly "switch". In other words, they become active and produce substances that cause a cell to multiply uncontrollably. The researchers at the IOSI are trying to identify these key genes and ways to turn them off. "And that", says Catapano, "means hard, back-breaking work in the lab."

Occasionally, however, this work is crowned with success. Catapano has already developed several agents that stop cancer cells from growing – in cell cultures at least – by turning off such key genes. Some of these agents are now being tested on animals in an advanced pre-clinical phase. They could turn out to be the drugs of the future. But until then a number of hurdles remain. "What happens to a cancer drug in a patient and what happens in the laboratory are two very different things," says Catapano. The way they are transported through the body, the dose administered and even potential side effects are matters for ever new research. Fortunately the IOSI can now deal with such issues quickly. Catapano works closely with the doctors taking care of cancer patients and who perform the clinical studies. These days he has very little contact with the patients themselves, but he feels a strong attachment to them. "You can't do basic lab research and take care of cancer patients at the same time if you want to do both properly," says Catapano, reflecting on his experience as an oncologist. "Cancer patients in particular need a tremendous amount of care, patience and empathy."

Catapano, who lives with his wife and son high above Lake Maggiore, is often asked how he, a Neapolitan, copes with life in a small and orderly country such as Switzerland. Doesn't he find it a bit too conservative? "No, on the contrary," he replies. "I've never felt drawn to the city. I hate the way big cities proliferate. In the United States, for example, I never wanted to live in New York. It's perfect here in Ticino." Matthias Meili

---

Carlo Catapano
– Born 1959 in San Giuseppe Vesuviano, Italy
– Studied medicine at the University of Naples and at the Mario Negri
  Institute in Milan
– Doctorate in biochemistry at the Wake Forest University in
  North Carolina, US
– Professor of Experimental Oncology, Medicine and Molecular Biology
  at the Medical University of South Carolina and at the Hollings
  Cancer Centre in Charleston, US
– Director of the Laboratory of Experimental Oncology at the Oncology
  Institute of Southern Switzerland (IOSI) in Bellinzona (since 2003)

ANTONIO LANZAVECCHIA

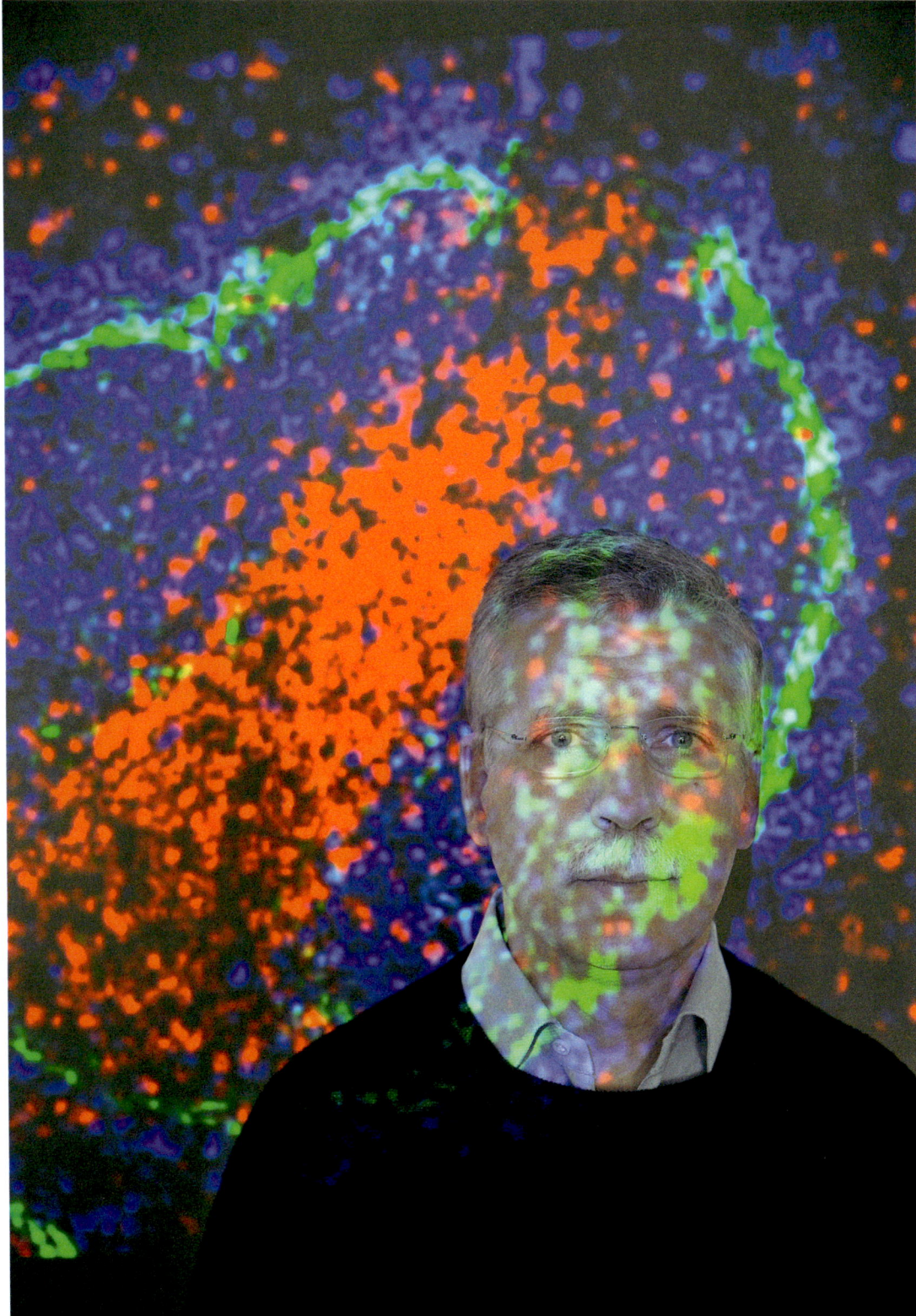

Antonio Lanzavecchia

KRIEG IM KÖRPER
Antonio Lanzavecchia
Immunologe

Dunkelblauer Stahl und viel Glas: Das Institut für biomedizinische Forschung (IRB) in der Innenstadt von Bellinzona wirkt von aussen kühl und wenig einladend. Tritt man jedoch durch den Haupteingang in den Innenhof, fühlt man sich sofort wohl, ein bisschen wie in der Wohnküche einer grossen WG. Zwei Dutzend junge Wissenschaftler und Wissenschaftlerinnen sitzen an langen Tischen, essen und diskutieren: Doktoranden, die sich für den «Journal Club» vorbereiten, den hausinternen Debattierzirkel für Fachliteratur. Den Hausherr trifft man im ersten Stock an. Im hellen Eckbüro empfängt Antonio Lanzavecchia seine Besucher: Gelassen und freundlich kümmert er sich um das Wohl des Gastes, redet, erklärt und verströmt dabei so viel Begeisterung für sein Fach, die Immunologie, dass man plötzlich versteht, warum junge Wissenschaftler und Wissenschaftlerinnen aus der ganzen Welt nach Bellinzona kommen, um hier zu arbeiten.

Seit der Gründung im Jahr 2000 ist Antonio Lanzavecchia der Direktor des IRB. Er wechselte damals vom renommierten Institut für Immunologie Basel ins Tessin. Hier ein Forschungsinstitut aus dem Boden zu stampfen – weit weg von biomedizinischen Forschungszentren wie Basel oder Zürich, schien vielen ein riskantes Unterfangen. «Genau diese Herausforderung zog mich ins Tessin», so Antonio Lanzavecchia. Das Wagnis hat sich gelohnt: Heute arbeiten hier rund sechzig Wissenschaftlerinnen und Wissenschaftler, und das Jahresbudget wuchs von knapp 4 Millionen (2000) auf mehr als 11 Millionen (2006). Das Institut wird von der Helmut-Horten-Stiftung, der Stadt Bellinzona, dem Kanton Tessin und dem Staat unterstützt. Ein grosser Teil der Finanzierung beruht auf kompetitiven Fördergeldern des Schweizerischen Nationalfonds, der EU und der Bill and Melinda Gates Foundation.

Antonio Lanzavecchia widmet sich dem Immunsystem des Körpers, seit er sich als junger Kinderarzt entschloss, in die Forschung zu gehen. Zu Beginn interessierte er sich vor allem dafür, wie die T- und B-Zellen zusammenwirken, um Antikörper zu bilden. Es war bereits klar, dass die B-Zellen Antikörper bilden, wenn sie von T-Zellen stimuliert werden. Doch den genauen Mechanismus kannte man nicht. Diesem kam Antonio Lanzavecchia im Labor in Basel schliesslich auf die Spur, und er konnte seine Entdeckung in der prestigeträchtigen Zeitschrift *Nature* veröffentlichen. Dieser Fachartikel gilt heute als eine der grundlegenden Arbeiten in der Immunologie.

Heute untersuchen Antonio Lanzavecchia und seine Mitarbeiter vor allem die dendritischen Zellen. Das sind sozusagen die Wächter des Immunsystems. Zudem wird in Lanzavecchias Labor auch eine bestimmte Art von B-Zellen, die sogenannten Gedächtniszellen, erforscht. Diese werden nach einer Infektion mit einem Erreger oder nach einer Impfung gebildet und bleiben das ganze Leben lang in unserem Körper. Sie gewährleisten eine schnelle und effiziente Reaktion auf das erneute Eindringen des jeweiligen Krankheitserregers. «In Bellinzona fanden wir heraus, wie man die B-Gedächtniszellen isolieren und wachsen lassen kann. So ist es uns gelungen, im Labor eine grosse Anzahl von spezifischen Antikörpern herzustellen, um die Infektionserreger, zum Beispiel von SARS, Vogelgrippe oder Malaria, zu neutralisieren.»

In der Medizin stellen solche sogenannten monoklonalen Antikörper eine neue Therapieform bei der Bekämpfung von zahlreichen Krankheiten dar. In konventionellen Verfahren werden diese Antikörper jedoch vor allem mithilfe von Mäusen hergestellt. «Der Vorteil unserer Methode ist es, dass wir direkt das menschliche Immunsystem anzapfen, um die Antikörper zu gewinnen», sagt Antonio Lanzavecchia. «Von einer Anwendung beim Patienten sind wir aber noch viele Jahre entfernt», schränkt er ein. Auch wenn es sich um menschliche Antikörper handelt, müssen sie ihre Wirksamkeit und Verträglichkeit zuerst in Tierversuchen beweisen.

Antonio Lanzavecchia ist viel unterwegs. Er tauscht sich mit Forschern auf der ganzen Welt aus: Bis nach China hat er Kontakte geknüpft. «Die Schweiz möchte ich jedoch nicht missen», sagt er. «Für mich gibt es keinen besseren Ort als Wissenschaftler. Alles ist gut organisiert, und man kann sich darauf verlassen. Die Dinge funktionieren.» Dass er in der Schweiz ein neues Forschungsinstitut gründen konnte, bezeichnet er als Glücksfall. In einer Zeit, in der Interdisziplinarität grossgeschrieben wird, seien spezialisierte Forschungsinstitute etwas ausser Mode gekommen. Trotzdem ist Antonio Lanzavecchia überzeugt, dass «ein Institut wie das IRB, das sich einem speziellen Gebiet, dem menschlichen Immunsystem, widmet, besonders interessant sein kann, da es die Möglichkeit bietet, sehr effizient und konzentriert zu arbeiten».

Der Fokus auf die Forschung überträgt sich auch auf die jungen Wissenschaftler und Wissenschaftlerinnen, die am IRB arbeiten. «Sie kommen hierher, um produktiv zu sein. Um 17 Uhr geht hier kaum jemand nach Hause», sagt Antonio Lanzavecchia. Tatsächlich: Wer nachts am IRB vorbeifährt, sieht oft hell erleuchtete, geschäftige Labors und junge Wissenschaftler, die in der Cafeteria im Innenhof zusammen kochen – eine Art Wissenschaftler-WG im Süden der Schweiz. Odette Frey

---

Antonio Lanzavecchia
– Geboren 1951 in Varese, Italien
– Studium der Medizin in Pavia, Italien
– Mitarbeiter am Institut für Immunologie in Basel (1983–1999)
– Leiter des Instituts für Biomedizinische Forschung (IRB),
  Bellinzona (seit 2000)
– Professor an den Universitäten Genua und Siena
– EMBO-Goldmedaille (1988)
– Cloëtta-Preis (1999)
– Cavaliere della Repubblica, Italien (2001)

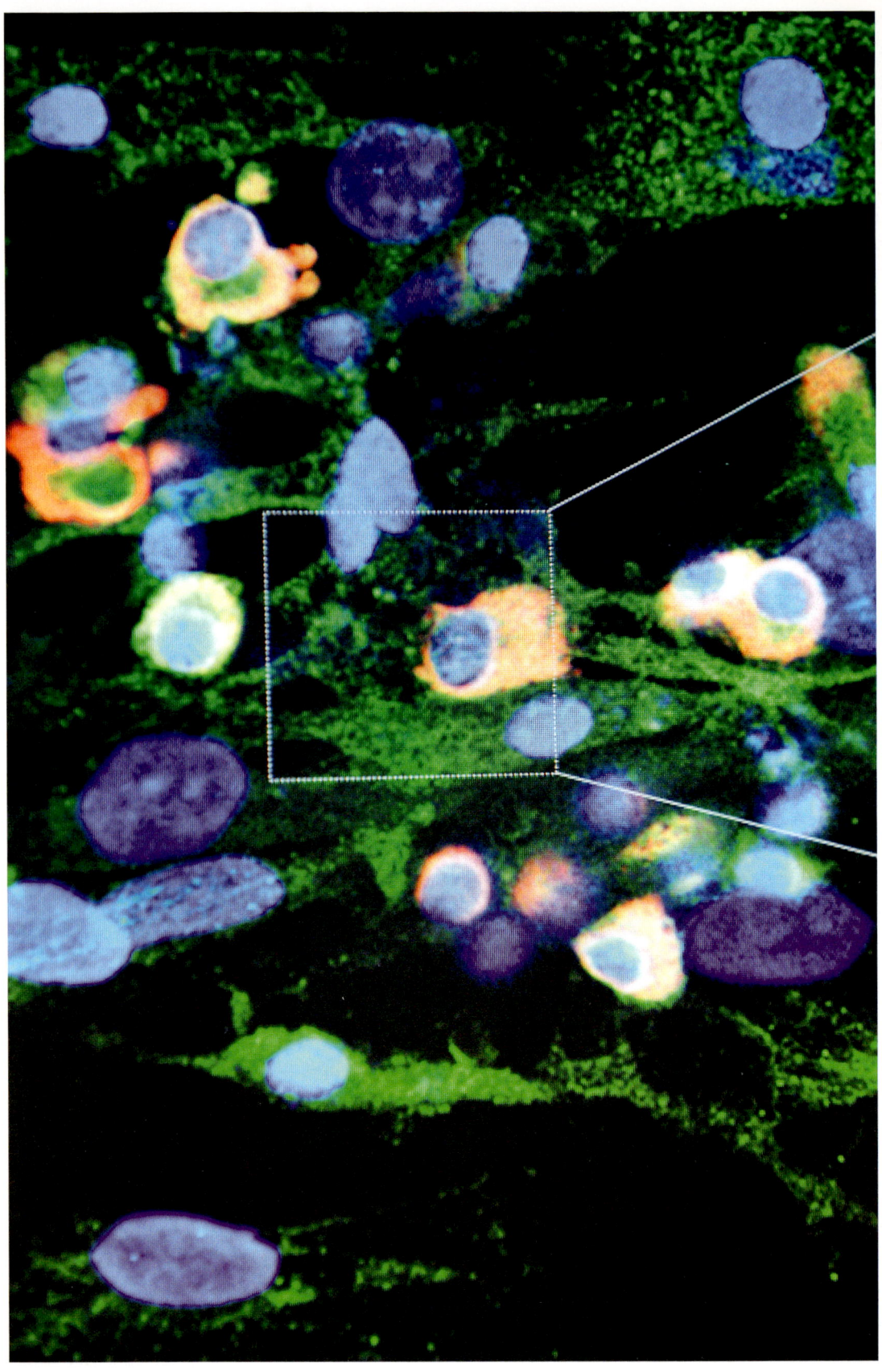

Antonio Lanzavecchia

UNE GUERRE DANS LE CORPS
Antonio Lanzavecchia
Immunologue

De l'acier, sombre, et beaucoup de verre. Vu de l'extérieur, l'Institut de recherche en biomédecine (IRB), en plein cœur de Bellinzone, a l'air froid et peu accueillant. Mais il suffit d'accéder à la cour intérieure par l'entrée principale pour être aussitôt à l'aise. L'on s'y sent un peu comme dans la cuisine d'un grand appartement communautaire, avec une vingtaine de jeunes scientifiques assis autour d'une longue table, en train de manger et de discuter. Ces doctorants se préparent à un «Journal club», un débat portant sur un article scientifique, qu'ils vont engager avec un professeur en visite à l'institut. Une enfilade de bicyclettes et une table de ping-pong complètent le tableau.

Le maître des lieux, lui, a son bureau au premier étage, dans l'un des angles du bâtiment. C'est dans cette pièce lumineuse qu'Antonio Lanzavecchia, professeur d'immunologie, reçoit ses hôtes. Détendu, amical, attentionné, il parle, explique. L'homme rayonne d'un enthousiasme tel que l'on comprend aussitôt pourquoi les jeunes scientifiques affluent du monde entier à Bellinzone pour venir travailler avec lui.

Antonio Lanzavecchia dirige l'IRB depuis sa fondation en 2000. Une fonction pour laquelle il a quitté le très renommé Institut d'immunologie de Bâle, où il travaillait depuis seize ans. Monter de toutes pièces un institut de recherche au Tessin, loin des universités et des grands centres de recherche biomédicale et pharmaceutique, constituait un pari très risqué, de l'avis de nombre de ses confrères. «Mais c'est justement ce défi qui m'a poussé à venir au Tessin», affirme Antonio Lanzavecchia. Le jeu en a valu la chandelle: aujourd'hui, quelque soixante scientifiques travaillent à l'IRB. Son budget annuel a grimpé de 4 millions (en 2000) à plus de 11 millions de francs suisses (en 2006). L'institut est soutenu par la Fondation Helmut Horten, la Ville de Bellinzone, le Canton du Tessin et la Confédération. Une grande partie de son financement repose sur des subsides d'encouragement compétitifs du Fonds national suisse, de l'Union Européenne et de la Fondation Bill et Melinda Gates.

Antonio Lanzavecchia consacre ses travaux au système immunitaire depuis qu'il a décidé de se lancer dans la recherche – il était alors jeune pédiatre. A ses débuts, le scientifique s'est surtout intéressé à la façon dont les cellules appelées lymphocytes T et B coopèrent pour générer des anticorps. On savait déjà que les lymphocytes B ont besoin de la stimulation des cellules T pour fabriquer ces derniers. Mais on ignorait les détails de ce mécanisme. Antonio Lanzavecchia a réussi à les décrypter dans son laboratoire de Bâle, publiant sa découverte dans la prestigieuse revue *Nature.* Depuis lors, ses résultats sont toujours considérés comme une avancée fondamentale dans le domaine de l'immunologie.

Aujourd'hui, Antonio Lanzavecchia et ses collaborateurs se concentrent surtout sur les cellules dendritiques. Celles-ci sont en quelque sorte les gardiennes du système immunitaire. Les scientifiques étudient également une classe particulière de lymphocytes B, les cellules dites «mémoire». Ces dernières sont produites en réponse à une infection ou après un vaccin et restent ensuite dans l'organisme jusqu'à sa mort. Comme une empreinte indélébile qui assure une réaction rapide et efficace en cas de réinfection par le même agent pathogène. «A Bellinzone,

nous avons découvert comment isoler et cultiver indéfiniment des lymphocytes B
‹mémoire›, explique Antonio Lanzavecchia. Cela nous a permis de fabriquer
en laboratoire d'importantes quantités d'anticorps spécifiques capables de neutraliser
certains agents infectieux comme le SRAS (syndrome respiratoire aigu sévère),
la grippe aviaire ou la malaria.»

En médecine, ces anticorps dits monoclonaux sont associés à une nouvelle méthode
pour combattre de nombreuses affections. Tandis que les procédures classiques
utilisent des souris pour fabriquer ces anticorps, «l'avantage de notre méthode est
que nous les obtenons directement à partir du système immunitaire humain,
précise Antonio Lanzavecchia. Une simple prise de sang suffit.» L'IRB a fait breveter
sa découverte, «mais nous sommes encore à des années d'une application chez
les patients. Même s'il s'agit d'anticorps humains, nous devons d'abord prouver leur
efficacité et leur tolérance dans le cadre de tests sur les animaux.»

Antonio Lanzavecchia est en contact avec des chercheurs du monde entier, jusqu'en
Chine. «Mais je ne voudrais pas quitter la Suisse, relève-t-il. Mon poste est idéal
pour faire de la recherche. Il y a ici une tradition de l'excellence et une bonne masse
critique. Tout est parfaitement organisé et l'on est certain que tout fonctionne.»

A une époque où la recherche est concentrée dans les universités et les écoles
polytechniques, les instituts de recherche spécialisés sont devenus des exceptions.
Malgré cela, Antonio Lanzavecchia se déclare convaincu qu'«un institut comme
l'IRB, qui se consacre à un domaine aussi spécialisé que le système immunitaire
humain, reste particulièrement compétitif. Il offre aux doctorants la possibilité
de se focaliser efficacement sur leur travail, sans être constamment distraits.»

A l'IRB, la passion pour la recherche est manifestement contagieuse. «Les jeunes
scientifiques viennent pour être productifs. Presque personne ne rentre à 17 heures
à la maison», constate Antonio Lanzavecchia. La nuit, lorsqu'on longe les bâtiments
de l'IRB, il n'est ainsi pas rare d'apercevoir des laboratoires encore illuminés
et des jeunes chercheurs rassemblés dans la cafétéria de la cour intérieure, l'«auberge
espagnole» scientifique du sud des Alpes. Odette Frey

Antonio Lanzavecchia
– Né en 1951 à Varèse, Italie
– Etudes de médecine à l'Université de Pavie, Italie
– Collaborateur à l'Institut d'immunologie de Bâle (1983–1999)
– Directeur de l'Institut de recherche en biomédecine (IRB)
  à Bellinzone (depuis 2000)
– Professeur aux Universités de Gênes et de Sienne
– Médaille d'or de l'EMBO (1988)
– Prix Cloëtta (1999)
– Cavaliere della Repubblica, Italie (2001)

Antonio Lanzavecchia

GUERRA NEL CORPO
Antonio Lanzavecchia
Immunologo

Vetro e acciaio scuro: l'Istituto di Ricerca in Biomedicina (IRB), al centro di Bellinzona, ha un aspetto freddo e poco invitante. Ma appena giunti nell'atrio, superato l'ingresso principale, il visitatore si trova a suo agio, quasi come nella grande cucina di una comune. Un gruppo di giovani studenti discute intorno a un tavolo. Sono dottorandi che stanno preparandosi per un «Journal Club», un dibattito su un articolo della stampa scientifica con un professore in visita all'istituto. File di biciclette e il tavolo da ping pong completano l'atmosfera studentesca. Il professor Antonio Lanzavecchia, calmo e gentile, si preoccupa prima di tutto delle comodità del suo ospite, poi comincia a raccontare e a spiegare, contagiando l'interlocutore con l'entusiasmo per la sua disciplina: l'immunologia. A quel punto appare subito chiara la ragione per la quale giovani ricercatrici e ricercatori da ogni parte del mondo giungono a Bellinzona per lavorare e studiare.

Lanzavecchia dirige l'IRB dal giorno della sua fondazione, avvenuta nel 2000, giunto in Ticino da Basilea dove aveva lavorato per 16 anni nel prestigioso Istituto di immunologia della Roche. Far nascere un istituto di ricerca dal nulla, in Ticino – lontano dalle università e dai grandi centri di ricerca biomedica e farmaceutica – apparve a molti un'impresa azzardata. «È stata proprio questa sfida ad attirarmi in Ticino», commenta Lanzavecchia. E la sfida è stata vinta. Oggi l'istituto offre lavoro a circa sessanta ricercatrici e ricercatori e il budget annuo è cresciuto dai 4 milioni della partenza (2000) fino a superare gli 11 milioni del 2007. L'istituto riceve contributi dalla Helmut Horten Stiftung, dalla città di Bellinzona, dal cantone Ticino e dalla Confederazione. I nove laboratori di ricerca sono finanziati quasi esclusivamente da grant competitivi che i capigruppo riescono ad attirare da agenzie come il Fondo Nazionale Svizzero per la ricerca scientifica, l'Unione Europea o la Bill e Melinda Gates Foundation.

Antonio Lanzavecchia studia le cellule del sistema immunitario dell'uomo dal giorno in cui, giovane medico pediatra, decise di dedicarsi interamente alla ricerca. Inizialmente il suo interesse era rivolto soprattutto a capire come le cellule T e B interagiscono per formare anticorpi. Già si sapeva che le cellule B producono gli anticorpi solo quando sono stimolate da cellule T, ma il meccanismo non era noto. Nel laboratorio di Basilea Lanzavecchia ha trovato la soluzione a questa domanda e l'ha pubblicata sulla prestigiosa rivista *Nature*, un lavoro ancora oggi riconosciuto come uno dei «pilastri» dell'immunologia.

Oggi la ricerca del laboratorio di Lanzavecchia è concentrata soprattutto sullo studio delle cellule dendritiche, le sentinelle del sistema immunitario e su un particolare tipo di cellule B, definite cellule della memoria. Queste ultime sono prodotte in risposta a infezioni e vaccinazioni e restano nel nostro corpo per tutta la vita, una sorta di deposito che ci garantisce la possibilità di rispondere rapidamente e efficacemente a un secondo incontro con un determinato patogeno. «A Bellinzona abbiamo scoperto come isolare le cellule B della memoria e farle crescere indefinitamente in modo da produrre in laboratorio grandi quantità di anticorpi in grado di neutralizzare agenti infettivi come il virus della SARS, dell'influenza aviaria o il plasmodio della malaria».

Nella terapia medica, gli anticorpi rappresentano un nuovo approccio alla lotta contro diverse malattie. Con le tecniche tradizionali, la produzione di questo genere di anticorpi si svolge generalmente utilizzando animali da laboratorio. «Il vantaggio del nostro metodo – dice Lanzavecchia – sta nel fatto che, per ottenere gli anticorpi, attingiamo direttamente al sistema immunitario dell'uomo. È sufficiente un piccolo prelievo di sangue». L'istituto di Bellinzona ha brevettato questa scoperta e una nuova società, che ha i suoi laboratori in Ticino, é stata creata per sviluppare questi anticorpi. «Occorreranno tuttavia ancora molti anni di ricerche, prima che la cura possa essere sperimentata sui pazienti» sottolinea Lanzavecchia. Anche se si tratta di anticorpi umani, bisogna passare prima attraverso la sperimentazione sugli animali che ne attesti l'efficacia e la compatibilità.

Lanzavecchia viaggia molto e si confronta con scienziati di ogni parte del mondo. «Tuttavia – dice – non vorrei mai rinunciare alla Svizzera. Per me è il posto ideale, c'é una tradizione di eccellenza nella ricerca e una grande massa critica, soprattutto al di là delle Alpi. Poi ogni cosa è organizzata perfettamente e possiamo contare sul fatto che tutto funziona nel migliore dei modi.

In un'epoca in cui la ricerca si concentra nelle Università e nei Politecnici, i centri di ricerca specializzati sono diventati un'eccezione. E però Lanzavecchia convinto che «un istituto come l'IRB dedicato a un tema specifico, le difese dell'organismo, possa essere particolarmente competitivo in quanto offre a ricercatori e dottorandi l'opportunità di svolgere il proprio lavoro con grande efficienza e senza distrazioni».

All'IRB, la passione per la ricerca contagia anche gli scienziati più giovani. «Vengono qui per produrre, e alle cinque del pomeriggio nessuno va a casa» constata Lanzavecchia. Passando di notte davanti alla sede dell'Istituto si scorgono i laboratori illuminati a giorno e i ricercatori che cucinano insieme nella caffetteria del cortile – una comune di scienziati nel sud della Svizzera. Odette Frey

---

Antonio Lanzavecchia
- Nato nel 1951 a Varese, Italia
- Laurea in medicina presso l'Università di Pavia, Italia
- Membro del Basel Institute for Immunology (1993–1999)
- Direttore dell'Istituto di Ricerca in Biomedicina (IRB), Bellinzona (dal 2000)
- Professore all'Università di Genova e all'Università di Siena
- Medaglia d'oro EMBO (1988)
- Premio Cloëtta (1999)
- Cavaliere della Repubblica, Italia (2001)

A WAR IN OUR BODY
Antonio Lanzavecchia
Immunologist

Dark-blue steel and lots of glass: from the outside, the Institute for Research in Biomedicine (IRB) in the centre of the town of Bellinzona looks cold and anything but inviting. But once you have passed through the entrance, crossed a courtyard and entered a large common room complete with a cooking area, you feel completely at home. Two dozen young male and female scientists are sitting at a large table, eating and talking. They are doctoral students of the "Journal Club" – the Institute's own debating society devoted to specialist literature. Their director, Antonio Lanzavecchia, has a brightly-lit office up on the first floor, where he receives visitors. His manner is casual and friendly, and he takes great pains to put guests at ease, talking, explaining and radiating extraordinary enthusiasm for his field of immunology. It is immediately apparent why young scientists from all over the world come to Bellinzona to work at the Institute.

Lanzavecchia has been the director of the IRB since it was founded in 2000, when he moved to Ticino from the renowned Institute for Immunology in Basle. He left just in time, because Roche, the pharmaceuticals company that had been financing the Institute in Basle, withdrew its support shortly afterwards. To many, it seemed extremely risky to try and create a research institute out of thin air in Ticino, far removed from the biomedical research centres in, say, Basle and Zurich. But, says Lanzavecchia, this "was precisely the challenge that attracted me to Ticino." And the gamble certainly paid off: today some sixty research scientists work there. The annual budget rose from just under 4 million Swiss francs in the year 2000 to more than 11 million in 2006. The Institute's funding sources include the Helmut Horten Foundation, the town of Bellinzona, the Canton of Ticino and the Swiss state, but a large part of its support comes in the form of competitive grants from the Swiss National Science Foundation, the EU and the Bill and Melinda Gates Foundation.

Lanzavecchia has been interested in the body's immune system ever since, as a young paediatrician, he decided to go into research. Initially, he was mainly interested in the way T- and B-cells interact to produce antibodies. It was already known that B-cells produce antibodies when stimulated by T-cells, but nobody really understood the underlying mechanism. It was Lanzavecchia, in his laboratory in Basle, who eventually succeeded in identifying and describing that mechanism, and his findings were published in the prestigious journal *Nature*. Lanzavecchia's article is now regarded as groundbreaking work in immunology.

These days Lanzavecchia and his staff are chiefly concerned with the analysis of dendritic cells. These are the guardians, as it were, of the immune system. Lanzavecchia's laboratory also studies a certain type of B-cell, the so-called memory cell. Memory cells form in response to an infection caused by a pathogen or a vaccination and remain in our bodies for the rest of our lives. They ensure that the body reacts swiftly and efficiently to being attacked again by a particular pathogen. "In Bellinzona, we found a way to isolate B memory cells and to make them grow again. This enabled us to produce a large number of specific antibodies in the laboratory to neutralise the infective agents of diseases such as SARS, avian flu or malaria."

For medical practitioners, using so-called monoclonal antibodies represents a new way of combating a vast range of diseases. Generally speaking, these antibodies have been derived from mice. By contrast, explains Lanzavecchia, "our method has the great advantage of allowing us to tap the human immune system directly to obtain antibodies. But we are still years away from using them on patients." Even antibodies taken from human beings must first be tested on animals for effectiveness and tolerance.

Lanzavecchia spends a lot of time travelling. He exchanges notes with researchers all over the world. He has even established contacts in China. "But I wouldn't like to move away from Switzerland," he says. "If you ask me, there is no better place for a scientist. Everything is well organised and reliable. Things work here." He considers it a stroke of luck that he was able to set up a new research institute in Switzerland. At a time when there is a great demand for interdisciplinary approaches, specialised research institutes are a little out of fashion. Even so, Lanzavecchia is convinced that "An institute like the IRB, which is devoted to a specific field – the human immune system – has its advantages too, because it allows its staff to work very efficiently and with great concentration."

The focus on research obviously appeals to the young scientists working at the IRB. "They come here because they want to be productive. Hardly anyone goes home at 5 p.m.", says Lanzavecchia. Indeed, anyone driving past the IRB at night is likely to see brightly lit laboratory windows, not to mention a glimpse of young researchers cooking together in the cafeteria across the courtyard. Odette Frey

---

Antonio Lanzavecchia
- Born 1951 in Varese, Italy
- Studied medicine in Pavia, Italy
- Research at the Basle Institute for Immunology (1983–1999)
- Head of the Institute for Research in Biomedicine (IRB) in Bellinzona (since 2000)
- Professor at the Universities of Genoa and Siena
- EMBO Gold Medal (1988)
- Cloëtta Prize (1999)
- Cavaliere della Repubblica, Italy (2001)

MARTIN SCHWAB

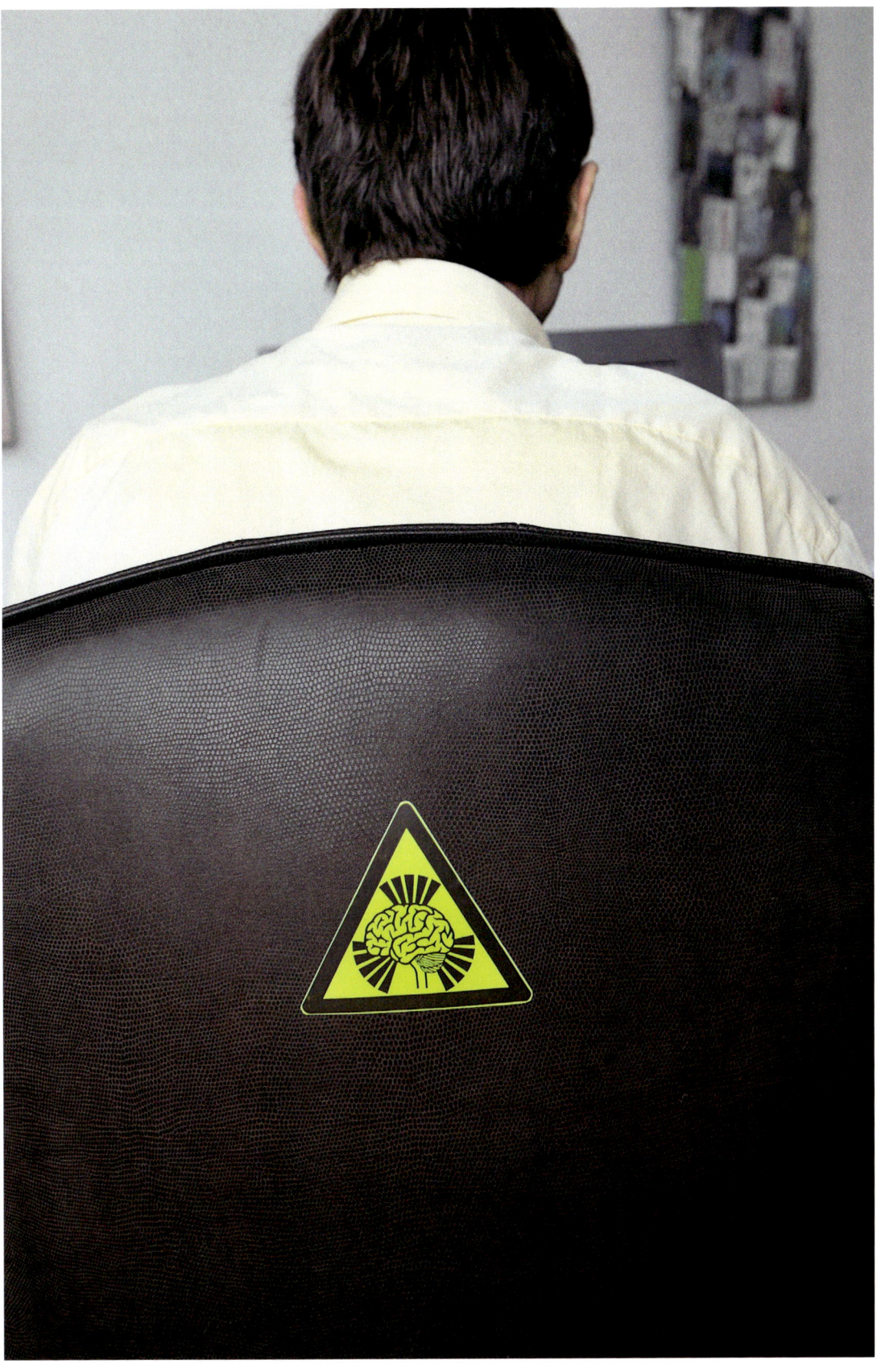

Martin Schwab

WERKZEUG

SCHLÄUCHE

Martin Schwab

HOFFNUNG FÜR QUERSCHNITTGELÄHMTE

Martin Schwab
Neurowissenschaftler

Jeden Tag erreichen ihn ein bis zwei E-Mails von Betroffenen, von Menschen mit Querschnittlähmung. Die Fragen gleichen sich: Wo steht die Forschung? Wann gibt es Heilung? – Mit seiner Arbeit weckt Martin Schwab viel Hoffnung. Jahrzehntelang hatte die Forscherwelt geglaubt, die Verkabelung von Gehirn und Rückenmark sei vergleichbar mit einem Telefonapparat: Ist ein Kabel einmal durchtrennt, dann bleibe das auch so. Unzählige gescheiterte Versuche, durch einen Unfall oder Sturz zerschmetterte Nervenbahnen im Rückenmark wieder zusammenwachsen zu lassen, schienen dies zu beweisen. Doch Martin Schwab gab sich mit dieser in den Lehrbüchern vermittelten Behauptung nicht zufrieden – ganz wie es seinem Naturell entspricht. Schon immer wollte er alles sehr genau wissen. Sei es auf dem Dachstock seiner Grosseltern, wo er als Bub mit Knallgas experimentierte oder Insekten zerlegte, sei es bei seiner Doktorarbeit, bei der er die Gehirnentwicklung von Eidechsen und Schlangen minutiös miteinander verglich.

Seine Skepsis beruhte in diesem Fall aber nicht bloss auf grosser Neugierde: Schliesslich wussten Neurobiologen schon lange, dass Nerven ausserhalb von Gehirn und Rückenmark, zum Beispiel in den Händen oder Füssen, nach einer Verletzung sehr wohl wieder nachwachsen können – angeregt durch sogenannte Wachstumsfaktoren. Warum sollte dies ausgerechnet im Supercomputer des menschlichen Körpers, dem Zentralnervensystem, anders sein? Tatsächlich: Als Martin Schwab Gewebeproben von frisch verletzten Rückenmarksnerven untersuchte, fand er sogar sehr beachtliche Mengen solcher molekularer Wachstumshelfer: «Wenn die Wachstumsfaktoren vorhanden sind, die Nervenstränge aber trotzdem nicht spriessen, kann das nur bedeuten, dass das Nervenwachstum durch irgendetwas aktiv gebremst wird.»

Das war 1985, und Martin Schwab stand mit dieser Hypothese allein auf weiter Flur. Der Kampf um die wissenschaftliche Anerkennung begann. Er tauchte noch tiefer ins Labor ab; denn jetzt brauchte er handfeste biochemische Beweise für seinen überraschenden Befund. Doch die Laborarbeiten gestalteten sich schwierig. Um dieses «Etwas» dingfest zu machen, benötigte er knifflige neue Analysemethoden. Doch wo andere Forscher das Handtuch warfen, ging Martin Schwab unbeirrt seinen Weg – bis der Übeltäter entdeckt war: ein Eiweiss in der Hülle von Nervenfasern im Rückenmark und Gehirn, welches das Nervenwachstum unterdrückte.

Selbst nach diesem Durchbruch konnte der Neurowissenschaftler seine Erkenntnis über drei Jahre lang in keiner wissenschaftlichen Fachzeitschrift veröffentlichen. Zu unglaublich schien Schwabs Hypothese der damaligen Hirnforscher-Gemeinschaft. Er beharrte darauf, taufte das wachstumshemmende Eiweiss Nogo (Geht nicht) und konstruierte einen Antikörper, der Nogo blockiert – schuf also eine Art Bremse für die Bremse. Erst 1990, als Versuche an gelähmten Ratten zeigten, dass die Tiere nach der Behandlung mit dem Anti-Nogo-Molekül wieder gehen konnten, war die Zeit der Unsicherheit vorbei. «Diese Erfolge gaben nicht nur Durchhaltekraft, sondern bescherten uns auch wichtige Forschungsgelder», blickt Martin Schwab heute zurück. Und er, der sonst betont nüchtern über seine Forschungsarbeit berichtet, kann seine tiefe Befriedigung nur schwer kaschieren – und sagt: «Ja, das war toll!»

Inzwischen gehört Martin Schwab zur internationalen Elite der Neurowissenschaftler: Er steht an der Spitze des Instituts für Hirnforschung und des Zentrums für Neurowissenschaften der Universität und der ETH Zürich. Beharrlichkeit und Offenheit gegenüber Neuem möchte Martin Schwab aus seiner eigenen Erfahrung heraus den jungen Forscherinnen und Forschern an seinem Institut nahelegen. «Und einen Sinn für Kreativität», doppelt der bekennende Kunstliebhaber nach. In der Wissenschaft gelte es – wie in der modernen Kunst auch –, durch schrittweise Abstraktion zu einem allgemeingültigen Grundprinzip zu gelangen.

Als universeller noch als ursprünglich gedacht erweist sich mittlerweile auch Martin Schwabs Anti-Nogo-Therapie. Durch die Behandlung können nicht nur geschädigte Nervenzellen wieder wachsen. Auch unverletzte Nerven werden befähigt, neue Fortsätze heranzubilden. Im Gehirn könnte dieser Mechanismus dazu dienen, ausgefallene Hirnbereiche zu kompensieren, zum Beispiel nach einem Schlaganfall. Doch das bleibt vorderhand ein Versprechen für die Zukunft. Zunächst blickt die Fachwelt gespannt auf die klinischen Versuche an Patientinnen und Patienten mit Rückenmarksverletzungen, die zurzeit in verschiedenen Spitälern Europas laufen, auch an der Zürcher Universitätsklinik Balgrist. Eine vollständige Heilung erwartet der Forscher zwar nicht, «aber schon die Fähigkeit, gewisse Muskeln wieder bewegen zu können, etwa die Greiffunktion der Hand zu verbessern, wäre ein Fortschritt verglichen mit der heutigen Situation». Die vorläufigen Resultate jedenfalls machen Mut. Zeigen die Versuche die erhoffte Wirkung, so dürfte schon in wenigen Jahren ein erstes Medikament zur Linderung von Rückenmarksverletzungen vorliegen. Es wäre wohl so etwas wie das Lebenswerk von Martin Schwab – und für Menschen mit Querschnittlähmung ein wichtiger Schritt hin zu einem Leben in Normalität. Mark Livingston

---

Martin Schwab
– Geboren 1949 in Basel
– Studium der Zoologie, Botanik und Chemie an der Universität Basel
– Professor für Neurowissenschaften an der Universität Zürich (seit 1985)
– Professor an der ETH Zürich (seit 1997)
– Ko-Direktor des Instituts für Neurowissenschaften
  der Universität Zürich (seit 1985)
– Marcel-Benoist-Preis (1994)
– Christopher-Reeve-Forschungsmedaille (1996)
– Betty-und-David-Koetser-Preis (2007)

UN ESPOIR POUR LES PARAPLÉGIQUES

Martin Schwab
Neuroscientifique

Chaque jour, Martin Schwab reçoit un à deux e-mails de personnes paraplégiques. Les questions qui lui sont posées se ressemblent toujours: où en est la recherche? Quand le traitement sera-t-il disponible? Car avec son travail, Martin Schwab éveille de nombreux espoirs. Durant des décennies, il fut admis que le «câblage nerveux» qui relie le cerveau à la moelle épinière est comparable à celui d'un téléphone: une fois que le fil est rompu, il le reste. On pensait même en avoir la preuve: d'innombrables tentatives de faire repousser dans la moelle épinière des fibres nerveuses lésées suite à une chute ou un accident se sont soldées par un échec. Cependant, Martin Schwab, fidèle à son caractère, ne s'est pas satisfait de ce dogme véhiculé par les traités de médecine. Ce scientifique a toujours voulu aller au fond des choses. Que ce soit dans le grenier de ses grands-parents où, enfant déjà, il faisait des expériences avec du gaz détonant ou disséquait des insectes. Ou lors de sa thèse de doctorat, durant laquelle il a minutieusement comparé le développement du cerveau chez les lézards et les serpents.

Toutefois dans ce cas précis, son scepticisme ne reposait pas uniquement sur sa curiosité. En effet les neurobiologistes savaient depuis longtemps que les nerfs situés hors du cerveau et de la moelle épinière, dans les mains ou les pieds par exemple, sont capables de repousser après une blessure; ils sont stimulés par ce que les spécialistes appellent des facteurs de croissance. Or pourquoi devrait-il en être autrement dans le système nerveux central, ce superordinateur du corps humain? En étudiant des échantillons de tissus nerveux médullaires fraîchement lésés, Martin Schwab a découvert ainsi une quantité considérable de ces fameux facteurs de croissance. «Si les fibres nerveuses ne poussent pas malgré la présence de facteurs de croissance, il ne reste qu'une possibilité, se dit-il, la croissance de ces nerfs est activement inhibée par autre chose…»

C'était en 1985, et Martin Schwab se retrouvait alors bien seul avec son hypothèse. Il se lança dans la bataille pour que sa théorie soit reconnue scientifiquement. Il s'isola dans son laboratoire en quête de preuves biochimiques solides de ses résultats surprenants. Toutefois ces travaux s'avèrent difficiles. Car mettre la main sur l'objet de ses désirs impliquait d'utiliser des méthodes d'analyse complexes. Cependant, alors que d'autres chercheurs jetaient l'éponge, Martin Schwab poursuivit imperturbablement sa voie. Jusqu'à ce qu'il finisse par découvrir le fauteur de trouble: une protéine présente dans la gaine des fibres nerveuses de la moelle épinière et du cerveau, qui inhibe la croissance des nerfs.

Après cette percée, Martin Schwab dut encore attendre trois ans avant de pouvoir publier sa découverte dans une revue spécialisée. Son hypothèse semblait trop incroyable aux yeux de la communauté scientifique de l'époque. Martin Schwab n'en démordit pas: il baptisa cette protéine inhibitrice de croissance Nogo («ne va pas»). Mieux: il mit au point un anticorps qui l'inhibe à son tour, une sorte de déblocage du frein. Ensuite, en 1990, des essais sur des rats paralysés montrèrent qu'ils pouvaient à nouveau marcher après avoir été traités avec une molécule anti-Nogo. Pour le chercheur, la période d'incertitude avait enfin pris fin.

«Ces succès nous ont alors donné la force de tenir bon et nous ont surtout valu d'importants subsides de recherche», se souvient Martin Schwab. Celui qui d'habitude évoque son travail de recherche avec une ostensible sobriété ne peut, cette fois, que difficilement dissimuler sa profonde satisfaction. Et de lâcher: «C'était génial!»

Depuis, Martin Schwab fait partie de l'élite internationale des neuroscientifiques. Il est à la tête de l'Institut de recherche sur le cerveau de l'Université de Zurich et de l'Ecole polytechnique fédérale de Zurich. Fort de sa propre expérience, il souhaite inculquer aux jeunes chercheurs de son institut une certaine ténacité et un esprit d'ouverture face à la nouveauté. «Mais aussi le sens de la créativité, renchérit cet amateur d'art. Car en sciences, c'est comme en art moderne. Il s'agit d'aboutir par abstractions successives à un principe fondamental universel.»

La thérapie anti-Nogo de Martin Schwab s'est même avérée plus universelle que prévu à l'origine. Le traitement permet non seulement aux fibres nerveuses endommagées de repousser, mais aussi aux cellules intactes de former de nouveaux processus. Un mécanisme qui pourrait un jour servir à compenser les zones du cerveau qui ont cessé de fonctionner après une attaque cérébrale, par exemple. Pour l'heure, les experts attendent avec impatience les résultats des essais cliniques actuellement en cours avec des patients atteints de lésions de la moelle épinière. Ces tests se déroulent dans différents hôpitaux d'Europe, entre autres à la Clinique universitaire Balgrist de Zurich. Les chercheurs ne s'attendent pas à une guérison complète. «Mais si l'on arrive à faire retrouver aux patients la capacité de mobiliser certains muscles, à améliorer par exemple leur fonction de préhension de la main, ce serait déjà un progrès en comparaison avec la situation actuelle», souligne Martin Schwab.

Les résultats intermédiaires, en tout cas, sont encourageants. Si les essais devaient montrer l'effet espéré, il serait possible d'ici quelques années déjà de disposer d'un premier médicament pour réduire les lésions de la moelle épinière. Ce serait en quelque sorte l'achèvement de l'œuvre de Martin Schwab, et pour les personnes paraplégiques, un pas important vers une vie normale. Mark Livingston

---

Martin Schwab
– Né en 1949 à Bâle
– Etudes de zoologie, de botanique et de chimie à l'Université de Bâle
– Professeur en neurosciences à l'Université de Zurich (depuis 1985)
– Professeur en neurosciences à l'EPF de Zurich (depuis 1997)
– Codirecteur de l'Institut de recherche sur le cerveau
  de l'Université de Zurich (depuis 1985)
– Prix Marcel Benoist (1994)
– Médaille de la recherche Christopher Reeve (1996)
– Prix de la Betty and David Koetser Foundation (2007)

Martin Schwab

UN FILO DI SPERANZA PER I PARAPLEGICI

Martin Schwab
Neuroscienziato

Ogni giorno lo raggiungono una o due e-mail inviate da persone che hanno subito lesioni al midollo spinale. Le domande sono sempre le stesse: a che punto è la ricerca? Quando ci sarà una cura? Il lavoro di Martin Schwab suscita grandi speranze. Per anni i ricercatori hanno ipotizzato che la connessione tra il cervello e il midollo spinale fosse paragonabile a quella di una linea telefonica: se un cavo si spezza, la comunicazione rimarrà per sempre interrotta. Lo dimostrano gli innumerevoli tentativi non riusciti di rigenerazione delle connessioni nervose del midollo spinale lesionate in seguito a un incidente o a una caduta. Martin Schwab – in perfetta sintonia con la sua indole – non si accontentò mai della tesi riportata dai manuali. Da sempre vuole conoscere tutto con esattezza; lo faceva già da bambino, quando nella soffitta dei nonni si divertiva a sezionare gli insetti o a miscelare la polvere da sparo; lo ha fatto da adulto quando nella sua tesi di dottorato ha confrontato minuziosamente lo sviluppo cerebrale delle lucertole con quello dei serpenti.

Il suo scetticismo, in questo caso, non scaturiva solo da pura curiosità senza fondamento: ai neurobiologi era infatti noto da tempo che dopo una lesione, i nervi collocati all'esterno del cervello e del midollo spinale – per esempio, nelle mani e nei piedi – sono capaci di rigenerarsi senza problemi, se vengono stimolati dai cosiddetti fattori di crescita. Perché mai questo non dovrebbe accadere anche nel sistema nervoso centrale, il supercomputer del corpo umano? Quando Martin Schwab analizzò i campioni di tessuto nervoso del midollo spinale appena danneggiato, scoprì la presenza di considerevoli quantità di fattori la crescita: «Se i nervi spinali non si rigenerano, nonostante la presenza dei fattori di crescita, c'è solo una spiegazione: la crescita del tessuto nervoso è frenata dall'attività di qualcos'altro».

Era il 1985 e Martin Schwab, l'unico a credere in tale ipotesi, iniziò a lottare per ottenerne il riconoscimento scientifico. Si isolò nel suo laboratorio: aveva bisogno di prove biochimiche inconfutabili per provare l'attendibilità della sua sorprendente ipotesi, ma questa si dimostrò ben presto difficoltosa. Per catturare quello sconosciuto «qualcos'altro» dovette ricorrere a nuovi e complessi metodi di analisi. Schwab tuttavia proseguì imperterrito per la propria strada, là dove altri ricercatori avevano gettato la spugna, fino a scoprire il disturbatore: una proteina che inibisce la rigenerazione delle fibre nervose del midollo spinale e del cervello, individuata all'interno del loro rivestimento.

Il neuroscienziato dovette però attendere tre anni prima di veder pubblicata la propria scoperta su una rivista specializzata. In quegli anni la comunità scientifica riteneva l'ipotesi di Schwab assolutamente inverosimile. Egli tuttavia, ostinatamente convinto della bontà dell'idea, battezzò la proteina inibitrice chiamandola Nogo («non va») e fabbricò un anticorpo (anti-Nogo) in grado di bloccarla – ottenendo in pratica una molecola in grado di togliere il blocco alla ricrescita. L'incertezza fu superata solo nel 1990, quando la sperimentazione sui topi e sui ratti dimostrò che gli animali trattati con la molecola anti-Nogo erano nuovamente in grado di muoversi.

«Quei successi non ci dettero solo la forza di tener duro, ma anche accesso a nuovi fondi, importanti per proseguire le ricerche», commenta Martin Schwab. E lui, che quando parla delle sue ricerche è sempre molto conciso, trattiene a malapena una grande soddisfazione esclamando: «Sì, è stato proprio fantastico!»

Nel frattempo Schwab, alla guida dell'Istituto di ricerca sul cervello e del Centro di neuroscienze dell'Università e del Politecnico federale di Zurigo, è entrato a far parte dell'élite internazionale della neurobiologia. Sulla base della propria esperienza, dalle nuove leve di ricercatori e ricercatrici esige grande ostinazione e apertura mentale verso la novità. Da indiscusso appassionato d'arte aggiunge: «Occorre anche una propensione alla creatività». Nella ricerca scientifica – come nell'arte moderna – bisogna saper cogliere il principio generale universale, attraverso un graduale processo di astrazione.

Nel frattempo anche la terapia anti-Nogo di Martin Schwab si sta dimostrando più universale di quanto fosse immaginabile all'inizio. Il trattamento si rivela efficace non solo nella rigenerazione delle cellule nervose lese, ma anche nella capacità dei tessuti nervosi sani di formare nuove connessioni. Nel cervello il meccanismo potrebbe dimostrarsi utile nella compensazione della perdita di funzione delle aree lese, per esempio in seguito a un ictus. Per ora si tratta solo di una promessa per il futuro. L'attenzione degli specialisti è rivolta ai risultati della sperimentazione clinica sui pazienti svolta attualmente in vari ospedali d'Europa, tra cui anche la Clinica universitaria di Balgrist a Zurigo. Lo scienziato non si aspetta una guarigione completa, «ma riacquisire la capacità di movimento di alcuni muscoli, per esempio migliorando la presa della mano, rappresenterebbe già un grande progresso, rispetto alla situazione attuale». I risultati provvisori lasciano comunque ben sperare. Se le cure dimostreranno l'efficacia attesa, in pochi anni sarà disponibile un primo farmaco per mitigare le lesioni del midollo spinale. Un risultato che rappresenterebbe sicuramente il traguardo dell'opera di Martin Schwab e un grande passo in avanti verso una vita normale per i paraplegici di tutto il mondo. Mark Livingston

Martin Schwab
– Nato nel 1949 a Basilea
– Studi di zoologia, botanica e chimica presso l'Università di Basilea
– Professore ordinario di neurobiologia presso l'Università
  di Zurigo (dal 1985)
– Professore presso l'ETHZ (dal 1997)
– Codirettore dell'Istituto di ricerche sul cervello
  dell'Università di Zurigo (dal 1985)
– Premio Marcel Benoist (1994)
– Medaglia Christopher Reeve per la ricerca (1996)
– Premio della Fondazione Betty e David Koetser (2007)

A RAY OF HOPE FOR PARAPLEGICS

Martin Schwab
Neuroscientist

Every day he receives one or two e-mails from people affected by paraplegia. And they always ask the same questions: What is the current state of research? When will there be a cure? Martin Schwab's work raises a lot of hope. For decades, scientists believed that the connection between the brain and the spinal cord resembled a huge bundle of telephone lines: once a cable was severed it would remain that way. The countless failed attempts to induce nerve fibres crushed in an accident or injured in a fall to grow out again seemed to confirm this idea. Martin Schwab, however, refused to be satisfied with the claims he found in textbooks. He had always wanted to know everything down to the last detail, whether he was in his grand-parents' attic, where, even as a boy, he would do chemistry experiments or dissect insects, or working on his doctorate, for which he meticulously compared the development of the brains of lizards and snakes.

In this case, however, his scepticism was not based on curiosity alone. After all neurobiologists have known for quite some time that nerves located outside the brain and spinal cord, such as those in the hands and feet, can indeed regrow after an accident, stimulated by so-called growth factors. Why of all places should things be different in the central nervous system, the human body's supercomputer? Indeed, when Martin Schwab analysed tissue samples from recently damaged spinal cord nerves, he even found considerable amounts of such molecular growth stimulants. "If growth factors are present", he concluded, "but the nerve fibres don't grow, it can only mean that something is actively inhibiting nerve growth."

That was in 1985. Martin Schwab was absolutely alone with his hypothesis. The fight for scientific recognition began. He proceeded to bury himself in his laboratory, for he now needed concrete biochemical evidence to substantiate his surprising claim. In order to get his hands on this "something", new, complex methods of analysis were needed. But where other researchers would have thrown in the towel, Martin Schwab and the research group led by him steadfastly continued to search until they found the culprit: a protein in the sheath of nerve fibres in the spinal cord and in the brain was suppressing nerve growth.

Even after this breakthrough, it took Schwab over three years to publish the results of his research in top scientific journals. At the time the brain-research community found Schwab's hypothesis too far-fetched. He persisted, christened the growth-inhibiting protein Nogo and produced an antibody that blocked Nogo – in other words, he created a kind of brake for the brake. It was not until 1990, when tests performed on paraplegic rats showed that the animals were able to walk again after they had been treated with the anti-Nogo molecule, that the time of uncertainty ended. "These successes not only gave us staying-power but also the necessary research grants," says Martin Schwab in retrospect. And although he is generally wont to report quite soberly about his research work, he finds it almost impossible to hide his immense satisfaction: "Yes, it was fantastic!"

Today Schwab is counted among the international elite of neuroscientists. He is head of the Brain Research Institute and the Centre for Neuroscience at the

University of Zurich and the ETH Zurich. With his own experience in mind, Martin Schwab urges the young researchers at his institute not to give up too early and always to keep their minds open to new ideas. "And to maintain a sense of creativity," Schwab, who loves art, adds. In science, he argues – as in modern art – you have to advance step by step, by a gradual process of abstraction, until you arrive at a generally valid fundamental principle.

Martin Schwab's anti-Nogo therapy has proved far more general in its application than he had originally thought. The treatment not only helps damaged nerve cells to grow again, but also helps undamaged nerves to develop new processes and connections. In the brain, this mechanism could help to compensate for parts disabled – as by a stroke, for example. At present such applications remain dreams of the future. For now, specialists are waiting eagerly for the outcomes of clinical tests being performed on patients with spinal cord injuries at various hospitals throughout Europe, including the Balgrist University Clinic in Zurich. Martin Schwab does not expect to see a complete cure, but even "the ability to move certain muscles again, for example to improve the gripping function of the hand, would be an improvement over the present situation." If the tests produce the desired results, the first drug to relieve spinal-cord injuries should be available in a few years' time. It would amount to Martin Schwab's life's work. And for people with paraplegia it would be an important step towards living a normal life. Mark Livingston

---

Martin Schwab
- Born 1949 in Basle
- Studied zoology, botany and chemistry at the University of Basle
- Professor of Neurosciences at the University of Zurich (since 1985), and at the ETH Zurich (since 1997)
- Co-director of the Brain Research Institute at the University of Zurich (since 1985)
- Marcel Benoist Prize (1994)
- Christopher Reeve Research Medal (1996)
- Betty and David Koetser Award (2007)

ULRIKE LOHMANN

ETH Adressliste per 12.11.2007

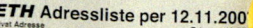

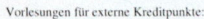

Vorlesungen für externe Kreditpunkte:
- Cortona-Woche (3 KP)
- englische/italienische/... Literatur (2 KP)
- International Management Asia (1 KP)
- Kunst- und Architekturgeschichte (2*2 KP)
- Einführung in die Psychologie (3 KP)
- Umweltmanagement (2 KP)
- Projektmanagement (1 KP)
- Presenting-Publishing-Writing (AKP)
- Scientific Writing (AKP)
- Sprachkurs (Sprachenzentrum) (2 KP)
- Mehrphasenströmungen (Verfahrenstechnik (MAVT)) (4 KP)

Vorlesungen für interne Kreditpunkte:
- Cloud Microphysics, Cloud Dynamics (3 KP)
- Aerosole I, II (3 KP)
- Planetary Boundary Layer and Pollution Transport (3 KP)

Numerical sim. of weather & climate (3KP)

Kolloquium Atmosphäre und Klima

Frühjahrssemester 2008
Jeweils montags, 16:15 Uhr, ETH Zentrum, CAB G 11
Eingereichte Abstracts stehen zur Verfügung unter http://www.iac.ethz.ch

25.02.08   **Dr. Martin Schnaiter**, Forschungszentrum Karlsruhe
Cloud Simulation Experiments at AIDA - Ice Particle Nucleation, Microphysics, and Optics

Ulrike Lohmann

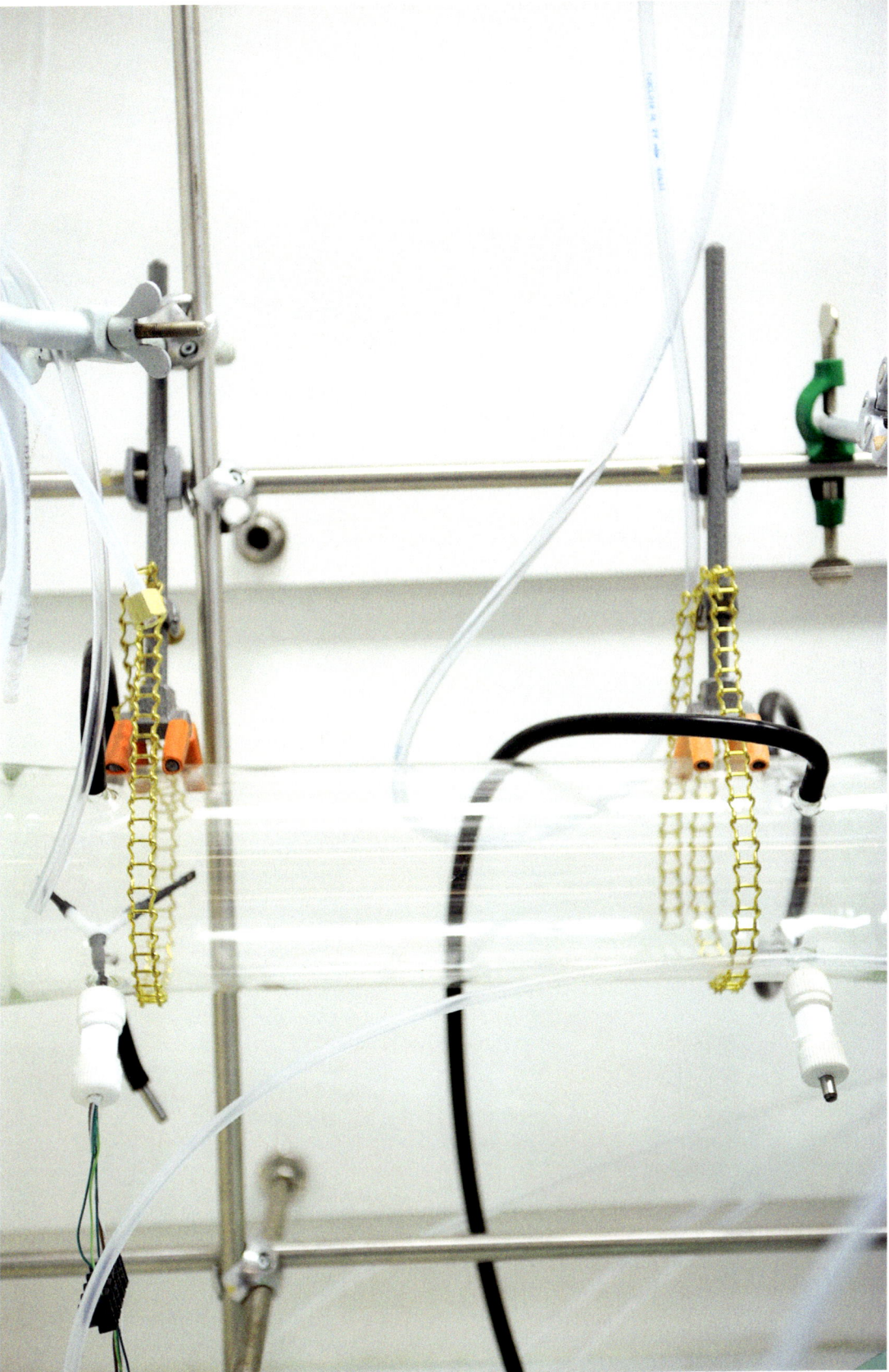

DIE WOLKENFRAU
Ulrike Lohmann
Atmosphärenphysikerin

Eine Wolkenkammer hätte man sich anders vorgestellt. Nicht bloss einen Zentimeter
dick und kaum mannshoch. Doch mehr Platz braucht es nicht, um zu testen,
wie Wolken entstehen. «Die Luftfeuchtigkeit in dem schmalen Raum ist sehr hoch»,
erklärt Ulrike Lohmann. «Dann geben wir hier oben verschiedene Feinstaubpartikel
hinein, Sulfate etwa oder Russe, und erfahren so, wie gut sich die als Wolken-
keime eignen.» Solche braucht es nämlich: Wolken wachsen nicht aus dem Nichts.

Ulrike Lohmann ist Professorin für Atmosphärenwissenschaft an der ETH
Zürich. Ihr Büro im neunten Stock liegt heute fast in den Wolken. Doch für den grauen
Himmel mag die geborene Berlinerin nicht mal professionelles Interesse aufbringen.
«Die Nimbostratus-Wolken sind ziemlich öde», lacht sie. «Wenigstens war ich
heute Morgen schon rudern.» Das ist ja das Gute an den Wolken: Sie sind unbeständig.

Und das ist das Schlechte: Es macht sie so unberechenbar. Tatsächlich sind
Wolken einer der grossen Unsicherheitsfaktoren in den Modellen, mit denen
Klimaforscher die globale Erwärmung prognostizieren wollen. Denn die Frage, ob es
zukünftig mehr oder weniger bedeckten Himmel gibt, ist entscheidend für die
Temperaturentwicklung auf der Erde. Ulrike Lohmann erforscht den Einfluss, den
Aerosole auf die Wolkenbildung haben. Das sind kleinste Partikel, die durch
die Luft schwirren – landläufig auch als Feinstaub bekannt. Sie können fest oder flüssig
sein. Seitdem die Menschheit fossile Brennstoffe im grossen Massstab verbrennt,
hat sich ihre Zahl in der Atmosphäre drastisch erhöht. «In den öffentlichen
Diskussionen um Feinstaub geht es meist nur um die direkten gesundheitlichen Auswirkungen», sagt Ulrike Lohmann. «Er hat aber auch eine grosse Relevanz für
die zukünftige Entwicklung des Klimas.» Solche Szenarien skizzierte die ETH-Wissen-
schaftlerin in ihrem Beitrag zum letzten Klimabericht des Weltklimarates IPCC
(Intergovernmental Panel on Climate Change).

Jeder potenzielle Regentropfen brauche zu seiner Entstehung einen Kern, an dem
der Wasserdampf kondensieren kann, erklärt die Wolkenforscherin. «Normaler-
weise sind das Partikel wie Mineralstaub aus der Wüste oder Seesalz, das der Wind
aus der Gischt fegt.» Heute kommen die Aerosole aus Autoauspuffen, Schornsteinen
und Industrieschloten hinzu. Da dadurch die Zahl der Kondensationskeime
enorm zunimmt, bilden sich auch viel mehr Tröpfchen in den Wolken. «Weil aber die
Wassermenge konstant bleibt, sind die Tropfen kleiner», sagt Lohmann, «und
reduzieren so die Niederschlagsbildung.» Die Wolken verweilen länger am Himmel.
Zumindest theoretisch. Ob deshalb tatsächlich weniger Regen fällt, ist eine der
Fragen, die Ulrike Lohmann in den nächsten Jahren klären will.

Doch die Zunahme der menschengemachten Aerosole hat eine weitere Auswirkung:
Mehr Tropfen heisst nämlich auch, dass sich die Oberfläche der Wolke vergrössert
und diese mehr Sonnenstrahlung ins Weltall reflektiert. Die mit Aerosolen verschmutzten
Wolken haben also eine kühlende Wirkung und mildern damit den Treibhauseffekt.
Der IPCC-Bericht beziffert diese Abkühlung in einer groben Schätzung auf minus
1,2 Watt pro Quadratmeter (W/m²). Subtrahiert man diese Zahl mit der im selben
Bericht errechneten erwärmenden Wirkung der Erdatmosphäre durch Treibhausgase

wie Kohlendioxid (CO_2) und Methan von plus 2,8 W/m^2, reduzieren die Aerosole den menschengemachten, sogenannten Strahlungsantrieb auf plus 1,6 W/m^2 und verringern so die Klimaerwärmung.

Paradox: Wenn man den Ausstoss von Aerosolen also reduziert (was gemeinhin begrüsst wird), heizt sich die Atmosphäre auf. Als der Vulkan Pinatubo Unmengen an Staub und Asche in die Atmosphäre pustete, kühlte sich das Weltklima um ein halbes Grad ab. «Deshalb regen die Aerosole die Fantasie vieler Forscher an», sagt Ulrike Lohmann: «Geo-Engineering heisst das Stichwort.» So schlug etwa Chemie-Nobelpreisträger Paul Crutzen vor, jährlich eine Million Tonnen Schwefel in die Atmosphäre zu befördern, um so den Treibhauseffekt zu mindern. Ulrike Lohmann hält nichts davon: Die Folgen seien nicht abzuschätzen. Ausserdem werde die CO_2-Produktion nicht eingeschränkt, und die Übersäuerung der Ozeane schreite fort. «Wir müssen die Emissionen auf jeden Fall reduzieren», sagt Ulrike Lohmann. «Aerosole sind auch gesundheitsschädlich.» Bei Russ sei die Sache besonders klar: Dessen Partikel sind so klein, dass sie lungengängig sind.

Lohmanns Forschungsgegenstand hat seine Tücken: Er ist flüchtig. Aerosole entstehen lokal, die Wetterbedingungen entscheiden über ihre Verbreitung in der Atmosphäre. Regen kann sie gleich wieder auswaschen. Und man kann die Aerosole nur schwer messen: «Daten aus Wolken gewinnen wir auf der Forschungsstation Jungfraujoch oder aus dem Flugzeug heraus», erklärt die Professorin. «In diesem Sommer untersuchen wir die Aerosole in der Arktis.» Aber solche Feldforschung ist Aufgabe ihres Teams. Ulrike Lohmann entwickelt aus den gewonnenen, im Experiment überprüften Daten Modelle, mit denen sich die Wolkenbildung simulieren lässt.

«Nass werde ich also höchstens auf dem Nachhauseweg», lacht die Wissenschaftlerin. Selbst die tief hängenden Nimbostratus-Wolken hindern sie nicht daran, mit dem Velo zu fahren. In Zürich sei das ja eine Freude, anders als in Kanada, wo sie sieben Jahre an der Dalhousie University in Halifax forschte. Ausserdem ist der weitgehende Verzicht aufs Auto eine geradezu zwingende Konsequenz aus ihrer Arbeit, findet Ulrike Lohmann: «Ich fahre Velo und produziere keinen Feinstaub. Das ist gut fürs Klima. Und für meine Gesundheit.» Kai Michel

Ulrike Lohmann
- Geboren 1966 in Berlin, Deutschland
- Studium der Meteorologie an den Universitäten Mainz und Hamburg, Doktorat in Atmosphärenphysik am Max-Planck-Institut für Meteorologie in Hamburg
- Professorin für Atmosphärenwissenschaft an der ETH Zürich (seit 2004)
- Henry G. Houghton Award, American Meteorogical Society (2007)
- Fellow of the American Geophysical Union (2008)

LA FEMME AUX NUAGES
Ulrike Lohmann
Physicienne de l'atmosphère

Sa «chambre à nuages», on l'aurait imaginée autrement: plus imposante que cette boîte de la taille d'un homme et épaisse d'un centimètre. Mais il ne faut pas plus d'espace pour tester la formation des nuages. «Le taux d'humidité est très élevé dans cet espace restreint, explique Ulrike Lohmann. Nous y introduisons différents types de poussières fines, par exemple des sulfates ou des suies. Cela nous permet d'identifier leur capacité à faire naître des nuages.» Car, les nuages n'apparaissent pas à partir de rien, ces infimes particules sont indispensables à leur formation.

Ulrike Lohmann est professeure de sciences de l'atmosphère à l'Ecole poly-technique fédérale de Zurich. Son bureau perché au neuvième étage se situe d'ailleurs presque dans les nuages. Mais cette scientifique née à Berlin ne prête que peu d'attention au gris du ciel, pas même un intérêt professionnel. «Ces nimbostratus sont assez ennuyeux, avoue-t-elle en riant. Mais au moins, j'ai pu faire un peu d'aviron ce matin.» L'avantage, avec les nuages, c'est qu'ils changent. Mais cela les rend aussi imprévisibles, ce qui n'est pas sans poser problème aux scientifiques. A tel point que la nébulosité constitue l'un des plus grands facteurs d'incertitude dans les modèles qu'utilisent les climatologues pour leurs prévisions concernant le réchauffement climatique. En effet, le degré de couverture nuageuse du ciel est crucial pour l'évolution des températures sur la planète.

Ulrike Lohmann étudie l'influence des aérosols sur la formation des nuages. Les aérosols, plus couramment connus sous le nom de poussières fines, sont de minuscules particules qui flottent dans l'air. Ils peuvent être solides ou liquides. Depuis que l'homme brûle en masse des combustibles fossiles, leur quantité dans l'atmosphère a augmenté de manière drastique. «Dans le débat public actuel sur les poussières fines, on évoque surtout leur impact direct sur la santé, explique Ulrike Lohmann. Mais ces particules revêtent aussi une grande importance pour l'évolution future du climat.» Evolution au sujet de laquelle la scientifique a esquissé plusieurs scénarios dans le cadre de sa contribution au dernier rapport sur le climat du Groupe d'experts intergouvernemental sur l'évolution du climat (GIEC).

Pour se former, une goutte d'eau a besoin d'un noyau autour duquel la vapeur d'eau pourra se condenser, explique la spécialiste des nuages: «Normalement, ces noyaux sont des particules provenant de la poussière minérale du désert ou du sel marin arraché à l'écume par le vent.» Or aujourd'hui, les aérosols proviennent aussi des pots d'échappement, des cheminées des habitations et de l'industrie. D'où une énorme augmentation des germes de condensation, et par conséquent de la quantité de gouttelettes qui se forment au sein des nuages. «Mais comme la quantité d'eau disponible reste constante, ces gouttes sont plus petites, poursuit Ulrike Lohmann. Ce qui atténue la formation des précipitations.» En d'autres termes, les nuages passent plus de temps dans le ciel. Du moins en théorie. Pleut-il dès lors vraiment moins? Ulrike Lohmann tentera de répondre à cette question dans les années à venir.

L'augmentation des aérosols liés à l'activité humaine a aussi d'autres conséquences: une plus grande quantité de gouttelettes entraîne une croissance de la surface des nuages. Du coup, cette couche réfléchit davantage de rayonnement solaire incident vers l'espace. Les nuages denses en aérosols ont donc un effet refroidissant qui diminue l'effet de serre. Le rapport du GIEC chiffre grossièrement cet effet refroidissant à 1,2 watt par mètre carré (W/m^2), et l'action réchauffante des gaz à effet de serre comme le dioxyde de carbone (CO_2) et le méthane à 2,8 W/m^2. En soustrayant le premier chiffre du second, on obtient le résultat suivant: les aérosols portent à seulement 1,6 W/m^2 ce qu'on appelle le forçage radiatif provoqué par l'Homme. Ils diminuent donc le réchauffement climatique. D'où ce paradoxe: si l'on réduit les émissions d'aérosols – ce qui de l'avis général, est considéré comme souhaitable –, l'atmosphère tendra à se réchauffer.

A l'inverse, lors de sa dernière éruption, le volcan Pinatubo a craché d'énormes quantités de poussières et de cendres dans l'atmosphère qui ont refroidi la planète d'un demi-degré. «C'est pour cette raison que les aérosols stimulent l'imagination de nombreux chercheurs, explique Ulrike Lohmann. On appelle cela la géo-ingénierie.» Le Prix Nobel de chimie Paul Crutzen a par exemple proposé de déverser chaque année un million de tonnes de soufre dans l'atmosphère pour diminuer l'effet de serre. «Une mauvaise idée», estime Ulrike Lohmann. Car il serait impossible de prévoir les conséquences d'une telle intervention. Qui par ailleurs ne limiterait pas la production de CO_2 et ne freinerait pas l'acidification accentuée des océans. «Nous devons absolument diminuer les émissions, reprend la scientifique. Car de plus, les aérosols sont nocifs pour la santé.» Un danger bien établi dans le cas de la suie, dont les particules sont si petites qu'elles peuvent pénétrer jusque dans les plus fines alvéoles des poumons.

L'objet des recherches d'Ulrike Lohmann a un côté vicieux: il est volatil. Les aérosols se forment en un lieu donné, et les conditions météorologiques décident ensuite de leur dispersion dans l'atmosphère. Ils peuvent être immédiatement balayés par la pluie. Et sont donc difficiles à mesurer: «Nous collectons des données dans les nuages depuis la station de recherche du Jungfraujoch ou depuis des avions, explique la chercheuse. Cet été, mon équipe va étudier les aérosols dans l'Arctique.» Les données recueillies sont d'abord soumises à une analyse expérimentale dans son instrument au laboratoire. Puis Ulrike Lohmann développe à partir de ces données des modèles permettant de simuler la formation de nuages.

«Au pire, je me mouille donc uniquement quand je rentre chez moi...», confie-t-elle en riant. Mais même les nimbostratus qui plombent le ciel ne l'empêchent pas de circuler à vélo. Pédaler à Zurich suscite chez elle un plaisir non dissimulé, bien plus marqué qu'au Canada, où elle a travaillé pendant sept ans comme chercheuse à l'Université Dalhousie d'Halifax. Qui plus est, renoncer à la voiture est une conséquence logique et inévitable de son travail: «En roulant à vélo, je ne produis pas de poussières fines. C'est bon pour le climat. Et pour ma santé.» Kai Michel

Ulrike Lohmann
– Née en 1966 à Berlin, Allemagne
– Etudes de météorologie aux Universités de Mayence et Hambourg, doctorat en physique atmosphérique à l'Institut Max Planck de météorologie à Hambourg
– Professeure de physique atmosphérique à l'EPF de Zurich (depuis 2004)
– Henry G. Houghton Award de l'American Meteorogical Society (2007)
– Fellow of the American Geophysical Union (2008)

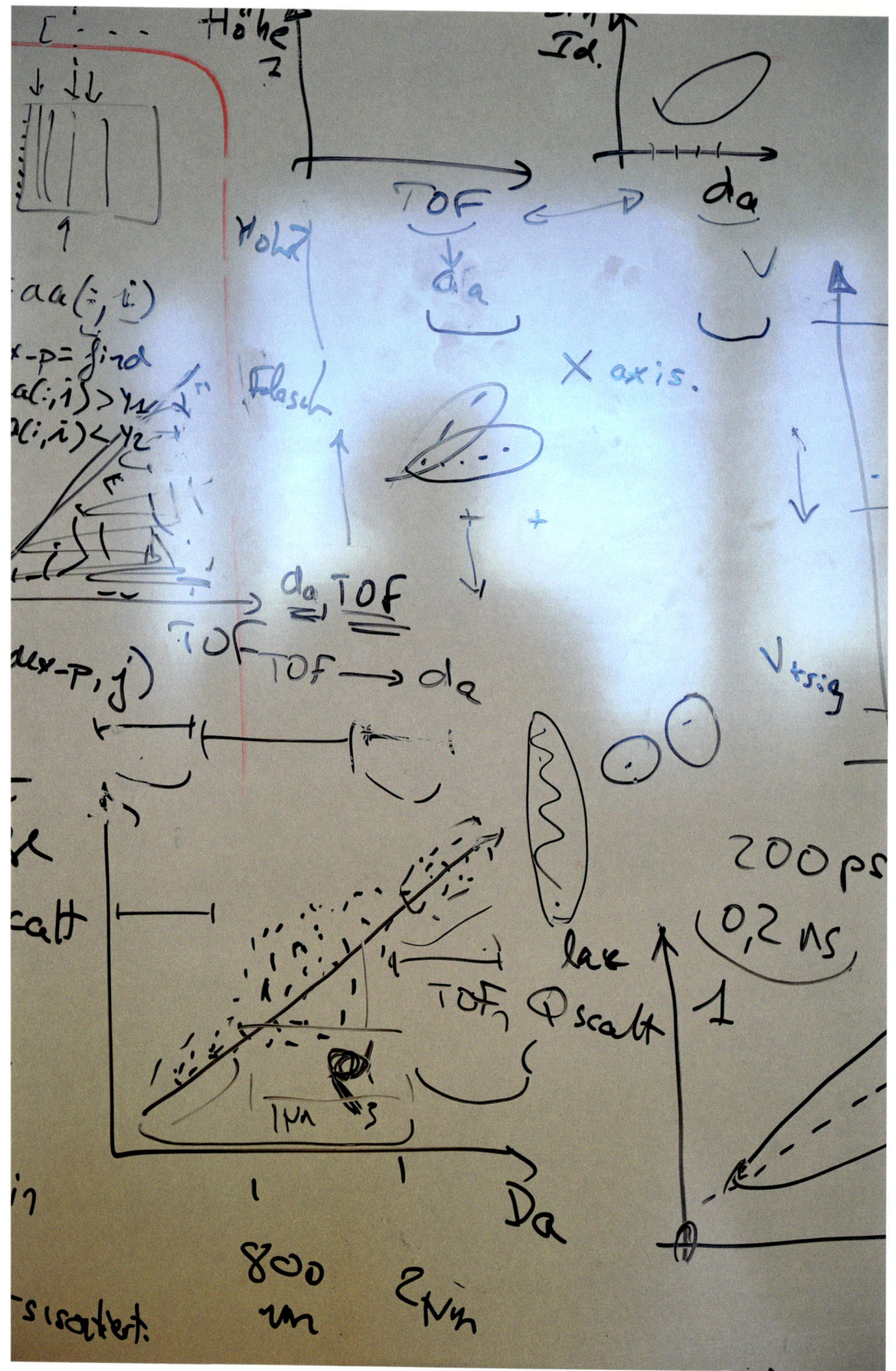

Ulrike Lohmann

LA DONNA DELLE NUVOLE
Ulrike Lohmann
Fisica dell'atmosfera

Una camera per lo studio delle nuvole la immagineremmo diversa da una che raggiunge a malapena lo spessore di un centimetro e l'altezza di una persona. Tuttavia, per studiare la formazione delle nuvole non serve più spazio. «In un volume così ristretto l'umidità dell'aria è molto alta», spiega Ulrike Lohmann. «Dall'estremità superiore introduciamo alcune particelle di polveri sottili di varia natura – come solfati o fuliggine – sperimentando così la loro capacità di fungere da nucleo di formazione di una nube». La loro infatti, è una presenza necessaria: le nuvole non nascono dal nulla.

Ulrike Lohmann è professoressa di Scienze dell'atmosfera al Politecnico federale di Zurigo. Il suo ufficio al nono piano oggi è quasi immerso nelle nuvole. Ma questa donna originaria di Berlino non mostra alcun interesse professionale per il cielo grigio. «Le nuvole nembostrato sono particolarmente monotone», ride, «ma almeno stamattina sono già andata a remare». Questo è il lato bello delle nuvole: sono instabili.

Il loro lato brutto invece, le rende imprevedibili. In effetti, nei modelli sul riscaldamento globale elaborati dagli esperti del clima, le nuvole rappresentano uno dei fattori di maggior insicurezza. Di conseguenza, la conoscenza dell'evoluzione della copertura nuvolosa del cielo assume un'importanza determinante per lo sviluppo della temperatura del pianeta. Ulrike Lohmann indaga l'influenza degli aerosol sulla formazione delle nubi. Gli aerosol – chiamati anche polveri sottili – sono delle minuscole particelle disperse nell'aria di natura liquida o solida. La loro concentrazione nell'atmosfera è drasticamente aumentata da quando l'uomo ha cominciato a bruciare su vasta scala i combustibili fossili. Il dibattito pubblico intorno alle polveri sottili verte per lo più sulle conseguenze possibili sulla salute», dice Lohmann. «Invece svolgono un ruolo molto importante nella futura evoluzione del clima». La studiosa del Politecnico di Zurigo si riferisce in particolare agli scenari da lei elaborati per l'ultimo Rapporto sul clima della Commissione ONU – IPCC (Intergovernmental Panel on Climate Change).

La scienziata delle nuvole spiega che al momento della nascita, ogni potenziale goccia di pioggia necessita della presenza di un nucleo che consenta la condensazione intorno a sé del vapore acqueo. «Normalmente si tratta di particelle di pulviscolo minerale proveniente dal deserto o di sale marino che il vento sottrae alla schiuma delle onde». Oggi tuttavia, gli aerosol fuoriescono dagli scappamenti delle automobili, dai camini delle case e dalle ciminiere delle fabbriche. Siccome la percentuale dei nuclei di condensazione aumenta molto rapidamente, il numero delle gocce che si formano all'interno delle nuvole è anche molto più grande. «Ma poiché la quantità di acqua si mantiene costante, le gocce risultano più piccole», dice Lohmann, «riducendo in questo modo le precipitazioni» con la conseguenza, per ora teorica, che le nuvole si soffermino più a lungo nel cielo. Se questo porti effettivamente a una diminuzione delle precipitazioni, è una delle domande alle quali Ulrike Lohmann intende dare una risposta nei prossimi anni.

L'aumento degli aerosol prodotti dall'uomo genera anche un altro effetto: un maggior numero di gocce implica anche una maggiore estensione della nuvola, con il conseguente aumento della quota di radiazione solare riflessa verso lo spazio.

Dunque, le nubi sporche di aerosol sono responsabili di un raffreddamento in grado di attenuare le conseguenze dell'effetto serra. La stima approssimativa fornita nel Rapporto dell'IPCC quantifica questo raffreddamento in un valore di segno negativo pari a 1,2 Watt per metro quadrato. Sottraendo tale valore a quello derivato dal surriscaldamento dell'atmosfera, quantificato in 2,8 W/m2 (che lo stesso rapporto stima essere dovuto all'azione dei gas serra come il CO_2 e il metano), gli aerosol prodotti dall'uomo ridurrebbero a 1,6 W/m^2 il carico dell'irradiazione solare, rallentando così il riscaldamento climatico.

Se quindi, paradossalmente, la produzione degli aerosol subisse una riduzione – che sarebbe generalmente accolta con favore – l'atmosfera tenderebbe a riscaldarsi. Quando il vulcano Pinatubo riversò grandi quantità di pulviscolo e cenere nell'atmosfera, il clima della terra si raffreddò di mezzo grado. «Per questo motivo – dice Lohmann – gli aerosol eccitano la fantasia di molti scienziati e la parola d'ordine del momento è: Geo-engineering». Il premio Nobel per la Chimica Paul Crutzen per esempio, per attenuare l'effetto serra ha proposto di immettere annualmente nell'atmosfera un milione di tonnellate di zolfo. Ulrike Lohmann non è della stessa opinione perché sarebbe impossibile prevedere le conseguenze di un'azione del genere e in quel modo non si otterrebbe il calo della produzione di CO_2, mentre l'iperacidificazione degli oceani avanzerebbe indisturbata. «In ogni caso dobbiamo ridurre le emissioni – dice la professoressa Lohmann – gli aerosol sono dannosi anche per la salute». È un aspetto evidente nel caso della fuliggine, le cui particelle sono così piccole da risultare inalabili.

Il campo di ricerca della professoressa Lohmann nasconde alcune insidie: è volatile. Gli aerosol si formano localmente, le condizioni meteorologiche ne determinano la diffusione nell'atmosfera; la pioggia può determinarne la rigenerazione; inoltre gli aerosol sono molto difficili da monitorare. «I dati che riguardano le nuvole provengono dalla stazione di ricerca dello Jungfraujoch o dall'aeromobile» spiega la professoressa. «Quest'estate andremo a studiare gli aerosol in Antartico». Dalla ricerca sul terreno del suo team di collaboratori, Ulrike Lohmann trae informazioni dai dati verificati sperimentalmente ed elabora dei modelli per simulare la formazione delle nuvole.

«Al massimo mi posso bagnare solo sulla strada verso casa», asserisce divertita. Neanche i nembostrati bassi sull'orizzonte la fanno desistere dal prendere la bici. A Zurigo, rispetto al Canada, dove per sette anni ha condotto le sue ricerche presso la Dalhousie University di Halifax, andare in bicicletta è una gioia. Inoltre, come dice lei stessa, rinunciare spesso all'automobile è una conseguenza obbligatoria del suo lavoro: «Vado in bicicletta e non produco polveri sottili. Fa bene al clima e alla mia salute!» Kai Michel

Ulrike Lohmann
– Nata nel 1966 a Berlino, Germania
– Studi di meteorologia presso le Università di Mainz e Amburgo, dottorato in fisica atmosferica presso il Max-Planck-Institut per la meteorologia di Amburgo
– Professoressa presso l'ETH di Zurigo (dal 2004)
– Henry G. Houghton Award 2008 dell'American Meteorical Society (2007)
– Fellow 2008 of the American Geophysical Union (2008)

THE CLOUDWOMAN
Ulrike Lohmann
Atmospheric physicist

What is a cloud chamber? The question may evoke a variety of associations, but hardly that of a structure just one centimetre wide and shorter than a man. However, that is all the space that is needed to study how clouds form. "The humidity in this narrow space is very high", says Ulrike Lohmann. "We introduce various small aerosol particles at the top – such as sulphates or soot – in order to find out whether they act as ice nuclei." These are necessary, because clouds cannot form out of nothing.

Lohmann is professor of atmospheric physics at the ETH Zurich. Her office on the ninth floor is almost in the clouds. However, Lohmann, who was born in Berlin, is not particularly interested in the grey sky. "Nimbostratus clouds are pretty boring," she says with a laugh. "But at least I managed to go out for a row this morning."

The good thing about clouds is that they are very variable. Unfortunately this also makes them very unpredictable. In fact clouds are a main reason why the climate model predictions of global warming are so uncertain. After all, Earth's future temperatures will depend on whether the skies are more – or less – overcast. Lohmann studies the influence of aerosols on cloud formation. Aerosols are tiny airborne particles commonly known as particulate matter. They can be solid or liquid. Ever since humans began burning fossil fuels on a large scale, the number of particles in the atmosphere has risen drastically. "Public debate on particulate matter is generally restricted to its health effects," says Lohmann. "Equally important are its effects on the climate." The latest report by the Intergovernmental Panel on Climate Change (IPCC) includes a subsection written by Lohmann on aerosol particles and the climate system.

Every raindrop needs a particle on which water vapour can condense and become a cloud droplet. "Normally, the particles consist of mineral dust from the desert or salt from the sea, swept up by the wind," she explains. These days, aerosols are also emitted by domestic and industrial chimneys, as well as car exhausts, causing a dramatic increase in the quantity of condensation nuclei. This development, in turn, generates an ever greater number of droplets in the clouds. "But because the quantity of water remains constant, the droplets are becoming smaller." As a result, the clouds remain in the sky longer – at least in theory. Over the next few years Lohmann wants to find out whether these trends also result in decreasing precipitation.

The increase in the number of man-made aerosols has yet another consequence. An increase in the number of droplets also means that clouds have larger surface areas and reflect more solar radiation into outer space. The clouds polluted with aerosols thus have a cooling effect, limiting the greenhouse effect in the process. The IPCC report roughly estimates the cooling effect at minus 1.2 watts per square metre (W/m^2). If one subtracts this number from the warming effect of the earth's atmosphere due to greenhouse gases such as carbon dioxide (CO_2) and methane, i.e. plus 2.8 W/m^2, one finds that aerosols reduce the radiative forcing to plus 1.6 W/m^2. Aerosols thus partially offset global warming.

The situation is paradoxical: if you lower aerosol emissions (a goal generally welcomed), the atmosphere becomes hotter. When the Mount Pinatubo volcano ejected vast quantities of dust and ash into the atmosphere, the world's temperature fell by a half-degree Celsius. "This is why a lot of scientists get very excited about aerosols", says Lohmann. One example is geo-engineering. Nobel Prize Winner Paul Crutzen, for instance, has suggested hurling a million tons of sulphur into the atmosphere to counteract the greenhouse effect. Lohmann does not think much of the idea, because the consequences are unpredictable. Moreover, such an act would not lower CO_2 emissions, and the acidification of the oceans would therefore continue unchanged. "We must reduce emissions under all circumstances," says Lohmann. "Aerosols are dangerous to health." This is quite evident in the case of soot, whose particles are so small that they can easily enter our lungs and even into our bloodstream.

Lohmann's research object raises problems too: it is extremely volatile. Aerosols arise locally. Weather conditions determine the extent to which they spread in the atmosphere. Rain can wash them out of the air immediately. And aerosol concentrations are difficult to measure. "We obtain our information from observation stations such as on top of the Jungfraujoch mountain, as well as from airplanes," she says. "This summer we shall be studying aerosols in the Arctic." On the basis of the data obtained and experimentally tested, Lohmann develops models for simulating cloud formation.

"The only time I ever really get drenched," jokes Lohmann, "is on my way home." For not even the low nimbostratus clouds can stop her from using her bicycle. Cycling is fun in Zurich, she says, unlike in Canada, where she did research at Dalhousie University in Halifax for seven years. For Lohmann, driving as little as possible is a logical response to her findings: "When I cycle, I don't produce any aerosol particles. It is good for the climate and good for my health." Kai Michel

---

Ulrike Lohmann
– Born 1966 in Berlin, Germany
– Studied meteorology at the University of Mainz and the University of Hamburg
– Doctorate in atmospheric physics at the Max Planck Institute for Meteorology in Hamburg
– Professor of Atmospheric Physics at the ETH Zurich (since 2004)
– Henry G. Houghton Award of the American Meteorological Society (2007)
– Fellow of the American Geophysical Union (2008)

Appendix

DVD

Gottfried Boehm – 12:44
Realisation: Jürg Egli
Kamera: Simon Guy Fässler
Ton: Patrick Becker
Schnitt: Jürg Egli
Musik: Mario Marchisella
Bilder Picasso, Giacometti © 2008 ProLitteris, Zürich
Produktion: Analyze
Redaktion: Christian Eggenberger, SF

Carlo Catapano – 12:32
Regia: Alessandra Gavin-Mueller
Immagini: Ariel Salati
Suono: Marco Bielli
Montaggio: Romano Ammann
Musica: Patricio Morales
Produttore esecutivo: Ventura Film
Produttrice: Luisella Realini, TSI

Denis Duboule – 12:00
Réalisation: Laurent Graenicher
Image: Sébastien Moret
Son: Martin Stricker
Montage: Damián Plandolit
Musique: David Perrenoud
Ingénieur du son musique: Benoît Mayer, Studio Axis
Assistante: Sophie Richard
Production exécutive: Cornelia Hummel, Imagia
Producteur: Gaspard Lamunière, TSR

Manuel Eisner – 11:32
Realisation: Daniel Leuthold
Kamera: Simon Guy Fässler
Ton: Thomas Gassmann, Pascal Bergamin, Jan Illing
Schnitt: Thomas Bachmann
Musik: Yves Zogg
Produktion: Muriel Bondolfi
Produzent: Christian Eggenberger, SF

Ernst Fehr – 12:32
Realisation: Gabriele Schärer
Kamera: Till Brinkmann
Ton: Balthasar Jucker
Schnitt: Maya Schmid
Musik: Peter von Siebenthal
Produktion: Muriel Bondolfi
Redaktion: Christian Eggenberger, SF

Susan Gasser – 12:29

Realisation: Fabienne Boesch
Kamera: Nicolò Settegrana
Ton: Ivo Schläpfer
Schnitt: Fabienne Boesch
Animation: Jane Gebel
Musik: Marcel Vaid
Produktion: Muriel Bondolfi
Produzent: Christian Eggenberger, SF

Michael Grätzel – 11:28

Réalisation: Béatrice Mohr, Patrick Mounoud
Image: Patrick Mounoud
Son: Otto Cavadini
Montage: Emmanuelle Eraers
Production exécutive: Béatrice Mohr, Mohrvision
Producteur: Gaspard Lamunière, TSR

Bernard Hirschel – 12:42

Réalisation: Stéphanie Barbey
Image: Henri Guareschi, Sébastien Moret
Son: Jürg Lempen, Carlos Ibañez
Montage: Vincent Pluss
Musique: Gabriel Scotti, Vincent Hänni
Images: Keystone, OFSP, F. Hoffmann-La Roche
Production exécutive: Isabelle Gattiker, Intermezzo Films
Producteur: Gaspard Lamunière, TSR

Alumit Ishai – 12:18

Realisation: Markus Unterfinger
Kamera: Helena Vagnières
Ton: Max Büchel
Schnitt: Mirjam Krakenberger
Musik: Ramon Orza
Produktion: Denise Pfister
Produzent: Christian Eggenberger, SF

Othmar Keel – 12:29

Realisation: Marc Tschudin
Kamera: Jens-Peter Rövekamp
Schnitt: Marc Tschudin
Produktion: Denise Pfister
Produzent: Christian Eggenberger, SF

Laurent Keller – 12:38

Réalisation: Mauro Losa
Image: Henri Guareschi
Son: Vincent Kappeler
Montage: Mauro Losa, Sarah Perrig
Musique: Fred Sapey, Pierre Adrien Payot
Production exécutive: Mauro Losa, Malatesta Films
Producteur: Gaspard Lamunière, TSR

Antonio Lanzavecchia – 11:56

Regia: Fabio de Luca
Immagini: Mauro Boscarato
Suono: Franco Rivabella
Montaggio: Patrik Soergel
Musica: Cybophonia, Centovalley, Argo
Produttore esecutivo: Ventura Film
Produttrice: Luisella Realini, TSI

Ulrike Lohmann – 11:52

Realisation: Barbara Seiler
Kamera: Christine Munz
Ton: Jochen Laube, Neil Bieri
Schnitt: Salome Pitschen
Musik: Brian Burman
Produktion: Denise Pfister
Produzent: Christian Eggenberger, SF

Michel Mayor, Didier Queloz — 12:10
Réalisation: Luc Peter
Image: Sébastien Moret
Son: Martin Stricker
Montage: Vincent Pluss
Musique: Gabriel Scotti, Vincent Hänni
Production exécutive: Isabelle Gattiker, Intermezzo Films
Producteur: Gaspard Lamunière, TSR

Felicitas Pauss — 12:21
Realisation: Béla Batthyany
Kamera: Till Brinkmann, Pascal Bergamin
Ton: Alex Szombath
Schnitt: Rosa Albrecht
Musik: Manuel Rindlisbacher, Ephrem Lüchinger
Produktion: Denise Pfister
Produzent: Christian Eggenberger, SF

Rolf Pfeifer — 12:36
Realisation: Jürg Egli
Kamera: Simon Guy Fässler
Ton: Patrick Becker
Schnitt: Jürg Egli
Musik: Mario Marchisella
Produktion: Analyze
Produzent: Christian Eggenberger, SF

Adrian Pfiffner — 12:20
Realisatura: Bertilla Giossi
Camera: Margarethe Sauter
Tun: Thomas Bruderer
Tagl: Mirco Manetsch
Musica: Franco Mettler
Producent: Christian Eggenberger, SF

Martine Rahier — 12:13
Réalisation: Stéphanie Chuat, Véronique Reymond
Image: Patrick Mounoud
Son: Vincent Kappeler
Montage: Vincent Pluss
Musique: Arthur Besson
Production exécutive: Isabelle Gattiker, Intermezzo Films
Producteur: Gaspard Lamunière, TSR

Carel van Schaik — 12:33
Realisation: Jürg Neuenschwander
Kamera: Philippe Cordey
Ton: Thomas Gassmann
Schnitt: Regina Bärtschi
Musik: Peter von Siebenthal
Produktion: Container TV
Produzent: Christian Eggenberger, SF

Klaus Scherer — 12:38
Réalisation: Mauro Losa
Image: Henri Guareschi
Son: Vincent Kappeler
Montage: Mauro Losa, Sarah Perrig
Musique: Fred Sapey, Pierre Adrien Payot
Production exécutive: Mauro Losa, Malatesta Films
Producteur: Gaspard Lamunière, TSR

Christian Schönenberger — 12:19
Realisation: Roland Blaser
Kamera: Daniel Leippert
Ton: Andreas Litmanowitsch
Schnitt: Roland Blaser
Sounddesign: Peter Bräker
Produktion: Muriel Bondolfi
Produzent: Christian Eggenberger, SF

Martin Schwab – 12:36
Realisation: Béla Batthyany
Kamera: Till Brinkmann
Ton: René Alfeld
Schnitt: Rosa Albrecht
Musik: Ephrem Lüchinger, Manuel Rindlisbacher
Produktion: Denise Pfister
Produzent: Christian Eggenberger, SF

Thomas Stocker – 12:43
Realisation: Laurin Merz
Kamera: Jens-Peter Rövekamp
Ton, Musik: Ramon Orza
Schnitt: Christian Müller
Produktion: Denise Pfister
Produzent: Christian Eggenberger, SF

Brigitte Studer – 12:30
Réalisation: Pierre-Yves Borgeaud
Image: Eric Stitzel
Son: Jürg Lempen
Montage: Vincent Pluss
Musique: Don Li
Production exécutive: Isabelle Gattiker, Intermezzo Films
Producteur: Gaspard Lamunière, TSR

Pierre Thomann – 11:47
Réalisation: François Cesalli
Image: Séverine Barde
Son: Martin Stricker
Montage: Damián Plandolit
Musique: David Perrenoud
Ingénieur du son musique: Benoît Mayer, Studio Axis
Assistante: Sophie Richard
Production exécutive: Cornelia Hummel, Imagia
Producteur: Gaspard Lamunière, TSR

Mischung, Mixage, Missagio, Mix:
Werner Grasmugg, Audiokraftwerk; Denis Séchaud, Pierre Maulini, Studio Masé;
Dani Wihler, swissinfo.ch

Postproduction, Finishing:
Christoph Walther, Peter Guyer RecTv

Signet, Générique, Sigla, Signet Design:
Jochen Rall, Vera Kaczmarczyk, SF Gestaltung; Michael Ricar, Musik

Bearbeitungen, Adaptations, Adattamenti, Adaptations:
Franziska Koller, Christine Künzler, Christian Eggenberger (D); Catherine Riva,
Adrienne Butty Bucciarelli, Gaspard Lamunière (F); Liliana Piantini Piffaretti (I);
Dale Bechtel, Julie Hunt, Lisa Silverstein, Julia Slater, Gillian Zbinden (E)

Spezieller Dank, Remerciements, Ringraziamenti, Special Thanks:
Richard Grell, Sandra Lonczinski Cinegrell; Esther Wintsch, Webeditor SF

Produktion DVD, Production DVD, Produzione DVD, DVD Production:
IDN – Interactive Disc Network GmbH

SCIENCEsuisse

Gesamtredaktion, Groupe éditorial, Gruppo editoriale, Editorial group:
Alberto Chollet, SRG SSR idée suisse, Christian Eggenberger,
Schweizer Fernsehen (SF), Gaspard Lamunière, Télévision Suisse Romande
(TSR), Luisella Realini, Televisione Svizzera di lingua Italiana (TSI),
Philippe Trinchan (FNS)

Fachliche Beratung, Consultants, Consulenza, Specialist advisers:
Ulrike Landfester, Christian Leumann, Hans-Rudolf Lüscher, René P.
Schwarzenbach – Mitglieder des Nationalen Forschungsrats SNF, membres
du Conseil national de la recherche FNS, membri del Consiglio nazionale
della ricerca FNS, members of the National Research Council SNSF

Spezieller Dank, Remerciements, Ringraziamenti, Special Thanks:
Helen Jaisli, Veronika Riesen, SNF

Herausgeber, Editeurs, Editori, Editors:
Christian Eggenberger, Lars Müller

Autoren, Auteurs, Autori, Authors:
Mauro Dell'Ambrogio, Olivier Dessibourg, Dominik Flammer, Pierre-Yves Frei,
Odette Frey, Urs Hafner, Dieter Imboden, Mark Livingston, Matthias Meili,
Thomas Müller, Anna Schindler, Anton Vos, Kai Michel, Bertrand Piccard,
Rolf Zinkernagel

Wissenschaftliches Lektorat, Lectorat scientifique, Redazione scientifica,
Science reader:
Matthias Meili (D), Olivier Dessibourg (F), Giovanni Pellegri (I), Theres Lüthi (E)

Übersetzungen, Traductions, Traduzioni, Translation:
Cécile Rupp (D), Traducta (D), Catherina Riva (F), George Frazzica (I), Tatiana
Pellegri (I), Robin Benson (E), Donald Nicholson-Smith (E), Ursulina Monn (R)

Schlussredaktion, Rédaction finale, Redazione finale, Final Editing:
Christian Eggenberger (D), Gaspard Lamunière (F), Luisella Realini (I),
Theres Lüthi (E)

Korrektorat, Vérifications, Lettura delle bozze, Proof reading:
Anke Schild (D), Thomas de Kayser (F), Florence Alvarez/Stämpfli Publications (F),
Mediamix.3 (I), Jonathan Fox (E)

Buchgestaltung, Mise en page, Impaginazione, Book Design:
Integral Lars Müller/Lars Müller, Lea Pfister

Koordination, Coordination, Coordinazione, Coordination:
Fränzi Biedermann

Fotografien, Photographies, Fotografie, Photographs:
© 2008 Andri Pol

Andri Pol, freelance photographer, works in the areas of reportage and
portrait photography for various national and international journals
and publishing houses.
His most recently published book is Andri Pol, *Grüezi – Seltsames aus
dem Heidiland,* Kontrast Verlag, Zurich 2006
www.andripol.com

Bildbearbeitung, Lithographie, Litografia, Lithography: Pascale Brügger
und Julien Contant

Schriften, Caractères, Caratteri, Typeface:
Neue Helvetica, Magda

Druckerei, Imprimerie, Stamperia, Printing:
Kösel GmbH & Co KG, Altusried-Krugzell

Buchbinderei, Reliure, Legatura, Binding:
Kösel GmbH & Co KG, Altusried-Krugzell

Produktion, Production, Produzione, Production:
Marion Plassmann

ISBN 978-3-03778-145-6 (PAL)
ISBN 978-3-03778-156-2 (NTSC)

© 2008 Lars Müller Publishers

Lars Müller Publishers
Baden, Switzerland
www.lars-muller-publishers.com

Printed in Germany

www.srgssrideesuisse.ch

www.sciencesuisse.sf.tv (Deutsch)
www.sciencesuisse.tsr.ch (Français)
www.rtsi.ch/sciencesuisse (Italiano)
www.sciencesuisse.rtr.ch (Rumantsch)
www.sciencesuisse.swissinfo.ch (English)